普通高等院校电子电气类"十二五"规划系列教材

智能仪器理论、设计和应用

主　编　傅　林

副主编　邓昌建　聂　玲

参　编　胡沁春　蒋勇敏

U0248322

西南交通大学出版社
·成都·

图书在版编目（CIP）数据

智能仪器理论、设计和应用 / 傅林主编 —成都：
西南交通大学出版社，2014.9
普通高等院校电子电气类"十二五"规划系列教材
ISBN 978-7-5643-3394-2

Ⅰ. ①智… Ⅱ. ①傅… Ⅲ. ①智能仪器-高等学校-
教材 Ⅳ. ①TP216

中国版本图书馆 CIP 数据核字（2014）第 204986 号

普通高等院校电子电气类"十二五"规划系列教材

智能仪器理论、设计和应用

主编 傅 林

责 任 编 辑	李芳芳
助 理 编 辑	张少华
封 面 设 计	何东琳设计工作室
出 版 发 行	西南交通大学出版社 （四川省成都市金牛区交大路 146 号）
发 行 部 电 话	028-87600564　028-87600533
邮 政 编 码	610031
网　　　址	http://www.xnjdcbs.com
印　　　刷	成都蓉军广告印务有限责任公司
成 品 尺 寸	185 mm×260 mm
印　　　张	26
字　　　数	646 千字
版　　　次	2014 年 9 月第 1 版
印　　　次	2014 年 9 月第 1 次
书　　　号	ISBN 978-7-5643-3394-2
定　　　价	59.00 元

课件咨询电话：028-87600533
图书如有印装质量问题　本社负责退换
版权所有　盗版必究　举报电话：028-87600562

前　言

一、课程地位和目标

智能仪器是电子信息工程、测控技术与仪器、自动化等专业的专业必修课，也是其他专业比如生物医学工程、食品质量与安全、食品营养与检验教育、安全工程、刑事科学技术、运动训练、生物信息学、建筑电气与智能化、轨道交通信号与控制、水质科学与技术、农学类专业（农业资源与环境、野生动物与自然保护区管理、水土保持与荒漠化防治等）、医学类专业（如食品卫生与营养学、医学检验技术、医学影像技术等）、机械类（过程装备与控制工程等）、地理科学类（如自然地理与资源环境）、大气科学类（应用气象学等）地球物理学类、地质学类、地质类、测绘类、矿业类、交通运输类、航空航天类、兵器类（探测制导与控制技术、信息对抗技术等）等专业以及仪器分析学科的主要和重要必修或选修课程。在专业基础课如电路分析、模拟电子技术、数字电路等的基础上，其先修课程主要有计算机原理与接口技术（或者单片机原理与接口技术）、EDA 技术、信号与系统、数字信号处理、电子测量技术、传感器技术以及汇编和高级程序设计语言（典型的是 C 语言）、软件工程等，此外还要了解或掌握人工智能、智能计算、软测量等课程的相关理论、技术和方法；其后续课程是专业实习、毕业设计等。

智能仪器课程主要讲解智能化仪器仪表的组成原理、设计技术和应用方法等；涉及多门学科和课程的理论技术与方法。课程目的是使学生掌握智能仪器的基本原理、发展趋势、相关理论技术，以及智能仪器项目、系统的设计、研发方法，以适应电子信息技术和测控技术发展的要求，为从事测控技术与仪器仪表、电子信息工程、自动化等领域的工作打下坚实的基础。

二、本书宗旨、特点

一部教材应该体现某些教育思想和教学理念，结合具体的教学模式进行讲授。本书依照开放实验学的思想，引入面向对象哲学思想和工程技术方法，结合项目教学模式进行编写。开放实验学本质是以实验者（学习者）为主体，以教师为主导和合作者，有机结合多种教育理论如建构主义和开放教育理论，采取多种教学模式和方法，以发现和挖掘学生潜力、提升学生智慧，培育学生创新思维方式、创造意识、科学精神和创新文化、创新人才为目标的（实验）教学体系。开放实验学最为核心的思想就是课堂是实验室的延伸，课堂教学内容是实验教学的有机组成部分，实验以实际生活需求和生产过程中的项目形式展开，课堂教学也结合项目进行；比如电子工程专业，课堂教学就是结合项目，利用 PROTEUS、KEILC、MATLAB 等软件进行相关理论知识和技术的演示验证，对项目进行仿真实验教学等。通过这种开放实验教学过程，达到实验内容项目化、教学过程工程化、实验结果产品化，教学任务完成后项目自成体系，并具有一定商业市场推广价值。为此，引入面向对象哲学思想和工程化技术方法，把理论知识和应用理论知识的工程技术实践方法结合（封装）在一起成为具体的课题、项目，最终形成现实的新的物理对象。其基本目标在于彻底根除传统教学中学生只见局部、不见项目整体，只见僵化知识，不知实践应用，只见静态的基本原理，不见动态的发展现状和趋势，只懂书本内容，没有提升科学文化和科学精神等痼疾，这也更加符合国家卓越工程师培养计划的要求。

本书的写作风格不是以一副居高临下的态势板着脸孔训人，没有抬出一大堆概念或者公式，弄的初学者一头雾水，不知所措，而且那样做最大的危害还是在心理上的，对学生的学习兴趣、信心给予了无情的打击，对其学习动力造成严重破坏。本书以一种平易近人的态度，以朴实、通俗的语言娓娓道来，注重一开始就引起学生极大而且浓厚的兴趣进行学习，逐步介绍智能仪器相关基本概念、沿革，讲解相关理论、技术、知识、方法和手段。主要目的在于结合当前智能仪器理论技术现状、趋势和前沿，密切结合实际运用，开阔学生视野，注重培养学生的工程思维方式和技术思想、创新意识和创新精神，使教材成为理论技术与工作实践的接口，达到学而有用、学而能用、学而会用、学而够用的目的。

本书不只是教材，还是凝聚了作者心血的著作，体现了很多新东西，编著理念新，编写风格新。内容新，主要体现在几个方面：一是按照智能仪器自顶向下设计方法体系编排章节，自始至终强调体系结构观念和系统方法论思想；二是自始至终强调智能仪器全寿命周期过程；三是编写了诸多同类教科书一般没有写过的东西，比如测量不确定度、微弱信号处理、现代设计方法体及其应用、功能安全、结构安全、可靠性设计、现场总线和工业以太网特别是 EPA 等；四是注重标准的要求，概念和方法都讲求标准化；五是注意提供一些启发性、开拓性的线索；六是注意提示、强调和使用过程实际的开发平台；七是紧密结合生产、工程实际和学科前沿最新理论、技术、方法和工具；八是有时候以图代文，给读者自己解说的空间；九是将编者的一些新的思想、观点写进书中，比如智能仪器的定义等；十是力图把培养工程观念和思维方式放在首位，而不是只注重介绍相关知识。

三、本书结构和编写情况

本书共 12 章，可分为 3 部分，第 1 部分是基础理论，包括第 1 ~ 4 章；第 2 部分主要介绍设计理论和工程技术方法，包括第 5 ~ 10 章；第 3 部分是设计实例和工程应用，包括第 11、12 章。

本书每一章开头列出重点内容，应该准备的相关基础，以及必须掌握的相关理论知识和工程技术方法。在相关项目实例中，列出相关学科的技术方法等必要条件，相关理论技术的现状和前沿性、前瞻性课题，以及相应的软硬件开发平台等。为实现本书宗旨提供强有力的方法论保障。

本书第 1 章由傅林编写，属于绪论性质，介绍测量、仪器、智能仪器的基本概念和作用，电子测量技术的特点、仪器的技术指标、智能仪器的基本构成和特点。第 2 章由傅林编写，介绍微弱信号检测与智能传感器的理论和相关工程技术方法。第 3 章由傅林、胡沁春编写，介绍数据智能分析与智能处理相关理论和工程技术方法。第 4 章由傅林编写，从方法论的角度介绍智能仪器设计。第 5 章由傅林编写，介绍智能仪器性能设计。第 6 章由傅林编写，介绍智能仪器总线等内容。第 7 章由傅林编写，介绍智能仪器功能安全等理论知识与设计。第 8 章由傅林和蒋勇敏编写，介绍智能仪器结构设计。第 9 章由傅林、邓昌建、聂玲编写，介绍智能仪器硬件系统设计。第 10 章由傅林、邓昌建、聂玲编写，介绍智能仪器软件系统设计。第 11 章医疗仪器设计，由傅林编写。第 12 章智能仪器应用，由傅林、邓昌建编写。本科生李浩、胡元川制作了部分插图，编写了部分 Matlab 程序。全书由傅林统稿。

四、本书的应用范围

本书不仅适用于普通高等院校，也适用于各类职业院校；不仅适用于电子信息工程专业、自动控制专业、测控技术与仪器专业，也适用于生物医学专业以及前述其他需要掌握或者开设了测试测量仪器技术相关课程的专业。本书除了作为广大高等院校、职业院校师生员工的教材、参考教程、辅助读本之外，也可以供广大工程技术人员以及其他人员参考。

五、本书交互渠道

本书作者一贯反感、反对那些只是套用"由于作者水平有限，书中难免存在错漏之处，敬请批评指正"之类假话套话，而不留下任何批评指正机会、信息的做法。本书提供以下交互渠道，诚恳地期待与广大学者、专家、师生和工程技术人员以及其他读者进行交流和讨论。

主编傅林联系方式：

1. 电话：18980999338，13982138601
2. Email：fulinlong@163.com
3. QQ：705289580
4. 地址：成都郫县中信大道 2 段 1 号，成都工业学院电子工程系，611730

目　　录

第 1 章　测量、仪器和智能仪器

1.1　测　量

　　智能仪器首先是仪器，而仪器用于测量（包括测量、计量、测试、检测、检验、监测和测控等），因此首先介绍重要概念：测量。

1.1.1　用万用表测量二极管极性和好坏

　　电子工程专业最常用的测量就是测量电子元器件、电路参数和信号特性。用一只万用表测量普通整流二极管极性是经常发生的事情，其测量示意图如图 1.1 所示。

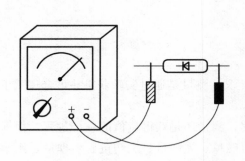
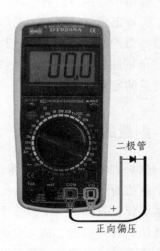

（a）用机械式（指针式）万用表测量　　　　　　　　（b）用数字万用表测量

图 1.1　用万用表测量（检测）普通整流二极管极性和好坏示意图

　　检测原理：二极管的单向导电性特点；万用表有内置电源——万用表的内电源的正极与万用表的"-"插孔即黑表笔连通，内电源的负极与万用表的"+"插孔即红表笔连通，而数字万用表则正好相反。

　　如图 1.1 所示，将指针式万用表置于 $R\times 1K$ 挡，先用红、黑表笔任意测量二极管两引脚间的电阻值，然后交换表笔再测量一次。如果二极管是好的，两次测量值必定是一大一小。以阻值较小的一次测量为准，黑表笔所接的一端为正极，红表笔所接的一端则为负极。

　　性能良好的二极管，当指针式万用表表内电源使二极管处于正向接法时，二极管导通，阻值较小，锗点接触型的二极管正向电阻在 1 kΩ 左右，硅面接触型的二极管正向电阻在 5 kΩ 左右，则黑表笔接的是二极管的正极，红表笔接的是二极管的负极；当表内的电源使二极管处在反向接法时，二极管截止，阻值很大，锗点接触型的在 100 kΩ 以上，硅面接触型的在 1 MΩ 以上，则黑表笔接的是二极管的负极，红表笔接触的是二极管的正极。正常情况下二极管正向电阻小，反向电阻大；这两个数值相差越大越好。如果两次测量的阻值都很小，说明二极管已经被击穿；如果两次测量的阻值都很大，说明二极管内部已经断路；两次测量的阻值相差不大，说明二极管性能欠佳。

　　一般数字万用表有专门的 »)/►► 测试挡位，此挡位会鸣叫。用数字万用表测量时，黑表笔插入 COM 端子，红表笔插入 VΩ 端子，将功能开关拨到 »)/►► 位置，把表笔分别搭在二极管的两极，然后在互换一下搭两极的表笔，如果一次鸣叫，且显示数字较小，一次不鸣叫且显示数字较大，这个二极管就是好的；鸣叫的那次，红表笔搭的是二极管正极，黑表笔搭的是负极。这和指针式万用表是不一样的：用指针式测得的是二极管正反向电阻；用数字万用表测得的是二极管正向导通压降。

　　从上面的例子可以得出，要完成测量过程，必须满足几个条件：

　　（1）要有测量对象。

　　（2）要依据客观规律或者某些规则，即测量原理。

　　（3）有适用的测量仪器，以及使用仪器根据测量原理进行测量的正确方法。

　　（4）要输出测量得到的结果即用数量表示的信息。

　　值得注意的是，上述测量过程的测量原理和方法依据的都是知识，而很多测量则是要采用标准、条例甚至法律等形式来规范的，而信息的表达也要遵循相应的规则或标准。由此可以给出测量的定义。

1.1.2　测量的概念

　　JJF 1001—2011《通用计量术语及定义》定义：测量是通过实验获得并可合理赋予某量一个或多个量值的过程。

　　测量不仅仅是确定一个或多个量值的过程，测量还是获得量值的一个过程。根据被测量的物理性质，有几何量、物理量、化学量、电磁量、光学量、生物量、生理量、医学量、工程量、心理量等；根据量呈现的状态，有开关量、模拟量、数字量、布尔量、逻辑量、模糊量等，此外，量还有其他分类。它们均从不同侧面反映物质、对象的不同属性，这就给测量提供了客观可能性。所以通俗地说，测量是按照某种规律和准则，用数量来描述观察到的现象，即对事物作出量化描述。规律和准则是指在测量时所采用的规则或方法。注意这里的准则是因为测量活动需要各种配置和条件，不仅包括要确定的测量原理、方法、程序、资源和人员配备、测量条件控制、测量过程中影响量识别及其影响判别、测量操作的实施步骤等，还可能包括法律、条例、制度，以及国家标准、行业标准、工程和技术规范等。

　　测量无处不在，无人不用，无事不备，无时不有，无物不需。我们衣食住行，无不需要测量。产品检验（原材料、元器件和半成品以及整机入厂检验，中间过程质量控制检验，出厂合格检验等），各种教学实验（如电磁学实验、电子技术实验、生物医学实验、分析化学实验），公共安全监测，交通监测，气象预报，环境监测，水质监测，饮食卫生和药品安全监测，江河湖泊水坝水文监测，生态监测，雷电监测，自然灾害预测和监测，智能家居和楼宇监测，物流检测，航空航天领域的测量和监测（航天测控网），网络监测，流量检测，工业过程和矿业作业测量与检测，节能减排监测，工程施工监测，地质勘探，科学考察，物种探测，考古发现，天文观测，宇宙探秘，刑事侦探，物证鉴别，生物识别，军事侦察，战场态势感知，火力打击，敌我识别，另外还有特殊的测量，比如人的心理测量等，无不需要测量和测量仪器。

　　总之，测量深入国计民生的各个领域和角落；人类要安全、健康、舒适的生存，过着幸福美好快乐的生活，离不开测量。但是测量不能随意乱测，而有很多限制：第一，要有明确的测量对象和要达到的测量目标，要讲究方式方法，要遵循客观规律。第二，测量要遵循相应的准则，很多测量都有相应的标准、规范、程序乃至法律、条例约束，标准有国际标准、国家标准、部颁标准、地方标准、企业标准以及工程规范等。这些标准和规范有的规定测量需要检测的技术指标、性能参数，有的规定测量方法、程序，有的二者兼之。比如民众普遍担心和关注的食品安全问题，涉及菜篮子工程、民心工程和民生问题等根本性社会问题，国家有相关测量标准：保健食品标准、食品添加剂标准、食品包装标准、肉与肉制品标准、肉毒梭菌标准、肉毒毒素标准等十大类，其中肉与肉制品标准有 GB/T 9695 系列——规定了肉与肉制品中氯霉素、铜、维生素等的含量的测定等几百个标准及法规、条例进行规范。而工作场所空气质量测量相关标准有 GBZ/T 159—2004《工作场所空气中有害物质监测的采样规范》等；汽车方面，有 GB/T 27630—2011《乘用车内空气质量评价指南》、HJT 400—2007《车内挥发性有机物和醛酮类物质采样测定方法》等。第三，测量结果要规范表示，遵循相应的量化规则和单位体系，测量要具备相应的条件，比如正确使用测量仪器和测量仪表、遵循测量原理、按照测量程序和步骤进行测量操作，完成测量过程。第四，测量需要相应的仪器以及由测量仪器组成的测量系统。

1.1.3　测量基准和标准

1. 测量基准

　　测量基准是指为了定义、实现、保存或复现量的单位或一个（多个）量值，用作参考的实物量具、测量仪器、基准器具、基准参考物质或测量系统，最为著名的时间基准就是格林尼治时间。

2. 测量标准

　　测量标准是国际、国家、部门、行业、企业等为了规范测量活动和过程而以文件形式颁布的一系列相关法律、标准、规范、条例等。测量活动和过程中，为了满足这些标准，就要对仪器技术参数和性能指标提出相应的要求，这对于仪器的设计具有规范和指导意义。

1.1.4　测量的特点

1. 测量的目的性

测量的最终目的是获得对象的量化信息。包括直接获得数量信息的测量，判断有无的检测，对仪器参数和指标进行检定的计量等，其结果都是需要量化信息来表达。

2. 测量的规则性

测量作为一组活动，它要遵循一定原则，按照特定规范、标准，依据特定的步骤和程序以及测试系统配置进行。

3. 测量的再现性

测量的再现性是指单个测量在不同条件时，测量相同量量值测量结果的严格一致的程度。这些条件有测量原理、测量方法、观测者、测量仪器、参考基准、依据标准、实验室等。

4. 测量的可重复性

测量结果的重复性是指在同样的测量条件下，同一被测量量值的连续测量结果的重合程度。

5. 测量的准确性（准确度 accuracy）

测量的准确度是指仪器的指示值与被测量真值之间的接近程度。准确度是定性的概念，它不是物理量，需要借用其他术语来定量表述其接近于真值的能力，如准确度等级、误差等。测量准确度是测量正确度（trueness）和精密度（precision）的结合。测量正确度是指无穷多次重复测量所得测得值的平均值与一个参考量值间的一致程度。测量正确度也不是一个量，不能用数值表示。测量正确度与系统测量误差含义相反，不用来表示随机测量误差。

测量精密度指在规定条件下，对同一或类似被测对象重复测量所得示值或测得值间的一致程度。测量精密度用于定义测量重复性、中间测量精密度和测量再现性。用测量精密度指测量准确度是错误的。虽然精确度高可说明准确度高，但精确的结果也可能是不准确的。例如，使用 1 mg/L 的标准溶液进行测定时得到的结果是 1 mg/L，则该结果是相当准确的。如果测得的三个结果分别为 1.63 mg/L，1.64 mg/L 和 1.65 mg/L，虽然它们的精确度高，但却是不准确的。

应注意的是，GB/T 17212—1998 把 accuracy 译为精确度，是错误的；GB/T 13283—2008《工业过程测量和控制用检测仪表和显示仪表精确度等级》把 accuracy 译为精（准）确度，用精确度代替了准确度；很多人或书籍文献，甚至于将精密度（precision）理解为精确度，简称精度，代替准确度（accuracy）更是错上加错；也有人和文献在把 accuracy 译为精确度的同时，把正确度（turness）译为准确度，认为精确度（accuracy）是准确度和精密度的结合，也是错误的。标准 JJF 1001—2011、JCGM、ISO/IEC GUIDE 99：2007 以及 GB/T 17212—1998 本身都明确指出不能够用精密度（precision）替代准确度（accuracy），而且这两个术语也不能与正确度（turness）相混淆。

所以不能用精密度或精度代替准确度；精度只表示随机效应的影响，与之对应的术语——正确度，表示系统效应的影响，只有准确度才包含了随机效应和系统效应。

6. 测量的不确定性（度）

测量的不确定度[uncertainty（of measurement）]是测量结果的相关参数，表示合理给定的被测量值的离散特性。

7. 测量的有限性

测量的有限性是指任何测量都不可能是万能的，都有其局限性。

测量的不确定度和测量的有限性说明了海森堡测不准原理的适用性。测不准原理是从量子论的研究中发现的，指一个微观粒子，位置测量越准确，动量测量就越不准确，反之亦然。而在电子测量中，一个信号在时域中测量越准确，在频域就越不准确，反之亦然。测不准原理的本质是测量必定会影响被测对象及其运动和某些属性，所以一切测量都不可能避免误差。

测量的特点对仪器的设计、应用和评价都具有指导意义。

1.1.5 测量的分类

仪器分类对仪器设计有极大的现实意义，不同的分类对仪器的实现可能给出不同的要求和技术途径。

按照不同的方法，测量可以分为多种类型。

1. 按被测量的获得方式分类

将测量分为直接测量和间接测量两种。

1）直接测量

直接测量是使用一定的工具或设备就可以直接地确定未知量的测量。例如，用直尺测量物体的长度、用天平称量物质的质量、用温度计测量物体的温度等。

2）间接测量

间接测量是所测的未知量不仅要由若干个直接测定的数据来确定，而且必须通过某种函数关系式的计算，或者通过图形的计算方能求得测量结果的测量。

非常重要的一种间接测量是软测量。软测量是指根据某种最优准则，选择一组既与主变量密切联系，又容易测量的辅助变量，通过构造某种数学模型实现对主变量的估计。

2. 按被测量的变化（快慢）状态分类

将测量分为动态测量和静态测量等。

1）静态测量

静态测量指在测量过程中被测量是不变的测量。无机非金属材料的测量通常属于这种测量。

2）动态测量

动态测量也称瞬态测量，是指在测量过程中被测量是变化的测量。

3. 根据测量仪器与测量对象的连接条件分类

1）接触测量

仪器的测量头与工件的被测表面直接接触，并有机械作用的测力存在（如接触式三坐标等）。

2）非接触测量

仪器的测量头与工件的被测表面之间没有机械的测力存在（如光学投影仪、气动量仪测量和影像测量仪等）。

特别指出的是，在检测时，根据被测量对象的破坏程度分为有损检测和无损检测。无损检测（Non-destructive Testing，NDT），又称无损探伤，是指在不损伤被检测对象的条件下，利用材料内部结构异常或缺陷存在所引起的对热、声、光、电、磁等物理量的变化，来探测各种工程材料、零部件、结构件等内部和表面缺陷。无损检测被广泛用于金属材料、非金属材料、复合材料及其制品以及一些电子元器件的检测。

4. 根据测量原理方法分类

分为：零位法测量、偏位法测量、替代法测量、累积法测量、定义法测量、组合测量、比较测量、互补测量、差分测量、零值测量、差拍测量和谐振测量等。

5. 根据仪器的准确度等级

分为普通测量、精密测量、超精密测量。

这里的精密（度）实际指的是准确度，但习惯上都说成精密度。其中超精密度测量用于超精密微细加工，以及纳米测量等。

综上所述，测量内容很丰富，包括的领域、范围很广。本书通常所说的测量指的是电子测量，所用的仪器是电子仪器。

1.1.6　电子测量

1. 定　义

电子测量的概念有狭义和广义之分。狭义的电子测量是指对电子系统和工程技术中各种电参量所进行的测量，内容主要包括：能量，电路参数，信号特性，电子设备性能，信号、元器件或系统工作特性参数与技术指标的测量、测试等。

广义的电子测量是指利用电子技术进行的测量，它自然包括狭义的电子测量。非电量的测量属于广义电子测量的内容，它是通过传感器或变换器将非电量变换为电参量后进行的测量。本书的电子测量指的是广义测量，示意图如图 1.2 所示。

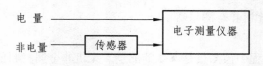

图 1.2　电子测量示意图

电子测量是测量技术中最为先进、发展最快、地位最前沿的技术之一，是测量学和电子学以及诸多其他学科相互结合的产物。电子测量技术（包括测量理论、方法，测量仪器、装置等）已形成电子科学领域重要而发展迅速的分支，测控与仪器技术是国际和我国一个非常主要和重要的专业。

2. 电子测量及测量技术的特点

1）高新技术性

电子技术在摩尔定律的作用下飞速发展，日新月异，微型化、小型化和高度集成化的器件、模块、组件、分系统、系统和设备，其体积越来越小，信号密度越来越高、被测属性也越来越丰富，而测量空间却越来越狭窄，使得处于信息技术前端的电子测量技术始终居于高新技术前列。高新技术的应用，不仅导致现有电子测量仪器功能扩展、性能提升，而且不断催生新品种、新技术仪器，以应对日益增长的测量需求。同时，也不断产生新的测量对象，提出新的测量需求，给测量提供新的应用领域，带来新的发展契机和前景。

2）综合性

电子测量技术结合信息技术各门学科、专业的理论技术方法和工程手段，综合各学科的优势和特点，呈现出一种边缘性、交叉性的态势，表现测量技术的多功能性、应用广泛性和深入性。

3）智能性

电子测量技术充分利用计算机、人工智能、智能计算等学科的理论和技术、工程方法，使得测量过程和活动具有相当的智能性。

4）亲和性

是指电子测量技术体现在其测量仪器中体现出来的人机界面的友好性，以及测量的智能性、自动化、网络化和远程化等，对测量活动工作量的大大减轻，既节省人力，又提高了测量效率、保障测量性能。

5）嵌入性

现代电子测量技术和仪器往往是嵌入在某些系统中的，一类仪器本身就构成嵌入式系统，另外一类主要功能不是用于测量，但是测试测量、检测或监测是其必不可少的功能或组件，比如足球机器人，要完成控球、防撞、射门等动作，这就要利用多种传感器进行各种量的测量和检测，处理后进行控制，完成相应的动作。最为显见的例子是汽车，它不是用来测量的，但是各种各样的传感器、各种各样的测量技术手段和数据处理与控制装置构成数量和种类繁多的汽车电子——那些被称为 ECU 的部件或组件、模块，他们对汽车的安全、可靠和高效运行起到至关重要的作用，同时也是车辆档次高低、价格差异的主要影响与决定因素。第三类就是测控系统中测量仪器，或测量模块、组件。

6）广泛性和深入性

电子测量技术渗透到人类生活的各个角落，涉及国计民生的各个行业和领域。

1.1.7 测量设备和测量系统

测量设备（measuring equipment）的定义：为实现测量过程所必需的测量仪器、软件、测量标准、标准物质、辅助设备或其组合。注意，有些测量设备用于测量而不能自己得到测量结果，比如稳压电源、信号发生器等。

测量设备是测量系统的子集，测量设备加上人员、方法、准则和环境就构成测量系统。测量必然形成一个系统，它是一个含有多种不同性质元素的集合，好比 C 程序设计语言中的构造体，它包括获得测量结果的过程中所用的仪器或量具、标准、操作、方法、工具、软件、人员、环境及假设等。测量系统中还有一个要素，即测量链（measuring chain）：组成测量信号从输入到输出路径的一系列的仪器或系统，比如由传声器、衰减器、滤波器、放大器和电压表构成的电声测量链。

测量设备和测量系统中最为关键的是测量器具，即测量仪器。电子测量系统如图 1.3 所示。

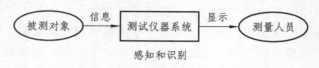

图 1.3　电子测量系统

1.2　仪　器

1.2.1　定　义

仪器（instrument）是人们用来对物质（自然界）实体及其属性进行观察、监视、测定、验证、记录、传输、变换、显示、分析处理与控制的各种器具与装置的总称。它是信息获取的工具，是认识世界、控制世界、改造以及创造世界的工具，是一个系统装置，其最基本的作用是延伸、扩展、补充或代替人的听觉、视觉、触觉等器官的功能。

注意，很多时候仪器总是和仪表（apparatus）并列在一起，本书不采用这种说法，因为仪表是仪器的子集，它是一类仪器的统称，特指那些具有一个专用的表头——其形状类似于表盘（如手表），能由指针、刻度或其他方式，如光、色彩、图案等指示或由数字直接显示测量结果，比如万用表、水电气表等。仪表功能较为单一，多应用于单一被测对象甚至单一被测量。而仪器除了能够显示数字和数据外，还具有其他功能，比如可以将测量结果以图形、图表、图像等显示，通常是一完整设备或系统，比如示波器、网络分析仪等。此外，仪器仪表并列，也不能够完全囊括仪器的外延，比如还有多类仪器，它们既不是设备，也没有表盘，如几何量具中的直尺、量角器，还有质量量具中的砝码等。事实上，量角器已经被称作仪器了，而砝码是衡器。

1.2.2　地位和重要性

在信息时代的前期，信息科学一般只涉及人类自身社会活动的信息，大多为语言、文字、声音、字符和图像信息等，只要把它们转变为电信号或光信号，就进行传输和处理。当信息科学涉及人类生活更深层次，人类更多地关注自然及其与人的相互关系，关注科学研究、生产活动、安全、健康以及环境，如何准确、及时地获得信息，就成为关键问题，这个问题只有借助于各种仪器来解决。

1. 仪器是信息的最前端

美国商务部 1999 年的报告中在关于新兴数字经济部分提出，信息产业包括计算机软硬件行业、通信设备制造及服务行业、仪器行业。这表明仪器行业是信息产业，仪器技术是信息技术。

据美国国家标准技术研究院（NIST）的统计，美国为了质量认证和控制、自动化及流程分析，每天要完成 2.5 亿个检测任务，占国民生产总值（GNP）的 3.5%。要完成这些检测任务，需要大量的种类繁多的分析和检测仪器。仪器与测试技术已是当代促进生产的一个主流环节。美国商业部国家标准局（NBS）在 20 世纪 90 年代初评估仪器工业对美国国民经济总产值（GNP）的影响作用时，提出的调查报告中称：仪器工业总产值只占工业总产值的 4%，但它对国民经济（GNP）的影响达至 66%。仪器应用于社会各个领域、各个部门，在机械、电子、石油、化工、轻纺、电力、核工业、航天、兵器、造船、冶金工业以及天文气象、地质勘探，特别是在自动化生产程度较高的工业企业中，已成为进行检测、计量、记录、计算和控制生产过程中不可缺少的基本设备；在农业、医疗卫生、金融经济、环境保护等各个领域，仪器也日益得到广泛而深入的应用与发展。

2. 仪器是科学研究的先行官

门捷列夫说："科学是从测量开始的"，而测量离不开仪器。王大珩院士指出："能不能创造高水平的科学仪器和设备体现了一个民族、一个国家的创新能力。发展科学仪器设备应当视为国家战略"。英国著名科学家 H.Pavy 曾经明确指出："Nothing begets good science like development of a good instrument"（发展一种好的仪器对于一门科学的贡献超过了任何其他事情）。美国能源部杰出科学家 R. F. Hirsch 博士在一篇获奖演说中指出："由新工具开创的科学新方向远比由新概念开创的科学新方向要多。由概念驱动的革命影响是用新概念去阐明旧事物。而由工具驱动的革命影响是去发现需要阐明的新事物"。仪器是科学研究的前提、基础和手段，是科学发现的催化剂。综观科学上的重大发现，往往是由于新仪器提供了先进的观测技术手段而开展起来的。以物理学诺贝尔奖金获得者为例，百分之五十的工作是得益于新仪器或新测试手段应用。仪器工业的发展水平代表着一个国家科技发展的水平，而且是随着社会的发展、科技的进步而发展的。

3. 仪器是工业生产的倍增器

仪器广泛应用于工业的计量、测试等方方面面，仪器技术的进步可以促进社会生产的改进、产量和质量的提高。

4. 仪器是军事战斗力

仪器是国防装备的重要组成部分，仪器所表现的技术水平在很大程度上决定了军事装备的技术水平。

5. 仪器是当今社会的物化法官

它的应用领域遍及"农轻重、海陆空、吃穿用"，无所不在，具有四两拨千斤的作用。我国航天工业固定资产的 1/3 是仪器和计算机；运载火箭的仪器开支占全部研制经费的 1/2 左右；导弹的高精度制导、控制，航天经纬测量和红外成像、专用高温实验设备等都是国防装备中的重点产品。

人类在探索社会可持续发展、抵御自然灾害、依法治国并实施有关法律（质量、商检、计量、环保等）的过程中，仪器作为必不可少的重要实施手段和保障，被普遍采用。总之，仪器是信息的源头，是信息技术的基础。仪器是实现信息的获取、转换、存贮、处理和揭示物质运动的必备工具，仪器装备和技术水平在很大程度上反映出一个国家的生产力发展和现代化水平，代表了一个国家的综合国力。

1.2.3　发展趋势

（1）信息技术各门学科的理论技术和工程方法更深刻地影响仪器的设计和应用。

（2）DSP、FPGA、CPLD、ASIC、SOC 芯片以及高性能单片机如 ARM 等的大量问世和应用，微型机和嵌入式系统技术的发展与应用，使仪器具有更强的数据处理能力，图形图像处理能力也日益增强；同时在系统编程技术（In System Programmabiljty，ISP）使得这些芯片的应用更加简便，电子仪器的设计技术也更加丰富多样。

（3）VXI、PXI 总线得到广泛的应用，虚拟仪器已经形成一个产业和产业链。

（4）现场总线和工业以太网总线技术广泛应用到仪器中；LXI 总线技术也发展起来，各种无线通信技术也逐渐渗透，应用日渐深入普及，网络化仪器已经成为必然。注意，这里的网络化不仅是本地网络化，而且是互联网化、通信网络化。

（5）测量仪器同样遵循著名的摩尔定律。各种测量仪器集成度更高，体积更小，升级换代周期更短、速度更快，同时测量范围更广，测量精度更高，性能更稳定可靠，价格也更便宜。

（6）仪器功能更加多样化，各种信息技术和自动测试理论技术相结合，各种理论技术的广泛而成功的应用提供了大力的技术支撑。

（7）现代信息社会生产和人类生活、各种新兴领域和行业、信息战争和战场的新需求产生了新的仪器需求，开辟了新的应用领域。

（8）特别是 21 世纪以来，LXI 技术得以应用，分布式计算、网格计算、普适计算、云计算理论与技术普及，物联网技术的兴起，嵌入式互联网技术的诞生，EMIT（Embedded Micro Internetworking Technology）得以产生和发展，有力地推动了电子仪器的智能化、自动化、网络化、远程化。

（9）仪器产品的总体发展趋势是"六高一长"和"二十一化"。

展望未来，仪器将朝着高性能、高准确度、高灵敏度、高稳定性、高可靠性、高环境适应性和长寿命的"六高一长"的方向发展。新型的仪器与元器件、材料将朝着小型化（微型化）、集成化、成套化、电子化、数字化、多功能化、智能化、网络化、计算机化、综合自动化、光机电一体化；在服务上朝着专门化、简捷化、家庭化、个人化、无维护化，以及组装生产自动化、无尘（或超净）化、标准化、专业化、规模化的"二十一化"的方向发展。在这"二十一化"中，占主导地位、起核心或关键作用的是数字化、集成化、智能化和网络化。

1.2.4　分　类

（1）按功能特点，仪器可以分为以下几类：

① 测量仪器。

② 计量仪器。

③ 测控仪器。

④ 嵌入式仪器。

⑤ 安全仪器。

⑥ 软拷贝仪器。

⑦ 激励仪器。

⑧ 试验机。

⑨ 分析仪器。

⑩ 科学仪器。

⑪ 教学仪器。

⑫ 实验仪器。

其中嵌入式仪器是嵌入在某个系统中的，这个系统的主要功能不是作为仪器用于测量或检测的，但是绝对离不开测量，比如汽车各种电子控制单元（ECU），机器人的各种检测机构等。而测控仪器虽然也是把测量嵌入在系统中，但是这类仪器主要是根据测量数据进行处理后，将处理结果送给仪器另外的一大部件——执行器，进行相应的控制，这种功能是一般嵌入式仪器不具备的，嵌入式仪器也输出测量数据处理结果，但是它自身一般不具备执行部件。安全仪表是国际上较新发展的技术，目的是防止工矿业、核电等设施产生异常事故，以致危及人身与设备的安全。软拷贝仪器不直接输出测量数据，而是获得一个测量对象的拷贝，如扫描仪、照相机等。激励仪器不直接测量对象，而是给被测试测量对象如电子设备施加某种激励（如能量、信号等，前者如电源，后者如信号源）。而试验机作为一种仪器，用于一种产品或材料在投入使用前，对其质量或性能按设计要求进行验证。试验机主要是用于测量材料或产品的物理性能，比如钢材的屈服强度、抗拉强度、抗冲击韧性等。用于测量材料的化学性能或化学成分的仪器，一般叫作分析仪，不叫试验机。科学仪器是专门用于测量客观世界和人类自身、并且探究其规律的仪器。

（2）按照安装和移动性分为安装仪器和可携仪器，前者如水电气表，后者如便携式示波器等。

（3）按照在生产、社会生活环节中的应用可以分为终端仪器和过程仪器，前者如频谱分析仪，后者如各种工业自动化仪器等。

（4）按照向被测对象的介入以及对被测对象的损伤情况，分为无损测量仪器和介入式测量仪器。前者如传统的电磁测厚仪等，后者如医学中的介入式超声检测仪。

（5）按准确度分：一般、精密和超精密。

（6）仪器还有一种分类，叫一次仪器和二次仪器。一次仪器指传感器，二次仪器指放大、显示、信号处理与传递部分。二次仪器通常安装在仪器盘上，按安装位置又可分为盘装仪器和架装仪器。

（7）按照我国 GB/T 4754—2011《国民经济行业分类标准》分，仪器大行业包括仪器及计量器具等 20 多个专业类别，即工业自动控制系统、电工仪器、光学仪器、计时仪器、导航制导仪器、分析仪器、试验机、实验室仪器、通用仪器元器件、农林牧渔仪器、地质地震仪器、气象海洋及水文天文仪器、核仪器、医疗仪器及设备、电子测量仪器、传递标准用计量仪器、衡器、船用仪表、汽车用仪表及其他通用仪器等。按产品的主要服务对象和领域分，通常把仪器大行业概括为生产过程测量控制仪表及系统、科学测试仪器、专用仪器、仪表材料和元器件四大类。而仪器技术一般包括工业自动化仪表、控制系统及相关测控技术，科学仪器及相关测控技术，医疗仪器及相关测控技术，电测、计量仪器及相关测控技术，各类专用仪器仪表及相关测控技术，相关传感器、元器件、制造工艺和材料及其基础科学技术等几大类技术。

（8）按照是否智能，分为普通仪器和智能仪器。

1.3　智能仪器

1.3.1　定　义

定义智能仪器必须要在"智能"一词上下工夫。智能用来修饰仪器，本质上是一个仿生学的概念，实质就是人或某些高等动物的智能物化为仪器的功能，或者说仪器模拟人或高等动物的智能，实现人工智能，是人工智能理论的一种具体应用和拓展。而人类的智能是多方面的，多元化的，比如语言智能、逻辑智能、运动智能、表演智能、社交智能、商业智能、学习智能、自我控制智能等。人工智能的理论研究成果最终要靠计算机来实现，而到目前为止，计算机还是电子计算机，分子计算机、DNA 计算机、量子计算机、光子计算机还在研究中，还没有走出实验室，更没有实用化。电子计算机所能够实现的人工智能，主要还是逻辑智能，包括数字（理）逻辑和模糊逻辑。所以，智能仪器定义为：具有智能检测和处理内核的仪器就叫智能仪器。此处的智能主要指逻辑智能。智能仪器具有类似人类或某些高等动物的感知、记忆、分析、辨识、思维、行为等功能，其感知部件就是检测系统，记忆部件就是存储系统，分析思维部件就是计算机的逻辑运算和控制系统，行为部件就是仪器的控制机构。

1.3.2　分　类

从体系结构来分，智能仪器有嵌入式和平台式两大类。前者是狭义的智能仪器，后者是广义的智能仪器。嵌入式智能仪器以测量对象为中心，平台式以仪器为中心。嵌入式智能仪器是将计算机（或微处理器）嵌入仪器内，之所以说它智能，是因为使用了计算机，而计算机具有存储器、运算器，因此它具有记忆功能和数字逻辑功能——计算机也是人工智能技术的一个成果，仅此而已，至于它有没有使用人工智能及其他相关理论技术，另当别论。嵌入式智能仪器又分为三种：一种是以专用嵌入式微处理器如 ARM 系列为核心，其内部含有嵌入式操作系统；一种是以通用单片机或 SOC 为核心，第三种是以 FPGA、DSP、CPLD、ASIC 等为核心，后两种有或者没有嵌入式操作系统。平台式智能仪器是将仪器组件或模块嵌入计算机内，本质就是通常所说的虚拟仪器。根据计算机的形式，分为 PC 智能仪器（通常所说的个人仪器），仪用总线（GPIB、VME、VXI、PXI、LXI 等）机箱式仪器，工控机式仪器，服务器/工作站式仪器。

1.3.3　主要特点

（1）计算机是基础和根本，综合多种高新技术。

（2）软件在仪器系统中的功能和作用占很大比重，硬件软件化，同时又催生新的更先进、更高性能的硬件。

（3）多功能、高性能集成。

（4）最先采用最新理论技术成果，同时推动新的科学研究和技术开发。

（5）呈现出哑铃式发展趋势：一端是微型化厘米化，一端是多核、并行、分布多功能巨型化集成系统。前者如医疗微创诊治仪器，后者如航空航天或远洋监测仪器。

（6）设计理念、设计方法、加工工艺不断创新，设计技术和支撑平台先进。

1.3.4　推动智能仪器发展的主要动力和技术

1. 主要动力

主观上，各种检测、测试、测量、计量、监测、监控要求日益严格，更加严密、科学的测量方法等，对仪器智能化提出需求；客观上，日益增加的测试测量领域、对象及其属性，越来越复杂多变的测量原理、过程，对测量仪器智能化提供了发展契机和动力。

2. 主要技术

传感器技术，材料技术，电子尤其是微电子技术和大规模集成电路设计与应用技术，如 DSP、FPGA、CPLD、ASIC 等，微计算机技术，紫色控制技术，软件工程技术，计算智能，仪器总线、现场总线、工业以太网和互联网技术，通信技术等。

发达工业国家都把智能仪器技术列为国家发展战略。目前智能仪器发展呈现两大趋势：一是创新驱动发展，随着传感技术、数字技术、互联网技术和现场总线技术的快速发展，采用新材料、新机理、新技术的传感器与仪器仪表实现了高灵敏度、高适应性、高可靠性，并向嵌入式、微型化、模块化、智能化、集成化、网络化方向发展。二是企业形态呈集团化垄断和精细化分工的有机结合，一方面大公司通过兼并重组，逐步形成垄断地位，既占据高端市场又加速向中低端市场扩张，掌控技术标准和专利，引领产业发展方向；另一方面小企业则向"小（中）而精、精而专、专而强"的方向发展，技术和产品专一，独占细分市场，服务面向世界。

1.3.5　智能仪器发展主要趋势

（1）仪器测量领域广泛化、深入化、立体化和空间化，测控范围系统化、全球化。

（2）仪器测量对象精细化、被测量微观化。

（3）仪器测量数据采集和处理数字化、实时化、分布化和远程化、多维化、智能化、自动化。

（4）仪器测量单元模块化、微型化、计算机化、便携化，仪器模块设备、系统合成化和集成化、多功能化、高性能化。

（5）仪器测量数据存储与管理数据库化、专业化、科学化、规格化、标准化。

（6）仪器测量数据传播与应用信息化、网络化、无线化、多样化、社会化。

1.3.6　我国智能仪器产业迫切需要解决的关键技术

1. 新型智能传感器技术

包括固态硅传感器技术、光纤传感器技术、生物芯片技术、基因芯片技术、图像传感器技术、全固态惯性传感器技术、多传感器技术等。重点发展新原理、新效应的传感技术，传感器智能技术，传感器网络技术，微型化和低功耗技术，以及传感器阵列及多功能、多传感参数传感器的设计、制造和封装技术。

2. 工业无线通信技术和控制网络技术

工业无线通信网络作为有线工业通信网络的补充，已经得到普遍认同。在这一领域的重点是工业无线通信网络标准的制订、工业无线通信网络认证技术，以及控制网络理论技术的研发与应用。

3. 功能安全技术及安全仪表技术

功能安全技术及安全仪表是国际上最近发展的新技术，目的是防止工业设施产生异常事故，以致危及人身与设备的安全。

重点发展的产品包括达到整体安全等级 SIL3 的控制系统、温度变送器、压力/压差变送器、电动执行机构/阀门定位器的开发与应用，以及安全仪表系统评估技术方法研究和评估工具的开发。

4. 精密加工技术和特殊工艺技术

我国高中档检测设备与国外的差距很大程度上是精密加工和特殊工艺技术的差距。当前的重点是多维精密加工工艺，精密成型工艺，球面、非球面光学元件精密加工工艺，晶体光学元件磨削工艺，特殊光学薄膜设计与制备工艺，精密光栅刻划复制工艺，特殊焊接、粘接、烧结等特殊连接工艺，专用芯片加工技术，MEMS 技术，全自动微量、痕量样品分析与处理技术，机器人测量技术等。

5. 分析仪器功能部件及应用技术

对分析仪器的关键部件，如检测器、四级杆、高压泵、阀门、磁体、专用光源和电源、全自动进样器、长寿命高灵敏电极、中阶梯光栅、高精度电子引伸计等关键零部件进行攻关，提高仪器整机的稳定性和可靠性。同时开发针对不同应用领域的谱图和数据库。

6. 人工智能技术

智能化技术的特点是：具有自校准、自检测、自诊断、自适应功能；具有复杂运算和误差修正的数据处理能力；具有自动完成指定测量任务的功能；用于科学测试仪器和控制系统的专家系统软件等。

7. 系统集成和应用技术

当前应重点发展不同生产厂商控制系统之间的无缝连接集成技术；大型项目的自动化设备主供应商应具备项目策划、设计、组织、采购、验收、调试等项目管理技术。

1.3.7 智能仪器的主要应用

（1）电子测量。
（2）通信测量。
（3）产品检验、测试认证。
（4）企业生产过程和产品全寿命周期测试测量以及工矿业过程测控、功能安全保障，如智能矿山/井（物联网矿山、数字矿山）中的应用。
（5）机器、设备、设施故障预测与健康管理。
（6）科学实验和教学实验。
（7）计量。
（8）人类社会日常生活品质保障（如环境空气质量、食品安全等）和公共安全检测、监测。
（9）智能电网、智能交通、智能家居、智能医疗、智慧医院、智能楼宇和智慧城市。
（10）刑事侦查和法学鉴别。
（11）机器人。
（12）汽车、飞机、轮船等平台测控。
（13）科学考察、地质勘探、物种发现、考古求证。
（14）灾害预测预警预报。
（15）气象、天文、水土检测和监测。
（16）国防军事、航空航天、火箭发射以及远洋测量。
……

其中，国防军事应用的一个方向就是机器间谍和机器武器。机器间谍如图 1.4 所示的机器昆虫和图 1.5 所示的掌上无人机。机器武器比如机器鱼、机器蛇等，它们是利用仿生学原理制成的水雷或鱼雷。

图 1.4 机器昆虫

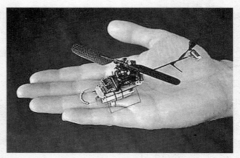

图 1.5 掌上无人机

习题与思考一

1. 什么是测量？
2. 简述仪器及其发展趋势。
3. 什么是智能仪器？
4. 简述智能仪器的发展现状与未来。
5. 简述智能仪器的应用领域。

第 2 章　智能传感器和微弱信号检测

通过本章的学习可以了解与传感器、智能传感器、微弱信号检测相关的基本概念及其发展趋势和方向。理解传感器的特性，智能传感器的构成、锁定放大器的基本原理，微弱信号检测传统方法与现代检测方法的概况及其发展脉络和趋势。掌握混沌和随机共振理论在微弱信号检测中的实现方法与工程应用。

测量是对客观被测对象及其属性、特征的感知，因此测量仪器离不开自己的感官——传感器。传感器是用来检测某种特定信号的，这些信号往往极其微弱，并且是淹没在极强的背景噪声中的。所以，研究仪器，必先研究传感器；研究传感器，必先研究信号检测，尤其是微弱信号检测。本章内容涉及的理论和技术十分广泛，教师可以根据各自教学大纲要求删减部分内容。学生要有针对性的查阅相关文献，作为知识储备和技能扩展支撑，尤其是微弱信号检测理论中的信号处理、数学理论和方法。在理解和掌握相关概念与技术的基础上，特别掌握利用相关开发平台、仿真软件实现这些理论和技术的工程方法。因此，要求熟悉文献检索方法，熟悉 matlabm 语言程序设计和 simulink 仿真工具的应用。

2.1　传感器基础

2.1.1　传感器定义

GB/T 7665—2005《传感器通用术语》定义：传感器（Transducer/Sensor）指能感受被测量并按照一定的规律转换成可用输出信号的器件或装置，通常由敏感元件和转换元件组成。其中，敏感元件（sensing element）指传感器中能直接感受或响应被测量的部分。转换元件（transducing element）指传感器中能将敏感元件感受或响应的被测量转换成适于传输或测量的电信号部分。当输出为规定的标准信号（1~5 V、4~20 mA）时，则称为变送器（transmitter）。

关于"传感器"这个词，目前国外还有许多提法，如变换器（transducer）、转换器（converter）、检测器（detector）和变送器（transmitter）等。而根据我国国家标准的规定，传感器定名为 transducer/sensor。

传感器的基本组成如图 2.1 所示。

图中敏感元件输出与被测量成确定的关系，敏感元件是传感器的核心，也是研究、设计和制作传感器的关键。需要指出的是，并不是所有的传感器都能明显地区分敏感元件和转换元件两部分，有的传感器转换元件不止一个，需要经过若干次的转换；有的则是二者合二为

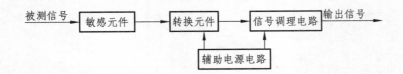

图 2.1　传感器组成框图

一。信号调理电路，它的作用是将转换元件输出的电信号作进一步的处理或转换，如进行放大、滤波、线性化、补偿、阻抗匹配和信号转换等，以获得更好的信号品质与特性，将信号变成可用输出，便于测量系统主控电路实现数据分析、处理、显示、记录及输出控制等功能。广义的信号调理电路还包括模拟数字转换（ADC）电路。

　　在对客观对象的测量、测试、检测、监测、分析、定位、跟踪、导航、制导、控制系统中，及系统自身的健康管理等组件或部件、模块、子系统中，传感器是不可缺少的且在一定程度上是决定系统性能的重要部件。

　　传感网络（Transducer/Sensor network）：由多个传感器构成，用于输出大空间范围中多点、多参量传感信号的网络。

　　传感器不仅可以单独使用，而且很多情况下在一个系统中需要使用多种传感器，或者多个同类传感器，以组成传感器网络。多种和多个传感器同时在一个系统中使用，存在传感器信息融合的问题，此外，还有节点及拓扑发现，通信（协议、体制）、控制、物理和信息安全等理论技术问题，要研究的内容很多。

2.1.2　传感器分类

　　传感器的工作原理、性能特点和应用领域各不相同，其结构、组成差异也很大；而且一种传感器可以检测多种参数，一种参数又可以用多种传感器测量。因此传感器种类繁多，有成百上千种；GB/T 7665—2005《传感器通用术语》中所列传感器种类就不下百种。所以对传感器进行准确、详细的分类是很困难的，难以统一规定，也是没有必要的。主要从工作原理、被测量性质、能量转换关系、应用领域、传感器结构、所用材料等角度进行分类。

1. 按工作原理分类

　　按工作原理分类，从物理、化学、生物等学科的原理、规律和效应作为分类的依据，有利于对传感器工作原理的阐述和对传感器的深入研究与分析。根据传感器工作原理的不同，传感器可分为电参数式传感器（包括电阻式、电感式和电容式传感器）、压电式传感器、光电式传感器（包括一般光电式、光纤式、激光式和红外式传感器等）、热电式传感器、半导体式传感器、波式和辐射式传感器等。这些类型的传感器大部分是基于其各自的物理效应原理命名的。

2. 按被测量性质分类

　　按被测量性质分类，有利于准确表达传感器的用途，对人们系统地使用传感器很有帮助。为更加直观、清晰地表述各类传感器的用途，将种类繁多的被测量分为基本被测量和派生被测量，见表 2.1。对于各派生被测量的测量亦可通过对基本被测量的测量来实现。此外，根据被测量的性质，可以将传感器分成物理型、化学型和生物型传感器、电磁型、光电型几大类。

表 2.1　基本被测量和派生被测量

基本被测量	派生被测量
位移　速度	长度、厚度、应变、振动、磨损度、光洁度
加速度	旋转角、偏转角、角振动、流量
	转速、冲击、质量
力　时间	转矩、转动惯量、应力、力矩、周期、频率、计数
光	光通量与密度、光谱
温度	热容
湿度	水汽、含水量、露点
浓度	气（液）体成分、黏度

3. 按传感器的结构形式分类

按传感器的结构形式，可分为结构型、物性型和复合型传感器。

结构型传感器是依靠传感器结构参数（如形状、尺寸等）的变化，利用某些物理规律，实现信号的变换，从而检测出被测量，它是目前应用最多、最普遍的传感器。这类传感器的特点是其性能以传感器中元件相对结构（位置）的变化为基础，而与其材料特性关系不大。

物性型传感器则是利用某些功能材料本身所具有的内在特性及效应将被测量直接转换成电量的传感器。例如，热电偶传感器就是利用金属导体材料的温差电动势效应和不同金属导体间的接触电动势效应实现对温度的测量的；而利用压电晶体制成的压力传感器则是利用压电材料本身所具有的压电效应实现对压力的测量。这类传感器的"敏感元件"就是材料本身，无所谓"结构变化"，因此，通常具有响应速度快的特点，而且易于实现小型化、集成化和智能化。

复合型传感器则是结构型和物性型传感器的组合，同时兼有二者的特征。

4. 按能量转换关系分类

按能量转换关系，传感器可分为能量控制型和能量转换型传感器两大类。

能量控制型传感器是指其变换的能量是由外部电源供给的，而外界的变化（即传感器输入量的变化）只起到控制的作用。如电阻、电感、电容等电参数传感器、霍耳传感器等都属于这一类传感器。

能量转换型传感器，主要由能量变换元件构成，它不需要外电源。如基于压电效应、热电效应、光电效应等的传感器都属于此类传感器。

5. 按传感器的使用材料分类

根据传感器的使用材料，将传感器分为半导体传感器、陶瓷传感器、金属材料传感器、复合材料传感器、高分子材料传感器等。

6. 按应用领域和使用目的的不同分类

根据应用领域的不同，可分为工业用、农用、民用、医用及军用等不同类型；根据具体的使用目的，又可分为测量用、监视用、检查用、诊断用、控制用和分析用传感器等。

此外，根据是否具有智能性，分为传统或常规传感器和智能传感器。

2.1.3 传感器特性

1. 传感器静态特性

为了更好地掌握和使用传感器，必须充分地了解传感器的基本特性。传感器的基本特性是指系统的输出输入关系特性，即系统输出信号 $y(t)$ 与输入信号（被测量）$x(t)$ 之间的关系，如图 2.2 所示。

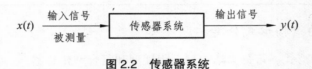

图 2.2　传感器系统

根据传感器输入信号 $x(t)$ 是否随时间变化，其基本特性分为静态特性和动态特性，它们是系统对外呈现出的外部特性，但与其内部参数密切相关。不同传感器的内部参数不同，因此其基本特性也表现出不同的特点。一个高性能的传感器，必须具有良好的静态特性和动态特性，才能保证信号无失真地按规律转换。当传感器的输入信号是常量，不随时间变化（或变化极缓慢）时，其输出输入关系特性称为静态特性。传感器的静态特性主要用下列几种性能来描述。

（1）测量范围（measuring range）：传感器所能测量到的最小输入量与最大输入量之间的范围。

（2）量程：传感器测量范围的上限值与下限值的代数差。

（3）准确度（accuracy）：指测量结果的可靠程度，是测量中各类误差的综合反映，测量误差越小，传感器的准确度越高。

（4）线性度（linearity）：指其输出量与输入量之间的关系曲线偏离理想直线的程度，又称为非线性误差。

（5）灵敏度（sensitivity）：是指传感器输出的变化量与引起该变化量的输入变化量之比。

（6）分辨率和阈值（resolution and threshold）。传感器能检测到的最小输入量变化的能力称为分辨力。

（7）重复性（repeatability）：重复性是指传感器在输入量按同一方向作全量程连续多次变动时所得特性曲线间不一致的程度。各条特性曲线越靠近，说明重复性就越好。

（8）迟滞（hysteresis）：迟滞特性表明传感器在正（输入量增大）反（输入量减小）行程中输出与输入曲线不重合的程度

（9）稳定性（stability）h 和漂移（drift）。

稳定性表示传感器在一个较长的时间内保持其性能参数的能力。理想的情况是不论什么时候，传感器的特性参数都不随时间变化。但实际上，随着时间的推移，大多数传感器的特性会发生改变。这是因为敏感元件或构成传感器的部件，其特性会随时间发生变化，从而影响了传感器的稳定性。稳定性一般以室温条件下经过一规定时间间隔后，传感器的输出与起始标定时的输出之间的差异来表示，称为稳定性误差。稳定性误差可用相对误差表示，也可用绝对误差来表示。

传感器的漂移是指在外界的干扰下，在一定时间间隔内，传感器输出量发生与输入量无关的、不需要的变化。漂移量的大小也是衡量传感器稳定性的重要性能指标。传感器的漂移有时会使整个测量或控制系统处于瘫痪状态。漂移包括零点漂移和灵敏度漂移等。

2. 传感器的动态特性

传感器的动态特性是指其输出对随时间变化的输入量的响应特性。大多数情况下，传感器的输入信号是随时间变化的动态信号，这时就要求传感器能时刻精确地跟踪输入信号，按照输入信号的变化规律输出信号。

传感器的动态特性与其输入信号的变化形式密切相关，在研究传感器动态特性时，通常根据不同输入信号的变化规律来考察传感器响应。实际传感器输入信号随时间变化的形式可能是多种多样的，最常见、最典型的输入信号是阶跃信号和正弦信号。这两种信号在物理上较容易实现，而且也便于求解。对于阶跃输入信号，传感器的响应称为阶跃响应或瞬态响应，它是指传感器在瞬变的非周期信号作用下的响应特性。这对传感器来说是一种最严峻的状态，如传感器能复现这种信号，那么就能很容易地复现其他种类的输入信号，其动态性能指标也必定会令人满意。

而对于正弦输入信号，则称为频率响应或稳态响应。它是指传感器在振幅稳定不变的正弦信号作用下的响应特性。稳态响应的重要性，在于当已知道传感器对正弦信号的响应特性后，也就可以判断它对各种复杂变化曲线的响应了。这是因为正弦信号在信号检测和估计理论中有特殊的理论意义和工程应用价值。其一，正弦信号是测量中最常遇到的一种信号。其二，正弦信号具有很强的研究价值。从傅里叶分析理论可以知道，在满足一定条件时，周期信号可以用傅里叶级数展开成一系列正弦信号的代数和，而傅里叶变换可以把非周期信号变换为一系列正弦信号之和，因此，检测和分析特征信号中各个正弦信号分量、成分，对于特征信号的整体把握是极其有意义的，而且也是必要的。其三，在电磁场理论中，正弦电磁场是由随时间按正弦变化的时变电荷与电流产生的，虽然场的变化落后于源，但是场与源随时间的变化规律是相同的，所以正弦电磁场的场和源具有相同的频率，这是正弦信号形成的电磁场又一个很重要的特点。其四，对于这些相同频率的正弦量之间的运算可以采用复数方法，即仅须考虑正弦量的振幅和空间相位而略去时间相位，其好处是极其有利于利用计算机和软件进行处理，有利于算法实现和优化。所以许多信号处理方法都是采用正弦信号加白噪声作为试验信号。但是，正弦信号的频谱是在 $\pm f_0$ 处的冲击信号，这一特点决定了对正弦信号抽样时会有一些特殊现象，即不同频率的这些信号在相同的抽样频率下可能结果相同、存在频谱泄漏等。这些现象要求对正弦信号进行抽样，尤其是在数字信号处理时，要考虑抽样定理的适用条件，以及数据长度如何选择等问题。

为便于分析传感器的动态特性，需要建立动态数学模型。建立动态数学模型的方法有多种，如微分方程、传递函数、频率响应函数、差分方程、状态方程、脉冲响应函数等。建立微分方程是对传感器动态特性进行数学描述的基本方法。在忽略一些影响不大的非线性和随机变化的复杂因素后，可将传感器作为线性定常系统来考虑，因而其动态数学模型可用线性常系数微分方程来表示。能用一、二阶线性微分方程来描述的传感器分别称为一、二阶传感器，虽然传感器的种类和形式很多，但它们一般可以简化为一阶或二阶环节的传感器（高阶可以分解成若干个低阶环节），因此，一阶和二阶传感器是最基本的传感器。求解出微分方程的解后就能够得到系统的瞬态响应和稳态响应。微分方程的通解是系统的瞬态响应，特解是系统的稳态响应。对于一些较复杂的系统，求解微分方程比较麻烦，可采用数学上的拉普拉斯（Laplace）变换将实数域的微分方程变换成复数域的代数方程，这样可使运算简化，求解就相对容易。

　　在采用阶跃输入信号研究传感器时域动态特性时，为表征传感器的动态特性，常用时间常数 τ、上升时间 t_r、响应时间 t_s 和超调量 σ 等参数来综合描述；在采用正弦输入信号研究传感器频域动态特性时，常用幅频特性和相频特性来描述，其重要指标是频带宽度（简称带宽）及相位误差等。主要的动态指标描述其响应的过程，各参数的意义参如图 2.3 所示。

（1）时间常数 τ 越小，响应速度越快。

（2）延时时间：传感器输出达到稳态值的 50% 所需时间。

（3）上升时间：传感器输出达到稳态值的 90% 所需时间。

（4）超调量：传感器输出超过稳态值的最大值。

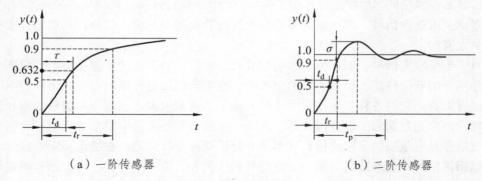

（a）一阶传感器　　　　　　　　　　　（b）二阶传感器

图 2.3　静态响应指标

传感器的频率响应特性有幅频特性和相频特性，均有一阶和二阶两种指标。

2.1.4　传感器命名、代号和图形表示

　　GB/T 7666—2005《传感器命名法及代号》规定了传感器的命名方法及图形符号。该标准适用于传感器的生产、科学研究、教学及其他相关领域。

1. 传感器的命名

　　传感器的全称应由主题词+四级修饰语组成。即主题词——传感器；一级修饰语——被测量，包括修饰被测量的定语；二级修饰语——转换原理，一般可后缀以"式"字；三级修饰语——特征描述，指必须强调的传感器结构、性能、材料特征、敏感元件及其他必要的性能特征，

一般可后缀以"型"字；四级修饰语——主要技术指标（如量程、精度、灵敏度等）。

2. 传感器的代号

根据国标 GB 7666—2005 规定，一种传感器的代号应包括以下四部分：主称（传感器）、被测量、转换原理、序号。四部分代号表述格式如图 2.4 所示。

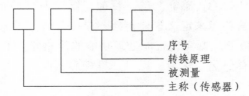

图 2.4　传感器产品代号的编制格式

在被测量、转换原理、序号三部分代号之间需有连字符"-"连接。

例如，某应变式唯一传感器的代号如图 2.5 所示。

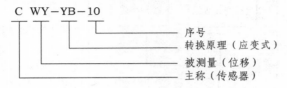

图 2.5　某型传感器代号

3. 传感器的图形符号

图形符号通常用于图样或技术文件中来表示一个设备或概念的图形、标记或字符。由于它能象征性或形象化地标记信息，因此可以越过语言障碍，直接地表达设计者的思想和意图，在实际中应用广泛。传感器的图形符号是电气图用图形符号的一个组成部分。GB/T 14479—93《传感器图用图形符号》是与国际接轨的。按照此规定，传感器的图形符号由符号要素正方形和等边三角形组成，如图 2.6 所示。其中，正方形表示转换元件，三角形表示敏感元件。

图 2.6　传感器的图形符号

2.2　智能传感器

2.2.1　智能传感器定义和历史

1. 智能传感器定义

GB/T 7665—2005《传感器通用术语》定义：智能化传感器（smart transducer/sensor）是

对传感器自身状态具有一定的自诊断、自补偿、自适应以及双向通信功能的传感器。

关于智能传感器的中、英文称谓，目前也尚未统一。John Brignell 和 Nell White 认为："Intelligent Sensor"是英国人对智能传感器的称谓；而"Smart Sensor"是美国人对智能传感器的俗称。Johan H. Huijsing 在"Integrated Smart Sensor"一文中按集成化程度的不同，分别称为"Smart Sensor"和"Integrated Smart Sensor"。对"Smart Sensor"的中文译名有译为"灵巧传感器"的，也有译为"智能传感器"的。目前，国际上对智能传感器尚没有统一的科学定义。模仿人的感官和大脑功能来定义智能传感器是一个较好的选择。本质上，它应定义为基于人工智能理论，利用微处理器实现智能处理功能的传感器：不仅具有视觉、触觉、听觉、嗅觉、味觉功能，且应具有记忆、学习、思维、推理和判断等人类"大脑"能力。智能传感器原理框图如图 2.7 所示。

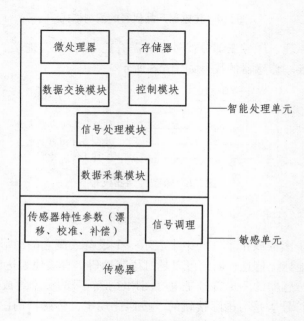

图 2.7　智能传感器原理框图

智能传感器充分体现了传感器的几大发展方向。比如，在汽车的高速行驶过程中，轮胎故障是所有驾驶者最为担心和最难预防的，也是突发性交通事故发生的重要原因。据统计，在高速公路上发生的交通事故有 70%～80%是由于爆胎引起的。汽车轮胎压力实时监视系统（Tire Pressure Monitoring System，TPMS），主要用于在汽车行驶时实时的对轮胎气压进行自动监测，对轮胎漏气和低气压进行报警，以保障行车安全，是驾车者、乘车人的生命安全保障预警系统。其核心是轮胎压力监测模块，由五个部分组成：具有压力、温度、加速度、电压检测和后信号处理 ASIC 芯片组合的智能传感器 MCM；8～16 位单片机（MCU）；RF 射频发射芯片；锂电池和天线。TPMS 智能传感器整合了硅显微机械加工（MEMS）技术制作的压力传感器、温度传感器、加速度计、电池电压检测、内部时钟和一个包含模数转换器（ADC）、取样/保持（S/H）、SPI 口、校准（Calibration）、数据管理（Data）、ID 码的数字信号处理 ASIC 单元或 MCU 的 SoC，模块具有掩膜可编程性，即可以利用客户专用软件进行配置。TPMS 的 MEMS 传感器 TPMS 使用的传感器十分细小轻巧、功能要求高，因此用 MEMS 技术来设计、制造。目前 TPMS 使用的 MEMS 传感器主要有二大类，即硅压阻式传感器，如 GE NovaSensor 的 NPX1、NPX2, Infineon SensoNor 的 SP12、SP30、SP35；和硅集成电容式传感器，如 Freescale 的 MPXY8020、MPXY8040、MPXY8300 系列。

美国霍尼韦尔公司开发的 APMS-10G 型带微处理器和单线接口的智能化混浊度传感器系统能同时测量液体的混浊度、电导和温度，构成多参数在线检测系统，可广泛用于水质净化，清洗设备及化工、食品、医疗卫生等部门。其内部结构框图如图 2.8 所示。

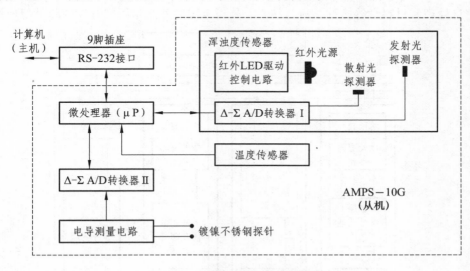

图 2.8　APMS-10 G 的内部框图

2. 智能传感器历史与实现方式

智能传感器概念最早由美国宇航局在研发宇宙飞船的过程中提出，并于 1979 年形成产品。世界上第一种商用集成智能传感器是美国霍尼韦尔(Honeywell)公司在 1983 年开发的 ST3000 系列智能压力传感器。它具有多参数传感（差压、静压和温度）与智能化的信号调理功能。宇宙飞船上需要大量的传感器不断向地面或飞船上的处理器发送温度、位置、速度和姿态等数据信息，使用一台大型计算机也很难同时处理如此庞大的数据；而且飞船又限制计算机体积和重量，于是引入了分布处理的智能传感器概念。基本思想是赋予传感器智能处理功能，以分担对中央处理器集中处理的消耗。同时，为了减少智能处理器数量，通常不是一个传感器而是多个传感器系统配备一个处理器，且该系统处理器配备网络接口。

智能传感器的实现由两种基本方式：一是集成化实现，一是非集成化实现。集成智能传感器普遍实现的方法之一，是以硅材料为基础（因为硅既有优良的电性能，又有极好的机械性能），采用微米级（1 μm ~ 1 mm）的微机械加工技术和大规模集成电路工艺来实现各种微米级传感器系统，国外也称这种技术为专用集成微型传感技术（ASIM）。由此制作的智能传感器的特点是：微型化，结构一体化，高准确度，多功能化，阵列化，全数字化，使用极其方便、操作极其简单，如图 2.9 所示。非集成智能传感器的实现方法就是传统传感器的智能化，即通常所说的智能化传感器，它将传统传感器与微处理器结合起来并且封装在一起，如图 2.10 所示。而根据需要与可能，智能传感器的实现方式还有第三种：混合实现，是前两种方式的结合，即将系统各个集成化环节如敏感单元、信号调理电路、微处理器单元、数字总线接口等，以不同的组合方式集成在两块或三块芯片上，并封装在一个外壳里。集成化敏感单元包括（对结构型传感器）敏感元件及变换器；信号调理电路包括多路开关、仪用放大器、基准、模/数转换器（ADC）等；微处理器单元包括数字存储器（EPROM、ROM、RAM）、I/O 接口、微处理器、数/模转换器（DAC）等。

顺便指出，智能结构是将传感元件、执行元件以及微处理器集成于基底材料中，使材料或结构具有自感知、自诊断、自适应的智能能力。智能结构涉及传感技术、控制技术、人工智能、信息处理和材料学等多种学科与技术，是当今国内外竞相研究开发的跨世纪前沿科技。

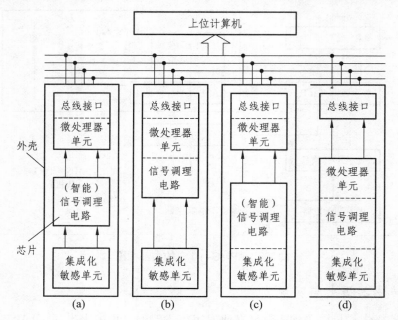

图 2.9   集成智能传感器结构示意图

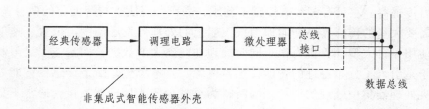

图 2.10   非集成智能传感器结构框图

2.2.2   智能传感器功能特点

1. 智能传感器的功能

概括而言，智能传感器的主要功能是：

（1）逻辑判断、统计处理和决策功能，可对检测数据进行分析、统计和修正，还可进行线性、非线性、温度、噪声、响应时间、交叉感应以及缓慢漂移等的误差补偿，提高了测量准确度。

（2）自校零、自标定、自校准、自动检验和自动补偿功能，以及自动查找、诊断和排除故障的自恢复功能，提高了工作可靠性。

（3）自适应、自调整功能、自选量程、自动采集数据功能，可根据待测物理量的数值大小及变化情况自动选择检测量程和测量方式，提高了检测适用性。

（4）组态功能，可实现多传感器、多参数的复合测量，扩大了检测与使用范围。

（5）数据存储、记忆与信息处理功能，可进行检测数据的随时存取，加快了信息的处理速度。

（6）双向通信、标准化数字输出或者符号输出功能，网络化，能够实现远程化，提高了信息处理的质量，扩大了处理空间。

2. 智能传感器的性能特点

与传统传感器相比，智能传感器的性能特点是：

（1）准确度高，不确定度低。

（2）可靠性高、稳定性好。

（3）信噪比大。

（4）分辨力高。

（5）自适应性强。

（6）互换性和通用性好。

（7）性能价格比优：功能的强大、性能的提高主要通过软件实现。

上述一切特点，均反映出软件在智能传感器中起着举足轻重的作用。由于计算机的强大数字分析、信息处理功能，智能传感器可通过各种软件对信息检测过程进行管理和调节，使之工作在最佳状态，从而增强了传感器的功能，提升了传感器的性能。此外，利用计算机软件能够实现硬件难以实现的功能，因为以软件代替部分硬件，可降低传感器的制作难度。

2.2.3　智能传感器产生和发展的动力

（1）传统的传感器技术已达到其技术极限，几方面存在严重不足：结构尺寸大，不符合微型化发展趋势；动态特性（时间、频率响应特性）差；输入-输出特性存在非线性，且随时间变化，产生漂移；技术参数易受环境条件变化的影响而漂移；信噪比低，易受噪声干扰；存在交叉灵敏度，选择性、分辨率不高；功耗大。传统传感器不适合被部署在野外、不能通过有线供电，其硬件设计必须以节能为重要设计目标，如无线传感器网络节点；价格高，不适合硬件设计，必须以廉价为重要设计目标。传统传感器的核心集中在硬件，然而硬件的各种补偿比如温度、线性、稳定性补偿电路设计很复杂、困难，而且收效很低；而开发新型敏感材料、改进生产工艺耗资巨大、周期很长。

（2）现代自动化及测控系统要求：对传感器智能水平、远程可维护性要求提高；准确度、稳定性、可靠性和互换性提高；新的工艺加工技术水平。

（3）人类社会生活"高效、节能、安全、环保"的主观需要，以及军事应用"观察—定位—决策—行动"（OODA）的主观目标推动。

2.2.4　智能传感器的发展趋势

　　传感器在工农业生产、自动测控、科学技术研究实验、生物医学、智能交通、物联网、水文地质勘探、气象预报、环境保护、航空航天、军事斗争以及日常生活中发挥着越来越重要的作用。随着物联网、车联网、云计算、智能家居、智能楼宇、智能建筑、智能小区、智能医疗、信息化智慧医院、智能交通、智能电网、智慧城市、智慧地球等概念和技术的日益普及深入，人类社会生活的各个领域和方面，对智能传感器的需求越来越广泛，要求也越来越高。一方面给智能传感器带来巨大的应用前景和商机，一方面又成为智能传感器发展的强大推动力。按照欧盟委员会的定义，物联网是物理世界与信息世界的无缝连接，即通过射频识别（RFID）、红外感应器、全球定位系统、激光扫描器等信息传感设备，按约定的协议，把任何物品与互联网连接起来，进行信息交换和通信，以实现智能化识别、定位、跟踪、监控和管理的一种网络，在这个定义中，传感器尤其是智能传感器的地位非常高。可以这么说，没有智能传感器，也就不可能有物联网。对于其他智能应用领域，也是如此。

　　智能传感器的发展趋势可以概括为"三新十二化"，即：新材料的开发、应用；新工艺、新技术的应用；利用新的效应开发新型传感器；虚拟化、标准化、多功能化、多维化、阵列化、高性能化、微尘化、低功耗化、无线化、网络化、自动化和信息化。而实现上述所有功能的基础数字化和全数字化，关键是智能化，目标是高性能化，必然归宿是信息化。

1. 虚拟化

　　虚拟化是充分利用软件实现传感器的特定硬件功能，虚拟化传感器可缩短产品开发周期，降低成本，提高可靠性。虚拟传感器是基于软件开发而形成的智能传感器，是虚拟仪器概念的扩展和推广。它是基于传感器硬件和计算机平台，并通过软件开发而成的，在硬件的基础上通过软件来实现测试功能，利用软件完成传感器的校准及标定，使之达到最佳性能指标。

2. 标准化

　　智能传感器均通过总线或者无线通信协议（包括物理层协议、数据链路层协议、网络层协议、传输层协议、应用层协议等）、路由协议、管理平面协议与测控主控系统连接。总线采用统一标准，使系统具有开放性。通信协议也是如此。不同厂家的产品，在硬件、软件、通信规程、连接方式等方面互相兼容、互换联用，既方便用户使用，又易于安装维修。不少大公司都推出了自己的现场总线标准，国际化的统一标准有的已经出台，比如 IEEE1451 系列，有的正在加紧制定中。我国物联网智能传感器国家标准有 19 个正在起草，如《智能传感器　第1部分：总则》、《智能传感器　第2部分：物联网应用行规》等。

3. 网络化

　　传感器网络化是利用各种总线或无线通信协议标准将多个传感器组成系统，并配备网络接口（LAN 或 Internet）。通过系统和网络处理器可实现传感器之间、传感器与执行器之间、传感器与系统之间数据交换和共享。多传感器信息融合是多传感器信息经元素级、特征级和决策级组合，得到更为准确的被测对象特性和参数。网络化保证了传感器和测控系统的远程化监控功能的实现。如远程医疗，能够远程监控病人的治疗与护理情况；以及智能小区和智能交通中的传感器等。网络化是实现传感器网络、无线传感器网络的基础和前提。也是远程监测、监控的基础。

智能传感器一般具有联网功能，可以称作网络传感器，代表智能传感器一个发展方向。网络传感器是包含数字传感器、网络接口和处理单元的新一代智能传感器。被测模拟量→数字传感器→数字量→微处理器→测量结果→网络；可实现各传感器之间、传感器与执行器之间、传感器与系统之间的数据交换及资源共享，在更换传感器时无须进行标定和校准，可做到"即插即用"。在构成网络时，能确定每个传感器的全局地址、组地址和设备识别号（ID）地址。用户通过网络就能获取任何一只传感器的数据并对该传感器的参数进行设置。美国 Honeywell 公司开发的 PPT 系列、PPTR 系列和 PPTE 系列智能精密压力传感器就属于网络传感器。

各种仪用总线、测控总线、现场总线和工业以太网总线，无线网络协议、标准的不断发展与推广，以及智能传感器自身的网络化标准为智能传感器的网络化提供了充足的空间。网络化传感器的基本结构如图 2.11 所示。

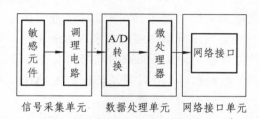

图 2.11　网络化智能传感器的结构

4. 多维化

是指传感器在空间上的维度扩展。含义一：一个传感器不仅能够检测一个方向、一个方位、一个维度的被测量，而且可以同时检测多个维度的被测量，或者一个被测量的多个维度的信息。这也是传感器多功能和高性能的体现之一。含义二：智能传感器自身结构具有多维性。多维化与阵列化是连接在一起的，阵列化是指在一个基片上集成了成百上千个传感器，如图 2.12 所示。

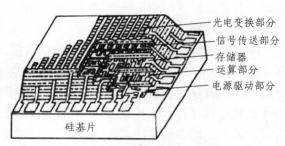

图 2.12　某三维集成一体化智能传感器

5. 自动化

智能传感器具有自动待机、自动启动、自动自检、自动检测和处理故障、自动传送数据和分发命令等功能，为实现系统自动化奠定坚实的基础。

6. 无线化和微尘化

无线传感器网络（Wireless Sensor Networks，WSN）是一种由大量部署在监控区域的智能传感器节点构成的网络应用系统，节点一般采用随机投放的方式大量部署在被感知对象的内部或者周围，并通过自组织方式构成无线网络。在任意时刻，节点间通过无线信道连接，以协作的方式通过局部的数据采集、预处理以及节点间的数据交换来完成全局任务。具有生存能力强、准确性和可靠性高，易于部署、自组织能力强、可扩展性强等特点。无线传感器网络构成一个功能强大的在测全空间智能化感知体系，实现了各节点的智能信息交换，保障多维信息的多元数据融合、实时处理和高度共享，从而达到对作监控测控空间的全过程、全维信息透彻感知、透明掌控。特适合于物联网、智慧 XX 领域的应用。

无线传感器网络由一组随机分布的，集传感器、数据处理单元和通信模块于一体的微型传感器，以自组织方式构成的无线网络。其目的是协作地感知、采集和处理网络覆盖区域中被监测对象的信息，并传送给信息获取者。WSN 技术综合了传感器技术、嵌入式计算技术、网络技术、分布式信息处理技术和通信技术，在军事、工业、医疗、交通、环保等诸多方面有着巨大的应用价值，正受到各技术和军事强国越来越多的关注。无线传感器网络是目前各领域尤其工农业生产、各种监控系统、军事领域的应用和发展热点。其市场包括楼宇自动化、工业控制、家庭自动化、智能电网和自动化计量基础设施（AMI）、工业过程自动化、环境监测、泊车与交通基础设施、能耗监测和库存管理。

美国从 20 世纪 90 年代开始，就陆续展开分布式传感器网络（DSN）、集成的无线网络传感器（WINS）、智能尘埃（Smart Dust）、μAMPS、无线嵌入式系统（WEBS）、SeaWeb、NEST、分布式系统可升级协调体系结构研究（SCADDS）、嵌入式网络传感（CENS）等一系列重要的 WSN 网络研究项目。在 2000 年前，美国国防部 DARPA 就赞助了一系列传感技术研究项目，美国的一些高校和研究机构均获得了其资助。加州大学伯克利分校 2001 年完成研究后，首次提出了智能微尘的概念。

无线传感器网络的节点称为"微尘（mote）"或者"智能微尘（Smart Dust）"，是一种以微型计算机为控制核心的传感器系统，其中的计算机通常带有无线链路，独立、节能。无线链路使得各个微尘可以通过自我重组形成网络，彼此通信，并交换有关现实世界的信息。如美军开发的"智能微尘"设备，其体积已经缩小到沙粒般大小，却包含了从信息收集、处理到发送所必需的全部软件，通过内嵌技术能够对装备物资的流动情况一清二楚。

微尘化是智能传感器发展的一个必然趋势和一大方向。第一，测控仪器和系统微型化是其发展趋势之一，且各种测量和控制仪器设备的功能越来越大，传感器应用越来越多，要求各个部件、组件和模块的体积越小越好，因而传感器本身体积也是越小越好。第二，测量对象微观化，比如纳米测量等。第三，诸多领域的实际应用需求，比如生物医学中的介入式诊断和治疗仪器所需的传感器，如药丸式内窥镜等，这些传感器的通信必然要求无线化。这就要求发展新型材料，开发新工作原理和新设计、制造、微细加工技术等，制作新型传感器，保障传感器体积小、重量轻、互换性好、可靠性高。

伯克利大学 1999 年研制的长度在 5 mm 之内的智能微尘外形、尺寸与内部结构如图 2.13

所示。未来的智能微尘可以在空中浮游几个小时，搜集、处理并无线发射信息。

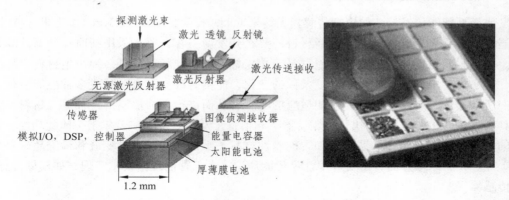

图 2.13　智能微尘的外形、尺寸及内部结构

具有代表性的 WSN 军事应用研究项目，美军"智能尘埃（Smart Dust，也译为智能微尘）"和"沙地直线（A Line in the Sanel）"取得了令人瞩目的研究成果。"智能尘埃"的设计思想是，在战场上抛撒数千个具有计算能力和无线通信功能的低成本、低功耗超微型传感器模块并组成网络，用于监控敌人的活动情况，并将采集到的原始数据进行简单处理后发送回指挥部。"沙地直线"是在国防高级研究计划局的资助下开发的一种 WSN 系统。该系统可将探测节点散布到整个战场，侦测战区内高金属含量的运动目标。欧洲的德国、芬兰、意大利、法国、英国等国家的研究机构也纷纷开展了 WSN 技术基础理论与军事应用的相关研究工作。日本与韩国甚至将建设 WSN 系统提升到国家战略高度。

与目前常见的无线网络（包括移动通信网、无线局域网、蓝牙网络等）相比，无线传感器网络具有以下特点：

（1）有限的计算能力、存储空间、能耗和能量供应。

（2）自组织。无须依赖任何预设的网络设施，网络自行布设和展开。

（3）多跳路由。网络中，节点通信距离一般在百米范围内，只能与和它相邻的节点直接通信。如果希望与其射频覆盖范围之外的节点进行通信，则需要通过中间节点进行传递。

（4）动态拓扑。无线传感器网络是一个动态网络，节点可以随处移动。

（5）无中心。无线传感器网络中没有严格的控制中心，所有节点地位平等。

（6）节点稠密分布，协作感知。

（7）节点具有数据融合能力。

从上述内容看出，智能微尘有两个方面的含义：一是作为无线传感器网络的节点，它是系统中的一颗微粒；一是它本身的确是一颗微尘，像尘埃一般大小，却具有智能传感器系统的完整功能，具有很多优势，如军事隐蔽性，低功耗等。正如智能微尘的名称所示，智能微尘体积很小，约相当于一粒沙子或一个尘埃的一小块。但麻雀虽小，五脏俱全，智能微尘上装载了传感器、微机电处理系统及通信系统、电源等。数量众多的微尘部署到现场环境中后，形成一张无线传感网。凡人体生命体征、能源用量、土壤温度、交通地图、生产效率等，都可以远程跟踪，实时处理并放入智能网络。这是智能传感器发展的一个主要趋势和方向。

智能微尘除了用于军事领域，还规范应用于远程化健康监控、医院本地医疗、防灾、广空间大面积长距离监控等。

7. 新型智能传感器的发展要求

发展新型智能传感器，如模糊传感器，纳米（1 纳米 $=10^{-9}$ 米）及飞米（1 飞米 $=10^{-15}$ 米）传感器等，要么发现和研制、利用新材料，要么开发新工艺，要么采用新原理和新计算智能算法。新型材料方面，主要研制智能材料等功能材料。智能材料就是一种仿生材料，能感知应力、热、光、电、磁、化学等环境条件的变化，能实时改变自身一种或多种性能参数，做出人们所期望的、与变化后的环境相适应的响应，从而进行反馈控制的一种复合材料。智能材料具有将感知（传感器）、执行（驱动器）和信息（及其处理）三者集于一体的功能，使无生命的材料变成了有生命的系统。如智能磁性材料（磁性液体、磁流变液和稀土超磁致伸缩材料）等。在新原理方面，主要应用计算智能理论、人工智能理论技术实现，如模糊传感器、神经传感器等。

8. 主要发展领域

主要发展领域有：军用传感器、汽车传感器、生物医学传感器、环境保护和生态资源监测传感器、食品药品检测监测传感器、交通监控传感器、智能电网用各种传感器、公共安全监控、生物识别传感器等。标准化、通用化、智能化、微型化、低功耗化、网络化和无线化功能是其基本要求。其中，生物识别技术是人体生物特征进行身份鉴别的技术，要求这些系统及其智能传感器具有"人各有异"、"无法复制"、"终身不变"和"随身携带"的四大特点。

2.3　智能传感器标准体系简介

各种仪用总线、测控总线、现场总线和工业以太网总线，以及各种无线通信协议都给智能传感器提供了广阔的网络化空间。为解决传感器与其他网络互联、互换、"即插即用"等功能，从 1993 年开始，美国国家标准技术研究所和 IEEE 仪器与测量协会的传感技术委员会联合制定了智能传感器通用通信接口标准，即 IEEE 1451 的智能变送器标准接口。其目的是给传感器配备一个通用的软硬件接口，使其方便地接入上述各种总线。针对变送器在工业各个领域应用的要求，多个工作组先后建立并开发接口标准的不同部分。2010 年 10 月以来，IEEE 1451.0—2007、IEEE 1451.1—1999、IEEE 1451.2—1997、IEEE 1451.4—2004、IEEE 1451.7—2010 分别被 ISO、IEC 组织接受为 ISO/IEC/IEEE 21450、ISO/IEC/IEEE 21451-1、ISO/IEC/IEEE 21451-2、ISO/IEC/IEEE 21451-4、ISO/IEC/IEEE 21451-7 标准，并且还在不断发展、完善；IEEE1451.6 还在商讨中，这 8 个标准形成 IEEE 1451 标准族。其中 IEEE 21450、IEEE 21451-1 为面向对象软件接口部分，定义一套智能传感器接入不同测控网络软件接口规范，同时通过定义通用的功能、通信协议及电子数据表格式，以达到加强 IEEE1451 族系列标准之间的互操作性，使智能变送器顺利接入不同测控网络；其余子标准分别为有线、无线接入硬件接口部分，由 IEEE1451.2-7 组成，主要是针对智能传感器的具体应用而提出的。其中，IEEE 1451.5 标准随着无线通信网络、物联网技术的发展，使得基于该标准的智能化无线传感技术应用越来越广泛和深入，在航空航天、智能电网、环境监控、医疗、智能交通等领域普遍应用。

IEEE 1451 标准的目标是提供一种软、硬件连接方案，使传感器同微处理器、仪器系统或网络相连接，其特点有：软件应用层可移植性，应用网络独立性，传感器互换性。为了使智能功能接近实际测控点，IEEE 1451 把传感器设计与网络实现分开，将传感器分为网络适配处理器、传感器接口模块两部分。通过特有的传感器电子数据表格实现各个厂家产品的互换性与互操作性。

　　IEEE 1451 标准改变了传统测控系统的构成方式，具有标准化、网络化优势，是构建网络化智能传感系统的理想方案，体现了网络化智能传感系统与 Internet 结合的必然趋势。

　　IEEE 1451 系列标准出版情况如表 2.2 所示。IEEE 1451 标准体系框架如图 2.14 所示。

表 2.2　IEEE1451 智能变送器系列标准体系

代号	名称与描述	状态
IEEE 1451.0	智能变送器接口标准	2007 年颁布
IEEE 1451.1	网络应用处理器信息模型	1999 年颁布
IEEE 1451.2	变送器与微处理器通信协议与 TEDS 格式	1997 年颁布
IEEE 1451.3	分布式多点系统数字通信与 TEDS 格式	2003 年颁布
IEEE 1451.4	混合模式通信协议与 TEDS 格式	2004 年颁布
IEEE 1451.5	无线通信协议与 TEDS 格式	2007 年颁布
IEEE 1451.6	CANopen 协议变送器网络接口	草案；ISO11898-1
IEEE 1451.7	RFID 传感器接口	2010 年颁布

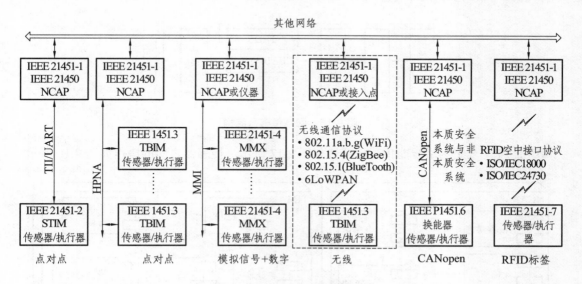

图 2.14　IEEE1451 标准框架

　　IEEE 1451.1 规定了智能传感器网络的实现模型，如图 2.15 所示。IEEE 1451.1 标准采用通用的 A/D 或 D/A 转换装置作为传感器的 I/O 接口，将所用传感器的模拟信号转换成规定的标准格式数据，连同一个存储器，即传感器电子数据表 TEDS 与规定的标准处理器目标模型即网络适配器 NCAP 连接，使数据可按网络规定的协议登临网络。这是一个开放的标准，它的目标不是开发另外一种控制网络，而是在控制网络与传感器之间定义一个标准接口，使传感器的选择与控制网络的选择分开，从而使用户可根据自己的需要选择不同厂家生产的智能传感器，实现真正意义上的即插即用。

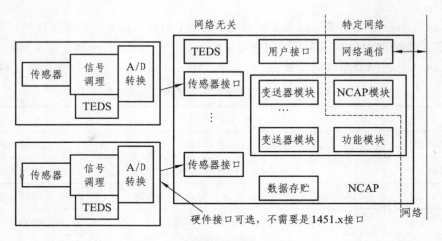

图 2.15   智能传感器网络实现模型

IEEE 1451.2 标准规定了智能网络传感器模型，定义其接口逻辑和 TEDS 格式，同时，还提供了一个连接智能变送器接口 STIM 和 NCAP 的 10 线标准接口即变送器独立接口 TTI。TTI 主要用于定义 STIM 和 NCAP 之间点点连线及同步时钟的短距离接口，使传感器制造商能把一个传感器应用到多种网络与应用中，如图 2.16 所示。

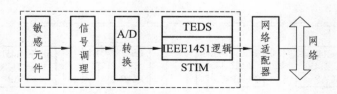

图 2.16   网络传感器结构

IEEE 1451 规定网络智能传感器部署如图 2.17 所示。传感器之间的协作如图 2.18 所示。

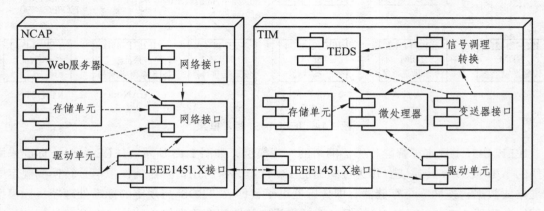

图 2.17   传感器部署图

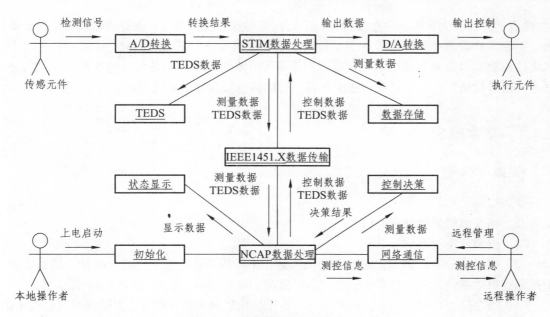

图 2.18　传感器之间的协作关系

上述文图中主要缩略语：

STIM：Smart Transducer Interface Module，智能变送器接口模型。

TII：Transducer Independent Interface，变送器独立接口。

NCAP：Network Capable Application Processor，网络适配器。

TEDS：Transducer Electronic DATA Sheet，变送器电子数据表单。

关于 IEEE1451 标准体系的其他标准详细内容请参阅标准本身和相关文献。

除了 IEEE1451 标准体系，智能传感器还有其他标准体系，如由开放地理空间联盟（OGC，Open Geospatial Consortium）提出的一种新型的传感器 Web 标准——传感器 Web 整合框架（Sensor Web Enablement，SWE）等。SWE 的最大亮点是：推出了以 XML 为基础的传感器建模语言 Sensor ML；开发了一个支持发现、交换和处理传感数据，同时进行任务分配的 WEB 应用服务体系。此外，国际海洋组织正在推广的网络化智能接口标准还有 PUCK 协议，其全称为智能化可编程水下连接器（Programmable Underwater Connector with Knowledge），它是一种简单的命令协议，由美国的 MBARI （Monterey Bay Aquarium Research Institute）提出，目的是简化海洋传感器网络的集成和维修。上述三种标准对于海洋观测系统的集成、海洋信息的实时获取和共享等具有非常重要的作用。

2.4　微弱信号检测理论技术简介

仪器特别是智能仪器以及智能传感器，很多情况下都要面对微弱信号检测这一基本问题。在各学科领域的测量和实验中，都必然涉及微弱信号检测，比如生物学的细胞发光特性、光合作用、生物电、生物磁，天文学的星体光谱，化学的物质生成过程，物理的表面物理特征，光学的光学声谱、脉冲瞬态光谱。而在人类社会生活中，也离不开微弱信号检测，比如灾害

（如地震、雪灾、火灾等）中生命搜救，生物医学病毒等信号检测，重要仪器设备早期故障检测，重要工程设施（如桥梁等）安全检测，军事领域对隐形飞机的侦测，海战中机器鱼雷、水雷的检测，以及海杂波中水下目标（如潜艇等）水声信号或其他信号的检测等。如何处理好这些信号检测问题，是仪器、智能仪器、智能传感器设计的关键问题。

2.4.1　基本概念

1. 微弱信号

微弱信号是：

（1）幅度或能量极微小的信号。

（2）被噪声淹没的信号。

（3）本身不一定微弱，但是检测距离太远，由于传播途径中的障碍、传播衰减以及各种干扰和噪声的混杂，也就微弱了，比如远洋监测、深空通信、遥感遥测中的特征信号。

（4）当今社会是信息社会，各种信息、数据呈指数幂次爆炸增长，大数据时代已经来临，大数据是指具有海量的数据规模（Volume），快速的数据流转，增长和动态的数据体系（Velocity），多样的数据类型（Variety），巨大的数据价值（Value）等特性的数据。要从大数据中获取敏感、可用、有价值信息越来越难，相当于大海捞针。这种从大数据中获取信息本质上也是一种微弱信号检测，因为极小的有用信号被淹没在海量的噪声中。

也就是说，微弱信号的微弱表现为两个方面：一是相对于强大的背景噪声，它是微弱的，一是它本身的幅度和能量极其微小，或者两方面兼而有之。比如生物医学信号，它的绝对幅度和能量很微小，而且，处于极强的背景噪声中。如心电信号，其幅度一般在 $10 \sim 50 \, \mu V$，频率范围在 $0.01 \sim 100 \, Hz$，而周围环境中的工频及其谐波电磁干扰的幅度和能量远比该信号大得多。

在工程实际应用系统中，很多微弱特征信号能够表明系统运行的状态特征，比如故障信号等，这类信号也很微弱，却往往包含着系统本身极为丰富的信息，故而对它的测量极为关键。

微弱信号幅值极小，测量时受传感器和测量仪器本身噪声的限制，表现出的总体效果是待检测信号往往被噪声信号淹没，从而很难被识别出来。噪声是影响信号质量的重要因素，正确处理弱信号和噪声问题可以提高信号传输和处理的质量。

2. 噪　声

一般把不是特征信号而又与目标同时存在的信号称为噪声。一般情况下，噪声为加性的，独立于信号存在，不影响信号频率分量和相位，但影响信号与噪声功率比，严重时会淹没信号，导致检测和提取信号困难。噪声普遍存在于测量系统之中，因而妨碍了有用信号的检测，成为限制测量信号的主要因素。

噪声的主要来源有：人为噪声——源于其他信号源，如其他发射机的信号、开关通断等；自然噪声——自然界存在的各种电磁波，如闪电、天体辐射形成的宇宙噪声等；内部噪声——来自器件、材料、设备和系统内部，如电阻中自由电子热运动、有源器件中电子或载流子的起伏变化等噪声；社会信息噪声——大数据背景，它本质上是一种随机噪声。

噪声分类：一般分为可消除噪声和不可消除噪声两种。可消除噪声如电源接触不良、电源自激振荡、设备内部产生的谐振干扰等。不可消除噪声如随机噪声，无法预测其准确的波形。常见的随机噪声有：

白噪声：功率谱密度在整个频域内均匀分布的噪声。即此信号在各个频段上的功率是一样的，由于白光是由各种频率（颜色）的单色光混合而成的，因而此信号的这种具有平坦功率谱的性质被称作是"白色的"，此信号也因此被称作白噪声。

限带白噪声：功率谱密度在低频的有限带宽内为恒定常数，在此频带外为零的噪声。

窄带噪声：在相当窄的频率范围内幅值显著高于其他频率的噪声。

单频噪声：连续波干扰（幅度、相位和频率不可预知），频带窄的噪声。

脉冲噪声：时间上无规则出现的干扰，幅度大、持续时间短、占频谱宽，如闪电、开关通断等产生的噪声。

起伏噪声：电阻类导体中电子热噪声、有源器件中电子或载流子产生的散弹噪声、天体辐射引起的宇宙噪声，在时域和频域总存在，不可避免，对通信性能影响大，是其主要探讨对象。

3. 干　扰

除噪声之外，实际测量中，还存在干扰，干扰一般来自外部的扰动，有一定的规律性，可以减小或消除。

干扰与噪声有本质的区别：噪声由一系列随机信号组成，其频率和相位都是彼此不相干的，而且连续不断；而干扰通常都有外界的干扰源，是周期的或瞬时的、有规律的。无论是噪声还是干扰，他们都是有害信号，有时为方便计，统称噪声。

4. 信　号

在测量中，信号是反映某些物理量在一定的测量条件下变化的信息。在电子测量技术中，一般是先将这些信息转化成电压量或电流量，再进行接收、处理，以便获得测量或实验者所需要的信息数据。一般来说，一个信号要包括以下几方面的参数：时域波形、幅值（有效值或平均值）、相位、能量以及频域特征等。在实际工作中，要检测一个信号，并不要求检测这些参数的全部，而是根据需要只检测有关参数即可。要检测和提取的信号通常称为特征信号。

5. 微弱信号检测

微弱信号检测就是指利用常规和传统方法不能检测到被测微弱信号（弱光、弱磁、弱声、小位移、微流量、微振动、微温差、微压差、微电导、微电流等的测量）而必须采用特殊方法进行的检测。

6. 信噪比

一般从传感器得到的总信号中包括了载有目标信息的有用信号 S 和附加的噪声信号 N。当均用有效值来表示它们的大小时，可用信噪比的改善来表示所得信息的可靠程度。

信噪比 S/N（Signal Noise Ratio，SNR）指信号有效值与噪声有效值之比，它是表征信号质量的主要参量。

7. 信噪改善比

SNIR=SNRo/SNRi（Signal Noise Improvement Ratio）。

8. 有效检测分辨率

仪器的示值可以响应与分辨的最小输入量的变化量。

信噪改善比和有效检测分辨率是表征检测方法、系统质量的主要参量。

信噪比、信噪改善比和有效检测分辨率三个参数是衡量一个微弱信号检测系统性能的主要技术指标。

2.4.2 传统微弱信号检测

1. 概 述

随着科学技术的迅速发展，测量技术得到日臻完善的发展，但同时也对其提出了更高的要求。尤其是一些极端条件下的测量已成为深化认识自然的重要手段，例如，对物质的微观结构与弱相互作用等所获得的极微弱信号的检测，无疑是当今科学技术的前沿课题。由于微弱信号检测能测量传统观念认为不能测量的微弱量，所以获得迅速发展和普遍重视。对于众多的微弱信号，由于物理量本身的涨落、传感器本底与测量仪器噪声的影响，被测有用信号被强于该信号数千甚至数十万倍的噪声所淹没；而且，更大的困难还在于，这些噪声的频率或者频带常常是恰好与被测信号相同的。噪声对于微弱信号检测几乎是无处不在，无时不有，种类多，特征复杂而且一般情况下随机、多变，它总是与信号共存。单纯采用放大、滤波等技术无法从噪声中分离被测信号，因为放大被测信号的同时，噪声也相应放大；用滤波滤除噪声的同时，被测信号也被滤除，相当于倒洗澡水连同被洗浴的可爱宝贝也一起倒掉，得不偿失，非主观所愿。因此，微弱信号检测是一种专门与噪声作斗争的技术。只有抑制或者利用噪声，才能有效取出信号。微弱信号检测的本质，与其说是检测特征信号，不如说是抑制和处理、利用包含在特征信号中的干扰和噪声，或者说是处理和抑制、利用含有特征信号的噪声或干扰。

微弱特征信号检测在军事及国民经济的诸多领域都有着广泛应用。在世界新军事变革的大潮中，武器装备朝着隐形化、信息化方向发展，提高对隐形飞机，静音潜艇等隐形目标的侦测能力与战场感知能力至关重要，而微弱特征信号检测正是探测隐形目标，获取战场信息的一项关键技术。在国民经济中其应用范围更是遍及光、电、磁、声、热、生物、力学、通信、声纳、地震、环保、医学、激光、机械及材料等领域。如工业测量，化学反应中的物质生成过程，光谱学中各类光谱的测量，生物学中细胞发光特性、生物电、生物磁的测量，医学信号处理以及机电系统的状态监测中均会遇到大量的微弱特征信号检测问题。机电设备状态监测的实质是对设备运行状态信息进行识别，这些状态信息的质量对于预示与确诊故障至关重要。特别是在机电设备向着大型、高速、精密、智能化的发展过程中，机电系统结构越来越复杂，工作强度越来越重，相互之间的作用和耦合越来越强，从而导致机电设备的动态行为更加复杂，状态监测更加迫切。

　　微弱信号检测的目的，就是利用电子学的、信息论的和物理学的方法，分析噪声产生的原因和规律，研究被测信号的特征和相关性，采取必要的手段检测被背景噪声覆盖的弱信号。它的任务是发展微弱信号检测的理论，探索新的方法和原理，研制新的检测设备以及在各学科领域中的推广应用。自从 1928 年约翰逊（Johnson）对热骚动电子运动产生的噪声进行研究以来，大量科学工作者对信号的检测做出了重要贡献。尤其是近几十年来，微弱信号检测技术更加取得了突飞猛进的发展，测量的极限不断低于噪声的量级。例如 1962 年美国 PARC 第一台相干检测的锁定放大器问世，使检测的信噪比提高到 10^3；到 80 年代初，在特定的条件下可使小于 1 nV 的信号获得满度输出（信号的放大量接近 200 dB），信噪比提高到 10^6。随着科技的发展，过去视为不可测量的微观现象或弱相互作用所体现的微弱信号，现在已成为可能，极大地推动了物理学、化学、天文学、生物学、医学以及广泛的工程技术领域等学科的发展。微弱信号检测技术，已经成为一门被人们广泛重视的新兴技术学科。微弱信号检测的特点主要有二：一是在极低信噪比中检测和提取信号；二是检测要求具有相当的快速性和实时性，工程实际中所采集的数据存储深度或保持时间往往会受到极大限制，在通信、雷达、声纳、地震、工业测量、各种实时监控等领域，这种在较小数据深度下的微弱特征信号检测有着广泛的应用需求。

　　由于特征信号特点不同，检测要求亦各异，微弱信号检测系统一般综合采用三种手段：

　　（1）降噪：降低传感器与放大器的固有噪声，尽量提高其信噪比；

　　（2）研制和采用新器件、电路：研制和采用适合微弱信号检测原理并能满足特殊需要的器件；

　　（3）创新方法：研究微弱信号检测新技术与新方法，通过各种新手段提取信号。

　　这三者缺一不可，主要是第三条，即研究其检测方法。微弱特征信号检测方法日新月异，基本方法有传统方法和现代方法两大类。传统方法有时域方法、频域方法和时频方法三种，具体有时域滤窄带滤波法、匹配滤波、双路检测法，取样积分和时域平均、数字平均、同步累计法等，频域法有频域匹配滤波、频域相关检测法、频谱分析法等，时频法有小波分析、短时傅里叶变换、超小波分析等，传统方法一般以线性理论为主，在滤去噪声的同时，信号有所损失。随着非线性理论的发展，利用非线性系统特有性质检测不稳定、非平衡的状态中的微弱信号成为可能。目前，基于非线性理论的微弱信号检测法主要包括高阶统计量分析和高阶谱分析、双谱分析、多重自相关法，经验模式分解、信号稀疏分解方法、子带分解方法、多分辨分析方法、盲信号处理、主成分分析法、独立分量分析、奇异值分解、神经网络、分形理论、混沌理论方法、差分振子法，随机共振方法等，与自适应信号处理方法一起构成现代方法。其中，多重自相关法是在传统自相关检测法的基础上，对信号的自相关函数再多次做自相关。多重自相关法较传统自相关法有一定的改善，尤其在频率测量中具有较高的准确性；而双谱估计在处理微弱信号方面具有强大的优势，不仅可对确知信号和白高斯噪声有较好的检测，而且对于非高斯随机信号也可进行检测，因而具有广阔的应用前景。高阶谱分析可以有效抑制信号中的非相关、非高斯噪声，且保留了信号中的相位信息。经验模式分解能将复杂的非平稳、非线性信号分解成固有模态函数，从而获得完整的时频信息。混沌理论法、差分振子法是利用非线性动力学系统对初值的敏感性和噪声免疫力进行微弱信号检测，在抑制噪声的同时，信号未被削弱，能有效降低噪声干扰，进行高灵敏度测量。

传统的微弱信号检测仪器或系统的实现主要利用了以下两种方法：

（1）相干（关）检测，依据此原理实现的测量仪器就是锁定放大器。它是一种频域信号的窄带化处理方法，是一种积分过程的相关测量。它利用信号与外加参考信号的相干特性，而这种特性却是随机噪声所不具备的。典型的仪器设备是以相敏检波器（PSD）为核心的锁定放大器（Lock-in Amplifier，LIA）。

（2）时域信号的平均处理，依据此方法的测量仪器是取样积分器。

传统微弱信号检测的理论和方法研究，已经形成了基于线性系统和平稳噪声的条件最佳检测理论和方法，提高了信息传输和提取的有效性、可靠性。一些实际系统根据具体的信号和噪声统计特性，参照最佳检测原则，找到了适当的检测方法。例如，射电望远镜和微波遥感器所用的微波辐射计，就是根据检测目标是以类似噪声形式表现的辐射信号，通过消除系统增益波动而造成的干扰，再降低系统本身的干扰噪声，达到了能检测出极微弱信号的能力，成为当今检测灵敏度最高的仪器。

2. 锁定放大器

锁定放大器（Lock-in Amplifier，LIA）是以相敏检波器（PSD）为核心，利用互相关的原理设计的一种同步相干检测仪，本质是一种频域窄带化处理方法。它利用随机噪声所不具备的特征信号与外加参考信号的相干特性进行积分测量。根据相关原理，通过乘法器和积分器串联，进行相关运算，除去噪声干扰，实现相敏检波，锁定放大器采用互相关接受技术使仪器抑制噪声的性能提高了好几个数量级。另外，还可以用斩波技术，把低频以至直流信号变成高频交流信号后进行处理，从而避开了低频噪声的影响。

锁定放大器和一般的放大器不同，输出信号并不是输入信号的直接放大，而是把交流信号放大并变成相应的直流信号，在频域完成信号的相干检测的系统，所以国外常把这类仪器称为锁相放大器，实际上不符合一般放大器的定义。它本质上是把待测信号中与参考信号同步的信号放大并检测出来。因此，将锁相放大器称为"锁定检测仪"或"同步检测仪"或许更为确切。但目前国内都称为锁相放大器或锁定放大器。但要注意，有人称之为锁相环放大器，就大错特错了。

锁定放大器进行相干检测的基本思想和依据是相关检测。特征信号与多数噪声有频率和相位两个方面的不同。滤波器只是利用选频特性识别特征信号的频率。如果再利用相位特性的识别特征信号，可以把同频率、不同相位的噪声大量排除。在光学中，对频率和相位都进行区分的方法称为相干法，所以这种检测方法也叫相干检测；而在电子学中，这种检测方法称为相关检测法、锁相法。

锁定放大器其原理框图如图 2.19 所示。各部件的功能是：信号通道把输入信号选频放大（初步滤除噪声）后，输入给相关器；参考通道在触发信号的同步下，输出相位可调节的、与输入信号同频率的参考波形；相关器对两路信号进行运算，然后对结果处理并输出。

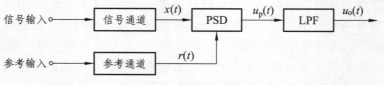

图2.19 锁相放大器原理框图

在微弱信号检测领域中，由于信号幅度很小（通常为 $10^{-12} \sim 10^{-9}$ V 量级），而伴随的噪声却很大，从而给信号的精确测量带来很大的困难。要实现对噪声中微弱正弦信号的测量，必须采用噪声信号参量估计中的最大似然估计，振幅和相位估计可以用互相关器来实现，相关检测装置就是锁定放大器。

设相敏检测器 PSD 的信号输入端有一输入信号 $x(t)$，它由待测特征信号 $A_i \sin(\omega t + \phi_i)$ 与噪声信号 $n_i(t)$ 两部分组成，即 $x(t) = A_i \sin(\omega t + \phi_i) + n_i(t)$，另有一参考信号 $r(t)$ 从参考端输入，即 $r(t) = A_r \sin(\omega t + \phi_r)$。PSD 以参考信号为基准，对输入信号进行相敏检测，其本质是乘法器，则输出 $u_o(t)$ 为

$$u_o(t) = \lim \frac{1}{nT} \int_0^{nT} S_i(t) S_r(t) \mathrm{d}t$$

$$= \lim \left\{ \frac{1}{nT} \left[\int_0^{nT} A_i A_r \sin(\omega t + \phi_i) \sin(\omega t + \phi_r) \mathrm{d}t + \int_0^{nT} A_r n_i(t) \sin(\omega t + \phi_r) \mathrm{d}t \right] \right\}$$

$$= \frac{1}{2} A_i A_r \cos(\phi_i - \phi_r) = \frac{1}{2} A_i A_r \cos\phi \qquad (2\text{-}1)$$

式中，T 为信号周期，$\phi = \phi_i - \phi_r$ 为相位差。由于噪声与信号是不相关的，所以含有噪声的项经多次平均以后为零；相敏检测器的输出 $u_p(t)$ 经过 LPF 后，和频分量被滤除。

由式（2-1）可见，可以调节参考信号的相位 ϕ_r，使之与输入信号的相位差为零。这时，相关器的输出信号为最大。在参考信号的幅值 A_r 相位 ϕ_r 为已知的情况下，就可以测定输入信号的幅值及与参考信号之间的相位差 $(\phi_i - \phi_r)$，从而实现了同步解调鉴幅的目的，达到了微弱信号的检测效果。这就是锁定放大器的基本原理。

1962 年美国 EG&G PARC（SIGNAL RECOVERY 公司的前身）发明了第一台锁相放大器，使微弱信号检测技术得到标志性的突破，极大地推动了该学科基础理论和工程技术的发展。目前，微弱信号检测技术和仪器不断进步，在很多科学和技术领域中得到广泛的应用。早期的 LIA 是由模拟电路实现的，随着数字技术的发展，出现了模拟与数字混合的 LIA，这种 LIA 只是在信号输入通道，参考信号通道和输出通道采用了数字滤波器来抑制噪声，或者在模拟锁相放大器（简称 ALIA）的基础上多了一些模数转换（ADC）、数模转换（DAC）和各种通用数字接口功能，可以实现由计算机控制、监视和显示等辅助功能，但其核心相敏检波器（PSD）或解调器仍是采用模拟电子技术实现的，本质上也是 ALIA。直到相敏检波器或解调器用数字信号处理的方式实现后，出现了数字锁相放大器（简称 DLIA），DLIA 较 ALIA 有许多突出的优点而备受青睐，成为现在微弱信号检测研究的热点，但是在一些特殊的场合中，ALIA 仍然发挥着 DLIA 不可替代的作用。ALIA 也可以与微控制器结合应用，且具有计算机通用通信接口，如图 2.18 中两种常用数字通信接口，即 232 串行通信接口和 GPIB 接口。通过这两个接口可以用计算机去设置 ALIA 的各个参数，可以便利操作与设备的系统集成。

LIA 的相敏检波器（或同步解调器）是用数字信号处理的方式实现的，就成为 DLIA。目前，数字锁相放大器（DLIA）一般有三种形式：基于单片机的 DLIA，基于 DSP 和基于 PC 的 DLIA。LIA 首先要解决的问题是如何消除低频噪声，现在大多采用频谱倒置算法：通过交替交换采样点的正负号，实现比较简单，便于单片机处理。自从专用 DSP 诞生以来，信号的数字实时处理成为可能。这主要得益于 DSP 中的乘加求和的快速运算功能，使复杂的算法能在几个指令周期内完成。基于 DSP 的 DLIA 更加有利于双通道正交相关算法的实现，其相关

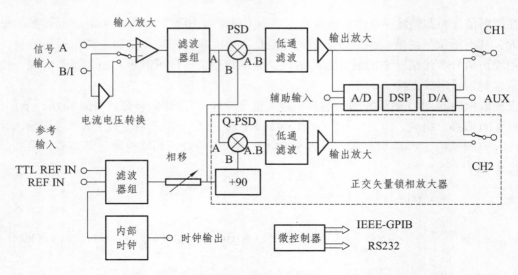

图 2.20 模拟锁相放大器（ALIA）的典型结构

运算和数字滤波算法体现了 DSP 的优势。而基于 PC 的系统级模块化 DLIA 架构有两种模式：一种是用标准总线及标准机箱的硬件设计，这种结构的优点在于能将 DLIA 集成于一个复杂的数字系统中，同时也可以通过采用专用数据采集卡和数据处理卡来提高 DLIA 的性能；第二种是用通用数据总线的设备级硬件结构，这种结构主要是用于集成各种专用数字设备。基于 PC 的 DLIA 的最大优势在于核心数字处理单元是由资源丰富、功能强大的 CPU 构成，各种应用软件在操作系统平台上运行。本质上是一种虚拟仪器体系架构，具有虚拟仪器的优点，如图 2.21 所示。

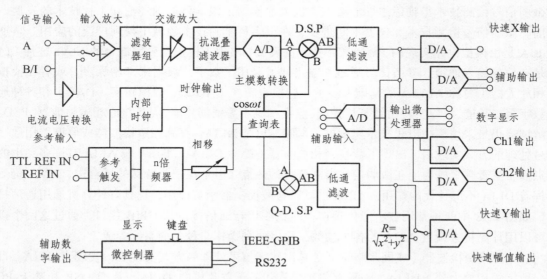

图 2.21 数字锁相放大器（DLIA）的典型结构

锁定放大器被测信号和参考信号是同步的，它不存在频率稳定性问题，可以把它看成为一个"跟踪滤波器"。它的等效 Q 值由低通滤波器的积分时间常数决定，所以对元件和环境的稳定性要求不高。研究表明，锁定放大器使信噪比提高一万多倍即信噪比提高了 80 dB 以上。

这表明采用相关技术设计的锁定放大器具有很强的抑制噪声能力。目前锁定放大器有如下特点：极高的放大倍数，若有辅助前置放大器，增益可达 10^{11}（即 220 dB），能检测极微弱信号输入，其直流输出电压正比于输入信号幅度及被测信号与参考信号相位差，满刻度灵敏度达 nV（A）甚至于 pV（A）量级。

3. 取样积分器

锁定放大器常用于对淹没在噪声中的正弦信号幅度及相位进行测量，但是有时候还会遇到对淹没在噪声中的周期短脉冲波形的检测；如生物医学中遇到的血流、脑电或心电信号测量、发光物质受激后所发出的荧光波形测量、核磁共振信号测量等。这些信号的共同特点是信号微弱具有周期重复的短脉冲波形最短可到 ps 量级。对于这类信号测量，如果信号是重复的，产生时刻是已知的，就可采用取样积分器来恢复、记录深埋在噪声中的微弱信号。取样积分器是根据时域特征的取样平均来改善信噪比并恢复波形的检测技术。对于任何重复的信号波形，在其出现期间只取一个样本，并在固定的取样间隔内重复 m 次。若将所描述的信号按时间顺序划分为 n 个间隔，将每个间隔的平均结果记录下来，便能使噪声污染的信号波形得到恢复。其代表性的仪器有 Boxcar 平均器或称取样积分器，是采用变换采样的工作方式的单点取样积分器，它对信号每周或每重复出现一次采样并积分一次，经过多次采样积分即平均，得到该点信号的波形或特定点的幅值。这类仪器的缺点首先是取样效率低，不能充分利用信号波形，其次是不利于低重复频率的信号的恢复，从而限制了它的使用。

取样积分器的基本原理：图 2.22 所示为取样积分器电路，参考信号 $r(t)$ 从参考端输入，即 $r(t) = A_r \sin(\omega t + \phi_r)$ 是与被测信号 $x(t) = S_i(t) + n_i(t) = A_i \sin(\omega t + \phi_i) + n_i(t)$ 同频的参考信号。经延时 t_0 后形成取样脉冲，作用到取样开关 K，实现对输入信号的取样。由于每隔周期 T 进行一次取样，因此在电容器 C 上的电压就得到取样信号的积分。为防止积累造成溢出现象，在计算机的存储器代替电容器 C 的情况下，对存储信号还要作平均处理，故又称为积累平均。图 2.23 给出取样积分器波形示意图。

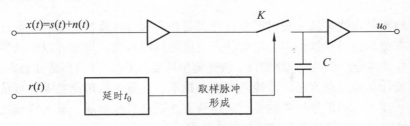

图 2.22　取样积分器原理图

经过 n 次积累平均，则输出为

$$u_{\mathrm{o}} = \frac{1}{n}\sum_{k=0}^{n-1} x(t_0 + kT) = \frac{1}{n}\sum_{k=0}^{n-1} s(t_0 + kT) + \frac{1}{n}\sum_{k=0}^{n-1} n(t_0 + kT)$$

对白噪声形式的观察噪声，由于不同时刻噪声值不相关，则有

$$\frac{1}{n}\sum_{k=0}^{n-1} n(t_0 + kT) \approx 0$$

故输出

$$u_{\circ} \approx \frac{1}{n}\sum_{k=0}^{n-1}s(t_0+kT)=s(t_0)$$

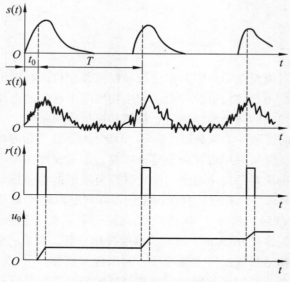

图 2.23　取样积分器波形图

随着微电子技术和微处理器的应用和发展，出现了信号多点数字平均技术，可最大限度地抑制噪声或节约时间，并能完成多种模式的平均功能；也有实现了实时采样的，在实时采样过程中采样脉冲的作用、采样过程以及信号的恢复是与被采样信号在同一时间刻度上进行的，即在被采样信号的一次有效持续时间内抽取复现原信号。

2.4.3　自适应滤波

微弱信号检测的现代方法一般借助于计算机处理，形成计算机方法。随着计算机的普及与发展，原来在微弱信号检测中需要用硬件来完成的检测系统，现在可以用软件来实现。利用计算机进行曲线拟合、平滑、数字滤波、快速傅里叶变换（FFT）及谱估计等方法处理信号，乃至结合现代统计信号处理方法、非线性理论与技术、计算智能理论技术进行信号处理，提高了信噪比，实现了微弱信号检测的要求。这种方法正在日益发展、深入研究之中。本书主要介绍自适应滤波法、混沌检测和随机共振方法等。

自适应信号处理作为一类现代信号处理技术，尤其是算法，广为应用。一是它自身是很重要的信号处理分支，一是许多现代信号处理理论和技术，都要结合自适应算法来实现。本节结合自适应滤波技术简单介绍自适应信号处理及其算法。

由 Widrow B 等提出的自适应滤波理论，是在维纳滤波、卡尔曼滤波等线性滤波的基础上发展起来的一种最佳滤波方法。由于它具有更强的适应性和更优的滤波性能，从而广泛应用于通信、系统辨识、回波消除、自适应谱线增强、自适应信道均衡、语音线性预测和自适应天线阵等诸多领域。自适应滤波器最大的优点在于不需要知道信号和噪声的统计特性的先验知识就可以实现信号的最佳滤波处理。自适应滤波原理图如图 2.24 所示。

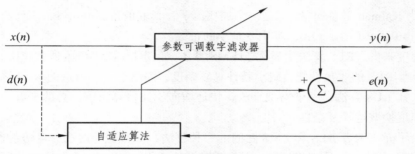

图 2.24　自适应滤波原理图

自适应滤波分两个过程。第一，输入信号 $x(n)$ 通过参数可调的数字滤波器后得输出信号 $y(n)$，与参考信号 $d(n)$ 进行比较得到误差信号 $e(n)$；第二，通过一种自适应算法，利用 $x(n)$ 和 $e(n)$ 的值来调节参数可调的数字滤波器的参数，即加权系数，使之达到最佳滤波效果。

常见自适应滤波算法有最小均方误差算法，递推最小二乘算法，归一化均方误差算法，快速精确最小均方误差算法，子带滤波，频域自适应滤波等。

其中最典型最有代表性的两类自适应算法就是最小均方误差算法和递推最小二乘算法。

1. 最小均方误差算法（LMS）

最小均方误差算法（LMS）是一种用瞬时值估计梯度矢量的方法，即

$$\nabla(n) = \frac{\partial[e^2(n)]}{\partial \boldsymbol{h}(n)} = -2e(n)\boldsymbol{X}(n) \tag{2-2}$$

按照自适应滤波器滤波系数矢量的变化与梯度矢量估计的方向之间的关系，可以写出 LMS 算法调整滤波器系数的公式为

$$\boldsymbol{h}(n+1) = \boldsymbol{h}(n) + \frac{1}{2}\mu[-\nabla(n)] = \boldsymbol{h}(n) + \mu e(n)\boldsymbol{X}(n) \tag{2-3}$$

上式中的 μ 为步长因子。μ 值越大，算法收敛越快，但稳态误差也越大；μ 值越小，算法收敛越慢，但稳态误差也越小。为保证算法稳态收敛，应使 μ 在以下范围取值：

$$0 < \mu < \frac{2}{\sum_{i=1}^{N} x(i)^2}$$

2. 递归最小二乘法（RLS）

RLS 算法的基本方法为

$$\hat{d}(n) = X^T(n)H(n-1)$$

$$e(n) = d(n) - \hat{d}(n)$$

$$k(n) = \frac{P(n-1)X^3(n)}{\lambda + X^T(n)P(n-1)X^3(n)}$$

$$P(n) = \frac{1}{\lambda}[P(n-1) - K(n)X^T(n)P(n-1)]$$

$$H(n) = H(n-1) + K(n)e(n)$$

$K(n)$ 称为 Kalman 增益向量，λ 是一个加权因子，其取值范围 $0<\lambda<1$，该算法的初始化一般令 $H(-1)=0$ 及 $P(-1)=1/\delta$，其中 δ 是小的正数。

从收敛速度来看，RLS 算法明显优于 LMS 算法，但 RLS 算法在运算上却比 LMS 算法复杂得多。为保留 RLS 的收敛性能，减小其计算复杂度，提出了一些改进的 RLS 算法。如 RLS 格型算法，快速 RLS 算法，梯度格型算法，快速横向滤波器算法等。总的来看，这些收敛法都是以运算速度换取运算复杂性。

于是提出了介于两者 RLS 和 LMS 之间的一种算法，如共轭梯度法、自仿射投影算法等。共轭梯度法不需要 RLS 中的矩阵运算，也没有某些快速 RLS 算法存在的不稳定问题，但它的缺点是稳态误差比较大。而 LMS 算法的优点是运算简便，但它只有一个可调整参数，即步长因子 μ，可以用来控制收敛速率，由于 μ 的选择受系统稳定性的限制，因此，算法的收敛速度受到很大限制。为了加快收敛速度人们提出许多改进的 LMS 算法。

3. 块处理 LMS 算法（BLMS）

为了对付 LMS 运算量大的问题，在 LMS 基础上提出了块处理 LMS（BLMS）。它与 LMS 算法不同的是：LMS 算法是每来一个采样点就调整一次滤波器权值；而 BLMS 算法是每 K 个采样点才对滤波器的权值更新一次。这样 BLMS 算法的运算量就比 LMS 的运算量要小的多，但它的收敛速度却与 LMS 算法相同，具体算法如下：

由式（2-3）可知

$$h(n) = h(n-1) + \mu e(n-1)X(n-1) \qquad (2\text{-}4)$$

将式（2-4）带入式（2-3）得

$$h(n+1) = h(n-1) + \mu e(n)X(n) + \mu e(n-1)X(n-1)$$

依次类推可得

$$h(n+K+1) = h(n) + \mu e(n+K)X(n+K) + \cdots + \mu e(n)X(n)$$

4. 能量归一化 LMS 算法（NLMS）

针对算法收敛时间依赖输入信号功率的问题，将自适应滤波器系数的调整量用输入信号的功率进行归一化，称为归一化的最小均方算法（NLMS），具体算法如下：

$$\text{estimated\_echo}(i) = \sum_{k=0}^{N-1} a_k y(i-k)$$

$$a_k(i+1) = a_k(i) + \frac{\beta_1}{P_y(i)} e(i) y(i-k)$$

$$P_y(i) = [\text{average}|y(i)|]^2$$

其中，a_k 为滤波器的系数，$e(n)$ 为误差信号，β_1 为固定环路增益，N 为滤波器系数，$P_y(i)$ 为参考信号的能量估计。

此外，结合以上 NLMS 和 BLMS 两者的特点，则有归一化块处理 LMS（BNLMS）算法等。

5. 变步长 LMS 算法

针对 LMS 算法中的 μ 值的取值方法，人们研究了许多变步长 LMS 算法，一般是在滤波器工作的开始阶段采用较大的 μ 值，以加快收敛速度，而在后阶段采用较小的 μ 值，可以减小稳态误差。这类算法的关键是确定在整个过程中 μ 值如何变化或 μ 值在何种条件满足下才改变。

　　自适应算法中最简单、运算量最小的是以 LMS 为代表的一类算法，如 NLMS、BLMS 算法等，但同时他们也存在着收敛慢的缺点；与之相反的是另一个极端，是以 RLS 等为代表的各种算法，他们虽收敛速度很快，但运算量很大。近些年兴起的仿射投影、共轭梯度、快速牛顿算法等，则是在运算量和收敛速度之间作适当折中，从而获得了广泛的应用。

2.4.4　混沌理论

1. 混沌理论简介

　　混沌一词作为哲学概念在中国古已有之，但作为现代非线性科学领域重要成员，混沌理论（Chaos）是美国气象学家爱德华·诺顿·洛伦兹 1963 年提出的。1979 年 12 月，洛伦兹在华盛顿的美国科学促进会的一次讲演中提出：一只蝴蝶在巴西扇动翅膀，有可能会在美国的德克萨斯引起一场龙卷风，就是所谓的"蝴蝶效应"。从科学的角度来看，"蝴蝶效应"反映了混沌运动的一个重要特征：系统的长期行为对初始条件的敏感依赖性。一则西方寓言：丢失一个钉子，坏了一只蹄铁；坏了一只蹄铁，折了一匹战马；折了一匹战马，伤了一位骑士；伤了一位骑士，输了一场战斗；输了一场战斗，亡了一个帝国。马蹄铁上一个钉子是否会丢失，本是初始条件的十分微小的变化，但其"长期"效应却是一个帝国存与亡的根本差别。这是军事和政治领域中的所谓的"蝴蝶效应"。它跟可以称作蚁穴效应的中国著名谚语——千里之堤，溃于蚁穴，是相通的。

　　发现数学物理混沌现象的第一位学者是法国数学家 H. Poincare，他在研究天体力学中三体问题时发现了混沌现象。Birkhoff 于 1917 年在研究有耗散的平面环的扭曲映射时，发现了一种实际上是混沌中一种奇怪吸引子的极其复杂的奇异曲线。1918 年，Duffing 对具有非线性恢复力项的受迫振动系统进行了深入研究，提示出许多非线性振动的奇妙现象，建立了标准化的动力学方程——Duffing 方程。1927 年，荷兰物理学家 B.Vanderpol 在研究三相复振荡器时，建立了著名的 Vanderpol 方程。在生态领域，经过数代人的努力，提出了 Logistic 方程，即描述生物种群系统演化的典型模型，称为虫口模型。前苏联数学家 Kolmogorov 的工作为不仅耗散系统有混沌，保守系统也有混沌奠定了理论基础，他和阿诺德（Arnold，V. I.）和莫塞尔（Moser，J.）提出并证明了以他们的姓氏的字头命名的 KAM 定理，被公认为是创建混沌学理论的历史性标记。Li-Yorke 定理理描述了混沌的数学特征，为以后一系列的研究开辟了方向。Andelbrot 于 1973 年提出了分形几何的概念，克服传统几何学的局限来研究混沌运动在相空间的复杂图像表达。混沌是现象的深化，而分形则是结构的深化。

　　随着计算机的发展，对混沌现象及理论研究也随之展开，1975 年 Li-Yoke 等第一次以数学语言来表述混沌：混沌是出于确定映射的似随机过程。物理学上，混沌通常被认为是确定的、耗散的非线性动力系统中无序的、不可预知的行为和现象。

2. 混沌的基本概念

1）相空间

在连续动力系统中，用一组一阶微分方程描述运动，以状态变量（或状态向量）为坐标轴的空间构成系统的相空间。系统的一个状态用相空间的一个点表示，通过该点有唯一的一条积分曲线。

2）李雅普诺夫指数

Lyapunov 指数（简称李氏指数）是用来衡量复杂的非线性动力学系统性态对初始条件改变的灵敏度，或者说它表示两条无限小分开轨迹线的相对距离在单位时间内平均增长指数。

3）不动点

不动点又称平衡点、定态。不动点是系统状态变量所取的一组值，对于这些值系统不随时间变化。在连续动力学系统中，相空间中有一个点 x_0，若满足当 $t \to \infty$ 时，轨迹 $x(t) \to x_0$，则称 x_0 为不动点。

4）吸引子

吸引子指相空间的这样的一个点集 s（或一个子空间），对 s 邻域的几乎任意一点，当 $t \to \infty$ 时所有轨迹线均趋于 s，吸引子是稳定的不动点。奇异吸引子：又称混沌吸引子，指相空间中具有分数维的吸引子的集合。该吸引集由永不重复自身的一系列点组成，并且无论如何也不表现出任何周期性。混沌轨道就运行在其吸引子集中。

5）分叉和分叉点

分叉和分叉点又称分岔或分支。指在某个或者某组参数发生变化时，长时间动力学运动的类型也发生变化。这个参数值（或这组参数值）称为分叉点，在分叉点处参数的微小变化会产生不同性质的动力学特性，故系统在分叉点处是结构不稳定的。

6）分形和分维

分形是 n 维空间一个点集的一种几何性质，该点集具有无限精细的结构，在任何尺度下都有自相似部分和整体相似性质，具有小于所在空间维数 n 的非整数维数。分维就是用非整数维——分数维来定量地描述分形的基本性质。

7）混　沌

目前尚无通用的严格的定义，一般认为，将不是由随机性外因引起的，而是由确定性方程（内因）直接得到的具有随机性的运动状态称为混沌。针对时间序列，一个有界且至少有一个正的 Lyapunov 指数的确定性系统是混沌的，用数学准则来描述混沌的定义也就是：

（1）系统是有界的；

（2）系统有一个维数有限的吸引子；

（3）系统有至少一个正的李氏指数；

（4）系统是局部可预测的。

混沌首先是一个确定性非线性动力系统，其基本特征是对初始条件非常敏感，假设两个相同的混沌系统以很小差别的初始条件开始，随时间发展，微小差别将以指数形式扩大。值得注意的是，"混沌"与"非线性"并非一码事，也不是同义词，但是，任何混沌系统必然是非线性的。

8）混沌运动

混沌运动是确定性系统中局限于有限相空间的高度不稳定的运动。所谓轨道高度不稳定，是指近邻的轨道随时间的发展会呈指数形式分离。由于这种不稳定性，系统的长时间行为会显示出某种混乱性。

3. 混沌的特征

（1）随机性。
（2）非线性性。
（3）初值的敏感依赖性和长期预测的不可能性。
（4）分形和分维性，遵循标度律。
（5）普适性。

4. 混沌振子用于微弱信号检测

混沌理论已经形成混沌工程学、混沌神经网络学、混沌电子学等分支。混沌理论的应用主要有混沌控制，参数优化，混沌电路设计、故障诊断，微弱信号信号检测等。其中故障诊断也是一种微弱信号检测。

基于混沌振子的微弱信号检测是理论研究和目前工程应用研究的主要方向之一。混沌振子检测弱信号主要是利用混沌系统对初始条件的敏感性，当被测信号输入混沌系统后就可导致系统的动力学行为发生变化，从而测出微弱的有用信号。对初始条件和参数的敏感性是混沌系统的基本特征之一，这种敏感性也为小信号的处理提供了新的思路。基于混沌振子的微弱信号检测方法来源于混沌系统的非反馈扰动控制，特定频率的小信号可将非线性系统由混沌状态控制到稳定的周期状态。

混沌系统对小信号的敏感性以及对噪声的免疫力，使它在信号检测中非常具有潜力。在利用混沌系统检测微弱信号时，此前较多采用的是观察相轨迹图相变的方法来确定混沌系统策动力的临界阈值，该方法缺乏量化判断依据，易导致误判，且效率较低。因此需要开发性的方法来应用混沌进行微弱信号检测。

2.4.5　基于 Duffing 混沌振子的弱信号检测

利用混沌系统的非平衡相变对系统参数的扰动极其敏感和对噪声具有免疫力的特点，可以实现噪声背景下弱信号的检测。基于混沌振子的信号检测的基本思想为：将待测信号作为混沌系统特定参数的补充而引入混沌系统，利用混沌系统所具有的丰富的非线性动力学特点，如各种周期态、不同性质的分叉行为、混沌吸引子等，通过辨识系统所处的运动状态，根据系统从混沌向有序或从有序向混沌的变化可以判断有无待测的微弱信号出现，通过调整系统的参数进一步实现对微弱信号的测量。

Duffing 方程的特点之一就是在方程等号右边加入了一周期驱动力，形成非自治方程。Duffing 方程的具体形式为

$$x'' + kx' + ax^5 - bx^3 = f\cos(\omega t) \tag{2-5}$$

其中，k 为阻尼比；x^5、x^3 为非线性恢复力；a、b 为系统结构参数；$f\cos(\omega t)$ 为内置周期策动力，f 为策动力的幅值；ω 为策动力的角频率。

为了便于说明，以下分析中均令 $y = x'$。当 k、a、b 为固定值时，Duffing 方程的相轨迹会随着 f 的不同而变化。当 $f=0$ 时，系统没有策动力的干扰，其动力学行为比较简单，最终状态会停留在两个焦点之一，具体在哪一个，由初始值决定，当 $f>0$ 时，系统存在周期扰动，

出现复杂的动力学形态,振动频率为内置周期策动力的频率,随着 f 的增加,会历经周期运动,同宿轨道,分岔混沌状态,然后又周期运动,反复循环,把第二次周期状态称为大尺度周期状态。设 $\omega=1$ rad/s, $k=0.5$, $a=1$, $b=1$ 逐渐增加周期策动力的幅值 f,系统动力学行为由同宿轨道进入分岔状态,如图 2.25(a)所示,如果继续增大 f,系统进入混沌状态,f 在很大范围内系统都是处于混沌状态,如图 2.21(b)所示。直到参数 f 增加到临界值 f_d 时达到临界混沌状态,如果继续微小的增大 f,系统变为大尺度周期状态,如图 2.25(c)、(d)所示。这一过程随 f 的变化十分迅速,而且系统的相轨迹变化十分明显,实际检测正是利用了这一特点,将周期策动力的幅值设在临界混沌状态下,待测周期信号作为 Duffing 方程的周期策动力加入,只要待测信号中也含有与内置周期策动力同频率($\omega=1$ rad/s)的周期信号,即使待测信号中的周期信号相对于噪声很微弱,也可以使 Duffing 系统立刻变为大尺度周期状态。

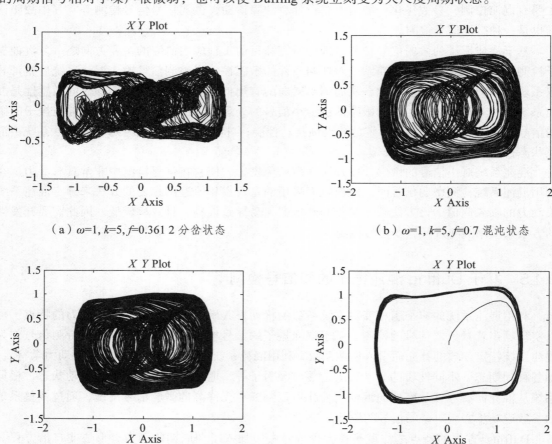

(a)$\omega=1$, $k=5$, $f=0.361\ 2$ 分岔状态   (b)$\omega=1$, $k=5$, $f=0.7$ 混沌状态

(c)$\omega=1$, $k=0.5$, $f=0.726\ 87$ 临界混沌状态   (d)$\omega=1$, $k=0.5$, $f=0.726\ 88$ 大尺度周期状态

图 2.25　Duffing 方程的相平面轨迹

实际待测信号并不一定都是角频率为 $\omega=1$ rad/s 的周期信号,为了检测不同频率的待测信号,对 Duffing 方程 $x''+kx'+ax^5-bx^3=f\cos(\omega t)$ 进行尺度变换,设 $t=\omega_0\tau$,然后代入式(2-5)得 $x''/\omega_0^2+kx'/\omega_0+ax^5-bx^3=f\cos(\omega\cdot\omega_0\cdot\tau)$,取 $\omega=1$ rad/s, $k=0.5$, $a=1$, $b=1$,整理得

$$x''+k\cdot\omega_0\cdot x'=\omega_0^2[(bx^3-ax^5)+f\cos(\omega_0\tau)]$$

$$（2\text{-}6）$$

通过改变式（2-6）中频率值 ω_0 的大小，可以测量不同频率的周期信号。本文基于 simulink 软件进行仿真，式（2-6）的仿真框图如图 2.26 所示。由于 $a=1$，$b=1$，所以调节图 2.26 中 Gain3 为 1，Gain4 为 1。检测频率值为 ω_0 的待测信号，只需要调节图 2.26 中 Gain1 和 Gain2 值的大小，使得 Gain1 为 $k \cdot \omega_0$，Gain2 为 ω_0^2，系统就可以检测角频率为 ω_0 的待测信号。

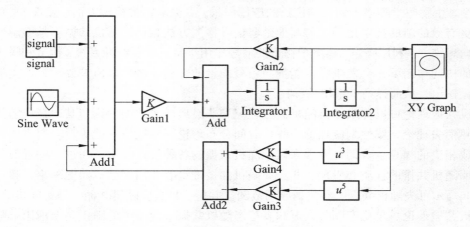

图 2.26　Duffing 系统 simulink 仿真模型

根据 Duffing 方程在临界混沌状态向大尺度周期状态转变时对幅值的敏感性和变化的直接可观察性，将临界混沌到大尺度的相变作为判断的依据，从而实现信号的检测。

设临界混沌状态的幅值为 A，待测信号为 $s(t) = a_0 \cos(\omega t) + n(t)$，此时系统的策动力变为 $A \cos(\omega t) + a_0 \cos(\omega t) + n(t)$，由于系统对噪声的免疫性，临界混沌状态向大尺度周期状态转变，然后调节混沌系统中的策动力 A，当调到相轨迹又出现临界混沌状态为止；设此时混沌系统策动力为 a_1，那么 $A = a_1 + a_0$，由此便可估计出周期信号的幅值。

2.4.6　随机共振理论

1. 随机共振

当系统的非线性、输入的信号和噪声之间存在某种匹配时，如果增加输入噪声，系统输出的信噪比不仅不会降低，反而可以大幅度地增加，即存在某一最佳的输入噪声强度，使系统输出信噪比最高，这种现象就是随机共振现象。随机共振现象和系统包括三个基本的组成要素：

（1）微弱的输入信号 $S(t)$：该信号可以是各种类型的信号，如周期信号、非周期信号、数字脉冲信号、确定信号或随机信号等。

（2）噪声 $n(t)$：可以是系统固有的噪声或外加的噪声，噪声是满足一定统计特性的随机信号，如白噪声、色噪声、高斯噪声或非高斯噪声等。

（3）用于信号处理的非线性系统：以信号 $S(t)$ 和噪声 $n(t)$ 作为非线性系统的输入，经处理后得到输出信号。

随机共振（Stochastic Resonance，SR）的概念最初是 1981 年由 Benzi 等人在研究古气象冰川问题时提出来的，它描述了一个非线性系统与输入的信号和噪声之间存在某种匹配时，噪声能量就会向信号能量转移，输入信号的信噪比不仅不会降低，反而会大幅度地增加。1983年，Fauve 等人在 Schmitt 触发器电路实验中首次人为诱发了随机共振，此后 McNamara 等在激光系统中发现了随机共振现象，使得随机共振理论进入现代的发展阶段。随着近年来在理论上的发展，SR 已用来解释如自然界、物理、生物等现象，并展示了其在动力系统、神经网络及化学、生物医学等诸多领域的广泛的应用前景。在微弱信号检测方面，发现 SR 理论提供了一种更有效的新的技术途径：与其他微弱信号检测方法相比，随机共振不是抑制噪声，而是其逆向思维——利用噪声。噪声干扰下的信号作用于某一类非线性系统，信号和噪声在非线性系统的协同作用下，会发生噪声能量向信号能量的转移，信号幅值被放大，产生类似力学中的共振输出，从而提高了系统信噪比。

随机共振理论可以分成经典随机共振理论和非经典随机共振理论，其中经典随机共振理论有绝热消去理论、线性响应理论、驻留时间分布理论、本征值理论等。它们主要利用朗之万方程或相应的福克 – 普朗克方程来讨论随机共振的各种统计性质，通过一些近似手段来描述和阐明随机共振的性质和机理。非经典随机共振理论有非周期随机共振理论、超阈值随机共振、非马尔可夫随机共振、参数诱导调节随机共振、自适应随机共振、静态随机共振理论、耦合随机共振理论、单稳态随机共振和多稳态随机共振、混沌中的随机共振理论、随机共振与模数转换中的抖动现象研究成果等，这些理论和成果之间也有交融和相关，不一定截然分开，各自独立。

随机共振是一种利用噪声使得微弱信号得到增强传输的非线性现象，与线性方法相比能够检测更低信噪比的信号。随机共振模型算法快速、高效，并可通过硬件实现，具有实时检测能力。因此，随机共振在微弱特征信号检测中的应用具有重要意义。经研究，随机共振在检测性能方面，对高斯噪声中的特征信号检测接近于匹配滤波检测器；非高斯噪声中，优于匹配滤波检测器。在实现方面，非高斯噪声中的最优非线性检测器结构复杂，很难实现；而性能次优的随机共振检测器实现非常简单。如果采用阵列随机共振系统的信号检测问题，在很多噪声类型中，随机共振阵列检测器的检测性能接近于最优检测器（即 Neyman-Pearson 准则下的非高斯噪声中的最优非线性检测器，和高斯噪声中的最优线性检测器）。在非高斯噪声中的信号检测问题中，不需要构造复杂的非线性检测器，采取简单的随机共振阵列检测器就能接近最优的检测性能；而且不需要知道精确的噪声概率密度函数，是一种很宽容的信号处理方法。

$$X(t) = S(t) + n(t)$$

2. 双稳随机共振系统用于微弱信号检测

前面已经介绍，随机共振系统组成的充要条件是：非线性系统、特征信号、噪声。下面介绍经常使用的双稳随机共振系统。该随机共振系统的非线性系统由势函数式（2-7）确定的具有双稳性质的确定性方程（2-8）表达，其中 a 和 b 为大于 0 的系统结构参数。

$$U(x) = -ax^2/2 + x^4/4 \qquad (2-7)$$

$$U'(x) = -ax + bx^3 \qquad (2-8)$$

式（2-8）中，令左边 $U'(x)=0$，得到该双稳系统的三个解：$x_{1,2} = \pm\sqrt{a/b}$，分别是势函数

$U(x) = -ax^2/2 + bx^4/4$ 两个相同势阱的阱底即势能最小值点，成为系统的两个稳态点；$x_3 = 0$，是系统不稳定态点。势函数垒高为 $\Delta U = a^2/4b$；根据系统势函数的极点与拐点重合的条件：$\partial U/\partial x = -ax + bx^3 - A = 0$ 以及 $\partial^2 U/\partial x^2 = -a + 3bx^2 = 0$，可以得到双稳态系统在恒常驱动情况下的输入阈值（系统临界值）$A_c = \sqrt{4a^3/27}$。系统的最终输出状态将停留在势阱中的任意一个，具体由系统初始条件决定。从物理意义上解释，可以理解为在过阻尼条件下，布朗粒子在双稳势场中的运动。图 2.27 中（a）为示意图，（b）为取 $a=b=1$ 时的双稳系统势能场。

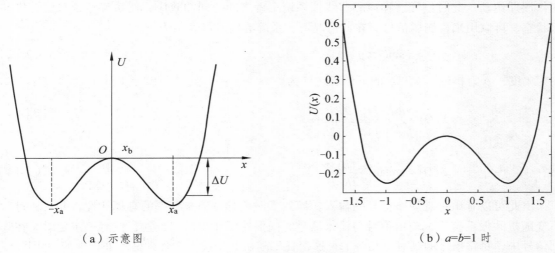

（a）示意图　　　　　　　　　　　（b）$a=b=1$ 时

图 2.27　双稳系统势能场

若驱动信号 $f(t) = A\sin(2\pi f_0 t)$，噪声 $n(t)$ 为白噪声，且 $n(t)$ 满足统计平均 $E[n(t)] = 0$ 和 $E[n(t)n(t+\tau)] = 2D$。其中 D 为噪声强度，τ 为时间延迟。则双稳随机共振系统由非线性朗之万方程描述为

$$\dot{x} = -ax + bx^3 + A\sin(2\pi f_0 t) + n(t) = -ax + bx^3 + p(t) \tag{2-9}$$

式（2-9）的物理意义是：在势阱 $U(x)$ 中运动的粒子，受到输入信号 $p(t)$，即驱动力 $f(t)$ 和随机力 $n(t)$ 的共同作用所遵循的运动规律。当无驱动信号时，噪声驱动的势阱间翻转率由 Kramers 公式给出：

$$R = \frac{a}{\pi\sqrt{2}} \exp[-\frac{2\Delta U}{D}] \tag{2-10}$$

引入一个微弱信号后，该信号相当于引入了一个外加周期力，使得噪声驱动的阱间翻转可以与周期力在统计意义上同步，这种同步在噪声驱动的阱间翻转平均等待时间 $T(D) = 1/R$ 满足时间匹配条件时发生，即

$$2T(D) = T_\Omega \tag{2-11}$$

式中，T_Ω 是周期力的周期。由式（2-11）可以近似估计出噪声强度的最优值。

周期力使整个系统的平衡被打破，势阱在信号的驱动下发生倾斜。在没有噪声的条件下，信号幅值 A 达到阈值（临界值）A_c 时，系统只剩下另一个势阱，输出将会越过势垒进入另一势阱，使状态发生大幅的跳变，这样系统就完成了一次势阱触发；所以阈值 A_c 是双稳态系统

的静态触发条件。当 $A < A_c$ 时，系统的输出状态将在 $x = \sqrt{a}$ 或 $x = -\sqrt{a}$ 处的势阱内作局部的周期运动；当 $A \geqslant A_c$ 时，系统的输出状态将克服势垒在势阱间周期运动。也就是说，当存在外周期力 $f(t) = A\sin(2\pi f_0 t)$ 时，势函数受到调制。显然在一个周期 $T_\Omega = 1/f_0$ 内，周期外力的存在使势阱周期地发生倾斜，该倾斜为系统的输出状态越过势垒，为在两个势阱之间进行跃迁提供了条件。

然而，当系统引入噪声，在噪声的作用下，即使 $A \ll A_c$，系统也能在势阱间按信号的频率作周期运动。此时信号、噪声和非线性系统三者之间协同的效应，使系统达到双稳随机共振状态，可以用来检测弱信号。在此情况下，系统响应可以表示为

$$x(t) = \bar{x}\sin(2\pi f_0 t - \bar{\phi}) \qquad (2\text{-}12)$$

$\bar{x}$ 为幅度，$\bar{\phi}$ 为相位。$\bar{x}$ 和 $\bar{\phi}$ 的近似表达式为

$$\bar{x}(D) = \frac{cx_0^2}{D}\frac{2R}{\sqrt{4R^2 + (2\pi f_0)^2}} \qquad (2\text{-}13)$$

$$\bar{\phi}(D) = \arctan\left(\frac{2\pi f_0}{2R}\right) \qquad (2\text{-}14)$$

由此可以看出，有规律信号的输入，导致了质点翻越势垒概率的有规律性，并且通过时不变随机共振系统后，输出信号与输入信号之间保持了相位的一致性，但有一定延时（在阵列信号中，每路信号的延时是相等的，这保证了随机共振技术在阵列信号处理中的适用性）。

SR 现象的产生可以通过调节噪声强度 D 和/或系统结构参数 a、b 的大小来实现；随机共振中的绝热近似和线性响应理论仅适用于小参数信号（小幅值、小频率、小噪声），即要求 $A \ll 1, D \ll 1, f \ll 1$，而实际工程中的信号频率可能较高或噪声强度较大（大参数信号），为了利用随机共振从强噪声中提取微弱信号，研究者分别提出了不同的方法来解决这个问题。比如其一，通过二次采样将较高频率变换为较低频率来产生随机共振；其二，将混于噪声中的较高频率的弱信号进行调制，变为一个差频的低频信号，通过连续调节载波信号的频率以获得一个适当的差频信号输入到随机共振系统，将输出信号变化的共振谱峰进行解调，从而求得待检未知频率微弱信号的方法。这种改进随机共振的电路实现框图如图 2.28 所示。

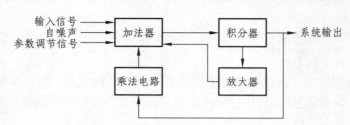

图 2.28　改进随机共振系统的电路实现框图

2.4.7　项目：随机共振微弱信号检测

为实现双稳随机共振系统的仿真研究，应用 Simulink 软件设计了系统仿真程序，如图 2.29 所示。

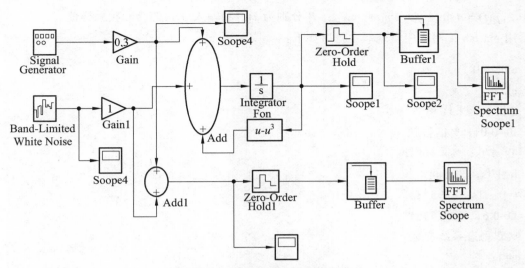

图 2.29　双稳随机共振系统仿真模型

Signal Generator：信号发生器，可产生争先波、矩形波、锯齿波、随机波四种波形。

Band-Limited White Noise：带限白噪声发生器，用来产生不同强度的白噪声，并将把白噪声加到连续系统中。

Gain：增益，用来改变信号的幅度。

Scope：示波器，显示各种时域波形。

Sum：对信号进行求和。

Integrator：积分器，对输入信号进行积分。

Fcn：对输入信号进行自定义形式的表示。

Zero-Order Hold：零阶保持，用来建立一个采样周期的零阶保持器。

Buffer：缓冲区，在进行快速傅里叶变换前的缓冲区域，进行补零等必要操作以完成快速傅里叶变换。

Spectrum Scope：谱分析示波器，可进行规定步数、长度的快速傅里叶变换，并显示分析波形。

方程（2-9）是不存在精确解的，采用龙格-库塔算法的数值求解是明智的选择，而且通过适当改变计算步长 $h > 1/f_s$ ，且 $f_s > 50 f_0$ ，通过变步长 h 和调节非线性系统结构参数 a 来改善非线性系统或输出信号的频带宽度，从而获得所要提取的弱周期信号。试验证明，该算法可以同时适用于大、小参数条件下的随机共振。

对双稳随机共振系统中的朗之万方程，其四阶龙格-库塔法进行算法表达式为

$$x_{n+1} = x_n + (K_1 + 2K_2 + 2K_3 + K_4)/6 \tag{2-15}$$

$$\begin{cases} K_1 = h\left[\mu x_n - x_n^3 + p_n \right] \\ K_2 = h\left[\mu\left(x_n + K_1/2\right) - \left(x_n + K_1/2\right)^3 + P_{n+1} \right] \\ K_3 = h\left[\mu\left(x_n + K_2/2\right) - \left(x_n + K_2/2\right)^3 + P_{n+1} \right] \\ K_4 = h\left[\mu\left(x_n + K_3\right) - \left(x_n + K_3\right)^3 + P_{n+1} \right] \end{cases} \tag{2-16}$$

式中，$p(t) = A\sin(2\pi f_0 t) + n(t)$。$X_n$，$P_n$ 分别为 $x(t)$ 和输入 $p(t)$ 的第 n 次采样值。

用 matlab 编写程序实现。主程序如下：

```
clear all
clc
fs=5；%采样频率
f0=0.01；%信号频率
Ts=1/fs；%采样时间
h=1/fs；%时间步长
t=0：Ts：4095*Ts；
D=0.6；%噪声强度
%双稳态系统参数
a=1；
b=1；
s=0.3*sin（2*pi*0.01*t）；%信号
p=s+sqrt（2*D）*randn（size（t））；  %信号加噪声
%输入无噪信号傅里叶变换
y=fft（s，4096）；
pyy=y.*conj（y）/4096；
ff=fs*（0：2048）/4096；
figure（1）；
subplot（2，1，1）; plot（t，s）；
title（'输入无噪信号'）; xlabel（'时间 t/s'）；
ylim（[-0.5，0.5]）; ylabel（'信号幅度 A'）；
subplot（2，1，2）; plot（ff，pyy（1：2049））；
xlabel（'频率 f/Hz'）；
ylabel（'频谱幅度'）; xlim（[0，0.05]）；
title（'输入无噪信号的频谱'）；
%输入加噪信号傅里叶变换
y=fft（p，4096）；
pyy=y.*conj（y）/4096；
ff=fs*（0：2048）/4096；
figure（2）
subplot（2，1，1）; plot（t，p）；
title（'输入加噪噪信号'）；
xlabel（'时间 t/s'）；
ylabel（'信号幅度 A'）；
subplot（2，1，2）；
plot（ff，pyy（1：2049））；
```

```
xlabel（'频率 f/Hz'）;
ylabel（'频谱幅度'）;
xlim（[0，0.05]）;
ylim（[0，1500]）;
title（'输入加噪信号的频谱'）;
%四阶龙格库塔法对双稳态输出信号求解
x=sr（a，b，h，p）;
%输出信号求傅里叶变换
y=fft（x，4096）;
py=y.*conj（y）/4096;
ff=fs*（0：2048）/4096;
figure（3）;
subplot（2，1，1）;
plot（t，x）;
title（'输出信号'）;
xlabel（'时间 t/s'）;
ylabel（'信号幅度 A'）;
subplot（2，1，2）;
plot（ff，py（1：2049））;
xlabel（'频率 f/Hz'）;
ylabel（'频谱幅度'）;
xlim（[0，0.05]）;
ylim（[0，1500]）;
title（'输出信号的频谱'）;
子程序如下：
function x=sr（a，b，h，x1）
x=zeros（1，length（x1））;
for i=1：length（x1）-1
k1=h*（a*x（i）-b*x（i）.^3+x1（i））;
k2=h*（a*（x（i）+k1/2）-b*（x（i）+k1/2）.^3+x1（i））;
k3=h*（a*（x（i）+k2/2）-b*（x（i）+k2/2）.^3+x1（i+1））;
k4=h*（a*（x（i）+k3）-b*（x（i）+k3）.^3+x1（i+1））;
x（i+1）=x（i）+（1/6）*（k1+2*k2+2*k3+k4）;
end
```

取参数 $a=1$，$A=0.3$，$f_0=0.01$ Hz，$D=0.5$，$f_s=5$ Hz。双稳系统的两个系统参数 a、b 和 f_s 二次采样频率参数都可对双稳随机共振产生影响，即当 a 增大或 b 减小或 f_s 增大时，都可使随机共振状态转变为"欠共振"的状态，而减小 a 或增大 b 或减小 f_s，则会导致"过共振"状态的产生。其原因在于，这三个参数的改变都会引起势垒、势阱间距和粒子跃迁速率的改变，并使噪声能量相对地重新分配，形成噪声量相对"不足"或"过剩"，近而影响随机共振效果。

习题与思考二

1. 简述传感器、智能传感器的定义及其组成。
2. 什么是微弱信号，什么是微弱信号检测？
3. 传统微弱信号检测有哪些方法?它们的优缺点是什么?
4. 现代微弱信号检测有哪些理论技术？它们各有什么优缺点?
5. 用 Proteus、Multisim 或（和）Matlab 软件实现本章 2.4.7 的项目。

第 3 章　数据智能分析与处理

3.1　误差理论

　　智能仪器是用来进行定量分析的，其目的是通过一系列的测量和分析处理步骤，来获得被测量准确值。但是，在实际测量过程中，即使采用最可靠的分析方法，使用最精密的仪器，由技术最熟练的分析人员测定也不可能得到绝对准确的结果，即获得被测量的绝对真值。由同一个人，在同样条件下对同一个试样进行多次测定，所得结果也不尽相同。这是因为：在分析测定过程中，误差是客观存在的。所以要了解、分析和处理测量或实验过程中的误差产生的原因及出现的规律，以便采取相应措施减小误差，并进行科学的归纳、取舍、处理，使测定结果尽量接近客观真实值。更为重要的是，研究实验误差，不仅使我们能正确鉴定测量和实验结果，还能够指导我们正确地设计和组织测量或实验，合理地布置测量系统，规划测量方法和步骤。如合理地设计仪器，选用仪器及选定测量方法，以最经济的方式获得最有利的效果。

　　研究测量误差的来源、性质及其产生和传播的规律，就可以采取各种措施消除或减小其误差影响，是测量工作者的一项主要任务。将解决测量工作中遇到的实际问题而建立起来的概念和原理的体系称为测量误差理论。

　　误差理论的作用和意义：

　　（1）处理检定数据；

　　（2）估计测量结果和测量结果的精确度；

　　（3）建立计量标准和设计仪器；

　　（4）设计新的测量方法、新的检定规程。

3.1.1　误　差

1. 几个相关概念

1）观　测

对未知量进行测量的过程。

2）观测条件、等精度观测和不等精度观测

包括仪器、工具和设备等测量系统、观测者。外部条件如观测时温度、湿度、风力以及大气折光等的变化及其影响。观测条件相同的观测称为等准确度观测；观测条件不同的观测称为不等准确度观测。注意，有人分别称为等精度和不等精度；与绪论中准确度、精密度概念相关联，应该正确使用这两个术语。

3）观测值

测量所获得的数值，即用测量仪器测定待测物理量所得的数值，也称为测量值。

使用仪器和智能仪器进行测量，首先要完成以下测量任务：

（1）设法使测量值中的误差减到最小。

（2）求出在测量条件下被测量的最近真值。

（3）估计最近真值的可靠程度。

4）给出值

给出值指以测量值、标示值、标称值、预置值、近似值等方式给出的被测量的非真值。

5）真 值

任一物理量都有它的客观大小，这个客观量称为真值。真值有理论真值、约定真值和相对真值几种。

理论真值：是以公理形式给出或者理论计算得到的真值。如平面三角形三个内角和为180°；同一量自身之差为零；自身之比为 1 等。

约定真值或规定真值：如长度单位 m（米）——1 m 等于氪 86 原子的 $2P_{10}$ 和 5d 能级之间跃迁的辐射在真空中波长的 1 650 763.73 倍；时间单位 s（秒）——1 s 是铯 133 原子基态的两个超精细能级之间跃迁所对应的辐射的 9 192 631 770 个周期的持续时间；电流强度单位 A（安培）——是指单位时间内通过导线某一截面的电荷量，即每 s 通过 1 C（库仑）（6.242×10^{18} 个电子）的电量；温度单位 K（开尔文）——K 是水的三相点热力学温度的 1/273.16。

标准器相对真值：高一级标准器的误差与低一级标准器或普通仪器的误差相比，为 1/5（或者 1/8 ~ 1/10）时，则可以认为前者是后者的相对真值。

要注意，真值是不可能得到的，实际一般用多次重复测量的总体平均值 $\bar{X}_\infty$ 来代替。

6）有效数字

（1）定义。

有效数字是指在定量测量工作中实际能测量到的数字，有效数字既表明了测量物理量的大小，又表明了测量数据的准确程度，有效数字的位数实际上就指出了测量的相对误差有多大。有效数字反映被测量实际大小。一般从仪器上读出的数字均为有效数字，它和小数点的位置无关，有效数字的位数是由测量仪器的精度确定的，它是由准确数字和最后一位有误差的数字组成。

在定量分析中，为了得到可靠的结果，不仅要准确测定每一数据，而且要进行正确的记录和计算。测定值不仅表示被测量大小，而且还反映测定的准确程度。因此了解有效数字的意义，掌握正确的使用方法，避免随意性，是非常重要的。

在测量过程之中，记录数据和计算测定结果究竟应该保留几位有效数字，要根据测量仪器的准确度等级和有效数字的计算规则来确定，人为地增减数字的位数是错误的。

可疑数字：有效数字中最后一位数字称为可疑数字。可疑数字所表示的量是客观存在、且通过测量得到的，仅因为受到仪器、量器精密度的限制，在估计时会受到观测者主观因素的影响而不能对它准确认定，因此它仍然是一位有效数字，通常认为可疑数字有 ±1 个单位的绝对误差，如果该项测量的可疑数字不是 ±1 个单位，在记录该数据时要特别加以说明。

因此，有效数字是由全部准确数字和最后一位（只能是一位）可疑数字组成，它们共同决定了有效数字的位数。有效数字位数的多少反映了测量的准确度。根据有效数字可以直接计算出该数字的相对误差。

（2）有效数字修约规则。

在测试过程中，可能涉及使用数种准确度不同的仪器或量器，因而所得数据的有效数字位数也不尽相同。在进行具体的数学计算时，必须按照统一的规则确定一致的位数，再进行某些数据多余的数字的取舍，这个过程称为"数字修约"。有效数字修约的原则是"四舍六入五留双"。具体的做法是，当被修约数字≤4 时将其舍去；被修约数字≥6 时就进一位；如果被修约数字恰好为 5 时，前面数字为奇数就进位，前面数字为偶数则舍去。例如将下列数据全部修约为四位有效数字时：0.536 64——0.536 6，0.583 46——0.583 5，10.275 0——10.28。

注意，进行数字修约时只能一次修约到指定的位数，不能数次修约，否则会得出错误的结果。例如将 15.456 5 修约成两位有效数字时，应一步到位：15.4565——15。按下述方式进行是错误的：15.456 5——15.456——15.46——15.5——16。在一般商品交换中人们习惯采用"四舍五入"的数字修约规则，逢五就进，这样必然会造成测量结果系统偏高。在测量学中采用科学的修约规则，逢五有舍有入，则不会因此而引起系统误差。

（3）有效数字的运算规则。

在有些情况下，由于没有误差计算的要求，在计算间接测量值时，经常会遇到除法运算除不尽，或者结果出现一串很长的数字，结果保留几位有效数字最为合理等，有效数字运算规则对此做了严格规定。

加减法：当几个数据相加或相减时，它们的和或差保留几位有效数字，应以参加运算的数字中小数点后位数最少（即绝对误差最大）的数字为依据。例如 0.012 1、25.64 和 1.027 三个数相加，由于 25.64 中的"4"已经是不确定的数字了，这样三个数相加后，小数点后的第 2 位就已不确定了。将三个数字相加，得到 26.679 1，经过修约得到结果为 26.68；显而易见，三个数据中以第二个数的绝对误差最大，它决定了总和的绝对误差为±0.01。加、减运算结果的有效数字的末位，与参与运算的各数字中小数点后位数最少者对齐。例如：397.8+7.625-312.419 8=93.0。

乘除法：对几个数据进行乘除运算时，它们的积或商的有效数字位数，应以其中相对误差最大的（即有效数字位数最少的）那个数为依据。例如欲求 0.0121、25.64 和 1.027 相乘之积。第一个数是三位有效数字，其相对误差最大。因此，应以它为根据对结果进行修约，使用计算器得到结果为 0.318 620 588，修约后的结果为 0.319。即 0.012 1×25.6×1.03=0.319。按照运算规则进行关于有效数字的数学计算，也可以采用先修约后计算的方法，但是在进行先修约的时候，被修约数字一定要多保留一位有效数字，然后再参加计算，待计算完成后再一次修约得到最终结果。

乘、除运算：乘、除运算后结果的有效数字的位数，与参与运算的各数字中有效数字位数最少者相同。例如：78.625×9.06÷11.38=62.6。

乘方、开方后有效数字的位数保持不变。

对数运算：对数运算后，结果的真数部分不算有效数字，结果的假数的位数与首数的位数相同。

对零的处理：在测量时，对于连续读数的仪器，有效数字读到仪器最小刻度的下一位的估计值，不论估计值是否是"0"都应记录，不能略去。"0"是不是有效数字：在测量中，凡是从仪器上读出的零都是有效数字；由单位变换得出的零均不是有效数字。单位变换时有效数字的位数保持不变。

2. 误差的定义

误差：给出值（一般用观测值）和真值之差。也叫观测误差、真误差。设被测量的真值为 X_0，测量值为 X_i，则测量误差为 $\Delta = X_i - X_0$。

测量误差自始至终存在于一切测量过程中，且一切测量结果都存在误差，这就是误差公理。误差的存在具有必然性和普遍性。误差歪曲了事物的某些客观属性、特征乃至本质。因此必须对误差进行分析和处理。

3. 误差的类型及特点

误差分类有很多方法，根据测量装置实际工作的条件，可将测量所产生的误差分为基本误差和附加误差。测量装置在规定使用条件下工作时所产生的误差，称为基本误差；而在实际工作中，由于外界条件变动，使测量装置不在规定使用条件下工作，这将产生额外的误差，这个额外的误差称为附加误差。根据被测量随时间变化的速度，可将误差分为静态误差和动态误差：被测量稳定不变，所产生的误差称为静态误差；动态误差是指被测量随时间发生变化，所产生的误差。在实际的测量过程中，被测量往往是在不断地变化的。当被测量随时间的变化很缓慢时，这时所产生的误差也可认为是静态误差。

最为一般的分类，是根据误差的来源即产生的原因分为：

1）系统误差

（1）定义：在同一条件下（观察方法、仪器、环境、观察者不变）多次测量同一物理量时，误差符号和绝对值保持不变，或当条件发生变化时，误差也按一定规律变化，这种误差叫系统误差。系统误差又称可测误差，是由某种固定的原因引起的误差。系统误差反映了多次测量总体平均值偏离真值的程度，不满足统计规律。系统误差的数学定义是：$\Delta_{系} = \bar{X}_\infty - X_0$。

即在重复性条件下，对同一被测量进行无限多次测量所得结果的平均值 $\bar{X}_\infty$（总体均值）与被测量的真值 X_0 之差。

系统误差主要是由于仪器缺陷、方法（或理论）不完善、环境影响和实验人员本身等因素而产生。产生系统误差的具体原因有：

仪器误差：由测量仪器、装置不完善而产生的误差。

方法误差（理论误差）：由实验方法本身或理论不完善而导致的误差。

环境误差：由外界环境（如光照、温度、湿度、电磁场等）影响而产生的误差。

读数误差：由观察者在测量过程中的不良习惯而产生的误差。

（2）系统误差的特点。

① 单向性：系统误差是一个非随机变量，即系统误差的出现不服从统计规律而服从确定的函数规律。它对分析结果的影响比较固定，可使测定结果系统偏高或偏低。

② 重现性：当重复测量时，它会重复出现。

③ 可修正性。由于系统误差的重现性，确定了它具有可修正的特点，也叫可测性。一般

来说产生系统误差的具体原因都是可以找到的。因此也就能够设法加以测定，从而消除它对测量结果的影响，所以系统误差又叫可测误差。

④ 累积性，系统误差具有叠加和积分效应。

（3）系统误差的分类。

根据系统误差产生的具体原因，又可把系统误差分为：

① 方法误差：是由分析方法本身不够完善或有缺陷而造成的。如滴定分析中所选用的指示剂的变色点和化学计量点不相符；分析中干扰离子的影响未消除；重量分析中沉淀的溶解损失而产生的误差。包括经验公式、函数类型选择的近似性及公式中各系数确定的近似值所引起的误差；在推导测量结果表达式中没有得到反映，而在测量过程中实际起作用的一些因素引起的误差，如漏电、热电势、引线电阻等一些因素引起的误差；由于知识不足或研究不充分引起的方法误差。

② 装置误差：由因为测量系统和装置本身不准确造成的。包括：

标准器误差：标准器是提供标准量的器具，如标准电池、标准电阻、标准钟等。它们本身体现的量都有误差。

仪表误差：如电表、天平、游标等本身的误差。

附件误差：进行测量时所使用的辅助附件，如开关、电源、连接导线所引起的误差。

装置误差实例：天平两臂不等，滴定管刻度不准，砝码未经校正。

③ 试剂误差：所使用的试剂或蒸馏水不纯而造成的误差。

④ 主观误差（或操作误差，人员误差）：由操作人员一些生理上的最小分辨力，感官的生理变化引起反应速度变化，或习惯上的主观原因造成的，如终点颜色的判断，有人偏深，有人偏浅。重复滴定时，有人总想第二份滴定结果与前一份相吻合。在判断终点或读数时，就不自觉地受"先入为主"隐性假设的影响。

⑤ 环境误差：由于各种环境因素（如温度、湿度、气压、震动、照明、电磁场等）与要求的标准状态不一致，及其在空间上的梯度、与随时间的变化，致使测量装置和被测量本身的变化所引起误差。

根据系统误差的性质，又可以分为：

① 固定系统误差。如用天平进行测量时，砝码所产生的误差为衡定常值，故为固定系统误差。

② 线性变化的系统误差，随着测量次数增加而成线性增加或减小的系统误差。如用尺量布，若此尺比规定的长度短 1 mm（即 Δ =1 mm），则在测量过程中每进行一次测量就产生一个绝对误差 1 mm，这样被测的布愈长，测量的次数愈多，则产生的绝对误差愈大，成线性地增加。

③ 周期性变化的系统误差。数值与符号作周期性改变的误差称为周期性变化的系统误差。这种误差的符号由正变到负，数值由大变到小至零再变大，这样重复地变化着。

④ 变化规律复杂的系统误差。误差出现的规律无法用简单的数学解析式表示的系统误差称为变化规律复杂的系统误差。

（4）消除或减小系统误差的途径。

由于系统误差主要是由于仪器不完善，方法（或理论）不完善、环境影响而产生，在测量和实验过程中要不断积累经验，认真分析系统误差产生的原因，就能够采取适当的措施来消除它。

① 检校仪器，降低系统误差到最低程度。

② 变换或改进测量方法，消除或减小系统误差。常用的变换方法有替代法、异号法、交替法等，此外还包括各测量专业中所介绍的具体方法。

③ 适当地数据处理以消除或减小系统误差。

④ 引入改正值。观测量的算术平均值与观测值之差，称为观测值改正数或修正值。对固定的或变化很小的系统误差，可以引入改正值以修正系统误差，从而减小系统误差。但要注意，不是任何情况下得到的修正值都能提高测量精度，只有被修整的系统误差远大于其偶然误差时，才能通过使用修正值而提高精度。

2）. 偶然误差

（1）定义：也称随机误差、未定误差，是指在同一条件下多次测量同一量时，测量值总是有差异而且变化不定，这种绝对值和符号随机变化的误差称作偶然误差。它的特点是随机性，没有一定规律，时大时小，时正时负，不能确定。《国际通用计量学名词》中对随机误差的定义是："随机误差：测量误差的分量，在同一被测量的多次测量过程中，它以不可预定方式变化着"。随机误差的数学定义是：

$$\Delta_{随} = X_i - \bar{X}_{\infty}$$

即测量结果 X_i 与在重复性条件下，对同一被测量进行无限多次测量所得结果的平均值 $\bar{X}_{\infty}$（总体均值）之差。

从真误差、系统误差和随机误差的定义可以得到以下关系：

$$\Delta = X_i - X_0 = (\Delta_{随} + \bar{X}_{\infty}) - (\bar{X}_{\infty} - \Delta_{系}) = \Delta_{随} + \Delta_{系}$$

即　　　　　误差＝观测值−真值＝（测量结果−总体均值）＋（总体均值−真值）

=随机误差+系统误差

随机误差的产生原因主要是由某些无法控制和避免的偶然因素造成的，如温度、光照、湿度、气压、电磁场、空气扰动等周围环境对测量过程的影响。如测定时环境温度、湿度、气压的微小波动，仪器性能的微小变化，或个人一时的辨别差异而使读数不一致等；又如天平和滴定管最后一位读数的不确定性等。随机误差具有偶然性，不能预先确知，因而也就无法从测量过程中予以修正或把它加以消除。但偶然误差在多次重复测量中服从统计规律，在一定条件下，可以用增加测量次数的方法加以控制，从而减少它对测量结果的影响。

（2）偶然误差的四点性质即服从的四条统计规律。

当偶然误差为正态分布，或者是单峰两边对称分布时，偶然误差服从以下统计规律：

① 对称性：绝对值相等的正误差和负误差出现的机会相同。

② 居中性或密集性：绝对值大的误差比绝对值小的误差出现的机会少得多。

③ 有界性：超出一定范围的误差基本不出现。

④ 抵偿性或归零性：同一量的等精度测量，其偶然误差的算术平均值 $\bar{\varepsilon}$ 随着测量次数的增加而无限地趋向于零。即有

$$\bar{\varepsilon} = \frac{\sum\limits_{i=1}^{n} \varepsilon_i}{n}, \quad 当 n \to \infty, \ \bar{\varepsilon} \to 0$$

式中，ε_i 为第 i 次测量的偶然误差，n 为测量次数。

实际工作中，我们遇到的偶然误差的绝大多数为正态分布，故所遇到的偶然误差都具有上述四种性质。

（3）偶然误差的消除。

在一定测量条件以及偶然误差服从上述统计规律时，增加测量次数，可以减小测量结果的偶然误差，使算术平均值趋于真值。因此，可以取算术平均值为直接测量的最近真值（最佳值）。

3）过失误差（粗大误差，gross error）

定义：粗大误差（简称粗差）是在相同观测条件下作一系列的观测，其绝对值超过限差的测量偏差。这是由于测量方法或程序不合理；仪器精度、技术规格达不到测量要求，或者仪器故障，以及测量者技术疏忽、粗心大意，看错、读错、记错测量结果，或测量时有冲击、振动的影响而引起的误差。粗差也包括测量过程中各种失测、漏测引起的误差。总之，粗差是由于观测过程中的错误所产生的误差，只要测量或实验者采取严肃认真的态度是可以避免的。

含有粗差的测量数据，绝不能采用，必须制定有效的操作程序和检核方法去发现并将其剔除。

4）间接误差

由于间接测量带来的误差。

5）半系统误差

（1）半系统误差：只知道误差范围（即误差限）而不知道误差数值与符号的系统误差称为半系统误差，又称未定系统误差。例如，某电阻误差为±1%，当重复测量时，电阻误差的出现具有重复性，故误差性质属系统误差，但此误差的数值与符号是不知道的，只知道误差范围（-1% ~ +1%），这种误差就是半系统误差。

半系统误差一般与工作条件有关：测量仪器的工作条件，如环境温度、湿度和频率范围等因素变化所产生的变动量等。这类变动量是因某一因素偏离基准条件而产生的。当某因素的变化范围一定时，变动量也就一定。重复测量时，这些变动量也就重复出现，具有系统误差性质，但只知道范围而具体数值不知道，故属半系统误差。

（2）半系统误差具有以下性质：

系统性——主要体现在该项误差在重复测量时，它的出现服从确定函数规律，具有重复性，所以说半系统误差本质上是系统误差。

随机性——主要体现在误差的具体数值与符号都是未知的，只知道其数值落在某一区间内。而已定系统误差的误差数值与符号都是已知的。

半系统误差的随机性与偶然误差的随机性的区别——重复测量时，一台仪器的偶然误差的随机性体现在其误差以随机方式出现。而一台仪器的半系统误差不以随机方式出现，具有重复性；半系统误差的随机性主要体现在不知道误差数值与符号，而只知道误差范围。若用更高精确度的标准仪器对上述仪器进行检定，可以测出其半系统误差的数值与符号，从而半系统误差立即转变为数值与符号都知道的系统误差，此时半系统误差的随机性也立即消失；而偶然误差的随机性是无法通过更高精确度的标准仪器对此仪器进行检定而消除的。若考虑的不是一台仪器、一个元件、一个测量装置，而是一批仪器、一批元件、一批测量装置，此时半系统误差的随机性才能得到充分体现，此时可以近似求得半系统误差的概率分布，而偶然误差的随机性在一台仪器重复测量时就得到充分体现。

上述五种误差又可以统称为观测误差。

4. 误差的表示及特点

误差可以用不同的形式表示，有以下几类：

1）绝对误差

（1）定义。

给出值（测量值）与被测量真值之差，同被测量有相同单位，它反映了测量值偏离真值的大小。误差愈小，表示分析结果的准确度愈高，反之，误差愈大，准确度就越低。这种有单位的误差称为绝对误差。用公式表示为，绝对误差=测定值-真实值，即

$$\Delta = X - X_0$$

式中，X_0 为被测量的真值，即被测量本身所具有的真实值；X 对于测量仪器，是给出值（或仪器示值），即满足规定准确度的、用来代替真值使用的量值，称为实际值。

（2）特点。

绝对误差的特点有：

① 一般情况下，它是有单位、有量纲的，其值大小与所取单位有关。

② 能反映误差的大小与方向。

③ 不能更确切地反映出测量工作的精细程度。

在同一测量条件下，绝对误差可以表示一个测量结果的可靠程度；但比较不同测量结果时，问题就出现了。例如，用米尺测量两个物体的长度时，测量值分别是 0.1 m 和 1 000 m，它们的绝对误差分别是 0.01 m 和 1 m，虽然后者的绝对误差远大于前者，但是前者的绝对误差占测量值的 10%，而后者的绝对误差仅占测量值的 0.1%，说明后一个测量值的可靠程度远大于前者，故绝对误差不能确切地反映出测量工作的精细程度，绝对误差不能正确比较不同测量值的可靠性。因此，除了用绝对误差外，还常用相对误差。

2）相对误差

（1）定义。

测量的绝对误差与被测量的真值之比称为相对误差。《国际通用计量学名词》定义："测量绝对误差除以被测量的（约定）真值称为相对误差"。

（2）特点。

① 相对误差是一个比值，其值大小与被测量所取的单位无关。

② 能反映误差的大小与方向。

③ 能更确切地反映出测量工作的精细程度。这是由于相对误差不仅与绝对误差的大小有关，同时与被测量的数值大小有关，因此它能更确切地反映出测量工作的精细程度。

（3）实际相对误差。

$$\delta_{\text{实际}} = \Delta / X_0 = (X - X_0) / X_0$$

例如，用一频率计测量 100 kHz 的标准频率，示值为 101 kHz，Δ=(101-100) kHz=1 kHz；用另一频率计测量 1 MHz 的标准频率，示值为 1.001 MHz，则 Δ=(1.001-1.000) MHz=0.001 MHz=1 kHz；Δ 相同，后者测量 1 MHz 时才差 1 kHz，而前者测 100 kHz 时就差 1 kHz。

不同频率计测量结果所得绝对误差相同，均为 1 kHz，但是它们的相对误差却不同，前者为 $\delta_{实际}$=(101-100) kHz/100 kHz=1%；后者为 $\delta_{实际}$=(1.001-1.000) MHz/1.000 MHz=0.1%，说明相对误差能反映测量工作的精细程度。

若已知实际相对误差 $\delta_{实际}$ 和实际值 X_0，即可算出绝对误差为

$$\Delta=\delta_{实际} \cdot X_0$$

（4）额定相对误差。

$$\delta_{额定}=\Delta/X=(X-X_0)/X$$

（5）引用相对误差。

设 $X_上$ 为仪表测量上限，则引用相对误差为

$$\delta_{引用}=\Delta/X_上=(X-X_0)/X_上$$

引用相对误差主要用来表示仪表的准确度，多数用在电工和热工仪表方面。电表的准确度等级是以引用相对误差表示的，2.5 级电表的引用相对误差为±2.5%。已知检定点刻度值为 X=50 V，X_0=48 V，$\Delta=X-X_0$=2 V，则引用相对误差：$\delta_{引用}$=2/100=2%<2.5%，故 50 V 这点是合格的。

关于 $\delta_{实际}$ 与 $\delta_{额定}$ 需要注意以下两点：

① 从定义看，$\delta_{实际}$ 与 $\delta_{额定}$ 是两个概念，但当误差值较小时，从数值来说二者相差极微，因此在计算时，按 $\delta_{实际}$ 或按 $\delta_{额定}$ 计算，所得数值是相同的，故按哪种计算都可以。

② 当误差较大时，则 $\delta_{实际}$ 与 $\delta_{额定}$ 也相差较大。因此，具体计算时，二者不能混用，要严格按规定的要求计算。

（6）极限误差。

极限误差也叫极端误差。测量结果（单次测量或测量系列的算术平均值）的误差，不超过极端误差的概率为 P，并使差值（1-P）可忽略。

① 在误差为正态分布及测量次数足够多时，单次测量的极限误差由±$t\hat{\sigma}$ 所确定，测量系列的算术平均值的极限误差由±$t\hat{\sigma}$ 所确定。常用 t=3，±3$\hat{\sigma}$（或 3$\hat{\sigma}$）对应的概率为 99.73%；当 P=99%时，t=2.58；当 P=95%时，t=1.96。

② 当测量次数较少时，测量系列的算术平均值的极限误差 t 值由 t-分布计算。

由上可知，极限误差是以概率来定义的。要说明的是，仪器生产部门对极限误差的定义不引入概率因素。以概率 0.3%（置信度 99.7%）来定义极限误差，检定仪器时仅测量一次或数次，其中有一次超差，严格按概率来说还不能绝对判断该仪器不合格，因为大误差虽然出现的概率小，但毕竟不是绝对不可能出现，现在这台仪器是不是碰巧出现了大误差呢？因此，生产仪器的工业部门往往不引入概率这一因素，以免生产厂在检验或处理用户与生产单位之间关于产品是否合格的纠纷时，使问题的解决复杂化。这是设计智能仪器，在制定其技术规格时，要特别注意的问题。

3）均方根误差

重复测某一物理量，得到偶然误差 $\varepsilon_i = A_i - A_0$，$i$=1，2，3，…，$n$，不存在系统误差，则定义 $\sigma=\left[\sum_{i=1}^{n}\varepsilon_i^2/n\right]^{1/2}$ 为此偶然误差数列的均方根误差。

$D=\sigma^2$，称 D 为方差。用积分式表示，则为

$$\sigma = \left[\int_{-\infty}^{+\infty} \varepsilon^2 f(\varepsilon) \mathrm{d}\varepsilon \right]^{1/2}$$

式中，$f(\varepsilon)$ 为偶然误差的概率密度分布函数。

4）平均误差

进行重复测量，得 $\varepsilon_i = A_i - A_0$，$i=1$，2，3，$\cdots$，$n$，定义此数列的平均误差为

$$\lambda = \sum_{i=1}^{n} |\varepsilon_i| / n$$

$$\lambda = \pm \int_{-\infty}^{\infty} |\varepsilon| f(\varepsilon) \mathrm{d}\varepsilon$$

当偶然误差为正态分布，且测量次数又比较多时，有

$$\lambda = 0.797\,9\sigma \approx \frac{4}{5}\sigma$$

5）或然误差

在一组等精度测量中，若某一偶然误差具有这样的特性：绝对值比它大的误差个数与绝对值比它小的误差个数相同，那么这个误差 ρ 就称为或然误差，也就是说，全部误差按绝对值大小顺序排列，中间的那个误差就称为或然误差 ρ。它可表示为

$$\int_{-\infty}^{-\rho} f(\varepsilon) \mathrm{d}\varepsilon + \int_{+\rho}^{+\infty} f(\varepsilon) \mathrm{d}\varepsilon = \int_{-\rho}^{+\rho} f(\varepsilon) \mathrm{d}\varepsilon = \frac{1}{2}$$

当偶然误差是正态分布，且测量次数较多时，有

$$\rho = 0.674\,5 \approx \frac{2}{3}\sigma$$

应用上，误差计算中都用均方根误差（即标准偏差），而不用平均误差和或然误差。因为均方根误差能最有效地表征出偶然误差的离散程度，而平均误差次之，或然误差最差。

5. 测量平差与误差理论

由于测量和实验中误差必然存在，而且误差歪曲了事物的客观属性，所以就必须分析各类误差产生的原因及其性质，从而制定控制、减小误差的有效措施，正确处理数据，以求得正确的结果。测量平差是在测量中对测量结果数据进行调整的方法，以求得最接近被测量真实值的最优解。它是依据某种最优化准则，从一系列含有观测误差的测量数据中求得被测量的最佳估计值及其准确度的理论和方法。由于误差的存在，为了提高观测准确度，检核观测值是否存在错误，在测量时常增加测量次数以对被测量进行冗余观测。但是冗余观测的每个观测值都会存在一定的偶然误差，这就产生了进行测量平差的客观需要——对测量数据进行调整。例如，量测一段距离，仅丈量一次就可以得到其长度，此时不发生平差问题。但是如果对其丈量 n 次，就会得到 n 个不同的长度。又如确定一个平面三角形的形状，仅需测量其中任意两个内角即可，为了检验观测误差，提高测量准确度，通常对三个内角都进行观测，这样得到的三个内角观测值其和就不会恰好等于其理论真值 180°。处理这种由多余观测引起观测值之间的闭合差，求得最优结果，就是测量平差要解决的基本问题。

误差理论有两种形态，一是经典理论，二是现代理论。经典误差理论又叫古典误差理论，

它对偶然误差的研究只限于正态分布的偶然误差。经典测量平差使用的计算方法主要为最小二乘法，计算格式主要用高斯-杜力特表格。

在古典误差理论中，通常不加条件地利用偶然误差所具有的 4 点性质，即单峰性、对称性、有界性、抵偿性。实际上，这 4 个性质对有些非正态分布如均匀分布就不具备。

古典误差理论对纯系统误差作一般讨论，重点是研究纯偶然误差，这是较为理想化的情况。在实际工作中，除了纯系统误差外，还存在半系统误差、极限误差等。所以，古典误差理论无法解决目前实际工作中遇到的一些问题。

现代误差理论除了研究系统误差和偶然误差外，还重点讨论半系统误差（又称随机性系统误差、系统误差限）和极限误差以及粗大误差。现代误差理论在研究正态分布的基础上，还进一步研究非正态分布的偶然误差。因此现代误差理论所讨论的问题比较符合实际测量和实验中遇到的问题。

6. 误差计算（估计）

误差理论的一大功能就是对测量数据进行分析和处理。其中一个重要的环节即进行误差计算。由于被测量的获得途径有直接测量和间接测量两种，而间接测量结果是以直接测量为基础、由直接测量决定的，间接测量的误差是由直接测量通过给定的函数关系确定的。因此，通常把直接测量的误差计算称为误差计算，而将间接测量的误差计算叫误差传递。又因为严格意义上说，误差是无法计算的，只能利用统计、数学或其他理论通过各种方法进行近似计算，所以将误差计算称为误差估计。以下简单介绍几种常用的误差估计统计方法。

1）直接测量的误差估算

（1）算术平均误差。

在测量列 $\{X_i\}$ 中，各次测量的误差的绝对值的算术平均值叫算术平均误差，记为 ΔX。

按定义

$$\Delta X = \frac{1}{n}\sum_{i=1}^{n}\left|X_i - \overline{X}\right|$$

或

$$\Delta X = \frac{1}{n}\sum_{i=1}^{n}\Delta X_i$$

其中，n 为测量次数；$\Delta X_i = \left|X_i - \overline{X}\right|$。

（2）标准偏差。

按定义，标准误差是测量列中各次误差的方均根，记为 σ_x。当 $n \rightarrow \infty$ 时

$$\sigma_x = \sqrt{\frac{1}{n}\sum_{i=1}^{n}\left(X_i - a\right)^2}$$

需要注意的是，上式是在测量次数很多时，测量列按正态分布时所得到的结果。

实际上，由于真值无法获得，而测量次数也只能是有限的。因此，标准误差 σ_x 只能通过偏差进行估算。由统计理论可推导出，对有限次测量的标准偏差 S_x 的计算公式为

$$S_x = \sqrt{\frac{1}{n-1}\sum_{i=1}^{n}\left(X_i - \overline{X}\right)^2}$$

即最后是用 S_x 代替 σ_x。通常所说的标准误差，实际上就是 S_x。

（3）算术平均值的标准偏差。

算术平均值的标准偏差与测量列标准偏差的关系为

$$S_{\bar{x}} = \frac{1}{\sqrt{n}} \cdot S_x$$

2）间接测量的误差计算（误差的传递）

间接测量的误差计算公式叫误差传递公式，有一般形式和具体形式两种。

（1）误差传递公式的一般形式。

设间接测量量 f 与彼此独立的直接测量量 x、y、z（只取 3 个）间的函数关系为

$$f = f(x, y, z)$$

测量结果用平均值和绝对误差表示为

$$x = \bar{x} \pm \Delta x$$

$$y = \bar{y} \pm \Delta y$$

$$z = \bar{z} \pm \Delta z$$

和

$$f = \bar{f} \pm \Delta f$$

其中，$\bar{f} = f(\bar{x}, \bar{y}, \bar{z})$。

将 $f(x, y, z)$ 在 $(\bar{x}, \bar{y}, \bar{z})$ 点按泰勒级数展开有

$$f(x, y, z) = f(\bar{x}, \bar{y}, \bar{z}) \pm \left[\overline{\frac{\partial f}{\partial x}} \cdot (x - \bar{x}) + \overline{\frac{\partial f}{\partial y}} \cdot (y - \bar{y}) + \overline{\frac{\partial f}{\partial z}} \cdot (z - \bar{z}) \right] + \cdots \text{（高阶小量）}$$

将此结果与前面假定关系式 $f = \bar{f} \pm \Delta f$ 比较，忽略高阶小量，并考虑到误差传递中通过组合可能产生的最大值，取间接测量的绝对误差为

$$\Delta f = \left| \overline{\frac{\partial f}{\partial x}} \right| \cdot \Delta x + \left| \overline{\frac{\partial f}{\partial y}} \right| \cdot \Delta y + \left| \overline{\frac{\partial f}{\partial z}} \right| \cdot \Delta z$$

相对误差为

$$\frac{\Delta f}{\left| \bar{f} \right|} = \left| \overline{\frac{\partial \ln f}{\partial x}} \right| \cdot \Delta x + \left| \overline{\frac{\partial \ln f}{\partial y}} \right| \cdot \Delta y + \left| \overline{\frac{\partial \ln f}{\partial z}} \right| \cdot \Delta z$$

根据标准差的定义，由上述展开式，在考虑到 x、y、z 是彼此独立的情况，可得标准差的传递公式的绝对形式为

$$\sigma_f = \sqrt{\left(\overline{\frac{\partial f}{\partial x}} \right)^2 \sigma_x^2 + \left(\overline{\frac{\partial f}{\partial y}} \right)^2 \sigma_y^2 + \left(\overline{\frac{\partial f}{\partial z}} \right)^2 \sigma_z^2}$$

相对形式为

$$\frac{\sigma_f}{\left| \bar{f} \right|} = \sqrt{\left(\overline{\frac{\partial \ln f}{\partial x}} \right)^2 \sigma_x^2 + \left(\overline{\frac{\partial \ln f}{\partial y}} \right)^2 \sigma_y^2 + \left(\overline{\frac{\partial \ln f}{\partial z}} \right)^2 \sigma_z^2}$$

其中，$\overline{\dfrac{\partial f}{\partial x}}$、$\overline{\dfrac{\partial \ln f}{\partial x}}$ 分别为 $\dfrac{\partial f}{\partial x}$、$\dfrac{\partial \ln f}{\partial x}$ 在 $(\overline{x}, \overline{y}, \overline{z})$ 点处的值。

为了较好地使用标准误差的传递公式，需要说明的是：

① 如果 f 由 x、y、z 按加（减）关系确定时，常用标准误差传递的绝对形式计算。

② 如果 f 由 x、y、z 按乘（除）关系确定时，常用误差传递的相对形式计算。

③ 如果 x、y、z 彼此不独立，还需计算相关系数（协方差）。例如，若 $f = x \cdot y$，当 $x = y$（仅数值相等）时的误差传递，与取 $x = y$（x 与 y 完全相关）后 $f = x^2$ 的误差传递是不一样的。

因为，当 $f = x \cdot y$ 时有

$$\frac{\sigma_f}{f} = \sqrt{\left(\frac{\sigma_x}{x}\right)^2 + \left(\frac{\sigma_y}{y}\right)^2}$$

再取 $x = y$ 时，化为

$$\frac{\sigma_f}{f} = \sqrt{2} \cdot \frac{\sigma_x}{x}$$

而当 $f = x^2$ 时，有

$$\frac{\sigma_f}{f} = 2 \cdot \frac{\sigma_x}{x}$$

可见，前者在取 $x = y$ 时，仅为数值上相等，而它们仍是彼些独立的两个变量；而后者，则为完全相关，即 x 与 y 为同一个变量，故结果也不一样了。

（2）误差传递公式的具体形式。

常见函数关系确定的公式如表 3.1 所示。

表 3.1　常见函数关系确定的误差传递公式

函数关系	算术平均误差传递公式	标准误差传递公式
$f = x \pm y$	$\Delta f = \Delta x + \Delta y$	$\sigma_f = \sqrt{\sigma_x^2 + \sigma_y^2}$
$f = x \cdot y$	$\dfrac{\Delta f}{f} = \dfrac{\Delta x}{x} + \dfrac{\Delta y}{y}$	$\dfrac{\sigma_f}{f} = \sqrt{\left(\dfrac{\sigma_x}{x}\right)^2 + \left(\dfrac{\sigma_y}{y}\right)^2}$
$f = kx$	$\Delta f = k \cdot \Delta x$	$\sigma_f = k\sigma_x$
$f = \sqrt[k]{x}$	$\dfrac{\Delta f}{f} = \dfrac{1}{k} \cdot \dfrac{\Delta x}{x}$	$\dfrac{\sigma_f}{f} = \dfrac{1}{k} \cdot \dfrac{\sigma_x}{x}$
$f = \dfrac{x^p y^q}{z^r}$	$\dfrac{\Delta f}{f} = p\dfrac{\Delta x}{x} + q\dfrac{\Delta y}{y} + r\dfrac{\Delta z}{z}$	$\dfrac{\sigma_f}{f} = \sqrt{\left(\dfrac{p\sigma_x}{x}\right)^2 + \left(\dfrac{q\sigma_y}{y}\right)^2 + \left(\dfrac{r\sigma_z}{z}\right)^2}$
$f = \sin x$	$\Delta f = |\cos x|\Delta x$	$\sigma_f = |\cos x|\sigma_x$
$f = \ln x$	$\Delta f = \dfrac{\Delta x}{x}$	$\sigma_f = \dfrac{\sigma_x}{x}$

　　3）经典误差分析和计算一般步骤

　　误差分析和计算的目的在于估计测得数据（包括直接测量值与间接测量值）的真值或最佳值的范围，并判定其误差及准确度。整理一系列测量或实验数据时，应按以下步骤进行：

　　（1）求一组测量值的算术平均值 ΔX。根据随机误差符合正态分布的特点，按误差的正态分布曲线，可以得出算术平均值是该组测量值的最佳值（当消除了系统误差并进行无数次测定时该最佳值无限接近真值）。

　　（2）求出各测定值的绝对误差与标准误差 σ_x。

　　（3）确定各测定值的最大可能误差，并验证各测定值的误差不大于最大可能误差。按照随机误差正态分布曲线可得一个绝对误差出现在 $\pm 3\sigma_x$ 范围内的概率为 99.7%，也就是说绝对误差 $\geq \pm 3\sigma_x$ 的概率是极小的（0.3%），故以 $\geq \pm 3\sigma_x$ 为最大可能误差，超出 $\pm 3\sigma$ 的误差已不大于随机误差，而是过失误差，因此该数据应予以剔除。

　　（4）在满足第（3）条件后，再确定其算术平均值的标准差。

　　关于误差理论与测量平差学科以及误差估计方法的更多理论知识，请参见相关文献。值得注意的是，平差方法已经从手动经由半自动化阶段二过渡到当今的全自动化阶段，而这正是智能仪器充分发挥其优势的一个方向之一。当今世界，商用平差软件种类繁多，功能各异，典型的有平差易等，此外，Matlab、Excel 以及诸多统计软件都具有平差计算的功能。它们中的许多功能模块，大多成为一些经典的子程序，可以为智能仪器借用。

3.2　测量不确定度

　　任何测量都存在误差，由于测量的客观真值无法准确得到以及测量条件的非理想状态，误差大小无法确定。为了使测量误差减到最小，除了选择不同测量方法外，还要确定各种误差特征分类及其分布规律，用作误差分析和处理。国际计量委员会通过的《BIPM 实验不确定度的说明建议书 INC-1（1980）》建议用不确定度（uncertainty）取代误差（error）来表示测量和实验结果，并按性质将不确定度从估计方法上分为按统计分布的 A 类不确定度和按非统计分布的 B 类不确定度两类，分别进行处理后再进行合成，而使"由于测量误差的存在而对被测量值不能确定的程度"得到更科学的评估。误差和不确定度的关系可以理解为：测量中的不可靠量值为误差，导致不可靠测量结果的量值为不确定度。标准偏差较集中地反映了测量误差对测量和实验结果的影响，而不确定度综合了全部误差因素对测量和实验结果的影响。测量的目的是为了确定被测量的量值。测量结果的品质是量度测量结果可信程度的最重要的依据。测量不确定度就是对测量结果质量的定量表征。

　　之所以引入不确定度概念，是因为用误差进行仪器和测量准确度评定在很多情况下难以实现：

　　（1）对被测量的定义不完整或不完善。

　　（2）对被测量过程受环境影响的认识不周全，或对环境条件的测量与控制不完善。

　　（3）误差定义不可实现：既然真值不可能得到，误差就不可能准确得到。

　　（4）测量方法不理想，测量方法和测量程序具有近似和假定性。

　　（5）评定方法不科学：系统误差为最大可能误差限，随机误差为标准偏差或其倍数，其合成在数学上无法解决。

（6）误差公理不成立：测量值与真值相同具有一定的概率，即测量误差有可能为零，"有测量必存有误差"误差公理难以成立。

（7）取样的代表性不够，即被测量的样本不能代表所定义的被测量。

（8）对模拟仪器的读数存在人为偏差（偏移）。

（9）测量仪器的分辨力或鉴别力不够。

（10）赋予测量标准和标准物质的值不准。

（11）用于数据计算的常量和其他参量不准。

（12）在表面上看来完全相同的条件下，被测量重复观测值有变化。

上述因素也是不确定度的来源。

3.2.1　测量不确定度相关术语

1. 测量不确定度

JJF 1059—2012 的定义：表征合理地赋予被测量之值的分散性，与测量结果相联系的参数。

测量不确定度包括由系统影响引起的分量，如与修正量和测量标准所赋量值有关的分量及定义的不确定度。有时对估计的系统影响未作修正，而是当作不确定度分量处理；此参数可以是诸如称为标准测量不确定度的标准偏差（或其特定倍数），或是说明了包含概率的区间半宽度；测量不确定度一般由若干分量组成。其中一些分量可根据一系列测量值的统计分布，按测量不确定度的 A 类评定进行评定，并用实验标准偏差表征。而另一些分量则可根据经验或其他信息假设的概率分布，按测量不确定度的 B 类评定进行评定，也用标准偏差表征。通常，对于一组给定的信息，测量不确定度是相应于所赋予被测量的量值的。该值的改变将导致相应的不确定度的改变。

2. 标准测量不确定度（standard measurement uncertainty）

以标准偏差表示的测量不确定度。

3. 测量不确定度的 A 类评定（Type A evaluation of measurement uncertainty）

简称 A 类评定（Type A evaluation）：对在规定测量条件下测得的量值，用统计分析的方法进行的测量不确定度分量的评定。注：规定测量条件是指重复性测量条件、期间精密度测量条件或复现性测量条件。

4. 测量不确定度的 B 类评定（Type B evaluation of measurement uncertainty）

简称为 B 类评定（Type B evaluation）：用不同于测量不确定度 A 类评定的方法进行的测量不确定度分量的评定。例如，评定基于以下信息：权威机构发布的量值，有证标准物质的量值，校准证书，仪器的漂移，经检定的测量仪器准确度等级，根据人员经验推断的极限值等。

5. 合成标准不确定度（combined standard uncertainty）

全称为合成标准测量不确定度（combined standard measurement uncertainty）：由在一个测量模型中各输入量的标准测量不确定度获得的输出量的标准测量不确定度。注：在测量模型中输入量相关的情况下，当计算合成标准不确定度时必须考虑协方差。

6. 相对标准不确定度（relative standard uncertainty）

全称为相对标准测量不确定度 （relative standard measurement uncertainty）：标准不确定度除以测得值的绝对值。

7. 扩展不确定度（expanded uncertainty）

全称为扩展测量不确定度 （expanded measurement uncertainty）：合成标准不确定度与一个大于 1 的数字因子的乘积。注：该因子取决于测量模型中输出量的概率分布类型及所选取的包含概率；本定义中术语“因子”是指包含因子。

8. 包含区间（coverage interval）

基于可获信息确定的包含被测量一组值的区间，被测量值以一定概率落在该区间内。注：包含区间不必以所选的测得值为中心；不应把包含区间称为置信区间，以避免与统计学概念混淆；包含区间可由扩展测量不确定度导出。

9. 包含概率（coverage probability）

在规定的包含区间内包含被测量的一组值的概率。注：为避免与统计学概念混淆，不应把包含概率称为置信水平；在 GUM 中包含概率又称置信的水平；包含概率替代了曾经使用过的置信水准（level of confidence）。

10. 包含因子（coverage factor）

为获得扩展不确定度，对合成标准不确定度所乘的大于 1 的数。注：包含因子通常用符号 k 表示。

11. 测量模型（measurement model）

简称模型（model）：测量中涉及的所有已知量间的数学关系。注：测量模型的通用形式是方程：$h(Y, X_1, \cdots, X_n)=0$，其中测量模型中的输出量 Y 是被测量，其量值由测量模型中输入量 $X_1, \cdots, X_n$ 的有关信息推导得到。在有两个或多个输出量的较复杂情况下，测量模型包含一个以上的方程。

12. 测量函数（新增）

在测量模型中，由输入量的已知量值计算得到的值是输出量的测得值时，输入量与输出量之间的函数关系。注：如果测量模型 $h(Y, X_1, \cdots, X_n)=0$ 可明确写成 $Y=f(X_1, \cdots, X_n)$，其中，Y 是测量模型中的输出量，则函数 f 是测量函数。更通俗地说，f 是一个算法符号，算出与输入量 $X_1, \cdots, X_n$ 相应的输出量 $y=(X_1, \cdots, X_n)$，测量函数也用于计算测得值 Y 的测量不确定度。

13. 测量模型中的输入量（input quantity in a measurement model）

简称输入量（input quantity）：为计算被测量的测得值而必须测量的量，或其值可用其他方式获得的量。例如，当被测量是在规定温度下某钢棒的长度时，则实际温度、在实际温度下的长度以及该棒的线热膨胀系数为测量模型中的输入量。注：测量模型中的输入量往往是某个测量系统的输出量。示值、修正值和影响量可以是测量模型中的输入量。

14. 测量模型中的输出量（output quantity in a measurement model）

简称输出量（output quantity）：用测量模型中输入量的值计算得到的测得值的量。

15. 定义的不确定度（definitional uncertainty）

由于被测量定义中细节量有限所引起的测量不确定度分量。注：定义的不确定度是在任何给定被测量的测量中实际可达到的最小测量不确定度；所描述细节中的任何改变导致另一个定义的不确定度。

16. 仪器的测量不确定度（instrumental measurement uncertainty）

由所用测量仪器或测量系统引起的测量不确定度的分量。注：除原级测量标准采用其他方法外，仪器的不确定度是通过对测量仪器或测量系统的校准得到。仪器不确定度通常按 B 类测量不确定度评定，对仪器的测量不确定度的有关信息可在仪器说明书中给出。

17. 零的测量不确定度（null measurement uncertainty）

测量值为零时的测量不确定度。注：零的测量不确定度与零位或接近零的示值有关，它包含被测量小到不知是否能检测的区间或仅由于噪声引起的测量仪器的示值区间。零的测量不确定度的概念也适用于当对样品与空白进行测量并获得差值时。

18. 不确定度报告（uncertainty budget）

对测量不确定度的陈述，包括测量不确定度的分量及其计算和合成。注：不确定度报告应该包括测量模型、估计值、测量模型中与各个量相关联的测量不确定度、协方差、所用的概率密度函数的类型、自由度、测量不确定度的评定类型和包含因子。

19. 目标不确定度（target uncertainty）

全称为目标测量不确定度（target measurement uncertainty）：根据测量结果的预期用途；规定为上限的测量不确定度。

20. 自由度（degrees of freedom）

在方差的计算中，和的项数减去对和的限制数。注：在重复性条件下，用 n 次独立测量确定一个被测量时，所得的样本方差为 $(v_1^2 + v_2^2 + \cdots + v_n^2)/(n-1)$，其中 v_i 为残差：$v_1 = x_1 - \bar{x}$，$v_2 = x_2 - \bar{x}$，$\cdots$，$v_n = x_n - \bar{x}$。因此，和的项数即为残差的个数 n，而（当 n 较大时 $\sum v_i = 0$）是一个约束条件，即限制数为 1。由此可得自由度 $v = n-1$；当用测量所得的 n 组数据按最小二乘法拟合的校准曲线确定 t 个被测量时，自由度 $v = n-t$。如果另有 r 个约束条件，则自由度 $v = n-(t+r)$，自由度反映了相应实验标准偏差的可靠程度。用贝塞尔公式估计实验标准偏差 s 时，s 的相对标准差为：$o(s)/s = 1/\sqrt{2v}$。若测量次数为 10，则 $v = 9$，表明估计的 s 的相对标准差约为 0.24，可靠程度达 76%。合成标准不确定度 $u_c(y)$ 的自由度，称为有效自由度 v_{eff}，用于在评定扩展不确定度 U_P 时求得包含因子 k_p。

3.2.2　测量不确定度与测量误差的区别

测量不确定度处理中的变化，由误差法（有时称为传统法或真值法）转为不确定度法。但是测量不确定并没有否认误差，更没有否认真值。只是二者有着很多甚至是重大的差别。

不确定度与误差的区别主要有五点：

一是评定目的的区别：测量不确定度为的是表明被测量值的分散性，而测量误差为的是表明被测结果偏离真值的程度。

二是评定结果的区别：测量不确定度是无符号的参数，用标准差或标准差的倍数或置信区间的半宽表示，由人们根据实验、资料、经验等信息进行评定的，可以通过 A、B 两类评定方法来定量确定。而测量误差是有正号或负号的量值，其值是测量结果减去被测量的真值，由于真值未知，往往不能准确得到，只可得到其估计值。

三是影响因素的区别：测量不确定度是由人们经过分析和评定得到，因而人们对测量、影响量及测量过程的认识有关，而测量误差是客观存在的，不受外界因素的影响，不以人的认识程度而改变。所以就会出现测量不确定度很小，而测量误差很大，或反之。因此在进行不确定度分析时，应充分考虑各种影响因素，并对不确定度的评定加以验证。

四是按性质区分上的区别：测量不确定度的分量在评定时一般不必区分其性质，若需要区分时应表述为"由随机效应引入的不确定度分量"和"由系统效应引入的不确定度分量"。测量误差按性质可分为随机误差和系统误差两类，按定义它们都是无穷多次测量情况下的理想概念。而且系统误差是可以校正的。

五是对测量结果的修正的区别："不确定度"一词本身隐含一种可估计的值的意义，它不是指具体的、确切的误差值，虽可估计，但却不能用以修正量值。而系统误差的估计值，如果已知则可以对测得结果进行修正，使其更靠近真值。

二者的根本区别：测量不确定度表征赋予被测量之值的分散性，它与人们对被测量的认识程度有关，是通过分析和评定得到的一个置信区间。测量误差是表明测量结果偏离真值的差值，它客观存在但人们期望得到而无法准确得到。测量不确定度与测量误差区别的主要具体表现如表 3.2 所示。

表 3.2　测量不确定度与测量误差的主要区别

序号	测量误差	测量不确定度
1	测量误差表明被测量估计值偏离参考量值的程度	测量不确定度表明测得值的分散性
2	是一个有正号或负号的量值，其值为测得值减去被测量的参考量值，参考量值可以是真值或标准值、约定值	是被测量估计值概率分布的一个参数，用标准偏差或标准偏差的倍数表示该参数的值，是一个非负的参数。测量不确定度与真值无关
3	参考量值为真值时，测量误差是未知的	测量不确定度可以由人们根据测量数据、资料、经验等信息评定，从而可以定量评定测量不确定度的大小
4	误差是客观存在，不以人的认识程度而改变	评定的测量不确定度与人们对被测量和影响量及测量过程的认识有关
5	测量误差按其性质可分为随机误差和系统误差，涉及真值时，随机误差和系统误差都是理想概念	测量不确定度分量评定时一般不必区分其性质，若需要区分时应表述为："由随机影响引入的测量不确定度分量"和"由系统影响引入的测量不确定度分量"
6	测量误差的大小说明赋予被测量的值的准确程度	测量不确定度的大小说明赋予被测量的值的可信程度
7	当用标准值或约定值作为参考量值时，可以得到系统误差的估计值，已知系统误差的估计值时，可以对测得值进行修正，得到已修正的被测量估计值	不能用测量不确定度对测得值进行修正，已修正的被测量估计值的测量不确定度中应考虑由修正不完善引入的测量不确定度

3.2.3　测量不确定度评定

1. 测量不确定度评定的步骤

测量不确定度评定的步骤一般描述如下：

1）确定被测量和测量系统

必要时给出被测量的定义及测量过程的简单描述，包括测量原理、环境条件、测量仪器设备及附件、测量方法、测量程序和数据处理等。

2）建立数学模型

列出所有影响测量不确定度的影响量（即输入量 x_i），并给出用以评定测量不确度的数学模型，确定被测量与各输入量之间的函数关系。如果对被测量不确定度有贡献的分量未包括在数学模型中，应特别加以说明，如环境因素的影响。

3）求被测量的最佳估值

不确定度评定是对测量结果的不确定度进行评定，而测量结果应理解为被测量之值的最佳估计。确定不确定度的各种来源。

4）确定各输入量的标准不确定度

确定各输入量的标准不确定度，包括不确定度的 A 类评定和 B 类评定。评定输入量的标准不确定度 $u(x_i)$，通过灵敏系数 c_i，并进而给出与各输入量对应的不确定度分量 $u_i(y) =$

$|c_i|u(x_i)$，确定各个输入分量标准不确定度对输出量的标准不确定度的贡献。由数学模型对各输入量求偏导数确定灵敏系数，然后由输入量的标准不确定度分量求输出量对应的标准不确定度分量。

5）计算合成标准不确定度 $u_c(y)$

计算时应考虑各影响量之间是否存在值得考虑的相关性，对于非线性数学模型则应考虑是否存在值得考虑的高阶项，列出不确定度分量的汇总表，表中应给出每一个不确定度分量的详细信息。

6）求合成标准不确定度

对被测量的分布进行估计，并根据分布和所要求的置信概率 p 确定包含因子 k_p。利用不确定度传播律，对输出量的标准不确定度分量进行合成。

7）求扩展不确定度

由合成标准不确定度 $u_c(y)$ 和包含因子 k 或 k_p 的乘积，分别得到扩展不确定度 U 或 U_p。在无法确定被测量 y 的分布时，或该测量领域有规定时，也可以直接取包含因子 $k=2$。根据被测量的概率分布和所需的置信水准，确定包含因子，由合成标准不确定度计算扩展不确定度。

8）报告测量结果的不确定度

应给出关于扩展不确定度的足够信息。利用这些信息，至少应该使用户能从所给的扩展不确定度重新导出检定或校准结果的合成标准不确定度。

2. GUM 法

对测量不确定度评定的方法简称 GUM 法，用 GUM 法评定测量不确定度的一般流程如图 3.1 所示。

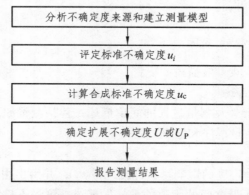

图 3.1　用 GUM 法评定不确定度的一般流程

步骤说明：

1）分析不确定度来源

分析不确定度来源时，除了定义的不确定度外，可从测量仪器、测量环境、测量人员、测量方法等方面全面考虑，特别要注意对测量不确定度影响较大的不确定度来源，应尽量做到不遗漏，不重复。在识别不确定度来源后，对不确定度各个分量作一个预估算是必要的，测量不确定度评定的重点应放在识别并评定那些重要的、占支配地位的分量上。

2）建立测量模型

测量中，当被测量（即输出量）Y 由 N 个其他量 X_1，X_2，$\cdots$，X_N（即输入量），通过函数 f 来确定时，则公式（3-1）称为测量模型：

$$Y = f(X_1, X_2, \cdots, X_N) \tag{3-1}$$

式中，大写字母表示量的符号，f 为测量函数。

设输入量 X_i 的估计值为 x_i，被测量 Y 的估计值为 y，则测量模型可写成：

$$y = f(x_1, x_2, \cdots, x_N) \tag{3-2}$$

测量模型与测量方法有关。

在简单的直接测量中测量模型可能简单到公式（3-3）的形式：

$$Y = X_1 - X_2 \tag{3-3}$$

甚至简单到公式（3-4）的形式：（直接测量）

$$Y = X \tag{3-4}$$

输出量 Y 的每个输入量 X_1，X_2，$\cdots$，X_N，本身可看作为被测量，也可取决于其他量，甚至包括修正值或修正因子，从而可能导出一个十分复杂的函数关系，甚至测量函数 f 不能用显式表示出来。

物理量测量的测量模型一般根据物理原理确定。非物理量或在不能用物理原理确定的情况下，测量模型也可以用实验方法确定，或仅以数值方程给出，在可能情况下，尽可能采用按长期积累的数据建立的经验模型。用核查标准和控制图的方法表明测量过程始终处于统计控制状态时，有助于测量模型的建立。

如果数据表明测量函数没有能将测量过程模型化至测量所要求的准确度，则要在测量模型中增加附加输入量来反映对影响量的认识不足。

测量模型中输入量可以是：

（1）由当前直接测得的量。这些量值及其不确定度可以由单次观测、重复观测或根据经验估计得到，并可包含对测量仪器读数的修正值和对诸如环境温度、大气压力、湿度等影响量的修正值。

（2）由外部来源引入的量。如已校准的计量标准或有证标准物质的量，以及由手册查得的参考数据等。

在分析测量不确定度时，测量模型中的每个输入量的不确定度均是输出量的不确定度的来源。

JJF 1059.1—2012 规范的方法主要适用于测量模型为线性函数的情况。如果是非线性函数，可采用泰勒级数展开，忽略其高阶项后将被测量近似为输入量的线性函数，才能进行测量不确定度评定。当测量函数为明显非线性时，合成标准不确定度中需考虑泰勒级数展开中的主要高阶项。

被测量 Y 的最佳估计值 y 在通过输入量 X_1，X_2，$\cdots$，X_N 的估计值 x_1，x_2，$\cdots$，x_N 得出时，有公式（3-5）和公式（3-6）两种计算方法：

① 计算方法一：

$$y = \bar{y} = \frac{1}{n}\sum_{k=1}^{n} y_k = \frac{1}{n}\sum_{k=1}^{n} f(x_{1k}, x_{2k}, \cdots, x_{Nk}) \tag{3-5}$$

式中，y 是取 Y 的 n 次独立测得值 y_k 的算术平均值，其每个测得值 y_k 的不确定度相同，且每

个 y_k 都是根据同时获得的 N 个输入量 X_i 的一组完整的测得值求得的。

② 计算方法二：

$$y = f(\overline{x}_1, \overline{x}_2, \cdots, \overline{x}_N) \tag{3-6}$$

式中，$\overline{x}_i = \dfrac{1}{n}\sum_{k=1}^{n} x_{i,k}$，它是第 i 个输入量的 k 次独立测量所得的测得值 x_i 的算术平均值。这一方法的实质是先求 X_i 的最佳估计值 $\overline{x}_i$，再通过函数关系式计算得出 y。

以上两种方法，当 f 是输入量 X_i 的线性函数时，它们的结果相同。但当 f 是 X_i 的非线性函数时，应采用式（3-5）的计算方法。（总重复性代替各输入量重复性的合成既简单又有利。）

3）计算 A 类不确定度

根据对 X_i 的一系列测得值 x_i 得到实验标准偏差的方法为 A 类评定，根据有关信息估计的先验概率分布得到标准偏差估计值的方法为 B 类评定。

A 类评定的方法流程说明：对被测量进行独立重复测量，通过所得到的一系列测得值，用统计分析方法获得实验标准偏差 $s(x_k)$，当用算术平均值 x 作为被测量估计值时，A 类评定的被测量估计值的标准不确定度按公式（3-7）计算：

$$u(x) = s(\overline{x}) = \frac{s(x_k)}{\sqrt{n}} \tag{3-7}$$

标准不确定度的 A 类评定的一般流程如图 3.2 所示。

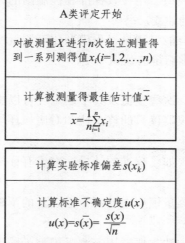

图 3.2　标准不确定度 A 类评定流程图

被测量 X 的最佳估计值方法有贝塞尔法，实验标准偏差计算方法有级差法等，具体计算过程和公式如下：用贝塞尔公式法计算 $\overline{x}$，在重复性条件或复现性条件下对同一被测量独立重复测量 n 次，得到 n 个测得值 x_i（$i=1, 2, \cdots, n$），被测量 X 的最佳估计值是 n 个独立测得值的算术平均值 $\overline{x}$，按公式（3-8）计算：

$$\overline{x} = \frac{1}{n}\sum_{i=1}^{n} x_i \tag{3-8}$$

（每个测得值 x_i 与 $\overline{x}$ 之差称为残差 v_i：$v_i = x_i - \overline{x}$）

单个测得值 x_k 的实验方差 $s^2(x_k)$ 按公式（3-9）计算：

$$s^2(x_k) = \frac{1}{n-1}\sum_{i=1}^{n}(x_i-\overline{x})^2 \tag{3-9}$$

单个测得值 x_k 的实验标准偏差 $s(x_k)$ 按公式（3-10）计算：

$$s(x_k) = \sqrt{\frac{1}{n-1}\sum_{i=1}^{n}(x_i-\overline{x})^2} \tag{3-10}$$

式（3-10）就是贝塞尔公式，自由度 v 为 $n-1$。实验标准偏差 $s(x_k)$ 表征了单个测得值的分散性，测量重复性用 $s(x_k)$ 表征。

被测量估计值 $\overline{x}$ 的 A 类评定的标准不确定度 $u(x)$ 按公式（3-11）计算：

$$u(x) = s(\overline{x}) = s(x_k)/\sqrt{n} \tag{3-11}$$

A 类评定的标准不确定度 $u(x)$ 的自由度为实验标准偏差 $s(x_k)$ 的自由度，即 $v=n-1$。（式中 n 为获得 $\overline{x}$ 时的测量次数）。实验标准偏差 $s(\overline{x})$ 表征了被测量估计值 $\overline{x}$ 的分散性。

用极差法求 $s(x_k)$：

一般在测量次数较少时，可采用极差法获得 $s(x_k)$。在重复性条件或复现性条件下，对 X_i 进行 n 次独立测量，测得值中的最大值与最小值之差称为极差，用符号 R 表示。在 X_i 可以估计接近正态分布的前提下，单次测得值 x_k 的实验标准差 $s(x_k)$ 可按公式（3-12）近似地评定：

$$s(x_k) = \frac{R}{C} \tag{3-12}$$

式中，R 为极差；C 为极差系数。

极差系数 C 及自由度 v 由表 3.3 得到。

表 3.3　极差系数 C 及自由度 v

n	2	3	4	5	6	7	8	9
C	1.13	1.64	2.06	2.33	2.53	2.70	2.85	2.97
v	0.9	1.8	2.7	3.6	4.5	5.3	6.0	6.8

被测量估计值的标准不确定度按公式（3-13）计算：

$$u(x) = s(\overline{x}) = s(x_k)/\sqrt{n} = \frac{R}{C\sqrt{n}} \tag{3-13}$$

4）计算 B 类不确定度

B 类评定的方法是根据有关的信息或经验，判断被测量的可能值区间（$\overline{x}-a$，$\overline{x}+a$），假设被测量值的概率分布，根据概率分布和要求的概率 p 确定 k，则 B 类评定的标准不确定度 $u(x)$ 可由公式（3-14）得到：

$$u(x) = \frac{a}{k} \tag{3-14}$$

式中，a 为被测量可能值区间的半宽度。（注：根据概率论获得的 k 称置信因子，当 k 为扩展不确定的倍乘因子时称包含因子）

标准不确定度 B 类评定的一般流程如图 3.3 所示。

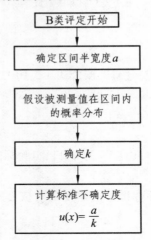

图 3.3　标准不确定度 B 类评定流程图

流程说明，区间半宽度 a 一般根据以下信息确定：

（1）以前测量的数据；

（2）对有关材料和测量仪器特性的了解和经验；

（3）生产厂提供的技术说明书；

（4）校准证书、检定证书或其他文件提供的数据；

（5）手册或某些资料给出的参考数据及其不确定度；

（6）检定规程、校准规范或测试标准中给出的数据；

（7）其他有用的信息。

例如：生产厂提供的测量仪器的最大允许误差为 $\pm\Delta$，并经计量部门检定合格，则评定仪器的不确定度时，可能值区间的半宽度为：

$$a = \Delta$$

校准证书提供的校准值，给出了其扩展不确定度为 U，则区间的半宽度为：$a=U$。

由手册查出所用的参考数据，其误差限为 $\pm\Delta$，则区间的半宽度为：$a=\Delta$。

由有关资料查得某参数的最小可能值为 a^-、最大可能值为 a^+，最佳估计值为该区间的中点，则区间半宽度可以用下式估计：$a=(a^+-a^-)/2$。

当测量仪器或实物量具给出准确度等级时，可以按检定规程规定的该等级的最大允许误差（或测量不确定度）得到对应区间半宽度。

必要时，可根据经验推断某量值不会超出的范围，或用实验方法来估计可能的区间。

k 值的确定方法：

（1）已知扩展不确定度是合成标准不确定度的若干倍时，该倍数就是包含因子 k 值。

（2）假设为正态分布时，根据区间具有的概率查表 3.4 得到 k 值。

表 3.4　正态分布情况下概率 p 与 k 值间的关系

p	0.50	0.68	0.90	0.95	0.954 5	0.99	0.997 3
k	0.67	1	1.645	1.960	2	2.576	3

（3）假设为非正态分布时，根据概率分布查表 3.5 得到 k 值。

表 3.5　常用非正态分布时的 k 值及 B 类评定的标准不确定度 $u(x)$

分布类别	$p/\%$	k	$u(x)$
三角	100	$\sqrt{6}$	$a/\sqrt{6}$
梯形 $\beta = 0.71$	100	2	$a/2$
矩形（均匀）	100	$\sqrt{3}$	$a/\sqrt{3}$
反正弦	100	$\sqrt{2}$	$a/\sqrt{2}$
两点	100	1	a

表 3.5 中 β 为梯形的上底与下底之比，对于梯形分布来说，$k = \sqrt{6/(1+\beta^2)}$，特别当 β 等于 1 时，梯形分布变为矩形分布；当 β 等于 0 时，变为三角分布。

概率分布按以下不同情况假设：

① 被测量受许多随机影响量的影响，当它们各自的效应同等量级时，不论各影响量的概率分布是什么形式，被测量的随机变化服从正态分布。

② 如果有证书或报告给出的不确定度是具有包含概率为 0.95、0.99 的扩展不确定度（即给出 $U95$、$U99$），此时，除非另有说明，可按正态分布来评定.

③ 当利用有关信息或经验，估计出被测量可能值区间的上限和下限，其值在区间外的可能几乎为零时，若被测量值落在该区间内的任意值处的可能性相同，则可假设为均匀分布（或称矩形分布、等概率分布）；若被测量值落在该区间中心的可能性最大，则假设为三角分布；若落在该区间中心的可能性最小，而落在该区间上限和下限的可能性最大，则可假设为反正弦分布。

④ 已知被测量的分布由两个不同大小的均匀分布合成时，则可假设为梯形分布。

⑤ 对被测量的可能值落在区间内的情况缺乏了解时，一般假设为均匀分布。

⑥ 实际工作中，可依据同行专家的研究结果和经验来假设概率分布。

注：由数据修约、测量仪器最大允许误差或分辨力、参考数据的误差限、度盘或齿轮的回差、平衡指示器调零不准、测量仪器的滞后或摩擦效应导致的不确定度，通常假设为均匀分布；两相同均匀分布的合成、两个独立量的和值或差值服从三角分布；度盘偏心引起的测角不确定度、正弦振动引起的位移不确定度、无线电测量中失配引起的不确定度、随时间正弦或余弦变化的温度不确定度，一般假设为反正弦分布（即 U 形分布）；按级使用量块时（除 00 级以外），中心长度偏差的概率分布可假设为两点分布；当被测量受均匀分布的角度 α 的影响呈 $1-\cos\alpha$ 的关系时，角度导致的不确定度、安装或调整测量仪器的水平或垂直状态导致的不确定度常假设为投影分布。

B 类标准不确定度的自由度可按公式（3-15）计算：

$$\nu_i \approx \frac{1}{2} \frac{u^2(x_i)}{\sigma^2[u(x_i)]} \approx \frac{1}{2} \left[\frac{\Delta[u(x_i)]}{u(x_i)} \right]^{-2} \tag{3-15}$$

根据经验，按所依据的信息来源的可信程度来判断 $u(x_i)$ 的相对标准不确定度 $\Delta[u(x_i)]/u(x_i)$。按式（3-15）计算出的自由度 ν_i 列于表 3.6。

表 3.6　$\Delta[u(x_i)]/u(x_i)$ 与 v_i 关系

$\Delta[u(x_i)]/u(x_i)$	v_i	$\Delta[u(x_i)]/u(x_i)$	v_i
0	∞	0.30	6
0.10	50	0.40	3
0.20	12	0.50	2
0.25	8		

　　由除用户要求或为获得 U_P 而必须求得 u_c 的有效自由度外，一般情况下，B 类评定的标准不确定度分量可以不给出其自由度。

　　5）计算合成标准不确定度

　　（1）不确定度传播律。

　　当被测量 Y 由 N 个其他量 X_1，X_2，…，X_N 通过测量函数 f 确定时，被测量的估计值 y 为

$$y = f(x_1, x_2, \cdots, x_N)$$

　　被测量的估计值 y 的合成标准不确定度 $u_c(y)$ 按下式计算：

$$u_c(y) = \sqrt{\sum_{i=1}^{N}[\frac{\partial f}{\partial x_i}]^2 u^2(x_i) + 2\sum_{i=1}^{N-1}\sum_{j=i+1}^{N}\frac{\partial f}{\partial x_i}\frac{\partial f}{\partial x_j}r(x_i,x_j)u(x_i)u(x_j)} \qquad （3-16）$$

式中　y——被测量 Y 的估计值，又称输出量的估计值。

　　　　x_i——第 i 个输入量的估计值。

　　　　$\dfrac{\partial f}{\partial x_i}$——被测量 Y 与有关的输入量 X_i 之间函数对于输入量 X_i 的偏导数，称为灵敏系数。

灵敏系数通常是对测量函数 f 在 $X_i=x_i$ 处取偏导数得到，也可用 c_i 表示。灵敏系数是一个有符号有单位的量值，它表明了输入量 x_i 的不确定度 $u(x_i)$ 影响被测量估计值的不确定度 $u_c(y)$ 的灵敏程度。有些情况下，灵敏系数难以通过函数 f 计算得到，可以用实验确定，即采用变化一个特定的 X_i，测量出由此引起的 Y 的变化。

　　　　$u(x_i)$——输入量 x_i 的标准不确定度。

　　　　$r(x_i, x_j)$——输入量 x_i 与 x_j 的相关系数，$r(x_i,x_j)u(x_i)u(x_j)=u(x_i,x_j)$ 是输入量 x_i 与 x_j 的协方差。

　　公式（3-16）被称为不确定度传播律，是计算合成标准不确定度的通用公式，当输入量间相关时，需要考虑它们的协方差。

　　（2）当各输入量间均不相关时，相关系数为零。被测量的估计值 y 的合成标准不确定度 $u_c(y)$ 按公式（3-17）计算：

$$u_c(y) = \sqrt{\sum_{i=1}^{N}[\frac{\partial f}{\partial x_i}]^2 u^2(x_i)} \qquad （3-17）$$

　　当测量函数为非线性，由泰勒级数展开成为近似线性的测量模型。若各输入量间均不相关，必要时，被测量的估计值 y 的合成标准不确定度 $u_c(y)$ 的表达式中必须包括泰勒级数展开式中的高阶项。当每个输入量 X_i 都是正态分布时，考虑高阶项后的 $u_c(y)$ 可按公式（3-18）计算：

$$u_c(y) = \sqrt{\sum_{i=1}^{N}[\frac{\partial f}{\partial x_i}]^2 u^2(x_i) + \sum_{i=1}^{N}\sum_{j=1}^{N}[\frac{1}{2}(\frac{\partial^2 f}{\partial x_i \partial x_j})^2 + \frac{\partial f}{\partial x_i}\frac{\partial^3 f}{\partial x_i \partial x_j^2}]u^2(x_i)u^2(x_j)} \qquad （3-18）$$

常用的合成标准不确定度计算流程如图 3.4 所示。

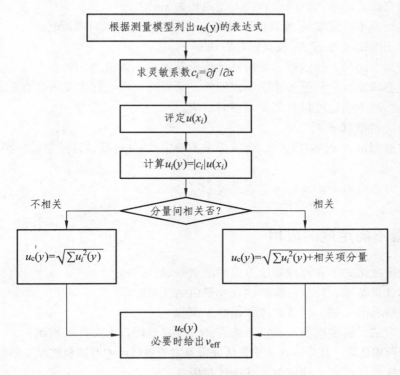

图 3.4　合成标准不确定度计算流程图

当测量模型不同，而且各个输入量互不相关，或者各输入量间正强相关，相关系数为 1，或者各输入量间相关时，合成标准不确定度的计算公式不同。参见 JJF 1059.1—2012。

6）确定扩展不确定度

扩展不确定度是被测量可能值包含区间的半宽度。扩展不确定度分为 U 和 U_P 两种。在给出测量结果时，一般情况下报告扩展不确定度 U。具体计算方法参见 JJF 1059.1—2012。

7）测量不确定度的报告

完整的测量结果应报告被测量的估计值及其测量不确定度以及有关的信息。报告应尽可能详细，以便使用者可以正确地利用测量结果。只有对某些用途，如果认为测量不确定度可以忽略不计，则测量结果可以表示为单个测得值，不需要报告其测量不确定度。通常在报告以下测量结果时，使用合成标准不确定度 $u_\mathrm{c}(y)$，必要时给出其有效自由度 v_{eff}。当涉及工业、商业及健康和安全方面的测量时，如果没有特殊要求，一律报告扩展不确定度 U，一般取 $k=2$。

除上述规定或有关各方约定采用合成标准不确定度外，通常在报告测量结果时都用扩展不确定度表示。

测量不确定度分析报告一般包括以下内容：

（1）被测量的测量模型；

（2）不确定度来源；

（3）输入量的标准不确定度 $u(x_i)$ 的值及其评定方法和评定过程；

（4）灵敏系数 $c_i = \partial f / \partial x_i$；

（5）输出量的标准不确定度分量 $u_i(y) = |c_i| u(x_i)$，必要时，给出个分量的自由度 ν_i；

（6）对所有相关的输入量给出其协方差或相关系数 r；

（7）合成标准不确定度 u_c 及其计算过程，必要时给出有效自由度 ν_{eff}；

（8）扩展不确定度 U 或 U_P 及其确定方法；

（9）报告测量结果，包括被测量的估计值及其测量不确定度。

通常测量不确定度分析报告除文字说明外，必要时可将上述主要内容列成表格。

当用合成标准不确定度报告测量结果时，应：

（1）明确说明被测量 Y 的定义；

（2）给出被测量 Y 的估计值 y、合成标准不确定度 $u_c(y)$ 及其计量单位，必要时给出有效自由度 ν_{eff}；

（3）必要时也可给出相对标准不确定度 $u_{crel}(y)$。

3.2.4　测量不确定度的应用

测量不确定度适用于各种准确度等级的测量领域：

（1）国家计量基准、计量标准的建立及量值的比对。

（2）标准物质的定值、标准参考数据的发布。

（3）测量方法、检定规程、检定系统表、校准规范等技术文件的编制。

（4）计量资质认定、计量确认、质量认证以及实验室认可中对测量结果及测量能力的表述。

（5）测量仪器的校准、检定以及其他计量服务。

（6）科学研究、工程领域、贸易结算、医疗卫生、安全防护、环境监测、资源保护等领域的测量。

（7）实验、测量方法、测量装置、复杂部件和系统的设计和理论分析中有关不确定度的评估与表示。

（8）生产过程的质量保证以及产品检验测试。

（9）评定实验室校准测量能力。

校准测量能力也称为最佳测量能力——通常提供给用户的最高校准测量水平，用包含因子 $k=2$ 的扩展不确定度表示。它是实验室对于特定的测量任务可能达到的最小不确定度，表示实验室在常规的校准检测上可能达到的最高水平。一般在实验室认可工作中要求对所申报的最佳测量能力进行认可。

（10）测量过程的设计或开发。

在实际工作中，为确保满足特定的测量水平即测量不确定度的要求，须根据已具备的能力（即现有的测量设备等），通过对测量不确定度的反复评定来寻求不仅满足所要求的测量不确定度，而且在经济上也比较合理的测量程序和至少应满足的测量条件。当然也可以通过不确定度管理程序来判断所用的测量设备是否满足要求。

（11）进行测量结果的比对。

在常规的实验室测量中，为避免可能产生的粗大误差，往往需对一个测量对象进行两次或多次重复测量，而判断标准应通过测量不确定度评定来确定的。此外，实验室间进行比对时，需确定各实验室所得测量结果是否处于合理范围内，即其一致性的判断，除与所采用的参考值有关外，也与各实验室报告的测量结果的不确定度有关。

（12）工件或测量仪器的合格判定。

在生产和测量领域，经常是通过测量来判定被测对象是否满足技术指标（规范）的要求。如检验工件是否符合技术图纸的公差要求；测量仪器的示值误差是否符合规定的最大允许误差；材料或产品是否符合标准要求等。在合格判定中，判据除和规定的技术指标有关外，也与测量不确定度有关。

3.3　智能仪器中的反问题及其处理要求

在地球物理，矿业勘探，系统分析和辨识，遥测遥感技术，雷达探测，生物医学（X 光机、核医疗技术、计算机断层扫描成像技术、超声成像、脑电、心电、电阻抗成像、微波成像等），材料科学，机器人（及其各种传感器），计算机视觉和模式识别，成像技术及图像信号处理（如图像复原等），无损检测，桥梁、公路大坝等工程监测，水文、植被、海洋监测，地震预测，天文观测和气象预测，导航，工业控制，经济决策，军事电子对抗，网络和无线传感器网络（节点以及 IP、拓扑结构侦测和发现）、埋入电缆管线故障、路径检测以及设备故障诊断等众多学科领域的科学研究和工程实践过程中，经常需要根据一组观测数据来估计目标的某些属性、特征以及真实结构，这就是由效果、表现（输出）反求原因、原象（输入）的反演问题，通称数学物理反问题。它已发展成为具有交叉性的计算数学、应用数学和系统科学中的一个热门学科方向。

智能仪器应用于上述领域，不管其最终目标如何，但是首先要进行测量，获得观测数据。这就是反问题求解的开始，即依据所获得的观测数据。智能仪器测量被测量，首要的目的是获得关于客观对象、物理系统或者感兴趣现象的有意义信息。然而许多情况下，我们希望确定的信息，与测得的信息不同。因为观测数据往往是被测目标的信号经过模糊、失真和噪声影响等过程后所得，而且还叠加了测量系统、测量过程所带来的各种误差。从已经测量的数据出发，恢复所需要信息，这就是反演，即对反问题求解。此外，智能仪器还在许多方面必须处理反问题：软测量，测量平差，多传感器信息融合，电力系统功率补偿（Fluke 435-II 就是一例），机器、设备故障诊断等。其中软测量是依据可测、易测的过程变量（称为辅助变量）与难以直接检测的待测变量（称为主导变量）的数学关系，根据某种最优准则，采用各种计算方法，用软件实现对待测变量的测量或估计。这些难以检测的变量，比如精馏塔的塔顶/塔底产品浓度和塔板效率，化学反应器的反应温度与反应物的浓度分布，纸浆的 Kappa 值、生物发酵罐中的生物量参数及高炉铁水的含硅量等，有的的确很难直接检测，有的看似不难，却苦于没有合适的传感器去检测，而采用软测量技术，必然带来反问题及其求解问题。

3.3.1　反问题简介

1. 定　义

简单地说，反问题是指由测量得到的结果来确定导致这些结果的原因的问题。日常生活中的疾病诊断，以及科学和工程领域的仪器、设备故障诊断，本质上都是一样的，就是反问题求解。

描述物理现象的客观演变过程的问题，称为正问题，比如，在地球物理或电磁理论中，根据源结构，计算得到在其周围空间产生的场，即给定源的初始和边界条件，求数学物理方程限定的场的解，称为正问题，其求解过程叫做正演。反问题是由输出求输入、由结果求原因、由表现求原象、由场（各种物理场如电磁场、温度场、压力场、重力场等）求源。反问题是相对于正问题的，二者互逆。比如，已知地面或大气中场的值，求地下资源的结构，就是反问题，其求解过程称为反演。如果将正演问题称作顺问题，则反演问题就叫做逆问题。这两对词的使用，符合汉语的习惯表达，但不能够交叉使用。

举一个浅显的例子，比如方程 $Y=aX^2+bX+c$ 所描述的是一种二维曲线，在笛卡尔坐标平面上是一幅图像。现在已知 X、a、b、c，求 Y，就是正问题。反之，已知 Y 和 a、b、c，或者 a、b、c 中一个、两个，要求 X；或者已知 Y、X，以及 a、b、c 中的一个、两个，要求 a、b、c 中的另外两个或一个，就是反问题。这里 a、b、c 可以理解为图像的结构参数，X 是其属性参数。因此，反问题一般就有两种形式，具体还是根据地球物理或者电磁理论中场和源的关系来表述：

（1）给定场的部分信息和源的全部或部分属性参数，要求反推源的全部或部分结构（或几何）参数。

（2）给定场的部分信息和源的全部或部分结构（或几何）参数，要求恢复源的全部或部分属性参数。

进行反问题的研究驱动力来自两方面：

（1）想了解物理过程过去的状态或辨识其参数，以便为预测的目的服务。

（2）想了解如何通过干预或控制系统当前的状态，或者调解某些参数以影响或控制该系统。

因此，反问题的本质是定量探求在已知的观测数据（结果、表现）背后，动因是什么，以及对于期望达到的结果或从效果而言，应该预先采取什么样的措施进行控制。

2. 反问题求解的问题

定义：反问题或者方程的解满足：

（1）存在；

（2）唯一；

（3）稳定。

则反问题是适定的，反之，上述三个条件任有一个不具备，则称反问题不适定。如果满足条件（1）、（2）而不满足（3），则有两种情况：如果观测值的变化很小，但是问题的解的变化很大，则称反问题是病态的，否则称为良态的。

反问题是一个关于如何将观测结果转换为物体或系统、现象的信息的广义框架，形成一门新的交叉学科：数学物理反问题。它的基本问题是研究各种物理现象的逆过程，这就首先要将物理现象归纳成某种数学模型，然后用它来对物理过程本身或它的载体进行定量分析、过程控制、参数提取或者对实体进行重新设计与改造。因此，各种反问题就是如何根据具体物理问题和实际可提供的测量数据与结果来给出准确的数学模型，且研究在这些非典型条件下数学物理方程的定解问题。数学物理反问题大多是非线性的，与正问题相比，反问题一般不是物理可实现的，其解往往是不适定的，得到解析表达式很难，用数值方法解反问题时，其解也往往不稳定，而且计算量很大，所以求解反问题很困难。

反问题的不适定性和病态性，是反问题本身所固有的特征。如果没有关于求解的附加信息，比如单调性，光滑性，有界性，或原始数据的误差界等，反问题的这一本质性的特征给求解带来的困难是无法克服的。通常情况下，反问题是非适定性问题，且绝大多数逆问题都是病态的。其在数值上是不稳定的，即在初始资料中的一个微小错误，可以造成很大错误的解。这时就需要引入额外的规范化约束条件来进行处理，形成了通常所说的求解反问题的正则化理论或方法，比如基于变分原理的正则化方法，基于谱分析的正则化理论，迭代正则化方法，有限维近似于离散正则化方法等。这些理论和方法又分别采用不同的算法来实现，比如搜索法或穷举法，蒙特卡洛法，遗传算法、模拟退火法、粒子群反演方法、模拟原子跃迁反演法、人工神经网络反演法、小波以及超小波和小波神经网络法、同伦反演法、量子遗传算法、蚁群算法等。

3.3.2　智能仪器中应该如何处理反问题

从上述的讨论中可以看出，反问题求解中需要解决的关键问题是：

（1）对反问题中的病态现象，选择恰当和合理的正则化方法。

（2）减少逆问题求解所需的计算量，增强求解算法的可实施性。

智能仪器不仅仅是用于测量获得测量数据，而是通过测量数据获得被测对象、现象或过程的某些或全部属性、特征、结构等信息，比如生物医学成像设备，地球物理探测仪器等。此外，测量数据的分析和平差处理，乃至误差评定和不确定度评定，也是一种反问题求解过程。这就必须处理好反问题求解问题，即尽可能完善地提供求解的附加信息，尽可能丰富且稳定地恢复正问题的信息，使得所面临的反问题能够在采用的正则化理论和方法以及具体的算法框架下获得适定解，以保证智能仪器测量结果以及仪器自身的准确度高，不确定度低，以提高其测量的可靠性、测量结果的可信性。

这就给智能仪器提出了几点要求：

（1）尽可能采集丰富的被测数据，条件允许的话，可以采用多传感器及其数据融合技术。

（2）尽可能排除和减小采集数据的系统误差、粗大误差，处理好随机误差，即智能仪器应该具有测量误差和准确度评定功能。

（3）尽可能减小测量系统和采集数据的不确定度，也即智能仪器应该具备不确定度评定功能。

（4）针对不同的对象、过程和属性或结构参数，能够自适应的建立较为准确的数学模型，即目标函数。

（5）能够自适应地选择不同的正则化方法。

（6）能够自适应地采用最恰当、最高效的计算智能算法来实现这些正则化方法，保证算法的鲁棒性、快速收敛性、自适应性和全局优化性。

（7）严格遵照软件工程的规范编写程序和优化代码。

（8）智能仪器应该具有反问题解的评价功能。

3.4　智能仪器中的智能信息处理方法

智能仪器智能性体现在多方面，其中对信息进行智能处理就至少包括六个方面的内容：第一是预处理，或者说是信号调理，比如滤波降噪、去除干扰等。第二是平差处理，提高测量数据的准确度。第三是仪器自校准和健康监测与管理、故障自诊断与自恢复等。第四是信息分析、处理的优化计算方法，包括上述的反问题求解。第五是将多个理论方法化为实际的算法，共同在智能仪器中待命，并针对具体的问题优选其中之一或者多个算法的组合进行数据分析和处理。第六是实现智能控制。

智能仪器要处理的信息，很可能来自于具有非线性、非高斯、非平稳性之一个或者多个性质的信号，这就必然涉及多种理论技术方法，尤其是现代统计信息处理理论与工程技术方法，比如盲信号处理、现代谱分析、高阶统计量分析、独立分量分析、主成分分析、分数阶傅里叶分析、时频分布理论、小波分析等。本节结合智能计算理论，只介绍小波分析，因为小波分析常与神经网络结合构成小波神经网络，用以进行信号去噪、特征提取、故障诊断、优化搜索等。此外，Matlab 中，小波和下面介绍的神经网络、粒子群算法等智能计算都有专门的工具箱。所谓智能计算，又称计算智能，目前没有统一的标准定义，其主要含义是指借用自然界生物界规律的启迪根据其原理模仿设计求解问题的算法，它以数据为基础，以计算为手段来建立功能上的联系（模型），而进行问题求解，以实现对智能的模拟和认识。计算智能不同于通常所说的软件算，它强调通过计算的方法来实现生物内在的智能行为；而软计算是受智能行为启发的现代优化计算方法，强调计算和对问题的求解。虽然二者所用方法名称相同，比如都把遗传算法、神经和模糊归为自己门下。智能计算方法很多，诸如人工神经网络、遗传算法、模糊逻辑、人工免疫系统、群体计算模型（粒子群、蚁群、鱼群等）、支撑向量机、模拟退火算法、粗糙集理论与粒度计算、免疫算法、量子计算、DNA 计算、智能代理模型、机器学习、知识发现、数据挖掘、支持向量机等。本节只介绍神经网络和粒子群算法，一方面是因为它们应用广泛而且不断深入发展；另外一方面因为神经网络、粒子群算法等比其他智能算法如遗传算法等简单。

3.4.1　小波分析理论

1. 小波分析产生的必然性和必要性

傅里叶是经典的信号分析工具，是信号处理理论发展史的一个重要里程碑。但是傅里叶变换有其固有的缺陷，其时间频率窗口是固定不变的，一旦窗口函数选定，其时频分辨率也就确定了。由测不准原理可知，不可能在时间和频率上均有任意高的分辨率，因为时间和频率的最高分辨率受下式的制约：

$$\Delta\omega \cdot \Delta t \geqslant \frac{1}{4\pi}$$

式中，Δt 和 $\Delta\omega$ 分别代表时间域和频率域的窗口宽度。

这表明，任一方分辨率的提高都意味着另一方分辨率的降低。傅里叶变换时丢掉了时间信息，不能刻画信号时域的局部特性，无法根据傅里叶变换的结果判断一个特定的信号是在什么时候发生的。也就是说，傅里叶变换只是一种纯频域的分析方法，它在频域里的定位是完全准确的（即频域分辨率最高），而在时域无任何定位性（或无分辨能力）。因为傅里叶变换的积分作用平滑了非平稳信号的突变部分，傅里叶分析对非平稳信号的处理效果不好。假设用傅里叶变换非平稳信号，则不能提供完全的信息，即通过傅里叶变换可以知道信号所含有的频率信息，但是无法知道这些频率信息究竟出现在哪些时间段上。如地震信号、雷达回波等，所关心的是什么时刻、在什么位置出现什么样的反射波。但是傅里叶分析不能提供这些信息。症结在于它使用固定的窗口，而对实际时变信号的分析需要时频窗口具有自适应性；对于高频谱的信息，时间间隔要相对小，以给出很高的精度；对于低频谱的信息，时间间隔要相对的宽，以给出完全的信息。于是小波分析应运而生。

2. 小波及其特点

如果函数 $\psi(t) \in L^2(R)$ 满足允许条件，称为小波基，$\psi(t)$ 又称为母小波，因为其伸缩、平移可构成 $L^2(R)$ 的一个标准正交基：

$$\psi_{a,b}(t) = a^{-0.5} \psi((t-b)/a) \qquad (a \in R^+, b \in R)$$

式中，a 为尺度因子，反映小波的周期长度；b 为平移因子，反应时间上的平移。

假定小波母函数窗口宽度为 Δt，窗口中心为 t_0，则连续小波 $\psi_{a,b}(t) = a^{-0.5} \psi((t-b)/a)$ 的窗口中心为 $at_0 + b$，窗口宽度为 $a\Delta t$。即信号限制在时间窗内：$[at_0 + b - a\Delta t/2, at_0 + b + a\Delta t/2]$。同样，对母小波的频域变换，其频域窗口中心为 ω_0，窗口宽度为 $\Delta\omega$，则相应的连续小波的傅里叶变换为 $\psi_{a,b}(\omega) = a^{1/2} e^{-j\omega b} \psi(a\omega)$，其频域窗口中心为：$\omega_{a,b} = \omega_0/a$；窗口宽度为：$\Delta\omega/a$，信号在 $[\omega_0/a - \Delta\omega/(2a), \omega_0/a + \Delta\omega/(2a)]$ 频率窗内。尺度的倒数 $1/a$ 在一定意义上对应于傅里叶分析的频率 ω，即尺度越小，对应的频率越高。如果将尺度理解为时间窗口的话，则小尺度信号为短时间信号，大尺度信号为长时间信号。在任何 b 值，小波的时频窗口大小 Δt 和 $\Delta\omega$ 都随频率 ω（或 a）的变化而变化。称 $\Delta t \cdot \Delta\omega$ 为窗口函数的窗口面积，则 $\Delta t_{a,b} \cdot \Delta\omega_{a,b} = a \cdot \Delta t \cdot (1/a) \cdot \Delta\omega$。可见连续小波基函数的窗口面积不随参数的变化而变化。但是其尺度和平移因子是变化的，即其窗口形状是变化的。

小波（Wavelet），即小区域的波，是一种特殊的、长度有限，直流分量为零的波。小波有两个特点：

（1）小。小波是一类在有限区间内快速衰减到 0 的函数，其平均值为 0。

（2）波。正负交替，直流分量为零。

3. 小波分析

傅里叶分析是将信号分解成一系列正弦信号的叠加。小波分析利用小波变换进行信号分析，小波变换是将信号分解成一系列小波函数的叠加，而这些小波函数都是由一个母小波经过平移与尺度伸缩得来的。同傅里叶变换一样，连续小波变换可定义为函数与小波基的内积：

$$(W_\psi f)(a,b) = <f(t), \psi_{a,b}(t)>$$

将 a、b 离散化，令 $a = 2^{-j}$，$b = 2^{-k}$（$j, k \in \mathbf{Z}$）可得离散小波变换。

小波分析是时间（空间）频率的局部化分析，它通过伸缩平移运算对信号（函数）逐步进行多尺度细化，能自动适应时频信号分析的要求，可聚焦到信号的任意细节。傅里叶分析的基本函数是固定的，即正弦信号，正弦信号是平滑而且是可预测的；而小波是不规则、不对称的。小波分析用这种不规则的小波函数可以逼近那些非稳态信号中尖锐变化的部分，也可以去逼近离散不连续具有局部特性的信号，从而更为真实地反映原信号在某一时间尺度上的变化。小波分析这种局部分析的特性使其成为对非稳态、不连续时间序列进行量化的一个有效工具。

小波分析的特点有：

（1）小波变换在时域和频域同时具有良好的局部化特性，若 $\psi(t)$ 的傅里叶变换是 $\psi(\omega)$，可以看成用基本频率特性为 $\psi(\omega)$ 的带通滤波器在不同尺度 a 下对信号做滤波。而且这组滤波器时域扩展对应频域压缩，即具有恒 Q 性质：Q 为品质因数，等于带宽与中心频率之比，即 $Q=\Delta\omega/\omega=C$，C 为常数。

（2）小波变换可以自适应地调节时频窗口，具有多尺度/多分辨的特点，可以由粗及细地处理信号。

（3）小波变换所取的基小波 $\psi(t)$ 不是固定的。所以适当地选择小波基，使得 $\psi(t)$ 在时域上为有限支撑，$\psi(\omega)$ 在频域上也比较集中，便可以使小波变换在时域和频域都具有表征信号局部特征的能力，因此小波变换对信号奇异点非常敏感，有利于检测信号的瞬态值或奇异点。

由于小波分析的上述特点，使之可以用于分析检测突变信号，在信号检测、降噪、特征提取方面发挥重要作用，被誉为信号分析的数学显微镜。

可以这样理解小波分析的含义：用镜头观察目标信号 $f(t)$，$\psi(t)$ 代表镜头所起的作用，b 相当于使镜头相对于目标平行移动，a 的所用相当于镜头向目标推进或远离。适当地选择小波，使 $\psi(t)$ 在时域上为有限支撑，$\psi(\omega)$ 在频域上也比较集中，就可以使小波变换在时、频域都具有表征信号局部特征的能力。

由于小波基函数在时间、频率域都具有有限或近似有限的定义域，显然，经过伸缩平移后的函数在时、频域仍是局部性的。小波基的窗口随尺度因子的不同而伸缩，当 a 逐渐增大时，基函数的时间窗口也逐渐增大，而其对应的频域窗口逐渐减小；反之亦然。如果期望信号不具有区别于噪声的明显频谱特征时，使用 Fourier 分析进行噪声中的微弱特征信号检测和提取是困难的，而小波分析就可以做到。

4. 常用小波基

目前如何选择基小波还没有一个理论标准。主要是通过用小波分析方法处理信号的结果与理论结果的误差来判断基小波的好坏，并由此选定小波基。小波变换的小波系数为如何选择基小波提供了依据。小波变换后的系数比较大，就表明了小波和信号的波形相似程度较大；反之则比较小。另外可以根据信号处理的目的来决定尺度的大小：如果小波变换仅仅反映信号整体的近似特征，往往选用较大的尺度；需要反映信号细节，则选用尺度较小的小波。

小波变换的第三个特点使得同一个工程问题用不同的小波函数进行分析，其结果可能相差甚远。小波基的选取不同，特征值的结果就不同。在不同的应用领域，小波基的选取标准不同，不同的小波基适用不同的具体情况。但即使在同一应用领域，小波基的选取也没有形成统一的标准。小波基的选取应从一般原则和具体对象两方面进行考虑。常见的小波基函数有 Haar、Daubechies（dbN）、Morlet、Meryer、Symlet、Coiflet、Biorthogonal 小波等 15 种。

小波基选择一般原则如下：

（1）正交性：源于对数学分析的简单化以及工程应用中便于理解操作要求。

（2）紧致性：短时间内快速衰减到零，保证有优良的时频局部特征，也利于算法的实现。

（3）对称性：关系到小波的滤波特性是否具有线性相位，这与失真问题密切相关。

（4）平滑性：关系到频率分辨率的高低。

要完全满足上述特性是十分困难的，所以应该具体问题具体分析。常用的小波基有：

1）Morlet 小波

Morlet 小波是高斯包络下的单频率复正弦函数，也是最常用的复值小波，能够提取信号中的幅值和相位信息，在地球物理信号处理中广泛应用。

2）Marr 小波

高斯函数的二阶导数就是 Marr 小波，其形状好似墨西哥草帽，因此有时也称它为墨西哥草帽小波（Mexican hat function）。

Marr 小波没有尺度函数，属于非正交分解，主要用于信号处理和图像边缘检测。

3）DOG 小波

DOG 小波是两个尺度差一倍的高斯函数之差。DOG 小波具有对称性和良好的时域局部化能力，能检测信号的奇异性，在信号的奇异性检测中应用广泛。

4）Haar 小波

Haar 函数是一组互相正归一的函数集，Haar 小波正是由它生成的。它是支撑域在 $t \in [0,1]$ 范围内的单个矩形波。Haar 小波不是连续可微的，应用有限，多用于理论研究。

5. 小波分析应用的一般流程

小波变换在信号处理、图像处理、语音分析、模式识别、量子物理及众多非线性科学领域得到了广泛应用。如语言识别、地震勘探、雷达、机械状态监控、故障诊断、机器视觉、CT 成像、纹理识别、数字电视、湍流、天体识别、量子场论等。在信号处理与图像分析方面，小波分析广泛用于信号的滤波、消噪、压缩、检测、提取、传递等。在医学成像与诊断方面，可用于减少 B 超、CT 核磁共振成像的时间，提高分辨率等。还可用于军事电子对抗与武器的智能化、计算机对模式的分类与识别、音乐与语言的人工合成、地震勘探数据处理、大型机械的故障诊断、计算机视觉、计算机图形、远程宇宙的研究与生物医学等方面。

在小波分析的实际工程应用中，一般要遵循以下流程：

（1）将所选择的小波函数，与要分析的原始信号起始点对齐，对信号作小波变换，将信号由空域变换到频域。

（2）计算在某该时刻要分析的信号与小波函数的逼近程度，即计算小波变换系数 C，C 越大，就意味着此刻信号与所选择的小波函数波形越相近。

（3）将小波函数沿时间轴向右移动一个单位时间，然后重复步骤（1）、（2）求出此时的小波变换系数 C，直到覆盖完整个信号长度。

（4）将所选择的小波函数尺度伸缩一个单位，然后重复步骤（1）、（2）、（3）。

（5）对所有的尺度伸缩，重复步骤（1）、（2）、（3）、（4）。

（6）对小波系数做相应处理，比如剔除较小值等，对处理后的小波系数做小波逆变换，重构还原原信号。

目前，小波分析的研究还在深入发展。在小波包之外，还提出了各种超小波，如曲波（Curvelet）、脊波（Ridgelet）、凸波（Countourlet）、带波（Bandlet）、束波（Beamlet）、楔波（Wedglet）、方向波、3D-DBF 波、曲面波（Surfacelet）等。它们均在信号处理等领域发挥着重要作用。

3.4.2　人工神经网络

1. 基本概念

1）人工神经网络

神经网络（Artificial Neural Nets，ANN）是通过模拟人脑的结构和工作模式的机器模型，是由大量具有记忆和信息处理功能的单元互联组成的非线性、自适应信息处理，具有类似人类智能的系统。

2）神经元

用来模拟脑神经系统的结构和功能的处理单元称作人工神经元。人工神经元模型如图 3.5 所示。

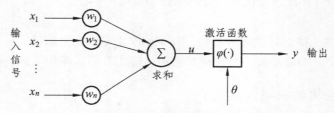

图 3.5　人工神经元模型示意图

人工神经元有 4 个基本要素：

（1）一组连接，连接强度由各连接上的权值表示，权值为正表示激活，为负表示抑制。

（2）一个求和单元，用于求取个输入信号的加权和（线性组合）。

（3）一个非线性激活函数，起非线性映射作用并将神经元输出幅度限制在一定的范围之内。常见的激活函数 $\varphi(\cdot)$ 有阈值函数、分段线性函数和 sigmoid 函数等。

（4）一个阈值 θ（或偏置 $-\theta$）。

3）权

人工神经网络（ANN）可以看成是以人工神经元为结点，用有向弧连接起来的有向图。在此有向图中，人工神经元就是对生物神经元的模拟，而有向弧则是轴突—突触—树突对的模拟。每条有向弧有一个值，称为权，即有向弧的加权值，表示相互连接的两个人工神经元间相互作用的强弱。

4）阈　值

影响神经元或神经网络输入输出特性的一个给定参考量。

5）激活函数

表示神经元或神经网络的输入输出特性的函数。

6）模型和结构

结构是由神经元组成神经网络的形式。不同的结构是形成不同的神经网络模型的要素。

人工神经网络模型主要考虑网络连接的拓扑结构、神经元的特征、学习规则等。目前已有近40 种神经网络模型，其中有反传网络（BP 神经网络）、径向基网络、多层感知器、自组织映射、Hopfield 网络、波耳兹曼机、适应谐振理论等。根据连接的拓扑结构，神经网络模型可以分为前向网络和后向网络两大类。

前向网络中各个神经元接受前一级的输入，并输出到下一级，网络中没有反馈，可以用一个有向无环路图表示。这种网络实现信号从输入空间到输出空间的变换，它的信息处理能力来自于简单非线性函数的多次复合。网络结构简单，易于实现。反传网络是一种典型的前向网络。

反馈网络内神经元间有反馈，可以用一个无向的完备图表示。这种神经网络的信息处理是状态的变换，可以用动力学系统理论处理。系统的稳定性与联想记忆功能有密切关系。Hopfield 网络、波耳兹曼机均属于这种类型。

2. 基本特征

人工神经网络具有四个基本特征：

（1）非线性：非线性关系是自然界的普遍特性。大脑的智慧就是一种非线性现象。人工神经元处于激活或抑制 2 种不同的状态，这种行为在数学上表现为一种非线性关系。具有阈值的神经元构成的网络具有更好的性能，可以提高容错性和存储容量。

（2）非局限性：一个神经网络通常由多个神经元广泛连接而成。一个系统的整体行为不仅取决于单个神经元的特征，而且可能主要由单元之间的相互作用、相互连接所决定。通过单元之间的大量连接模拟大脑的非局限性。联想记忆是非局限性的典型例子。

（3）非常定性：人工神经网络具有自适应、自组织、自学习能力。神经网络处理的信息不但可以有各种变化，而且在处理信息的同时，非线性动力系统本身也在不断变化。经常采用迭代过程描写动力系统的演化过程。

（4）非凸性：一个系统的演化方向，在一定条件下将取决于某个特定的状态函数。例如能量函数，它的极值相应于系统比较稳定的状态。非凸性是指这种函数有多个极值，故系统具有多个较稳定的平衡态，这将导致系统演化的多样性。

3. 神经网络的优点

（1）自适应自学习能力，超强的存储记忆功能。

（2）非线性映射，处理非线性问题性能高。

（3）并行分布处理，优化计算功能强。

（4）鲁棒性即受干扰时自动稳定的特性，和强大的容错能力。

4. 神经网络的应用

神经网络广泛应用，可以说深入普及到人类社会生活各个角落和各个领域，从功能上主要表现为以下几个方面：

（1）智能控制：主要有系统建模和辨识，参数整定，极点配置，内模控制，优化设计，预测控制，最优控制，滤波与预测容错控制，机器故障诊断及排除，移动机器人智能自适应导航、视觉系统等。

（2）智能优化计算：如最优路径规划、最优化匹配、最优作业调度问题等的求解；反问题求解、机器（仪器）参数，系统辨识的优化计算等。

（3）信号和模式识别：（通信）信号调制识别，手写字符，汽车牌照，指纹和声音识别，还可用于目标的自动识别，目标跟踪，机器人传感器图像识别及地震信号的鉴别等。

（4）信号和图像处理：特征信号提取，图像边缘监测，图像分割，图像压缩和图像恢复。

（5）智能预测：环境、天气预报，经济分析、行情、投资风险预测等。

……

5. 神经网络的研究方向

神经网络的研究可以分为理论研究和应用研究两大方面。理论研究可分为以下两类：

（1）利用神经生理与认知科学研究人类思维以及智能机理。

（2）利用神经基础理论的研究成果，用数理方法探索功能更加完善、性能更加优越的神经网络模型，深入研究网络算法和性能，如稳定性、收敛性、容错性、鲁棒性等；开发新的网络数理理论，如神经网络动力学、非线性神经场等。

人工神经网络的应用研究主要包括以下两类：

（1）神经网络的软件模拟和硬件实现的研究。

（2）神经网络在各个领域中应用的研究。

目前神经网络与小波、混沌和分形理论结合，形成小波神经网络、混沌神经网络等。

6. 神经网络设计的一般步骤

（1）确定神经元模型和激发函数。

（2）确定网络模型和层数。

（3）确定隐含层神经元数目。

（4）初始化神经元权值。

（5）确定学习算法和学习速率。

3.4.3　项目：基本粒子群优化算法 Matlab 程序

1. 粒子群算法简介

智能仪器经常要遇到优化问题，如系统参数优化，特征信号提取方法优化，逆问题求解过程和方法优化等。目前常用的非线性优化问题求解方法主要分为两类：确定性搜索算法和随机搜索算法。粒子群算法 PSO 是一种新的随机搜索算法，与传统优化算法相比，具有如下优点：采用群体搜索代替传统优化方法中个体搜索，并能以较大概率求得全局最优解；利用适应值信息，不要求目标函数和约束条件是可微的；算法简单，易于实现，结果受初值的影响不大，初值设置的范围只会影响算法的收敛速度。PSO 算法只涉及初等运算，具有计算简洁，需要调整的参数少等特点，近年来取得了迅速发展，目前在各类连续空间优化问题、神经网络训练、组合优化等领域均得到十分成功地应用。

2. PSO 算法原理与流程

PSO 的基本演算模式如下：首先以均匀分布随机产生初始粒子群，每一个粒子都是一个求解问题的候选解，粒子群会参考个体的最佳经验，以及群体的最佳经验，选择修正的方式，经过不断的修正之后，粒子群会渐渐接近最佳解。PSO 算法的流程图如图 3.6 所示。

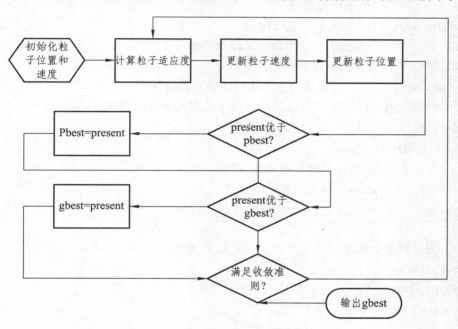

图 3.6　PSO 算法的流程图

尽管粒子群算法 PSO 具有较强的全局寻优能力，但与其他全局优化方法一样，对于比较复杂的多峰搜索问题，粒子群算法同样存在早熟收敛现象。目前解决这一问题的主要方法是增加粒子群的规模，虽然对算法性能有一定改善，但同样存在缺陷：一是不能从根本上克服早熟收敛问题；二是会大大增加算法的运算量。多种改进的粒子群算法应运而生，诸如混沌粒子群算法、基于锯齿映射的混沌粒子群算法等。

3. 基本粒子群算法 Matlab 程序

该程序是基本粒子群算法的 Matlab 实现，对其中子函数，及适应度函数源程序（fitness.m）做适当的修改，就可以用作不同的工程实际，比如可靠性优化分析计算等。

主函数源程序（main.m）

```
%------基本粒子群优化算法（Particle Swarm Optimization）-----------
%------名称：基本粒子群优化算法（PSO）
%------作用：求解优化问题
%------说明：全局性，并行性，高效的群体智能算法
%------初始格式化-------------------------------------------------
clear all；
clc；
```

```matlab
format long；
%------给定初始化条件-----------------------------------------------
c1=1.4962；              %学习因子1
c2=1.4962；              %学习因子2
w=0.7298；               %惯性权重
MaxDT=1000；             %最大迭代次数
D=10；                   %搜索空间维数（未知数个数）
N=40；                   %初始化群体个体数目
eps=10^（-6）；           %设置精度（在已知最小值时候用）
%------初始化种群的个体（可以在这里限定位置和速度的范围）------------
for i=1：N
   for j=1：D
      x（i，j）=randn；   %随机初始化位置
      v（i，j）=randn；   %随机初始化速度
   end
end
%------先计算各个粒子的适应度，并初始化Pi和Pg----------------------
for i=1：N
   p（i）=fitness（x（i，:），D）；
   y（i，:）=x（i，:）；
end
pg=x（1，:）；            %Pg为全局最优
for i=2：N
   if fitness（x（i，:），D）<FITNESS（PG，D）< span>
      pg=x（i，:）；
   end
end
%------进入主要循环，按照公式依次迭代，直到满足精度要求------------
for t=1：MaxDT
   for i=1：N
      v（i，:）=w*v（i，:）+c1*rand*（y（i，:）-x（i，:））+c2*rand*（pg-x（i，:））；
      x（i，:）=x（i，:）+v（i，:）；
      if fitness（x（i，:），D）<P（i）< span>
         p（i）=fitness（x（i，:），D）；
         y（i，:）=x（i，:）；
      end
      if p（i）<FITNESS（PG，D）< span>
         pg=y（i，:）；
      end
   end
```

```
    end
    Pbest（t）=fitness（pg，D）；
end
%------最后给出计算结果
disp（'********************************************************'）
disp（'函数的全局最优位置为：'）
Solution=pg'
disp（'最后得到的优化极值为：'）
Result=fitness（pg，D）
disp（'********************************************************'）
%------算法结束---DreamSun GL & HF----------------------------------
```

　　适应度函数源程序（fitness.m）
```
function result=fitness（x，D）
sum=0；
for i=1：D
    sum=sum+x（i）^2；
end
result=sum；
```

习题与思考三

1. 什么是误差？误差的分类和特点有哪些？
2. 什么是不确定度？不确定度与误差的关系有哪些？
3. 不确定度评定的方法和步骤。
4. 什么是逆问题？
5. 什么是计算智能？简述计算智能在数据分析处理中的应用及其算法。
6. 用 Matlab 小波工具包编写程序，对一个带噪信号进行滤波。
7. 用 Matlab 神经网络工具包编写一个神经网络优化算法，对一组测量数据进行优化。
8. 找一台示波器，利用测量不确定度理论及其评定方法和步骤，对该示波器进行测量不确定度评定。

第 4 章　　智能仪器设计方法

　　人们对设计的要求随着社会和科技的进步发展到了一个新的阶段，表现为设计对象由单机走向系统、设计要求由单目标走向多目标、设计所涉及的领域由单一领域走向多个领域、设计人员从单人走向群体、产品设计由自由发展走向有组织、有计划地进行。传统的设计理念和方法难以应对这些日益严格的现代设计主客观要求，主要表现为未能掌握设计中的客观规律，理论体系不完善；设计的优劣主要取决于设计者个人的水平；设计生产率较低；设计进度与质量不能很好地控制；具体设计手段与设计方法落后等。

　　优良的智能仪器是设计出来的。而要完成上佳的设计，首先其设计理念要新，设计方法和设计技术要先进，设计组织管理体系必须科学。这就意味着单纯要求设计人员有丰富的专业知识还远远不够，还要求设计人员掌握设计过程的本质，遵循其规律，在实际设计过程中认真分析与设计有关的各种影响因素及其作用，并且建立和遵循可的管理体系，掌握和运用先进的现代设计理论、设计方法及设计手段，科学、高效地进行设计工作。

4.1　现代设计理论与方法

　　设计的目标是把需求变成产品，因此是一个逆问题求解的过程，即知道结果，要求解产生和实现这些结果的原因。这就涉及一系列相关知识、理论和工程技术方法：不仅包括具体项目的，还包括与项目相关的工程管理与过程控制、质量管理的，以及市场、生产环境条件等诸多因素的。更为重要的是，还涉及设计本身：设计不仅仅是一个术语和过程，它是一门学科，它有自己的系统理论框架、思维逻辑、技术体系、工程方法，可以把它叫做设计方法学。它是在一系列生产实践和社会活动的设计过程中不断总结出来并且不断发展的科学。人类以制造工具使自己区别于其他动物，人类离不开设计，而且不断对设计本身进行思考和研究，产生了设计理论和方法，这是人类思维活动和生产实践的必然。我国明代宋应星的《天工开物》就讨论了诸多设计方法问题。但是设计真正成为理论和科学，还是现代的事情，为了区别于此前的设计知识、经验、思想、理念和方法，把它叫做现代设计理论，而与之对应的是传统设计理论。

　　设计意味着创新，因为这种逆问题求解过程中面临的问题不是一个两个，而可能是一系列，有熟悉的，更多的却可能是不熟悉的，而且是前人和他人都没有遇到过的，这是其一；其二，产品是要进入市场的，那就要具有竞争力，就要求不仅设计新产品，解决新问题，而且在这些新产品中，是新思想、新观念、新理论、新技术、新方法、新工艺等中的一个或者多个的物化。其中的核心是科技的进步，它是产品竞争力和社会生产力提高的根本，是创造经济效益和社会效益的前提，也是一个民族长盛不衰、兴旺发达的基础，是国家强盛的根本。而实现这一切的基石，就是设计理论和方法，是对这些理论和方法的掌握、应用和创新。否则，设计就不叫设计，充其量就只是应付工作、完成任务的过程，或者根本就是浪费——时间、人力、物力、财力的浪费。当今制造业的竞争，归根结底是科技竞争，落实到产业过程和工程实际中，其根本在于设计竞争。中国已经是制造大国，但不是制造强国，更不是创造强国。许多产品由中国制造，但不是中国创造。智能仪器也是如此，我国鲜有高端先进仪器占领国际市场，这是需要大家共同努力奋斗进行彻底改观的。

4.1.1　现代设计

传统设计也叫做常规设计，传统设计一般分为方案（蓝图）设计、详细（具体）设计、工艺（生产）设计三个步骤。传统的电子系统设计一般是采用搭积木式的方法进行，即由器件搭成电路板，由电路板搭成电子系统。其思维逻辑是自底向上，根据系统功能要求，从具体的器件、逻辑模块、子系统到系统以及系统集成，或者从相似系统开始，凭借设计者熟练的技巧和丰富的经验，通过对其进行相互连接、修改和扩大，构成所要求的系统。实际就是从树叶到树根，从小到大的设计过程。其具体设计方法往往采用类比法、经验法、模仿法，它的思维方式是收敛式思维，多是利用设计手册中有关数据，采用较大安全系数，强调零部件计算。传统的设计方法主要有经验法、类比法等，其优点是比较简单，设计费用低廉。传统设计解决问题偏重于技术，一般是静态的设计。由于设计是从最底层开始的，所以难以保证总体设计的最佳性，以及设计的复用性和共用性、可移植性、可扩展性。

现代设计理论和方法是逻辑的、理性的、系统的设计方法，是在静态分析的基础上，进行动态多变量的最优化，不断吸收和综合利用各门科学相关最新成果，提出新的设计理念、思想和手段的方法。它本身也是一种设计和设计过程，其思维逻辑是自顶向下的设计。现代设计既体现了更高层次的学科，又是方法科学。因为它是从自然科学、工程科学、社会科学和思维科学等抽象和概括出来的设计观念、理论和方法论的统一，因而可以叫做工程哲学。现代设计理论和方法面向功能和性能等需求、目标，将技术、经济和社会环境因素综合在一起统筹考虑，把设计作为系统工程对待，强调创造能力的利用和开发，重视设计方案的选择和评审，注重综合分析，其具体思维方式是发散型的。现代设计理论是学科综合化、交叉化、统一化在方法科学上的集成，它是一门新兴的边缘学科。现代设计理论和方法指导下的现代设计与传统设计比较，有下列几个特征：

（1）系统性。把设计对象看作一个系统，同时考虑系统与外界的联系，用系统工程概念进行分析和综合，通过功能分析、系统综合等方法，力求系统整体最优。

（2）创造性和先进性。现代设计不仅要面对一个时变的对象，还要面对越来越复杂的系统，现代设计的设计对象不断进入过去未达到的领域。因此，现代设计强调创造能力开发和充分发挥人的创造性；重视原理方案的设计、开发和创新产品。现代设计是面向市场、面向用户、面向制造的设计，设计成果即产品以及服务、设计过程本身都要求具有先进性。

（3）综合性。在设计过程中，综合考虑、分析市场需求、设计、生产、管理、使用、销售等各方面的因素；综合运用优化及系统工程、可靠性理论、价值工程、技术等学科的知识，探索多种解决设计问题的科学途径。

（4）有序性。研究设计的一般进程，包括一般设计战略和用于设计各个具体部分的战术方法。要求设计者从产品规划、方案设计、技术设计、工艺设计到实验、试制，按步骤有计划地进行设计。

（5）创造性。现代设计方法是一个不断推出新的理念和技术方法的科学，它不仅创造新产品，还创造设计自身，同时也创造设计者。

目前，设计理论和方法的研究主要集中在两个方面：一是人利用计算机平台（软硬件系统和网络）进行自动、智能设计；二是设计方法学，针对某类特定实际问题而进行研究，有可靠性设计、优化设计、极限应力设计、动力学设计、摩擦学设计、绿色设计、全生命周期设计等，名目繁多，难以穷举。

现代设计思想与传统设计思想的区别如表 4.1 所示。

表 4.1　现代设计思想与传统设计思想的区别

	现代系统设计思想	传统设计思想
产品概念	内涵和外延都扩展了	一般指最终产品
产品定位	市场牵引、用户需求、标准要求	工程师的意见和领导的要求
系统综合方式	一开始就进行系统（产品）"五性"的综合	重视具体技术参数、忽视系统综合
工作量投入	研制初期投入较多，研制后期投入较少，所需总投入较少	研制初期投入较少、研制后期投入较多，所需总投入较多
更改次数	研制初期更改较多，研制后期更改较少，更改代价较少	研制初期更改较少，研制后期更改较多，会出现局部甚至全局重新设计，更改代价较大
设计目标及评价标准	满足用户需求，质量好，可信性高	满足验收标准，质量可信性波动较大
工作状态	主动查找和分析故障、预防故障发生	被动等待，解决故障问题
经济社会效益	不盲目追求低成本、高质量、产销对路	很难全部满足用户需求，可能会产生合格的"废品"

4.1.2　先进设计技术

现代设计应用和发展的一个重要领域是先进制造技术。先进制造技术 AMT（Advanced Manufacturing Technology）是以人为主体，以计算机技术为支柱，以提高综合效益为目的，是传统制造业不断地吸收机械、信息、材料、能源、环保等高新技术及现代系统管理技术等方面最新的成果，并将其综合应用于产品开发与设计、制造、检测、管理及售后服务的制造全过程，实现优质、高效、低耗、清洁、敏捷制造，并取得理想技术经济效果的前沿制造技术的总称。目前国际上对先进制造的研究主要从以下六个方面展开：纳米技术，精密、超精密加工，快速原型技术，智能制造技术，敏捷制造技术，微电子制造技术。其基本组成有现代设计技术，先进制造工艺，自动化技术和系统管理技术等。

1. 现代设计技术

现代设计技术包括：

（1）计算机辅助设计技术。如有限元法，优化设计，计算机辅助设计技术，模糊智能 CAD 等。

（2）优化设计基础技术。包括可靠性设计，电磁兼容性设计，功能安全设计，动态分析与设计，断裂设计，疲劳设计，防腐蚀设计，减小摩擦和耐磨损设计，测试型设计，人机工程设计等。

（3）竞争优势创建技术。包括快速响应设计，智能设计，仿真与虚拟设计，工业设计，价值工程设计，模块化设计等。

（4）全寿命周期设计。包括并行设计，面向制造的设计，全寿命周期设计等。

（5）可持续发展产品设计。主要有绿色设计等。

（6）设计试验技术。包括产品可靠性试验，产品环保性能实验与控制等。

2. 先进制造工艺

先进制造工艺包括：

（1）精密洁净铸造成形工艺；　　　　　（2）精确高效塑性成形工艺；

（3）优质高效焊接及切割技术；　　　　（4）优质低效洁净热处理技术；

（5）高效高精度机械加工工艺；　　　　（6）新型材料成形与加工工艺；

（7）现代特种加工工艺；　　　　　　　（8）优质清洁表面工程新技术；

（9）快速模具制造技术；　　　　　　　（10）虚拟制造技术等。

3. 自动化技术

自动化技术包括：

（1）数控技术；　　　　　　　　　　　（2）工业机器人；

（3）柔性制造系统（FMS）；　　　　　（4）计算机集成制造系统（CIMS）；

（5）传感技术；　　　　　　　　　　　（6）自动检测及信号识别技术；

（7）过程设备工况监测与控制等。

4. 系统管理技术

系统管理技术包括：

（1）先进制造生产模式；

（2）集成管理技术；

（3）生产组织方法等。

5. 先进制造技术发展趋势和方向

先进设计技术的必然发展趋势和方向是数字化、信息化、极限化（考虑设计的各种极端条件）、精密化、网络化、自动化和智能化、综合化、集成化、绿色化和低碳化，其中数字化是基础，信息化是关键。为了占领制造业信息化技术的制高点，全世界很多工业发达国家都提出了诸多研究计划。如美国的《美国国家关键技术》、《先进制造技术计划》、《敏捷制造与制造技术计划》和《下一代制造（NGM）》等；德国的《制造 2000 计划》、《微系统 2000 计划》和《面向未来的生产》等；日本的《智能制造系统计划》、《极限作业机器人研究计划》、《微机器研究计划》和《仿人形机器人研究计划》等，这些计划均将制造业信息化技术列为重要研究内容，通过产学研政联合实施，大大促进了相关国家制造业信息化技术的发展。

4.1.3　TRIZ 理论简介

1. TRIZ 的含义

TRIZ 是"发明问题的解决理论"（Theory of Inventive Problem Solving，TIPS）俄语单词首字母（Teoriya Resheniya Izobretatelskikh Zadatch）的缩略语。由被尊称为 TRIZ 之父的苏联发明家阿利赫舒列尔（G. S. Altshuller）在 1946 年创立，其核心是产品和技术进化理论。TRIZ 中的产品进化过程分为 4 个阶段：婴儿期、成长期、成熟期、退出期。处于前两个阶段的产品，企业应加大投入，尽快使其进入成熟期，以便企业获得最大效益；处于成熟期的产品，企业应对其替代技术进行研究，使产品取得新的替代技术，以应对未来的市场竞争；处于退出期的产品，企业利润急剧下降，应尽快淘汰。这些可以为企业产品规划提供具体的、科学的支持。产品进化理论还研究产品进化模式、进化定律与进化路线。应用模式、定律与路线，设计者可较快地确定创新设计的原始构思，使设计设计取得突破。按照进化原理，技术系统一直处于进化之中，解决冲突是其进化的推动力。进化速度随技术系统一般冲突的解决而降低，使其产生突变的唯一方法是解决阻碍其进化的深层次冲突；其原理是获得冲突解所应遵循的一般规律。TRIZ 主要研究技术冲突和物理冲突。技术冲突是指传统设计中所说的折中，即由于系统本身某一部分的影响，所需要的状态不能达到。物理冲突指一个物体或系统有相反的需求。TRIZ 引导设计者挑选能解决特定冲突的原理，其前提是要按标准工程参数确定冲突。有 39 条标准冲突和 40 条原理可供应用。

2. 现代 TRIZ 理论的核心思想

现代 TRIZ 理论的核心思想主要体现在三个方面：

（1）无论是一个简单产品还是复杂的技术系统，其核心技术的发展都是遵循着客观的规律发展演变的，即具有客观的进化规律和模式。

（2）各种技术难题、冲突和矛盾的不断解决是推动这种进化过程的动力。

（3）技术系统发展的理想状态是用尽量少的资源实现尽量多的功能。

3. TRIZ 理论的基本哲理

TRIZ 理论的基本哲理包括以下 6 条：

（1）所有的工程系统服从相同的发展规则。这一规则可以用来研究创造发明问题的有效解，也可用来评价与预测如何求解一个工程系统（包括新产品与新服务系统）的解决方案。

（2）像社会系统一样，工程系统可以通过解决冲突（Conflicts）而得到发展。

（3）任何一个发明或创新的问题都可以表示为需求和不能（或不再能）满足这些需求的

原型系统之间的冲突。所以，"求解发明问题"与"寻找发明问题的解决方案"就意味着在利用折中与调和不能被采纳时对冲突的求解。

（4）为探索冲突问题的解决方案，有必要利用专业工程师尚不知道或不熟悉的物理或其他科学与工程的知识。技术功能和可能实现该功能的物理学、化学、生物学等效应对应的分类知识库可以成为探索冲突问题解的指针。

（5）存在评价每项发明创造的可靠判据。这些判据是：

① 该项发明创造是否是建立在大量专利信息基础上的？基于偶然发现的少数事例的发明项目不是严肃的研究成果。事实证明，一项重大或重要的发明项目通常是建立在不少于 1 万到 2 万项专利（或知产权/版权）研究的基础上的。

② 发明人或研究者是否考虑过发明问题的级别？大量低水平的发明不如一项或少量高水平的发明。因为，低水平的发明只能在简单的情况下运用。

③ 该项发明是否是从大量高水平的试验中提炼出来的结论或建议？

（6）在大多数情况下，理论的寿命与机器的发展规律是一致的。因而，"试凑"法很难产生两种或两种以上的系统解。

4. TRIZ 理论的主要内容

创新从最通俗的意义上讲就是创造性地发现问题和创造性地解决问题的过程，TRIZ 理论的强大作用正在于它为人们创造性地发现问题和解决问题提供了系统的理论和方法工具。

现代 TRIZ 理论体系主要包括以下几个方面的内容：

（1）创新思维方法与问题分析方法。

TRIZ 理论中提供了如何系统分析问题的科学方法，如多屏幕法等。而对于复杂问题的分析，则包含了科学的问题分析建模方法——物-场分析法，它可以帮助快速确认核心问题，发现根本矛盾所在。

（2）技术系统进化法则。

针对技术系统进化演变规律，在大量专利分析的基础上，TRIZ 理论总结提炼出八个基本进化法则。利用这些进化法则，可以分析确认当前产品的技术状态，并预测未来的发展趋势，开发富有竞争力的新产品。

（3）技术矛盾解决原理。

不同的发明创造往往遵循共同的规律。TRIZ 理论将这些共同的规律归纳成 40 个创新原理，针对具体的技术矛盾，可以基于这些创新原理、结合工程实际寻求具体的解决方案。

（4）创新问题标准解法。

针对具体问题的物-场模型的不同特征，分别对应有标准的模型处理方法，包括模型的修整、转换、物质与场的添加等。

（5）发明问题解决算法 ARIZ。

主要针对问题情境复杂，矛盾及其相关部件不明确的技术系统。它是一个对初始问题进行一系列变形及再定义等非计算性的逻辑过程，实现对问题的逐步深入分析，问题转化，直至问题的解决。

（6）基于物理、化学、几何学等工程学原理而构建的知识库。

基于物理、化学、几何学等领域的数百万项发明专利的分析结果而构建的知识库可以为技术创新提供丰富的方案来源。

5. TRIZ 理论的创新设计问题解决工具

阿利赫舒列尔和他的 TRIZ 研究机构 50 多年来提出了 TRIZ 系列的多种工具，如冲突矩阵、76 标准解答、ARIZ、AFD、物质-场分析、ISQ、DE、8 种演化类型、科学效应、40 个创新原理，39 个工程技术特性，物理学、化学、几何学等工程学原理知识库等，常用的有基于宏观的矛盾矩阵法（冲突矩阵法）和基于微观的物场变换法。事实上 TRIZ 针对输入输出的关系（效应）、冲突和技术进化都有比较完善的理论。这些工具为创新理论软件化提供了基础，从而为 TRIZ 的实际应用提供了条件。

4.2 智能仪器现代设计理论与方法

4.2.1 智能仪器产品概念

智能仪器产品（以下也简称产品，但注意与一般意义的产品相区别）也是一种产品，其概念广义是指向市场提供的、能满足人们某种需要和利益的物质产品即仪器及其非物质形态的服务。物质产品主要包括仪器的实体及其品质、特色（如色泽、味道、成分等）、式样、品牌和标志、包装等，它们能满足顾客对使用价值的需要；非物质形态的服务主要包括售后服务和保证、产品形象、销售声誉等。后者可以给顾客带来利益和心理上的满足、信任感，具有象征性价值，能满足人们精神及心理上的需要。从现代市场营销的角度看待智能仪器产品，它包括 3 个层次的含义，即核心含义、形式含义和延伸含义。智能仪器产品的核心含义是指其提供给顾客的基本效用或利益，也可以说是仪器的基本功能，这是消费者需求的核心内容；产品的形式含义是指产品向市场提供的实体和劳务的外观，是扩大化了的核心产品，也是一种物质形态的东西，它由 5 个标志构成，即产品的质量、款式、特点、商标及包装；产品的延伸含义是指顾客购买产品时所得到的附加利益，它能给顾客带来更多的利益和更大的满足，如维修服务、咨询服务、贷款、交货安排、仓库服务、运维管理服务等能够吸引顾客的东西。在现代营销环境下，企业销售的不仅是单纯的功能，而且是产品整体概念下的一个系统。在竞争日益激烈的市场环境下，扩大延伸含义的产品（即产品给顾客带来的附加利益）已经成为企业市场竞争的重要手段。没有产品整体概念，就不能建立智能仪器现代设计、营销观念。

智能仪器产品的整体含义具体由以下 5 个基本层次构成：

1）核心产品

核心产品是指向顾客提供的产品的基本效用或利益。从根本上说，每一种产品实质上都是为解决问题而提供的服务。

2）形式产品

形式产品是指核心产品借以实现的形式或目标市场对某一需求的特定满足形式。形式产品由 5 个特征构成，即品质、式样、特征、商标及包装。

3）期望产品

期望产品是指购买者在购买该产品时期望得到的与产品密切相关的一整套属性和条件。

4）延伸产品

延伸产品是指顾客购买形式产品和期望产品时，附带获得的各种利益的总和，包括产品说明书、保证、安装、维修、送货、技术培训等。

5）潜在产品

潜在产品是指现有产品包括所有附加产品在内的，可能发展成为未来最终产品的潜在状态的产品。潜在产品指出了产品可能的演变趋势和前景。

产品整体概念的 5 个层次十分清晰地体现了以顾客为中心的现代营销观念。这一概念的内涵和外延都是以消费者需求为标准的，是由消费者的需求来决定的。可以说，产品整体概念是建立在"需求=产品"这样一个等式基础之上的。没有产品整体概念，就不可能真正贯彻现代营销观念。

从一个智能仪器产品的生命周期上讲，它要经过市场需求调查、概念酝酿形成、原理与技术创新、方案设计、详细设计、模拟分析、试制定型、批量生产、市场营销、运行维护、维修服务等阶段。

4.2.2　智能仪器设计原则

一般可将产品的设计原则归纳为如下 8 条：

（1）满足用户现实的和潜在的需求，有实用性。

（2）造型美观，结构合理，色彩协调，有观赏性、可制造性和创造性。

（3）设计理念、思想、方法和技术、设计平台先进，富有创新性。

（4）功能强大，符合智能仪器的发展趋势，尤其具有很强的智能性和可扩展性、可移植性。

（5）性能稳定，表现出强健壮性和高可靠性、可维修性与安全性。

（6）符合生态平衡和环境保护，具有绿色性。

（7）符合人机工程学原理，有良好的人机交互性。

（8）价格便宜，满足经济性。

在智能仪器具体产品设计过程中，要努力使这 8 条和谐统一，不要顾此失彼，更不要以牺牲环境、破坏生态为代价。

4.2.3　智能仪器现代设计理论

智能仪器现代设计理论主要由设计过程理论、性能需求驱动理论、知识流理论和多方利益协调理论 4 部分构成。

1. 设计过程理论

设计过程理论是研究设计过程构成及任务的理论。设计过程的复杂程度是与所设计的对象复杂程序、涉及的智力资源的复杂程度相关的。设计过程一般可以分为三个阶段，第一阶段是任务的提出，确定需求和潜在的需求；第二阶段是可理解的形成，即概念设计，包括扫描技术可能和产生矛盾统一设想；第三阶段是对可能解的评估、优选和确认，并产生最终解，称为结构设计和详细设计，包括经济和技术分析、设想的优选和确认、结构的优选和确认、材料的优选和确认、加工过程的优选和确认、综合评价和产生及表达最终解。设计过程要遵循质量管理体系的要求。设计过程示意图如图 4.1 所示。

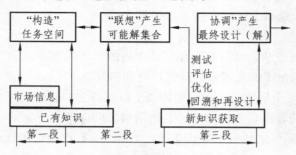

图 4.1　设计过程示意图

注意，环境变化会要求与过程构成任务相关的概念等发生相应的变化，但设计过程理论必须以创新作为设计的灵魂，以符合智能仪器的竞争是设计竞争的时代特征。从竞争的角度来看，构成智能仪器产品竞争力的要素有性能（包括功能和质量）、价格（包括成本、效益）、交货期、售后服务（包括维修、升级和培训）、环境（包括人、机）相容性和营销策略等诸多方面因素。确定竞争策略有多种选择，但从根本和长远的角度考虑，还是要制造具有别人不能设计、制造出来的功能和性能的产品。只有功能和性能上的创意和质量上的保证，才能使智能仪器产品具有全新的卖点和较强的竞争力。

2. 性能需求驱动理论

设计是由功能、性能需求（用户）和要求（标准和规范、条例等）驱动的。从竞争的角度看，设计的任务是要制造出别人不能设计、制造的功能、性能的产品，所以功能、性能或满足相关需求、要求成为设计追求的主要目标。性能是功能和质量的集成，质量是功能实现和保持性的度量。在全寿命周期设计过程中，设计对象就是一个时变系统，功能、性能和质量是时间函数，全寿命周期设计要预测和控制这个函数，同时还要预测和控制与约束条件有关的变量。对于多数产品，真正意义上的全寿命周期设计还做不到，但这是设计追求的目标。用户对产品的要求是从功能、性能出发的，是设计的起点和完成标志，功能、性能特征应当成为控制整个设计过程的基本特征。设计过程就是在"要达到什么（性能）"和"如何达到（即解决方案）"之间反复迭代的过程。性能驱动，有时是功能需求驱动，有时是质量需求驱动，有时则是功能需求和质量需求交替驱动；可能来自外源，可能是知识服务，也可能是另一个设计或产品。所以，到外界去寻求服务和评估得到可能解，是性能需求驱动和满足性能需求的标准。

3. 知识流理论

现代设计是以知识为基础，以新理论、新知识获取，驱动新思想、新理念、新理论、新技术、新方法、新工艺物化为中心的。所以从某个角度看，设计的过程可以看成是新理论、新知识在设计的各个节点和各个相关方面之间的流动过程。现在产品设计竞争的焦点之一就是如何尽快引进最新技术。在分布式智力资源的环境下，企业要进行产品开发，就必须直接面对知识流的问题。研究知识流实际上就是研究动态的知识，包括知识的分类、动态特征、运动机制、知识获取和流动控制，研究目标是为以知识获取为中心的设计活动做出清晰的描述，为研究实现方法和工具研发提供理论基础。从流动完成的任务及特征看，知识流可以分为四类：第一类流动为知识融合并物化为解决方案，知识在这里流过所有设计过程主要决策节点；第二类流动为知识及知识获取服务，知识和知识获取是资源依赖的，知识和获取的新知识是由分布的智力资源汇集到设计的决策节点上的；第三类流动是信息到知识的转变，是在各个智力资源单元内部进行的，根据请求方的请求采集信息并加工成为可以支持设计的知识流动；第四类流动是信息采集，是各个智力资源单元根据需要采集信息过程中的流动。设计过程中知识流动的一般路径如图 4.2 所示。可以看出，设计活动就是各种不同类型知识的流动。

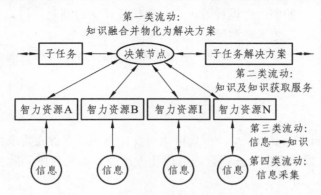

图 4.2　设计过程中知识流动的一般路径

4. 多方利益协调理论

由于一个设计是由不同的利益方完成的，因此，设计的最终解释不能实现通常意义上的最优，而且也不能由通常优化算法得到。即使是多目标优化，也只能获取非意愿知识和实现非意愿决策。既然设计要由不同的利益方完成，那么设计的完成就体现了各参与方的主要利益。各参与方具有不同的利益属主，选择某种解决方案会给各方带来不同的利益，即参与各方对于决策会有不同意愿。所以，认识的统一和合作的进行，就要求各方在保证主要利益的前提下，在次要利益上让步。其中的规律就构成了多方利益协调理论。

4.2.4　智能仪器产品的现代设计方法

1. 产品的现代设计方法

智能仪器设计方法是现代设计理论在智能仪器设计过程中的具体化和实用化。现代设计方法是基于现代设计理论形成的方法，是科学方法论在设计中的应用，它融合了信息技术、计算机技术、知识工程和管理科学等领域的知识，借助理论指导设计可减少传统设计中经验设计的盲目性和随意性，提高设计的主动性、科学性和准确性。现代设计方法多达几十种，而且分类不一，各种方法的划分也并没有严格按逻辑学的分类原则进行，分类结果并不是完全独立的，各类方法之间都可能存在一定程度上的耦合性和相关性。比如从方法论的角度可以分为：

（1）信息论方法，如信息分析法、技术预测法等，他们是现代设计方法的前提。

（2）系统论方法，如系统分析法、人机工程等。

（3）控制论方法，如动态分析法等。

（4）优化论方法，如优化设计等，它是现代设计法的目标。

（5）对应论方法，如相似设计等。

（6）智能论方法，如计算机辅助设计、计算机辅助计算等。

（7）寿命论方法，如可靠性和价值工程等。

（8）离散论方法，如有限元及边界元方法等。

（9）模糊论方法，如模糊评价和决策等。

（10）突变论方法，如创造性设计等，它是现代设计法的基础。

（11）艺术论方法，如艺术造型等。

按照具体的实现方法又可以分多种，本书主要介绍其中的 11 种，如优化设计、可靠性设计等。

2. 优化设计

优化设计（Optimal Design）是一种规格化的设计方法，它首先要求将设计问题按优化设计所规定的格式建立数学模型，选择合适的优化方法及计算机程序，然后再通过计算机的计算，自动获得最优设计方案。

优化设计是现代设计方法的重要内容之一，它以数学规划为理论基础，以电子计算机为工具，在充分考虑各种设计约束的前提下，寻求满足某些预定目标的最优设计方案。优化设计建立在最优化数学理论和现代计算技术基础之上，其任务是应用计算机自动确定工程设计的最优方案。优化设计的关键是建立数学模型和选择优化方法。

1）优化设计的数学模型

设计变量、目标函数和约束条件是优化设计数学模型的三个要素。

（1）设计变量。

设计变量是一些相互独立的基本参数。基本参数是一些对该项设计性能指标好坏有影响的量。设计时，设计变量是待定的参数。若有 n 个设计变量，一般表示为

$$X=[x_1, x_2, \cdots, x_n]^T$$

（2）目标函数。

目标函数是设计变量的函数，即

$$f(X)=f(x_1, x_2, \cdots, x_n)$$

在设计过程中要求寻找出使目标函数取得极小值（或极大值）的设计方案。

（3）约束条件。

约束条件是对设计变量的取值给予某些限制的数学关系式。约束条件可分为边界约束和性能约束两类。边界约束是考虑设计变量的取值范围，而性能约束是由某种性能设计要求推导出来的一种约束条件。此外，约束条件又可分为等式约束和不等式约束两类。工程中实际优化问题的数学模型可表示为

求 $X=[x_1,\ x_2,\ \cdots,\ x_n]^T$，使

$$\min f(X)=f(x_1,\ x_2,\ \cdots,\ x_n) \qquad X\in R^n$$

$$\text{s.t.}\quad g_i(X)\leqslant 0 \qquad (i=1,\ 2,\ \cdots,\ p)$$

$$h_j(X)=0 \qquad (j=1,\ 2,\ \cdots,\ q)$$

2）优化方法

优化设计数学模型建立后，必须应用优化方法进行求解，工程优化设计对数学模型的求解均用数值计算方法，其基本思想是搜索、迭代和逼近。即求解时，从某一初始点出发，利用函数在某一局部区域的性质和信息，确定每一迭代步骤的搜索方向和步长，去寻找新的迭代点，这样一步一步地重复数值计算，用改进后的新设计点替代老设计点，逐步改进目标函数，并最终逼近极值点。

我国现已开发了先进的 OPB 优化方法程序库和常用机械零部件及机构优化设计程序库，为推广和普及优化设计创造了条件。

3. 可靠性设计

可靠性设计（Reliability Design）是指在规定时间内、规定的条件下，以概率论和数理统计为理论基础，以失效分析、失效预测及各种可靠性试验为依据，以完成产品规定功能为目标的现代设计方法。

智能仪器的可靠性设计可定义为：产品在规定的条件下和规定的时间内，完成规定功能的能力。可靠性设计从统计学的角度去观察偶然事件，并从偶然事件中找出其某些必然发生的规律，而这些规律一般反映了在随机变量与随机变量发生的可能性（概率）之间的关系。用来描述这种关系的模型很多，如正态分布模型、指数分布模和威尔分布模型。可靠性常用的数值标准有：可靠度（Reliability）、失效率（FailureRate）平均寿命（MeanUfe）。机电系统的可靠性不仅与组成系统单元（机械单元、电气单元或混合单元）的可靠性有关，还与组成该系统各单元间的组合方式和相互匹配有关。通常智能仪器的可靠性设计包括以下几个方面的内容：

（1）明确智能仪器中机械部件和电气部件的设计制造要求。

（2）系统可靠性建模。系统常用的可靠性建模方式有：串联系统建模、并联系统建模、混联系统建模、k/n 系统建模和储备系统建模。可通过这些数学模型并采适当的算法来计算出机电系统的可靠性。

（3）可靠性可预测。预测单元（机械单元、电气单元或混合单元）的可靠性，首先要确定单元的基本失效率 λ_b，它们是在一定的环境条件下得出的，设计时可以从相关的手册、资料中查得。然后根据公式 $\lambda=k\lambda_b$ 来确定各单元的应用失效率，k 为修正系数，可从专门的资料中查得。对于不同的机电系统，其可靠性预测的方法也不同，常用的有元器件统计法、数学模型法和故障树分析法等方法。

（4）可靠性的分配。根据智能仪器各单元技术水平、复杂程度、重要程度以及相关费用等条件来决定，总的来说都是为了获取系统最高的可靠性。现在常用的分配方法有等分发、再分发、Agree 分配法、相对失效法和相对概率法。

智能仪器的可靠性设计还要遵照相关国际、国家和行业标准的要求。参见第 5 章。

4. 模块化设计

模块化设计是指对于一定范围内的不同功能，或相同功能条件下的不同性能规格的产品，在进行功能分析的基础上，划分并设计出一系列功能模块。通过模块的选择与组合，可以构成不同的产品，以满足市场不同需求的设计方法。模块化设计被引入软件工程，形成了结构化程序设计语言的核心。它的实质是自顶向下设计过程的细化，把项目、产品需求按一定规则和方法分解，逐步求精，直到分解后的模块功能单一、相互耦合度很低、容易实现为止。可以理解为树形算法，分解模块的理想状态就是到每一片叶子。对于智能仪器，先划分成两个大的系统，即软件系统和硬件系统，然后硬件系统又划分为系统级设计、子系统级设计、部件级设计、元器件级设计四个基本层次；而软件系统划分为系统级设计、程序文件设计、子程序设计、代码级设计四个层次。在智能仪器设计中采用自顶向下、逐步求精的模块化设计方法必须注意以下问题：

（1）在设计的每一个层次中，必须保证所完成的设计能够实现所要求的功能和技术指标。注意功能上不能够有残缺，技术指标要留有余地。

（2）注意设计过程中问题的反馈。解决问题采用"本层解决，下层向上层反馈"的原则，遇到问题必须在本层解决，不可以将问题传向下层。如果在本层解决不了，必须将问题反馈到上层，在上一层中解决。完成一个设计，存在从下层向上层多次反馈修改的过程。

（3）功能和技术指标的实现采用子系统、部件模块化设计。要保证每个子系统、部件都可以完成明确的功能，达到确定的技术指标。输入输出信号关系应明确、直观、清晰。应保证可以对子系统、部件进行修改与调整以及替换，而不牵一发而动全身。

（4）软件/硬件协同设计，充分利用微控制器和可编程逻辑器件的可编程功能，在软件与硬件利用之间寻找一个平衡。软件/硬件协同设计的一般流程如图 4.3 所示。

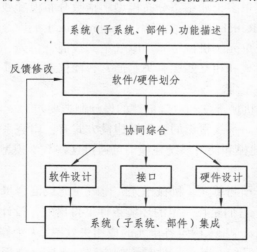

图 4.3 软件/硬件协同设计的一般流程

这种软硬件协同的思想、方法也是其他方法应该注意和应用的。

5. 反求工程设计

反求工程设计（Reverse Engineering Design）是将已经存在的实物转变为 CAD 模型的一

种工程设计方法。反求设计也称逆向设计,它对产品实物样件表面进行数字化处理(数据采集、数据处理),并利用可实现逆向三维造型设计的软件来重新构造实物的 CAD 模型(曲面模型重构),并进一步用 CAD/CAE/CAM 系统实现分析、再设计、数控编程、数控加工的过程。

这种方法能将实物的形状转变成数据文件,然后在计算机屏幕上再现。所以说,它是数字化技术和几何模型重建技术的总称。这是狭义反求的概念,广义反求工程不仅有产品造型的反求,还有工艺反求、管理反求、材料反求等。反求工程的实施主要靠测量仪器完成。仪器的测量头在实物上扫描,获取数据,然后经过处理成像。而这种测量仪器本身就是智能仪器。

6. 绿色设计

绿色产品设计是指在生态哲学的指引下,运用生态思维,将物的设计纳入到"人、机、环境"系统,既考虑满足人的需求,又注意生态环境的保护和可持续发展的原则,即既实现社会价值又实现自然价值,促进人与自然的和谐协调、共同繁荣。

7. 工业造型设计

工业造型设计是以工业产品为对象,从美学、自然科学、经济学等方面出发,专注于批量生产的三维空间的产品之美与有用性,进行材料、构造、加工方法、功能性、合理性、经济性、审美性的推敲和设计。

8. 人机工程设计

人机工程设计是从人机工程学的角度考虑机械设计、处理机械和人的关系,以便使设计满足人的需要。它应用人体测量学、人体力学、劳动生理学、劳动心理学等学科的研究方法,对人体结构特征和机能特征进行研究,提供人体各部分的尺寸、重量、体表面积、比重、重心以及人体各部分在活动时的相互关系和可及范围等人体结构特征参数;还提供人体各部分的出力范围以及动作时的习惯等人体机能特征参数,分析人的视觉、听觉、触觉以及肤觉等感觉器官的机能特性;分析人在各种劳动时的生理变化、能量消耗、疲劳机理以及人对各种劳动负荷的适应能力;探讨人在工作中影响心理状态的因素以及心理因素对工作效率的影响等。所谓人性化产品,就是包含人机工程的产品,只要是"人"所使用的产品,都应在人机工程上加以考虑,产品的造型与人机工程无疑是结合在一起的。

9. 智能设计

随着与机电一体化相关技术不断地发展,以及机电一体化技术的广泛使用,我们面临的将是越来越复杂的机电系统。解决复杂系统的出路在于使用智能优化的设计手段。智能优化设计突破了传统优化设计的局限,它更强调人工智能在优化设计中的作用。智能优化设计应该以计算机为实现手段,与控制论、信息论、决策论相结合,使现代智能仪器具有自学习、自组织、自适应的能力,其创造性在于借助三维图形,智能化软件和多媒体工具等对产品进行开发设计。智能设计实现的手段主要是计算智能的应用,有仿生学方法,包括仿生学过程算法模拟进化计算(如遗传算法等),仿生学结构算法(如人工神经网络等),仿生学行为算法(如模糊逻辑等),其他计算智能如模拟退火算法、粒子群算法、分子计算和 DNA 计算等。

这些算法不仅是用以实现智能仪器的智能功能，以提高其性能，而且也可以作为设计方法进行仪器的整体设计。

（1）模糊设计方法。模糊设计是以模糊数学为理论基础，它首先通过对设计对象的各项性能指标建立满足某些模糊集合的隶属度函数，并按其重要性乘以不同的加权引子，然后按一定的算法得到综合模糊集合的隶属函数，再通过优化策略，把模糊问题向非模糊化转化，从而实现寻优的过程。现在智能仪器中涉及模糊理论的场合很多，如模糊冰箱、模糊洗衣机、模糊微波炉，它们正悄然地改变着人们的生活方式。

（2）神经网络设计方法。神经网络是一种模仿人类大脑结构、功能的信息处理智能系统，一般由多输入单输出非线性单元组成神经元，各神经元按一定的模式连接，并构成各种连接模型。它通过反复的训练和学习以及自身的适应能力来完成对复杂信息的处理，使输出达到最优。神经网络的重要特征就是具有很强的自适应、自组织、自学习的能力和强容错性。为实现智能仪器产品智能化的功能，还有一个途径就是利用专家系统的框架。通过提取人类成熟的操作经验和知识，以知识库为核心，配以特征知识处理，并采用不同的匹配法则和推理机制，构成完整的最优决策系统。

10. 并行工程

并行工程是对产品设计和相关过程（包括制造过程和支持过程）进行集成，开展并行设计的一种系统化方法。换句话说，并行工程是产品设计阶段侧重于同时考虑产品全生命周期（从概念形成到产品回收或报废处理）中的各种主要性能指标，从而避免在产品研制后期出现不必要的返工与重复性工作。因此，并行工程有时表达为并行产品设计，有时表达为并行产品开发（本书认为两者是同一个含义）。

11. 价值工程

价值工程简称 VE，亦称 VA，它是技术与经济相结合分析产品和劳务价值的一种方法。其目的在于分析产品的功能与产品的成本，在保证产品功能的条件下，降低产品的成本，或者在一定产品成本的条件下，提高产品功能，从而保证提高产品的价值。

需要注意的是，智能仪器的设计必然是一个创新的过程，有人把创新设计称作设计方法，似有不妥。因为创新是设计追求的目标，也是衡量设计的指标之一。如果没有创新，也就谈不上设计。此外，创新一般只可能意会而不可言传。虽然创新有规律可循，但它不是具体的方法，而是思维方式。这种思维方式是可以培养的，其具体表现有智力激励法、提问追溯法、联想类推法、反向探求法、系统分析法、组合创新法等。

12. 标准化方法

不仅是指按照标准要求设计，而且没有标准，要制定相关标准；具体的设计过程、方法、管理、测试等也要标准化。标准化方法的重要性在于能够充分保证团队的协作性，研发过程的交互性，相关标准（国际、国家、行业、企业标准）的符合性，研发产品、方法的通用性、继承性、可扩展性等。

4.3　智能仪器现代设计平台

　　智能仪器设计涉及多门学科的力量和工程技术方法。而这些方法都要依靠具体的软硬件平台来实现。智能仪器软硬件开发平台种类多，有通用性较强的，也有专业性的，具体应用要求和方法、领域各有差异。现代实际工程中，已经不可能出现古代和传统的那种百科全书式的人物，一人顶天立地，事无巨细全包干。但是为了团队的分工合作，每一个设计人员以及相关管理人员也不能够只限于熟悉掌握自己专业方面的开发或管理平台，还应该了解其他方面的开发平台与技术。

4.3.1　EDA 技术与开发平台

1. 从 CAD 到 EDA

　　现代设计方法均以计算机及其系统为载体，以相关软件硬件平台为基础，以相关理论知识应用为手段进行设计的。由此产生了计算机辅助工程、计算机辅助设计、计算机辅助制造、计算机辅助测试（Computer Aided Test，CAT）和电子设计自动化等概念、理论和方法。广义的计算机辅助工程 CAE 涵盖了狭义计算机辅助设计 CAD、狭义计算机辅助工程分析 CAE、计算机辅助工艺过程设计 CAPP、狭义计算机辅助制造 CAM、产品数据管理 PDM 和产品生命周期管理 PLM，以及制造资源计划 MRP II 与企业资源计划 ERP 等，而广义的计算机辅助设计 CAD 则包括狭义的计算机辅助工程分析 CAE，广义的计算机辅助制造 CAM 则包括计算机辅助工艺过程设计 CAPP。本书讲述的是广义的计算机辅助设计，即 CAD/CAE。计算机辅助设计（Computer Aided Design）的高速发展使其边界越来越模糊，凡可以计算机化的设计内容均可列为 CAD 的范畴，如辅助绘图、仿真、多媒体、并行工程、网络远程设计等。但不管 CAD 内容多么丰富，它只是一种技术范畴，并不是前面所述的设计理论和设计方法。作为设计应用来说，它是一种强有力的手段，其能力和发展依赖于上述各项理论和科学技术的发展。随着计算机及其相关理论技术深入、广泛应用，人工智能（AI）的产生和发展改变了单纯靠脑力劳动来决策事物的思维方式，而是用计算机来模拟人，主要有专家系统和神经网络两大分支。人工智能（AI）仍属于技术范畴。技术不是理论或方法，但它的功能和解决问题的能力会超过某种理论和方法。理论、方法和技术是相辅相成的，理论可以物化为技术、方法，而技术、方法的总结和概括又可以形成新的理论，或者推动其发展。

　　EDA（Electronics Design Automation）即电子设计自动化。现在电子系统设计依靠手工已经无法满足设计要求，设计工作需要在计算机上采用 EDA 技术完成。EDA 技术以计算机硬件和系统软件为基本工作平台，采用 EDA 通用支撑软件和应用软件包，在计算机上帮助电子设计工程师完成电路的功能设计、逻辑设计、性能分析、时序测试直至 PCB（印刷电路板）的自动设计等。在 EDA 软件的支持下，设计者完成对系统功能的描述，由计算机软件进行处理得到设计结果。利用 EDA 设计工具，设计者可以预知设计结果，减少设计的盲目性，极大地提高设计的效率。EDA 通用支撑软件和应用软件包涉及电路和系统、数据库、图形学、图论和拓扑逻辑、计算数学、优化理论等多学科，EDA 软件的技术指标有自动化程度，功能完善度，运行速度，操作界面，数据开放性和互换性（不同厂商的 EDA 软件可相互兼容）等。

　　EDA 技术包括电子电路设计的各个领域：即从低频电路到高频电路、从线性电路到非线性电路、从模拟电路到数字电路、从分立电路到集成电路的全部设计过程，涉及电子工程师进行产品开发的全过程，以及电子产品生产的全过程中期望由计算机提供的各种辅助工作。EDA 技术的内涵如图 4.4 所示。

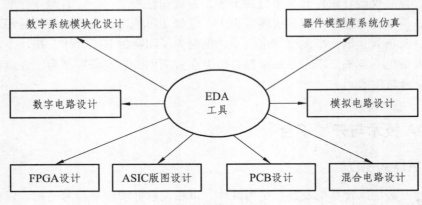

图 4.4　EDA 技术的内涵

2. EDA 技术的基本特征

　　采用高级语言描述，具有系统级仿真和综合能力是 EDA 技术的基本特征。与这些基本特征有关的几个概念是：

　　1）并行工程和"自顶向下"设计方法

　　并行工程是一种系统化的、集成化的、并行的产品及相关过程的开发模式（相关过程主要指制造和维护）。这一模式使开发者从一开始就要考虑到产品生存周期的质量、成本、开发时间及用户的需求等诸多方面因素。

　　"自顶向下"（Top – down）的设计方法从系统级设计入手，在顶层进行功能方框图的划分和结构设计；在方框图一级进行仿真、纠错，并用硬件描述语言对高层次的系统行为进行描述；在功能一级进行验证，然后用逻辑综合优化工具生成具体的门级逻辑电路的网表，其对应的物理实现级可以是印刷电路板或专用集成电路。"Top – down"设计方法有利于在早期发现产品结构设计中的错误，提高设计的一次成功率，在 EDA 技术中被广泛采用。

　　2）硬件描述语言（HDL）

　　用硬件描述语言进行电路与系统的设计是当前 EDA 技术的一个重要特征。硬件描述语言的突出优点是：语言的公开可利用性；设计与工艺的无关性；宽范围的描述能力；便于组织大规模系统的设计；便于设计的复用和继承等。与原理图输入设计方法相比较，硬件描述语言更适合规模日益增大的电子系统。硬件描述语言使得设计者在比较抽象的层次上描述设计的结构和内部特征，是进行逻辑综合优化的重要工具。目前最常用的 IEEE 标准硬件描述语言有 VHDL 和 Verilog-HDL，标准分别为 IEEE 1164、IEEE 1364。

　　3）逻辑综合与优化

　　逻辑综合功能将高层次的系统行为设计自动翻译成门级逻辑的电路描述，做到了设计与工艺的独立。优化则是对于上述综合生成的电路网表，根据布尔方程功能等效的原则，用更小、更快的综合结果替代一些复杂的逻辑电路单元，根据指定的目标库映射成新的网表。

4）开放性和标准化

EDA 系统的框架是一种软件平台结构，它为不同的 EDA 工具提供操作环境。框架提供与硬件平台无关的图形用户界面以及工具之间的通信、设计数据和设计流程的管理，以及各种与数据库相关的服务项目等。一个建立了符合标准的开放式框架结构 EDA 系统，可以接纳其他厂商的 EDA 工具一起进行设计工作。框架作为一套使用和配置 EDA 软件包的规范，可以实现各种 EDA 工具间的优化组合，将各种 EDA 工具集成在一个统一管理的环境之下，实现资源共享。

EDA 框架标准化和硬件描述语言等设计数据格式的标准化可集成不同设计风格和应用的要求导致各具特色的 EDA 工具在同一个工作站上。集成的 EDA 系统不仅能够实现高层次的自动逻辑综合、版图综合和测试码生成，而且可以使各个仿真器对同一个设计进行协同仿真，进一步提高了 EDA 系统的工作效率和设计的正确性。

5）库（Library）

库是支持 EDA 工具完成各种自动设计过程的关键。EDA 设计公司与半导体生产厂商紧密合作、共同开发了各种库，如逻辑模拟时的模拟库、逻辑综合时的综合库、版图综合时的版图库、测试综合时的测试库等，这些库支持 EDA 工具完成各种自动设计。

6）仿真/调试/测试功能

传统电子产品开发最为显著的缺点是：第一，没有物理原型就无法对系统进行测试；第二，没有系统硬件就很难对软件进行调试；第三，重新设计和做板延长了开发周期，而且降低了劳动生产率和经济效益。而基于 EDA 平台的仿真设计开发克服了上述缺点，只要完成原理图设计就可用于系统的测试了；仿真平台的交互仿真特性使软件的调试和测试在布板之前完成；硬件设计的改动容易得如软件设计改动一样。

3. EDA 的通用基本工具

EDA 工具的整体概念是电子系统设计自动化。EDA 的物理工具完成和解决设计中如芯片布局、印刷电路板布线、电气性能分析，设计规则检查等问题的物理工具。基于网表、布尔逻辑、传输时序等概念的逻辑工具，设计输入采用原理图编辑器或硬件描述语言进行，利用 EDA 系统完成逻辑综合、仿真、优化等过程，生成网表或 VHDL、Verilog-HDL 的结构化描述。细分有：编辑器、仿真器、检查/分析工具、优化／综合工具等。

文字编辑器在系统级设计中用来编辑硬件系统的描述语言如 VHDL 和 Verilog-HDL，在其他层次用来编辑电路的硬件描述语言文本如 SPICE 的文本输入。

图形编辑器用于硬件设计的各个层次。在版图级，图形编辑器用来编辑表示硅工艺加工过程的几何图形。在高于版图层次的其他级，图形编辑器用来编辑硬件系统的方框图、原理图等。典型的原理图输入工具包括基本单元符号库（基本单元的图形符号和仿真模型）、原理图编辑器的编辑功能、产生网表的功能 3 个组成部分。

仿真器又称模拟器，用来帮助设计者验证设计的正确性。在硬件系统设计的各个层次都要用到仿真器。在数字系统设计中，硬件系统由数字逻辑器件以及它们之间的互连来表示。仿真器的用途是确定系统的输入/输出关系，所采用的方法是把每一个数字逻辑器件映射为一个或几个过程，把整个系统映射为由进程互连构成的进程网络，这种由进程互连组成的网络就是设计的仿真模型。

检查/分析工具在集成电路设计的各个层次都会用到。在版图级，采用设计规则检查工具来保证版图所表示的电路能被可靠地制造出来。在逻辑门级，检查/分析工具用来检查是否有违反扇出规则的连接关系。时序分析器用来检查电路中的最大和最小延时。

优化/综合工具可以将硬件的高层次描述转换为低层次描述，也可以将硬件的行为描述转换为结构描述，转换过程通常伴随着设计的某种改进。如在逻辑门级，可用逻辑最小化来对布尔表达式进行简化。在寄存器级，优化工具可用来确定控制序列和数据路径的最优组合。

目前国际上具有代表性的 EDA 软件供应商有 CADENCE、SYNOPSYS、MENTOR 等。

MENTOR（Mentor Graphic）公司涉足 EDA 整个设计流程，目前在自动测试方面占有一定优势。

CADENCE（Cadence System Design）公司提供 EDA 的整个设计流程，目前在前端仿真及后端布图方面占优势。销售业绩一直占据 EDA 行业第一的位置。

SYNOPSYS 公司提供 VHDL 仿真（VSS）、逻辑综合及 IP 宏单元（设计成品）开发。在逻辑验证方面，SYNOPSYS 独占鳌头。其逻辑综合工具占据 80%以上的市场份额。销售业绩为 EDA 行业第二。

4. Multisim 仿真软件简介

Multisim 仿真软件是美国 NI 公司基于 Windows 的电路仿真软件，适用于模拟/数字线路板的设计仿真。它在一个程序包中汇总了框图输入、Spice 仿真、HDL 设计输入和仿真及其他设计能力。可以协同仿真 Spice、Verilog 和 VHDL，并把 RF 设计模块添加到成套工具的一些版本中。它采用交互式界面，形象直观，操作方便，具有丰富的元器件库和品种繁多的虚拟仪器，同时具有强大的分析功能。Multisim 仿真软件提供的元器件包括现实元件和虚拟元件：现实元件是指给出了具体的型号，它们的模型参数是根据该型号元件参数的典型值确定的；虚拟元件则没有给出具体的型号，其参数是根据这种元件各种型号参数的典型值确定，它的某些参数可以由用户根据自己的要求任意设定。该仿真软件还提供了种类繁多、方便实用的虚拟仪器的连接与操作方式和实验室中的实际仪器相似，使用比较方便。该软件包括电路原理图的输入方式和电路硬件描述语言的输入方式，非常适用于模拟电路的设计工作。软件提供的电路分析手段主要包括：静态工作点分析、交流小信号分析、瞬态分析、灵敏度分析、参数扫描分析、温度扫描分析、传输函数分析、最坏情况分析、蒙特卡罗分析、批处理分析、噪声指数分析、射频分析等，能很好地满足设计人员在模拟电路仿真中诸多方面的分析需求。通过使用元器件和虚拟仪器，以数字或图形的方式，直观显示放大电路输入与输出之间的关系，使理论内容形象化，也为模拟电子技术的教学与实践提供了方便。

整套 Multisim 工具包括学生版、教育版、个人版、专业版、超级专业版等多种版本，可以适用不同的应用场合。尤其是教育版具有功能强大和价格低廉的双重优势，特别适合高校 EDA 教学使用。该软件在不断更新升级，目前已经发布 13.0 版本。

4.3.2 智能仪器设计其他平台

除了通用 EDA 开发平台，智能仪器设计和研发还需要许多工具/文档和资料，比如一些通用的软件开发平台，如 Labwindows/CVI、Labview、keil C、VC 等。智能仪器需要使用 DSP、

ARM、MCU 等，就需要相关的开发平台，如使用 TI 的 DSP 芯片，就要使用 CCS 平台等。智能仪器要进行结构设计，就要使用诸如 AutoCAD 等软件。智能仪器要用于测量，测量获得许多数据，对数据进行处理，就可以使用 Matlab 软件，而且由于该软件功能的强大，还可以用其进行智能仪器的相关仿真如各种相关信号的生成、对智能仪器一些模块乃至系统仿真等。智能仪器要建立数据库，就可能用到一些著名的数据库系统及其开发平台，如 Oracle 等。智能仪器可能涉及射频微波技术，就要使用效果软件平台进行仿真，如 HFSS 等。智能仪器要用到单片机，就会用 Proteus 等软件进行仿真。智能仪器要进行通信，就涉及相关数据通信、无线通信协议和标准，也可能用到 SystemVue 软件等。智能仪器要实现网络功能，就需要相关网络协议、标准和开发平台。智能仪器还要使用多种模拟与数字芯片，那就涉及其器件手数据册、使用指南、应用实例等相关文档。

1. LabWindows/CVI

LabWindows/CVI 是 NI 公司推出的一种基于标准 C 语言的虚拟仪器开发平台，其非常适合开发面向测控领域的基于 Windows 的图形化应用软件。它以 ANSIC 和扩展集为基本编程语言，含有丰富的标准库函数，如 RS232、GPIB、VISA、数据分析与处理和 TCP 协议函数库等，可以满足测量、控制、数据传输及处理等各种需要。

LabWindows/CVI 是熟悉 C 语言开发人员进行检测与控制系统、自动测试系统和数据采集系统等软件设计的理想选择。当安装此软件时，系统会自动安装一些常用标准库函数和一些仪器的驱动函数、工具库等来扩展 LabWindows/CVI 的功能。它还具有项目文件的管理和源代码的编辑、调试等功能，当开发成功后可以方便地生成安装文件，用于软件的发布、共享等。此外还有很多工具，比如串口调试助手等。

2. LabVIEW

LabVIEW 是 NI 公司推出的一种图形化编程语言，其全称是 Laboratory Virtual Instrument Engineering Workbench。LabVIEW 的源程序完全是图形化框图，没有文本代码。在 LabVIEW 平台上编写的程序扩展名是 VI。传统指令编程语言根据语句的含义和逻辑的先后顺序编译程序，但是 LabVIEW 软件则采用数据流的方式编程。后面板程序框图中节点之间的数据流向决定了程序的逻辑与执行顺序。指令及表示的含义由图标表示，数据流向由连线表示。下面将着重讲解 LabVIEW 虚拟仪器开发语言和平台。

LabVIEW 是图形化的编程语言，类似于传统的文本编程语言中的函数或子程序，用它开发的软件称为虚拟仪器，在操作界面上与现实中的仪器完全一样，功能比现实中的传统仪器还要强大。LabVIEW 还包含了大量的控件、工具和函数，用于数据采集、分析、显示与存储等操作。同时，其提供了广泛的接口，可以与 DLL、Visual Basic、MATLAB 等多种软件互相调用。其附带有扩展库函数，在自身配备的工具不能完成一些任务时，就可以调用专业的数据采集和处理工具包扩展库，进行强大的专业数学分析等。其也具有强大的仪器驱动库，可以和多种仪器连接。

LabVIEW 软件可以编写出界面美观、功能强大的程序，它具有形象、生动的编程语言，使初学者很容易入门，有一定基础的人能够很快地掌握各类编程技巧。在编程过程中，需要某个控件时直接拖动到目的地就可以找到相应的接线端口，进行连接设置后即可传输数据，省去了许多源代码的编写麻烦和参数传递的设置。

LabVIEW 系统的构成相当复杂，但大体上由数据采集、数据分析、数据显示及保存模块构成，如图 4.5 所示。按软硬件分类，LabVIEW 由两部分组成。

图 4.5　LabVIEW 系统的组成

3. MATLAB

MATLAB 工具箱功能十分丰富，它将不同领域、不同方向的研究者吸引到 MATLAB 的编程环境中来，成为 MATLAB 的忠实用户。到目前为止，它大致有 30 多个工具箱，它们可分为两类：功能型工具箱和领域型工具箱。功能型工具箱主要用来扩充 MATLAB 的符号计算功能、图形建模仿真功能、文字处理功能以及与硬件实时交互功能，可用于多种学科中。领域型工具箱是专业性很强的工具箱，如控制系统工具箱、信号处理工具箱、神经网络工具箱等。

下面将智能仪器设计可能用到的 MATLAB 工具箱的主要内容做一简要介绍。

1）控制系统工具箱（Control System Toolbox）

主要包括以下内容：

（1）连续系统和离散系统设计；

（2）状态空间和传递函数；

（3）模型转换；

（4）频域响应：Bode 图、Nyquist 图、Nichols 图；

（5）时域响应：脉冲响应、阶跃响应、斜坡响应等；

（6）根轨迹、极点配置、LQG 控制。

2）频率域系统辨识工具箱

主要包括以下内容：

（1）辨识具有未知延迟的连续和离散系统；

（2）计算幅值/相位、零点/极点的置信区间；

（3）设计周期激励信号、最小峰值、最优能量谱等。

3）模糊逻辑工具箱

主要包括以下内容：

（1）友好的交互设计界面；

（2）自适应神经-模糊学习、聚类以及 Sugeno 推理；

（3）支持 SIMULINK 动态仿真；

（4）可生成 C 语言源代码用于实时应用。

4）图像处理工具箱

主要包括以下内容：

（1）二维滤波器设计和滤波；

（2）图像恢复增强；

（3）色彩集合及形态操作；

（4）二维变换；

（5）图像分析和统计。

5）线性矩阵不等式控制工具箱（LMI）

主要包括以下内容：

（1）LMI 的基本用途；

（2）基于 GUI 的 LMI 编辑器；

（3）LMI 问题的有效解法；

（4）LMI 问题的解决方案。

6）神经网络工具箱

主要包括以下内容：

（1）BP、Hopfield、Kohnen、自组织、径向基函数等网络；

（2）竞争、线性、Sigmoidal 等传递函数；

（3）前馈、递归等网络结构；

（4）性能分析及应用。

7）优化工具箱

主要包括以下内容：

（1）线性规划和二次规划；

（2）求函数的最大值和最小值；

（3）多目标优化；

（4）约束条件下的优化；

（5）非线性方程求解。

8）鲁棒控制工具箱

主要包括以下内容：

（1）LQG/LTR 最优综合；

（5）H_2 和 H_∞ 最优综合；

（3）奇异值模型降阶；

（4）谱分解和建模。

9）信号处理工具箱

主要包括以下内容：

（1）数字和模拟滤波器设计、应用及仿真；

（2）谱分析和估计；

（3）FFT、DCT 等效变换；

（4）参数化模型。

10）系统辨识工具箱

主要包括以下内容：

（1）状态空间和传递函数模型；

（2）模型验证；

（3）MA，AR，ARMA 等；

（4）基于模型的信号处理；

（5）谱分析。

11）小波工具箱

主要是基于小波的分析和综合，可以用来进行智能仪器的信号处理、实现微弱信号检测算法等。

12）模型预测控制工具箱

主要包括以下内容：

（1）建模、辨识及验证；

（2）支持 MISO 模型和 MIMO 模型；

（3）阶跃响应与状态空间模型。

MATLAB 工具箱的学习方法：在每个工具箱中有一个 Contents 文件，在文件中将该工具箱里的所有函数其作用功能一一列出，可以在使用前先看此文件，找到要用的函数后，在命令空间里键入 help 文件名，即可查到相应函数的调用格式。

4. Proteus

Proteus 是英国 Labcenter 公司开发的电路分析与仿真软件。该软件的特点是：

（1）集原理图设计、仿真和 PCB 设计于一体，真正实现从概念到产品的完整电子设计工具。

（2）具有模拟电路、数字电路、单片机应用系统、嵌入式系统（不高于 ARM7）设计与仿真功能。

（3）具有全速、单步、设置断点等多种形式的调试功能。

（4）具有各种信号源和电路分析所需的虚拟仪表，几乎包括实际中所有使用的仪器。

（5）支持 Keil C51 uVision2、MPLAB 等第三方的软件编译和调试环境。

（6）具有强大的原理图到 PCB 板设计功能，可以输出多种格式的电路设计报表。

该软件最大的亮点在于能够对单片机进行实物级的仿真。从程序的编写，编译到调试，目标版的仿真一应俱全。支持汇编语言和 C 语言的编程。还可配合 Keil C 实现程序的联合调试，将 Proteus 中绘制的原理图作为实际中的目标板，而用 Keil C 集成环境实现对目标板的控制，与实际中通过硬件仿真器对目标板的调试几乎完全相同，并且支持多显示器的调试，即 Proteus 运行在一台计算机上，而 Keil C 运行在另一台计算机上，通过网络连接实现远程的调试。

Proteus 软件自 1989 年问世至今，经历了 20 多年的发展历史，功能得到了不断地完善，性能越来越好，全球的用户也越来越多。目前该软件已经发布 8.1 版。Proteus 之所以在全球得到应用，原因在于它自身的特点和结构。Proteus 电子设计软件由原理图输入模块（简称 ISIS）、混合模型仿真器、动态器件库、高级图形分析模块、处理器仿真模型及 PCB 板设计编辑（简称 ARES）6 部分组成，如图 4.6 所示。

图 4.6　Proteus 基本组成

5. IAR for MSP430

1）MSP 430 系列单片机的特点

虽然 MSP430 系列单片机于 1996 年才开始推出，时间不是很长，但由于其卓越的性能，在短时间内发展极为迅速，应用也日趋广泛。MSP430 系列单片机针对各种不同应用，推出不同型号的器件。尤其近年 TI 公司针对某些特殊应用领域，利用 MSP430 的超低功耗特性，还推出了一系列专用单片机，如专门用于电量计量的 MSP430FE42X，用于水表、气表、热表等具有无磁传感模块的 MSP430FW42X，以及用于人体医学监护（血糖、血压、脉搏等）的 MSP430FG42X 单片机。用这些单片机来设计相应的专用产品，不仅具有 MSP430 的超低功耗特性，还能大大简化系统设计。根据 TI 在 MSP430 系列单片机上的发展计划，陆续推出性能更高、功能更强的 F5XX 系列，这一系列单片机运行速度可达 25～30 MIPS，并具有更大的 FLASH（128KB）及更丰富的外设接 ISP（CAN、USB 等）。MSP430 系列单片机不仅可以应用于许多传统的单片机应用领域，如自动控制以及消费品领域，更适合用于一些电池供电的低功耗产品，如能量表（水表、电表、气表等）、手持式设备、智能传感器等，以及需要较高运算性能的智能仪器设备。目前许多用惯了 51 单片机的专业人士都转而使用 MSP430。

MSP430 主要特点有：

（1）超低功耗。MSP430 系列单片机的电源电压采用 1.8～3.6 V 低电压，RAM 数据保持方式下耗电仅 0.1 μA，活动模式耗电 250 pA/MIPS（MIPS 每秒百万条指令数），IO 输入端口的漏电流最大仅 50 nA。

（2）强大的处理能力。MSP430 系列单片机是 16 位单片机，采用目前流行的、颇受学术界好评的精简指令集（RISC）结构，一个时钟周期可以执行一条指令（传统的 MCS51 单片机要 12 个时钟周期才可以执行一条指令），使 MSP430 在 8 MHz 晶振工作时指令速度可达 8 MIPS，而同样 8 MIPS 的指令速度，在运算性能上 16 位处理器比 8 位处理器远不止高两倍。同时 MSP430 系列单片机中的某些型号还采用了一般只有 DSP 中才有的 16 位多功能硬件乘法器、硬件乘/加（积之和）功能、DMA 等一系列先进的体系结构，大大增强了它的数据处理和运算能力，可以有效地实现一些数字信号处理的算法（如 FFT、DTMF 等）。这种结构在其他系列单片机中尚未使用。

（3）高性能模拟技术及丰富的片上外围模块。MSP430 系列单片机结合 TI 的高性能模拟技术，各成员都集成了较丰富的片内外设。视型号不同可能组合有以下功能模块：看门狗（WDT），模拟比较器 A，定时器 A（Timer_A），定时器 B（Timer_B），串口 0、1（USART0、I），硬件乘法器,液晶驱动器,10 /12/14 位 ADC,12 位 DAC,I^2C 总线,直接数据存取（DMA），并行端口 1～6（P1～P6），基本定时器（Basic Timer）等。

（4）系统工作稳定。上电复位后，首先由 DCO_CLK 启动 CPU，以保证程序从正确的位置开始执行，保证晶体振荡器有足够的起振及稳定时间。然后软件可设置适当的寄存器控制位来确定最后的系统时钟频率。

（5）方便高效的开发环境。目前 MSF430 系列有 OTF 型、FLASH 型和 ROM 型 3 种类型的器件。国内大量使用的是 FLASH 型。这些器件的开发手段不同。对于 OTF 型和 ROM 型的器件是使用专用仿真器开发成功之后再烧写或掩膜芯片。对于 FLASH 型则有十分方便的开发调试环境，因为器件片内有 JTAG 调试接口，还有可电擦写的 FLASH 存储器。因此采用先通过 JTAG 接口下载程序到 FLASH 内，再由 JTAG 接口控制程序运行、读取片内 CPU 状态，以及存储器内容等信息供设计者调试，整个开发（编译、调试）都可以在同一个软件集成环境中进行。这种方式只需要一台 PC 机和一个 JTAG 调试器，而不需要专用仿真器和编程器。

（6）开发语言。有汇编语言和 C 语言。目前已经发布的软件开发工具是 IAR WORKBENCH V5.5、CCS 等。

2）IAR WORKBENCH V5.5

IAR Embedded Workbench for MSP430（简称为 EW430）V5.5 是 IAR Systems 公司推出的 MSP430 软件开发平台。这是一个带有 C/C++ 编译器和调试器的集成开发环境（IDE），是国内普及的 MSP430 开发软件之一，另外一个是 AQ430。目前 IAR 的用户居多。IAR EW430 软件提供了工程管理，程序编辑，代码下载，调试等功能。并且软件界面和操作方法与 IAR EW for ARM 等开发软件一致。因此，学会了 IAR EW430，就可以很顺利地过渡到另一种新处理器的开发设计。目前许多用惯了 51 单片机的开发平台 KEIL C51 的专业人士都转而使用 IAR EW8051。

3）CCS

CCS（Code Composer Studio）是 TI 公司研发的一款具有环境配置、源文件编辑、程序调试、跟踪和分析等功能的集成开发环境，能够帮助用户在一个软件环境下完成编辑、编译、链接、调试和数据分析等工作。CCS 软件支持如图 4.7 所示的开发各阶段。CCSV5.1 为 CCS 软件的较新版本，功能更强大、性能更稳定、可用性更高，是 MSP430 软件开发的理想工具。目前该软件最新版本是 5.5，5.6 也即将发布。

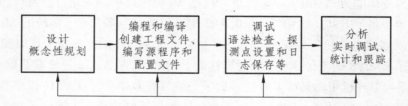

图 4.7　CCS 开发各阶段

4）430Ware

430Ware 是 CCS 中的一个附带应用软件，在安装 CCSV5 的时候可选择同时安装 430Ware，在 TI 官网上也提供单独的 430Ware 安装程序下载。在 430Ware 中可以容易地找到 MSP430 所有系列型号的 Datasheet、User's guide 以及参考例程，此外 430Ware 还提供了大多数 TI 开发板（持续更新中）的用户指南，硬件设计文档以及参考例程。针对 F5 和 F6 系列还提供了驱动库文件，以方便用户进行上层软件的开发。

5）Grace 软件

刚接触单片机开发时最大的困惑之一可能就是对单片机中寄存器的理解和配置。C 语言对寄存器的配置相对来说会比较抽象，尤其对于初学者而言。CCS 中集成的 Grace 软件则可以帮助初学者更快地理解寄存器，同时也提供了一种全新的图形化的编程方式。Grace 是 TI 推出的集成在 CCS 中的一款简单易用的图形化 I/O 与外设配置软件，是基于 GUI 的 I/O 与外设配置的软件工具，目前支持的型号包括 MSP430F2XX/G2XX 器件，并且即将支持 F5 和 F6 系列。Grace 使得开发人员能够简单生成包括全面注释的简单易读的 C 代码并快速完成外设的配置，利用 Grace 代码的生成，快速启动开发工作，使开发人员可以在数分钟内完成 MSP430 单片机的外设模块的配置，并可以生成 C 语言代码，极大地缩减了开发者花在配置外设上的时间，缩短了开发周期。

本节对所介绍各种软件，只起抛砖引玉的作用，更加详细的软件功能特点/安装使用方法和教程请参见相关文献和资料。

习题与思考四

1. 简述现代设计理念与传统设计理念的联系和区别。
2. 现代设计方法主要有哪些？
3. 智能仪器设计的原则是什么？
4. 智能仪器相关开发软硬件平台有哪些？

第 5 章　智能仪器性能设计

　　智能仪器产品的质量反映了它满足规定和潜在需要能力的特性总和。潜在需要是用户未在合同或订单中明确提出但实质上有的需要。针对某具体产品特性，需要用一组定量的或定性的要求来表达，以使其能够实现和检查，叫做质量要求。质量是产品实体的一项最重要的特性，不仅包括传统的性能如技术参数，不确定度等，还包括可用性、适用性、可信性、可靠性、维修性、安全性、经济性和美学性等特性。这些特性有些是固有的而有些是赋予的，有的只能够定性，有的却能够定量。这些特性可以根据不同分类方法分为不同的类别。如，物理特性（机械的、电的、化学的或生物学的特性等）；感官特性（嗅觉、触觉、味觉、视觉、听觉等）；行为特性（礼貌、诚实、正直等）；时间特性（准时性、可靠性、可用性等）；人因工效（或人因工程、人机工程、人机工效）特性（生理的特性或有关人身安全的特性等）；功能特性（飞机的最高速度等）等。

　　智能仪器的性能设计就是保证仪器上述性能特性的实现，满足用户需求、达到或超过相关标准/规范规定的、或潜在的要求。智能仪器性能设计包括多方面的要求和因素，涉及内容很多，涵盖相关理论技术的学科、领域非常广。本章主要对可靠性设计进行介绍。关于不确定度及其评定，参见本书第 3 章，以及其他相关标准语文献。而功能安全（性），参见本书第 8 章，生物医学智能仪器设计，以及相关标准和文献。

5.1　智能仪器质量管理体系

　　智能仪器通用质量管理体系主要是 ISO9001 体系。实际开发过程中，还可以借鉴六西格玛体系方法，精益生产体系等其他质量体系的理论和技术方法。专用体系方面，在医疗仪器行业，主要是 ISO13485；而在汽车行业，主要是 ISO/TS16949。深入了解 ISO/TS16949 质量体系的五大工具和七大手法，对通用电子测量、测控仪器质量保证有极大帮助。

　　由图 5.1 可以看出，组织（职责、权限和相互关系得到安排的一组人员及设施，如企业等）为实现输出顾客满意的智能仪器产品，必须输入顾客的需求，通过组织内部四大过程的运作：管理职责、资源管理、产品实现、测量、分析和改进，这是一个通用的模式。任何组织客观上都是一个包含上述四大过程的体系。它没有表明更详细的过程，只要组织类型、规模和产品确定了具体化了，更详细的过程就可识别和描述了。

　　质量管理体系是各种现代设计、管理和控制理念及其理论技术方法和手段的综合运用，实行产品全寿命周期质量控制和管理，包括全过程控制，全员管理，以及全产品管理。要特

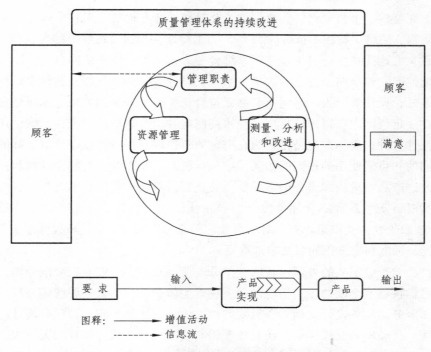

图释：　——→ 增值活动
　　　　-----→ 信息流

图 5.1　以过程为基础的质量管理体系模型

别注意的是其中产品这一术语。产品（Product）是一组将输入转化为输出的相互关联或相互作用的活动的结果，包括服务、软件、硬件和流程性材料。产品是用来满足人们需求和欲望的物体或无形的载体，它是能被人们使用和消费，并能满足人们某种需求的任何东西，包括有形的物品、无形的服务、组织、观念或它们的组合。产品一般可以分为三个层次，即核心产品、形式产品、延伸产品。核心产品是指整体产品提供给使用者的直接利益和效用；形式产品是指产品呈现的物质实体外形，包括产品的品质、特征、造型、商标和包装等；延伸产品是指整体产品提供给顾客的一系列附加利益，包括运送、安装、维修、保证等在消费领域给予消费者的好处。根据这个定义，在每一个智能仪器从概念、立项、设计、生产、运行、维护等到报废的全寿命周期过程中，都有产品产生。就质量体系而言，其对象不仅仅是智能仪器这个最终产品，而是包括上述定义中的全部产品。

　　产品质量管理体系和质量工程中的五性包括：可靠性、维修性、保障性、测试性、安全性。而可靠性（Reliability）、可用性（Availability）、可维修性（Maintainability）和安全性（Safty）这四个英文词汇的首字母缩写就是 RAMS：它是欧洲引进来的标准，内容包含 EN50126 等 3 个欧标；是在轨道交通行业内提出的从产品可行性方案分析开始到产品报废的整个周期过程中，研究四性的影响因素及其相互影响，以及实现和提高四性的手段和方法。现在广泛被其他领域和行业借鉴，也可以在智能仪器领域实施和应用。缩略语 RAMS 另外一个含义是：Reliability and Maintainability Symposium，即可靠性和维修性论坛。军用装备质量管理体系的六性是指：可靠性、安全性、维修性、测试性（testability）、保障性（supportability）、环境适应性（environmental worthiness）。此外，影响和表征智能仪器产品质量特性的因素还很多，包括经济性、时间性（如耐久性等）、电磁兼容性、信号完整性、电源完整性和安全完整性、机械（结构）完整性、维修完整性、兼容性、互操作性、互换性、可移植性、可扩展性、三防（防潮、防霉、防腐）特性、抗振/震性等。为了简便，把这些特性统称为五性，用其泛指而不是特指意义。这些特性，要统筹兼顾，综合考虑，进行一体化协同分析、设计。特别强调的还有规范性，它包括两个方面的含义：第一，设计等行为、过程及其结果以标准和规范作为依据；第二，设计等行为、过程及其结果符合相关标准和规范要求。本质就是标准化。标准是指为在一定范围内获得最佳秩序，经协商制定并由公认机构批准，共同使用和重复使用的一种规范性文件；而标准化是指：为在一定的范围内获得最佳秩序，对实际的或潜在的问题制定共同的和重复使用的规则的活动。它包括制定，发布及实施标准的过程。标准化的重要意义是改进产品、过程和服务的适用性，防止贸易壁垒，促进技术合作。标准化的基本特性主要包括以下几个方面：① 抽象性；② 技术性；③ 经济性；④ 连续性，亦称继承性；⑤ 约束性；⑥ 政策性。其中第六点，对于企业和企业标准来说，就是章程性或条例性、规范性。由此可见，标准和标准化的意义非常重要。

此外，要注意产品定义的外延包括四个部分。所以还有一个非常重要的原则，就是不能够只是单纯考虑仪器这个硬的（包括软硬件）物理实体产品，而且还要统筹兼顾与之配套的软的产品比如服务。相关设计文档、资料要归档、入库，比如军用仪器软件设计的成果要分别归入设计库、产品库和受控库等。而且还要编制、制定乃至设计制作相关规程、手册、指导书，比如，产品中五性各自的大纲（可靠性大纲等），五性各自的管理规程，相关人员培训大纲，相关数据库设计和建设，生产作业指导书，加工工艺指导书，调试、检测规程，实际使用前的安装、调试规程，仪器标准操作规程（Standard Operational Procedure，SOP），自校自检规程，检定与校准的测试验证布置要求和测试认证大纲，维护保养规程/维修手册，以及三包条件、适用范围等。因为这一切，最为根本的决定因素是来自设计，所以在五性的一体化设计流程中，必须要兼顾这些方面的要求。否则设计就是残缺的，是缺乏完整性的。因为，质量体系文件构成分为四层次：第一层，质量手册，是纲领性文件；第二层，程序性文件，体系要素的规定；第三层，作业指导书，具体项目的操作指导（SOP）；第四层，记录，包括表格、签名、原始记录、报告等质量记录和技术记录等。

值得注意的是，智能仪器质量管理体系（QMS）应该与环境管理体系（EMS）、职业健康安全管理体系（OMS）和功能安全管理体系（SMS）一体化综合考虑。

5.2 智能仪器总体性能设计框架

5.2.1 设计开发过程方法

1. PDCA 方法

智能仪器设计开发要遵循可适用于所有过程、称为 PDCA 的方法。PDCA 模式可简述如下：
（1）P——策划：根据顾客的要求和组织的方针，为提供结果建立必要的目标和过程；
（2）D——实施：实施过程；

（3）C——检查：根据方针、目标和产品要求，对过程和产品进行监视和测量，并报告结果；

（4）A——处置：采取措施，以持续改进过程绩效。

2. 对产品的影响

产品的设计和开发是形成产品固有质量特性的重要过程。影响产品质量的有关内容可以归纳为 4 个方面：

（1）与确定产品需求有关的质量：指对需求和期望的识别；

（2）与产品设计有关的质量：指设计和开发；

（3）与产品设计符合性的质量：按设计要求加工制造；

（4）与产品保障有关的质量：指在使用过程中的技术支持。

产品质量首先是设计进去的，才有可能制造出来，只有精心设计，才能保证精心制造、加工。一个先天不足的设计，精心加工也无济于事。因此对设计和开发的控制成了质量管理体系的重点课题。

智能仪器的性能设计，要遵照质量体系以及五性的标准、规范和条例的要求，实行和实现规范性操作，从需求分析、方案制定到产品报废的整个寿命周期及其各阶段、各环节，都要兼顾五性的要求，不能够只顾完成功能设计，就万事大吉了。必须建立完善相关组织管理、设计、监控、保障、考核、试验制度，要把五性统筹兼顾，一体化统筹设计，不能够顾此失彼，抓一漏万，或者剜肉补疮，拆东墙补西墙，那样就得不偿失。

5.2.2　设计开发流程与总体框架

智能仪器设计开发流程如图 5.2 所示。根据上述分析，在这个流程中，要实现五性一体化设计。五性一体化设计总体框架如图 5.3 所示。

五性一体化设计框架中，要做好的工作有：

需求分析：新产品五性设计目标的确定需要综合考虑多方面的因素，其中五性指标（KPI）的确定尤为重要。在分析使用条件的基础上，结合客户需求、标准要求以及管理层期望等因素确定其中较为关键的可靠性指标；之所以要兼顾五性一体化要求，是因为在质量体系及其要求和产品实际中，五性具有极强的关联性，有的时候甚至可能牵一发而动全身。

基准分析：分析基准产品（比如国内外同类产品以及标准）的五性水平，为确定新产品开发的五性目标提供决策依据。

目标设定：结合客户需求、管理层期望、关键五性指标、基准分析、风险分析的结果来设定新产品的整机级别的五性目标。为了将系统级别目标分解到子系统、部件和零部件上，需要建立五性模型（如可靠性模型、静电模型等）并根据层级之间的关系实现五性目标的分解与分配。与此同时，为了保证各层级五性目标的实现，需要制定相应的预防措施。为实现五性的不断提升，还需制定五性设计预防措施与增长试验规划。

五性设计：通过五性的具体分析理论、手段和方法（比如可靠性的潜在失效模式与影响分析、故障树分析等），找到五性的影响因素及其影响程度与关键条件，在此基础上按照规划，实施一系列的预防性措施，通过措施的实施来消除和减少这些影响因素引起五性下降（如可靠性中的失效）出现的概率。同时，通过有效的五性仿真、监控工具，跟踪设计阶段产品五性增长的情况。

五性验证：在样机阶段，对产品的五性进行提升（如可靠性增长）分析和实验。除了常规的五性验证外，可以通过系统地规划、执行与监控五性及其提升试验，确保产品上市之前五性目标得以实现。

再次强调，这里的五性是泛指。只有把握好五性总体，才能够集五性之大成。

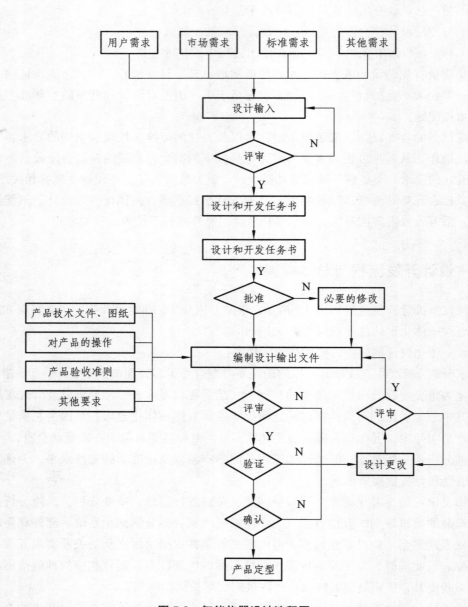

图 5.2　智能仪器设计流程图

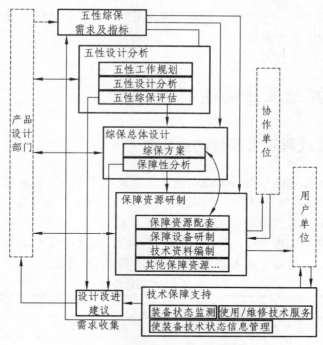

图 5.3　五性一体化设计总体框架

5.2.3　智能仪器设计开发阶段划分

　　智能仪器五性设计工作，贯穿于全寿命周期。根据质量管理体系标准，产品全寿命周期中，设计开发过程分为设计开发策划、设计开发输入、设计开发输出、设计开发评审、设计开发验证、设计开发确认、设计开发更改等七个阶段。其中设计开发评审虽然是一个独立的阶段，但是它总是分别紧跟在设计开发输入/输出之后的。而设计评审、验证和确认的区别如表 5.1 所示。

表 5.1　设计评审、设计验证和确认的区别

	设计评审	设计验证	设计确认
术语	为确定主题事项达到规定目标的适宜性、充分性和有效性所进行的活动	通过提供客观事实对规定要求以得到满足的认定	通过提供客观证据对特定的预期用途或应用要求以得到满足的认定
目的	评价设计结果满足要求的力；识别问题	证实设计输出满足设计输入的要求	正式产品满足规定的使用要求或已知的预期用途要求
对象	各阶段的设计结果	设计输出（如文件、图纸、样本等）	通常是向顾客提供的产品或样品
时机	在设计适当阶段	当形成设计输出时	只要可行，应在产品交付或生产和服务实施之前
方式	会议/文件传阅等	计算、试验、对比、文件发布前的评审	试用、模拟等
参与人员	与该设计阶段有关职能的代表；顾客要求时，应邀请顾客参加	通常由实施设计活动的人员参与；对于顾客要求控制的（验证）项目，通知顾客参加	通知需要顾客或能代表顾客的人员参与；应邀请顾客参加

　　在设计开发过程的每一个阶段，都涉及五性设计工作，各个阶段五性设计工作又各有不同侧重点，其流程也有较大差异。

5.3　智能仪器可靠性设计

5.3.1　设计开发过程对可靠性的重要性

　　据美国贝尔实验室和海洋电子实验室统计，因设计方面问题引起的产品故障占总故障的40%以上，是影响产品内在可靠性的主要因素，如表 5.2 所示。这只是单纯考虑设计这一环节的影响，如果考虑到设计阶段必须兼顾其他影响因素，如元器件、材料、零部件的优选，制造工艺设计，使用维护规程等设计及其影响，设计的影响程度大于 57%。所以说，可靠性首先是设计出来的，其次是制造出来的，再次是管理和使用出来的。

表 5.2　产品故障

	影响因素	影响程度
固有可靠性	元器件、零部件和材料	30%
	设计技术	40%
	制造技术	10%
使用可靠性	使用维护、检测，运输、存储	20%

　　可靠性是与故障做斗争的工程技术。显然，可靠性设计是重中之重。

　　可靠性涉及的领域和范围很广，广义地说，凡是存在信号、数据和信息、物质、能量及其传递，以及人类行为及其作用的实体（如仪器、车辆等）、过程（如通信、运输、控制、管理等）和结果（如工程、设施等），都存在可靠性这个问题，都需进行可靠性预测、分析、评估、试验和测试、验证。智能仪器既有信号、信息与数据及其传递，又是人类思想、理念、理论和知识的物化，自然也存在可靠性问题。智能仪器是用来测量的，因此其可靠性包括四个方面的内容：第一，测量结果，即获得的数据、信号和信息的可靠性。第二，仪器使用和工作的可靠性。第三，仪器设计、加工、生产及其过程以及市场前景和效益、风险避免等方面的可靠性，这类问题中有一大部分是通常所说的可行性问题，而对可行性的分析与预测在该智能仪器项目立项之前就要求做好的。这类问题在设计中，就是如何保证所用元器件、材料满足供求关系而且质量可靠，设计的各个模块、板卡、组件、结构件等能够可靠加工、实施、制造和生产，工艺、质量满足设计要求等方面的问题。你不能够说："我的设计天下第一，最先进，最富有想象力，最具创造力，就是制造不出来。"没有根基的东西，谈不上可靠性问题。第四，智能仪器智能性的重要体现之一，就是能够对测量数据进行智能分析与评估，如误差、不确定度的分析与评定，这是测量结果可靠性分析；智能仪器还具有故障自诊断以及自排除等功能，这就要求仪器自身对仪器使用和工作的可靠性进行实时预测与分析用现代术语就是：故障预测、分析和健康管理。

　　可靠性是电子设备的重要质量特性之一，它直接关系到电子仪器装备的可用性，影响电子设备效能的发挥。可靠性问题引起各方面的高度重视，因为它不仅关系到可用性，还常常和安全问题联系在一起，特别是对于关乎国计民生的重大项目和工程，以及军事方面的信号、数据、信息及其装备、设施。各种国际组织、各个国家，包括一些行业和企业，都投入大量人力物力和财力进行相关理论研究，提出可靠性保障技术措施、方法和手段，制订相关标准和规范等对可靠性进行组织和技术保障。智能仪器是电子系统，电子系统的可靠性有国际、国家和行业的标准，而作为仪器，也有相关国际、国家和行业（乃至企业）的标准对其可靠性提出和规定了各种要求和规定。因此，对智能仪器可靠性的研究，要依据这些标准进行。

可靠性工作要从产品论证阶段开始做起，及早投入，及早受益。对可靠性的研究，已经系统化，成为一门学科领域：系统可靠性理论。它有几个主要独立分支，如可靠性工程（包括可靠性分析、可靠性设计及可靠性实验等），可靠性数学（以概率论和数理统计为基础发展起来的一门数学分支，研究可靠性的定量规律）、可靠性物理（也称失效机理，研究零部件的失效物理原因、物理模型，并提出改进措施）和可靠性管理等。

系统可靠性理论是一门与产品故障作斗争的新兴学科，它产生于国防高科技领域，最早萌芽在二次世界大战期间，1939 年，美国航空委员会编撰了《适航性统计学注释》，首次提出飞机故障率≤0.000 01 次/h，相当于一小时内飞机的可靠度 R_s=0.999 99，这是最早的飞机安全性和可靠性定量指标；二战末期，德火箭专家 R·卢瑟（Lussen）把 Ⅴ-Ⅱ火箭诱导装置看作串联系统，求得其可靠度为 75%，这是首次定量计算复杂系统的可靠度问题，标志着对系统可靠性研究的开始，系统可靠性的基本理论进入萌芽阶段。此后在美国国防工业中发展、成熟，并迅速向美国民用产品的电子、通信、信息技术等领域渗透。以美国为中心的可靠性系统工程技术被英、法、德、日等先进资本主义国家所应用，而且获得成功。20 世纪 50 年代，美国的武器装备，从美国本土运往朝鲜战场，交付部队使用，发现大批武器系统故障。其中电子设备在开箱检测后，发现有一半不能使用。它们不是在战争中受到了破坏，而是在运输过程中就产生了故障。军队将领把这些故障产品推到了产品制造商那里，认为产品是不合格的，而供应商却以产品出厂检验有军方代表验收为理由推辞。由此军方和承制方发生激烈的矛盾，为了解决问题，美国国防部吸取在朝鲜战争中的教训，成立了专门的、由政府、军队和企业组成的研究小组 AGREE（Advisory Group on Reliability of Electronic Equipment，美国国防部电子设备可靠性咨询小组），来解决装备的故障问题，大力推动可靠性理论技术和方法，由此进入系统可靠性理论创建阶段。到 20 世纪 60 年代，随着航空航天工业的迅速发展，可靠性设计和试验方法被接受和应用于航空电子系统中，系统可靠性理论得到迅速发展，进入了全面发展阶段。20 世纪 70 年代中，美国国防武器系统的寿命周期费用问题突出，人们更深切地认识到可靠性工程是减少寿命费用的重要工具，进一步得到发展，日趋成熟，系统可靠性理论从此进入了深入发展阶段。这个时期，世界上技术先进国家已开始以一种全新的设计概念取代了传统的设计理念（传统的设计理念认为：只有用质量最好的原材料（零部件），才能组装成质量最好的整机；只有最严格的工艺条件才能制造出质量最好的产品。总之，材料、元器件质量特性越好，可行性就越高）；设计中心思想是采用最低廉的元件组装成品质量最好，可靠性最高的整机；采用最宽松的工艺条件加工出质量最好、成本最低、收益最高的产品。其口号是"用三类元件（降额、冗余、容差或容错元件）设计制造出一类整机"。并且创造了三次设计（系统设计、参数设计、容差设计，加上漂移设计就构成四次设计）思想和方法保证可靠性以及整个五性的实现，此间，日本人还创造了一种称为田口法的稳健设计方法。20 世纪 90 年代美国以经费为独立变量衡量产品，废除大量的军用标准；在欧洲，1995 年对传统的可靠性定义提出质疑，开始用无维修使用期（MFOP）取代原先的 MTBF，摒弃随机失效无法避免的旧观念，故障率浴盆曲线分布规律也就被打破。国际上兴起在可靠工程中推行失效物理方法的新潮流，目的是设计出不存在随机失效的产品，提出一种积极的方式来改进产品的 HASS&HALT 技术，将现代统计分析理论、计算智能理论，以及多种过程技术方法引入可靠性学科。同时，从故障修理转换到计划预防维修。大力推行健壮设计和并行工程及 IPPD 管理。首先在美国海军及其相关工业部门广泛推广程序化、规范化、系统化、信息化的网络化管理，通过大量标准、规范制定和使用，为网络化管理提供依据和指导，包括产品故障信息闭环管理及其系统 FRACAS（Failure Report Analysis and Corrective Action System，FRACAS，通常也称为故障报告、分析及纠正措施系统，归零管理，8D 等）。采用不同的技术方法，如并行工程等，大力研究可靠性工程软硬件平台，涵盖可靠性分析、预计、分配、试验、管理等所有阶段。软件可靠性过程也成为一门独立学科，开辟一个新领域，引起各方高度重视。

　　系统可靠性理论在资本主义先进国家的成功应用，为其工业带来了巨大的财富，更重要的是，提升了其科技竞争力，极大地推动了其生产力水平进而使整个社会迅速进步。

　　美国系统可靠性理论的特点是：

　　（1）建立统一的可靠性管理机构。

　　（2）成立全国统一的可靠性数据交换网。

　　（3）改善可靠性设计和试验方法：更严格、更符合实际、更有效的设计和试验方法被采用；发展了失效物理研究和分析技术，如 FMEA 发展为 FMECA；更加严格的降额设计；重视相关软硬件平台、仪器和工具的研发与配套使用。

　　（4）计算机辅助可靠性设计和仿真、验证：罗姆航空发展中心开发了电子设备可靠性预计软件包；精确的热分析技术也应用了计算机。

　　（5）研究非电子设备的可靠性设计及试验技术。

　　（6）采用综合环境应力试验（温度、振动、湿度综合）。

　　（7）加强环境应力筛选试验。

　　（8）进行可靠性增长试验。

　　（9）大力开展软件可靠性研究。

　　（10）研究新的可靠性预计、评定乃至实验方法及其软硬件平台、仪器和工具。

　　……

　　系统可靠性理论的重要性可以概括为：日益增长的主客观需求（如健康、安全、舒适、可靠等）的需要；高科技发展和推动的需要；经济效益和社会效益的需要；企业形象的需要；国家政治声誉的需要。

　　系统可靠性理论的核心是可靠性工程，它是为确定和达到产品的可靠性要求所进行的一系列技术和管理活动，研究产品可靠性的影响因素、影响量，可靠性的评价、预测、分析和提高可靠性的技术和管理措施等。可靠性工程应用概率论和数理统计方法研究产品故障时间分布、分布类型和分布参数，从而提出一系列评价产品可靠性特征的指标及其计算方法、评估方法和试验方法，可靠性标准及其实施细则等，以解决产品在设计、制造、试验和使用/运维各阶段可靠性保证的工程应用问题。可靠性工程可以用图 5.4 表示。

　　可靠性技术的发展主要决定于国家质量规划所提出的任务和要求。电子产品可靠性研究的发展趋势和方向是：

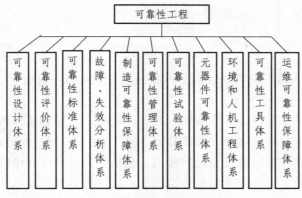

图 5.4　可靠性工程内容

（1）复杂系统的可靠性分析和评价。

（2）高可靠元件、器件的可靠性保证和评价技术。

（3）大规模集成电路可靠性评价和失效分析。

（4）产品可靠性与环境、条件的关系。

（5）可靠性数据收集和编制可靠性预计手册。

（6）建立全维化、网络化可靠性数据、分析、预测管理系统。

（7）软件可靠性理论和工程技术方法。

（8）研究新的可靠性设计理论、技术和方法，智能技术/计算智能方法的应用。

（9）完善相关标准体系及其实施细则，完善产品可靠性的四大评价体系：设计定型评价体系，制造过程控制评价及生产定型评价体系，出厂检验评价体系，物料控制评价体系。

（10）开发和推广相关软硬件平台，进行可靠性管理、设计、评价、预测、仿真、计算、试验、验证等。

　　现代质量体系，无论是 ISO9000 体系，还是六西格玛体系，以及精益生产体系等，都特别重视可靠性风险管理。ISO 质量管理的终极目标是产品的零缺陷、过程的合规和对质量体系永无止境的持续改进，以及其他一些务虚的内容。精益生产（LEAN production）则更加关注效率、过程的增值和资源的利用率，终极目标则是消除故障、停滞和浪费，获得标准化、低成本、缩短交期，以最小的资源投入获得最大化的回报。六西格玛质量体系是利用六西格玛设计来实现在提高产品质量和可靠性的同时降低成本和缩短研制周期的有效方法，具有很高的实用价值。六西格玛设计按照合理的流程、运用科学的方法准确理解和把握顾客需求，对新产品/新流程进行健壮设计、使产品/流程在低成本下实现六西格玛质量水平。同时，使产品/流程本身具有抵抗各种干扰的能力，即便使用环境恶劣或操作者瞎折腾，产品仍能满足顾客的需求。

　　注意质量管理与可靠性管理之间的区别。产品的质量指标是一个综合性指标，它包含了可靠性指标。但是产品可靠性过程研究又是质量体系工作的进一步发展和深化。一切质量管理工作除了要保证产品的性能和经济性、安全性外，更重要的是保证产品稳定可靠。从使用的角度出发，产品的可靠性指标是第一指标。可靠性管理的目的不同于质量管理的目的以及其他的生产技术活动，它是以最小限度的资源实现用户或商品计划所要求的定量可靠度的活动。所谓定量的可靠度是指元器件或整机系统的量化特征，对元器件，指寿命、失效率、失效前平均时间等；对整机系统，则指寿命、平均无故障工作时间、平均维修时间、有效度等。

5.3.2　可靠性定义及相关术语

1. 可靠性定义

根据 GB 11464，可靠性是指（仪器）产品在给定时间间隔内和给定条件下完成规定功能的能力。

可靠性是反映产品质量的综合性指标，是产品从出厂开始到工作寿命终结全过程的一种特性。它具有综合性、时间性和统计性的特点，有广义和狭义两种解释。广义可靠性是产品在其整个使用寿命周期内完成规定功能的能力，包括狭义可靠性和维修性；狭义可靠性是产品在某一规定时间内发生失效的难易程度。广义和狭义可靠性都是从使用角度提出的定性概念，并早已应用于工程实践。在实际需要和可靠性技术发展的条件下，20 世纪 50 年代后期，以可靠性特征量表示产品可靠性高低的各种定量指标和方法开始应用于电子工程实践，制定出一系列可靠性标准，作为产品可靠性评价、考核的准则。可靠性特征量及其方法已为电子产品的研制、生产和使用等部门所采用。

可靠性的概率度量叫可靠度。它是产品在规定条件下和规定时间内完成规定功能的概率。所谓规定的条件是产品所处的环境条件和使用条件。所谓规定的时间是对产品规定的任何观察时间，包括连续使用、间断使用、储存和一次使用时间。按照产品的不同，时间参数可用周期、次数、里程或其他单位代替。所谓规定功能是规定产品的使命、用途、技术性能指标和失效判据。与之对应的是不可靠度，指产品寿命 T 不超过某规定时间 t 的概率，也称产品在规定时间内的累计失效概率。

可靠性分为固有可靠性和使用可靠性。固有可靠性用于描述产品的设计和制造的可靠性水平，使用可靠性综合考虑了产品设计、制造、安装环境、维修策略和修理等因素。从设计的角度出发，把可靠性分为基本可靠性和任务可靠性，前者考虑包括与维修和供应有关的可靠性，用平均故障间隔时间（MTBF）表示；后者仅考虑造成任务失败的故障影响，用任务可靠度（MR）和致命性故障间隔任务时间（MTBCF）表示。对多数企业主要关心产品的固有可靠性和基本可靠性。对可修产品用平均故障间隔时间表示，对不可修产品用平均失效率表示，对一次性使用产品用平均寿命表示。

可靠性是产品质量的内涵，是产品技术性能的时间表征。因此它是一种统计量，不能用仪表去计量产品的可靠性量值，而应通过对时间统计结果进行处理后才能获得可靠性定量值。不同产品的可靠性数据有着不同的分布规律，如电子产品多数符合指数分布规律，即如图 5.5 所示的著名"浴盆曲线"（也称 OC 曲线）。图中，早期故障期的特点是故障发生的频率高，但随着使用时间的增加迅速下降。产品使用初期之所以故障频繁，原因大致有：电子产品中使用的大量电子元器件虽然在制造厂经过了相当长时间的老化试验和其他方式的筛选，但实际运行时，由于电路的发热、交变负荷、浪涌电流及反电势的冲击，性能较差的某些元器件经不住考验，因电流冲击或电压击穿而失效，或特性曲线发生变化，从而导致整个系统不能正常工作；系统中软件与硬件未能很好协调工作，不能够预计到自身以及系统的故障，也不能及时处理；系统的工作环境条件不满足要求等。偶发故障期是指产品在经历了初期的各种老化、磨合和调整以及软件的维护后，开始进入相对稳定的正常运行期。在这个阶段，故障率低而且相对稳定，近似常数。偶发故障是由于偶然因素引起的。耗损故障期出现在产品使用的后期，其特点是故障率随着运行时间的增加而升高。出现这种现象的基本原因是由于仪器的零部件及电子元器件经过长时间的运行，由于疲劳、磨损、老化等原因，寿命已接近衰竭，从而处于频发故障状态。浴盆曲线有诸多弊端，所以有人提出了如图 5.6 所示的新浴盆曲线，其主要思想是用畸变失效期取代偶然失效期。注意，仪器中不免存在很多机械结构零部件，然而对于机械零部件，其失效率曲线的浴盆形状不太明显，类似于勾状曲线，如图 5.5 所示。

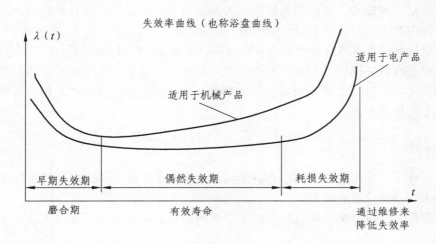

图 5.5 浴盆曲线

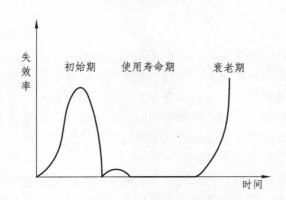

图 5.6 新的失效率曲线（浴盆曲线）

产品可靠性是全寿命周期的指标，是由设计决定的，即首先要有良好的设计，还要有良好的元器件（材料）、良好的工艺、良好的维护保养。这就跟人类生儿育女一样，需要优生、优育、优教、优养：产品可靠性是设计出来的（优生），是制造出来的（优育），是管理出来的（优教），是维护保养出来的（优养）。

通俗地说，产品可靠性指的是它是可信赖或可信任的。我们说一个人是可靠的，就是说这个人是说得到做得到的人，而一个不可靠的人是一个不一定能说得到做得到的人，是否能做到要取决于这个人的意志、才能和机会。同样，一台仪器，当人们要求它工作时，它就能很好地完成工作，则说它是可靠的；而当人们要求它工作时，它有时工作，有时不工作，或者工作的结果出现了错误，则称它是不可靠的。

对仪器等产品而言，可靠性越高就越好。可靠性高的仪器，可以长时间正常工作（这正是所有消费者需要得到的）。即仪器产品的可靠性越高，产品可以无故障工作的时间就越长。

可靠性可以用可靠度表示。

2. 可用性（availability）

可用性是指一种能力，使得当所要求的外部资源得到满足，产品在给定的条件下，于给定时刻或时间内处于能完成要求功能的状态。

现代质量管理体系对可靠性的要求日益提高，发展成用户最关心的可用性概念成为必然。其含义是：设备在任一随机时刻需要和开始执行任务时，处于可工作或可使用状态的程度。通常用可用度（A0）表示，它把可靠性、维修性、测试性、保障性等产品的设计特性综合成为用户所关心的使用参数。

3. 维修性

在给定条件下，使用所述的程序和资源实施维修时，产品在给定的使用条件下保持或恢复能完成要求的功能状态的能力。

维修保障性是指维修组织在给定条件下，按照给定的维修策略，提供维修产品所要求的资源的能力。

而保障性是指系统设计特性和计划的保障资源能满足平时完好性和工作使用要求的能力。

4. 安全性

安全性（GJB 1405A—2006 标准 2.34）：不导致人员伤亡、危害健康及环境，不给设备或财产造成破坏或损失的能力。造成人员伤亡、系统毁坏、重大财产损失或危及人员健康和环境的事件称为事故，而导致事故发生的状态称为危险。引发装备不安全的因素称为危险源，危险源通常分为两类：有毒、易燃、易爆等物资、产品或有害环境称为一般危险源；产品故障、人为差错引发的不安全因素称为故障危险源。要保证装备安全，最根本的工作是准确识别，并采取有效措施消除或控制这些危险。

对于智能仪器，指避开危险，不发生人体生命安全、仪器物理安全、信息安全以及其他事故如火灾、爆炸的能力。特别是指智能仪器在运行中承受诸如短路、雷击、浪涌或系统中元器件意外毁坏造成漏电、系统燃烧等突然扰动的能力。因此智能仪器要遵循安规设计。由于智能仪器是信息的前端，还存在信息安全问题，所以智能仪器还要遵循信息安全标准设计。此外，智能仪器很多时候用于功能安全目的，是系统安全保障主要手段之一，它又要遵循功能安全规范设计。所以，智能仪器安全性的含义和外延很广泛。

5. 失　效

指产品完成要求功能的能力的中断。失效是指产品终止最终完成规定功能的能力的事件。

6. 故　障

故障是指产品不能执行规定功能的状态。判断功能丧失的准则叫故障判据。

相对于给定的规定功能，有故障的产品的一种状态叫故障模式。形成故障的物理、化学（可能还有生物）变化等内在原因称为故障机理。失效模式和失效机理是两个不同的概念，失效模式是失效状态的表征，而失效机理是失效过程中的因果关系。

产品在规定的条件下使用，由于其本身固有的弱点而引起的失效，称为本质故障，不按规定条件使用产品而引起的失效称为误用故障。产品设计应包括减少误用故障的设计过程。

产品由于制造上的缺陷等原因而发生的故障称为早期故障。而由于偶然因素发生的故障称为偶然故障，一般在事前不能测试或监控，属于突然故障。产品由于老化、磨损、损耗或疲劳等原因引起的故障称为耗损故障。通过事前的测试或监控可以预测到的故障称为渐变故障。使产品不能完成规定任务或可能导致人或物重大损失的故障或故障组合叫致命性故障。参见浴盆曲线。

7. 寿　命

寿命是指产品使用的持续期。

8. 可信性（dependability）

根据 GB/T 19000—2008、IEC 60300-2 Ed.2—2004 以及 GB/T 2900.13—2008 等的定义，可信性是描述可用性及其影响因素（可靠性、维修性和维修保障性）的集合术语。它仅用于非定量术语的总体表述。在 GJB451A 中，Dependability 又被翻译为任务成功性，同时还指任务成功度。

9. 缺陷（defect）

未满足与预期或规定用途有关的要求。不合格是指未满足要求。区分缺陷与不合格的概念是重要的，这是因为其中有法律内涵，特别是在与产品责任问题有关的方面。因此，使用术语"缺陷"应当极其慎重。顾客希望的预期用途可能受供方信息的性质影响，如所提供的操作或维护说明。

10. 可靠性特征量（reliability charecteristics）

可靠性特征量也称可靠性参数，是时间 t 的函数，分为概率指标和寿命指标两大类。概率指标有可靠度、失效率、累计失效概率、平均无故障时间等。寿命指标有可靠寿命、平均寿命、中位寿命和特征寿命等。

1）累计失效概率

定义为产品在规定的条件下和规定的时间内失效的概率，又称为产品的失效分布函数，也叫不可靠度。

$$F(t) = P(T \leqslant t) = \int_0^t f(t)\mathrm{d}t$$

2）失效概率密度

它表示产品寿命落在包含 t 的单位时间内的概率，即产品在单位时间内失效的概率，也称为概率密度函数，用 $f(t)$ 表示。它是累积失效概率对时间的变化率。

3）可靠度

可靠度是指产品在规定的条件和规定的时间内，完成规定功能的概率。它是时间的函数，以 $R(t)$ 表示：

$$R(t) = P(T > t) = r / T$$

式中，r 为失效总数；T 为总累积工作时间。

可以用失效率来表示：产品在 t 时刻后的单位时间内的失效概率，即工作到某时刻尚未失效的产品，在该时刻后单位时间内发生失效的概率，也称为失效率函数，有时又称为故障率（函数）。即

$$\lambda(t) = \lim_{\Delta t \to 0} \frac{F(t + \Delta t) - F(t)}{\Delta t} \cdot \frac{1}{R(t)} = \frac{F'(t)}{R(t)} = \frac{f(t)}{R(t)}$$

显然有 $R(t) + F(t) = 1$。国际上一般采用"菲特"（FIT）作为高可靠性产品的失效率单位，为 $10^{-9}/h$，还可以把 1 菲特改写为

$$1 \text{ 菲 特} = \frac{1(\uparrow)}{1\,000(\uparrow) \times 10^6 h} = \frac{1(\uparrow)}{10^4(\uparrow) \times 10^5 h}$$

失效密度主要反映产品总体在全部工作时间内的失效概率密度变化情况，失效概率反映产品总体在 t 时刻发生失效的概率，与尚未失效的产品数无关。失效率是产品工作到 t 时刻，在还有 $n_s(t)$ 个产品尚未失效的条件下，发生失效的条件概率密度。失效率是瞬时值，它更直观地反应产品在 t 时刻的失效情况。实质上是寿命的条件概率密度。

4）可用度

可用性的概率度量叫可用度。分为：

固有可用度 $A_I = TBF/(TBF+MCT)$，其中：TBF 为平均故障间隔时间（小时），MCT 为平均修复时间（小时）。

使用可用度 A_O=累计工作时间/（累计工作时间+累计不能工作时间），累计不能工作时间包括累计直接维修时间和累计维修保障延误时间 MLDT；A_O=MTBF/（MTBF+MTTR+MLDT）。

5）平均恢复前时间（Mean Time To Restoration，MTTR）

源自于 IEC 61508 中的平均维护时间（Mean Time To Repair），目的是为了清楚界定术语中的时间的概念，MTTR 是随机变量恢复时间的期望值。它包括确认失效发生所必需的时间，以及维护所需要的时间。MTTR 也必须包含获得配件的时间，维修团队的响应时间，记录所有任务的时间，还有将设备重新投入使用的时间。平均修复时间（MTTR）估计值的度量方法为：在规定的条件下和规定的时间内，产品在某一规定的维修等级上，总修复性维修时间与在该级别上被修复产品的故障总数之比。

6）平均无故障工作时间（Mean Time Between Failure，MTBF）

是指新的产品在规定的工作环境条件下开始工作到出现第一个故障的时间的平均值。MTBF 越长表示可靠性越高，正确工作能力越强。

7）平均失效时间（Mean Time To Failure，MTTF）

指系统平均能够正常运行多长时间，才发生一次故障。系统的可靠性越高，平均无故障时间越长。

8）可靠寿命

给定产品可靠度对应的时间，当给定可靠度 $R(t)=R_0$ 时，由 $R(t)=R_0$ 解出 t 值，即为可靠寿

命，记作 t_R：

$$t_R = R^{-1}(R)$$

如果产品寿命遵从指数分布时，则当 $R(t)=e^{-1}$ 时的可靠寿命称为特征寿命；而中位寿命则是 $R(t)=0.5$ 时的可靠寿命。

9）维修度 $M(\tau)$

在规定条件下使用的产品，在规定的时间 τ 内按规定的程序和方法进行维修时，保持或恢复到能完成规定功能的概率，即 $M(\tau)=P(T_1 < \tau)$。T_1 为修复时间，其形态和不可靠度相同。维修度和可靠度有一定对应关系，可查阅相关表格。

10）有效度

可维修产品在某时刻 t 维持其功能的概率。用时间的平均数表示有效度称为时间有效度，以"寿命单位"度量。在规定的条件下和在规定的时间内，产品故障的总数与寿命单位总数之比称为"故障率"（λ）。

寿命周期：指从市场调研到顾客服务和最终处置，即从产品概念阶段到其处置之间的时间间隔，又称为全寿命周期。引入产品生命周期的概念，是为了采用寿命周期模型描述产品开发或项目的各个阶段：概念和定义阶段，设计和开发阶段，生产和制造阶段，安装阶段，运行和维护阶段，处置阶段，以处理可信性活动的差异及其有效实施的时间安排；表达产品生命周期各阶段与适用可信性大纲要素和任务的结合，以利于可信性大纲为满足特定项目需求进行的选裁。

产品寿命周期阶段有助于在每一产品寿命周期阶段（概念、开发、生产、运行、维护和处置）按时段进行可信性大纲任务相关事项的管理。寿命周期过程有助于确定在获取、提供、策划和控制、设计、建造、评估或评价中涉及的具体管理和技术职能活动。

11. 预防措施（preventive action）

为消除潜在不合格或其他潜在不期望情况的原因所采取的措施。注意，一个潜在不合格可以有若干个原因；采取预防措施是为了防止发生，而采取纠正措施是为了防止再发生。

12. 纠正措施（corrective action）

为消除已发现的不合格或其他不期望情况的原因所采取的措施。一个不合格可以有若干个原因。采取纠正措施是为了防止再发生，而采取预防措施是为了防止发生。纠正和纠正措施是有区别的。

13. 纠正（correction）

为消除已发现的不合格所采取的措施。

14. 合格评定（conformity assessment）

与产品、过程、体系、人员或机构有关的规定要求得到满足的证实。

15. 认证（certification）

与产品、过程、体系或人员有关的第三方证明。管理体系认证有时也被称为注册，认证适用于除合格评定机构自身外的所有合格评定对象，认可适用于合格评定机构。

16. 认可（accreditation）

正式表明合格评定机构具备实施特定合格评定工作的能力的第三方证明。

17. 设计和开发（design and development）

将要求转换为产品、过程或体系的规定的特性或规范的一组过程。

18. 可靠性工程（reliability engineering）

为了达到产品的可靠性要求而进行的一套设计、研制、生产和试验工作。

19. 可靠性计算（reliability accounting）

为确定和分配产品的定量可靠性要求，预计和评估产品的可靠性量值而进行的一系列数学工作。

20. 可靠性模型（reliability model）

为预计或估算产品的可靠性所建立的框图和数学模型。

21. 可靠性框图（reliability block diagram）

对于复杂产品的一个或一个以上的功能模式，用方框表示的各组成部分的故障或它们的组合如何导致产品故障的逻辑图。

......

5.3.3　智能仪器可靠性相关标准

现代产品的研制开发工作都必须正规化，必须依据有关标准。对还没有制定标准的新型产品，要由根据用户需求以合同技术条件或研制任务书的形式给承制方提出明确的产品各项指标，并作为产品出厂检验的依据。产品的各项指标中应包括可靠性和维修性指标。

可靠性标准是评价指标体系中各指标之间相互衔接、彼此一致的规范，使之不会出现相互矛盾、不相关的情况。可靠性高就意味着具有较高的重置或再测信度，也就是说，即使不同的评定主体或在不同时间利用所设计的这套指标体系进行评定，评定结论都应具有高度一致性。

可靠性标准可分为可靠性基础标准、行业（专业）可靠性基础标准和有可靠性要求的产品标准三类。在可靠性工程中，可靠性标准的宣传、培训和学习、执行和贯彻非常重要。设计人员应该熟悉相关标准的详细要求和规定，否则会造成很大的损失。

可靠性标准是可靠性工程与可靠性管理的基础之一，是指导开展各项可靠性工作使其规范化、最优化的依据和保证，采取可靠性国际标准和国际先进标准是迅速提高我国可靠性工程与管理水平的重要途径。可靠性标准是在严密的理论指导下通过总结工程与管理的实践经验而制定的，随着理论研究、工程技术的发展和经验的积累，可靠性标准不断修订补充和完善，有高度的科学性、实用性和指令（或指导）性。

我国标准化部门、标准化及可靠性工作者多年来在引进、消化国外可靠性指标的基础上，制定了我国的可靠性标准，先后发布了《电子元器件失效率试验方法》《可靠性基础名词术语及定义》《设备可靠性验证试验》等标准，对我国普及可靠性基本概念、开展电子元器件及设备可靠性试验、推动可靠性工作的开展和提高产品可靠性都发挥了重要作用。

（1）GB/T 6587—2012《电子测量仪器通用规范》

（2）GB/T 11464—20XX《电子测量仪器术语》（代替 GB/T 11464—1989《电子测量仪器术语》）

（3）GB/T 11465—1989《电子测量仪器热分布图》

（4）GB/T 11463—1989《电子仪器可靠性试验》

（5）GB/T 17215《电测量设备可信性系列》（911～941）

（6）IEC 62059-32-1《电测量设备 可信性 第 32-1 部分：耐久加速试验》

（7）IEC 62059-51《电测量设备 可信性 第 51 部分：软件可信性》

（8）GB/T 14394—2008《计算机软件可靠性和可维护性》

（9）JJF 1024—2006《测量仪器可靠性分析》

（10）GB/T 6592—2010《电工和电子测量设备性能表示》

（11）GB/T 2900.13—2008《电工术语 可信性与服务质量》

（12）GB/T 4885—2009《正态分布数据可靠性分析》

（13）JB/T 50125—1999《仪器仪表 可靠性评定程序》（替代 ZB Y 321—1985）

（14）IEEE 1413.1《IEEE Guide for Selecting and Using Reliability Predictions Based on IEEE 1413™》

（15）GB/T 1900X 2008/9《质量体系系列标准》

（16）GJB 299C—2006《电子设备可靠性预计手册》

（17）GJB 450A—2004《装备可靠性通用要求》

（18）GJB 451A—2005《可靠性维修保障术语》

（19）GJB 899A—2009《可靠性鉴定和验收试验》

（20）GJB 1378A—2007《装备以可靠性为中心的维修分析》

（21）GJB-Z 23—1991《可靠性和维修性工程报告编写的一般要求》

（22）GJB-Z 72—1995《可靠性维修性评审指南》

（23）GJB-Z 77—1995《可靠性增长管理手册》

（24）GJB-Z 108A—2006《电子设备非工作状态可靠性预计手册》

（25）JJF 1094 2002《测量仪器特性评定》

（26）JBT 10390—2002《现场总线智能仪表可靠性设计方法》

（27）JBT 10389—2002《现场总线智能仪表可靠性设计评审》

（28）JBT 6182—1992《仪器仪表可靠性设计评审》

（29）GJB 1378A—2007《装备以可靠性为中心的维修分析》

（30）GJB-Z 102—1997《软件可靠性和安全性设计准则》

（31）GB/T 18272—2006《工业过程测量和控制　系统评估中系统特性的评定》第 1～4 部分

（32）GB/T 18271—2000《过程测量和控制装置通用性能评定方法和程序》第 1～4 部分

（33）GJB 3947A—2009《军用电子测量设备通用规范》

（34）GB/T 19767—2005《基于微处理器仪表的评定方法》

（35）JJF 1059.1/2—2012《测量不确定度评定与表示》

……

　　之所以列出多个军用标准，是因为仪器也是重要的军用装备种类，尤其是智能仪器。这些标准对通用智能仪器可靠性工程具有规范和指导意义。

5.3.4　智能仪器可靠性设计原则

　　智能仪器产品可靠性设计包含两个方面的含义。第一：保证仪器可靠性、可信性、可用性的实现；第二，设计本身（包括其原理、方法、技术等）是可靠、可信的。从这个角度来讲，可靠性设计应该叫做可信性设计更为准确。事实上，在 GB/T 19000—2008《质量管理体系　基础和术语》中，就只采用了可信性这一术语，而可靠性术语没有专门定义，而只在定义特性（其注释部分）和可信性时使用了可靠性。

　　可靠性设计原则是指可靠性活动、过程中，自顶向下需要遵照执行的一系列设计指南或行为准则。具体的技术方法有很多，其原则也有成百上千条，相关文献、资源海量传播，而且成指数增长，堪称大数据。与设计原则对应的是设计准则，它的标准定义是：在产品设计中为提高可靠性而应该遵循的细则，它是根据产品设计、生产、使用过程中积累起来的行之有效的经验和方法编制，使其条理化、系统化、科学化，成为设计人员进行可靠性设计所遵循的原则和应满足的要求。可靠性设计准则一般都是针对某个型号或产品的，建立设计准则是工程项目可靠性工作的重要而有效的工作项目。除型号的设计准则外，有一些某种类型的可靠性设计准则。由此可见，原则是纲领性的，而准则是原则的具体体现方式。下面列出最具纲领性的可靠性设计原则：

　　（1）与五性设计一体化、全维化，尤其重点考虑电磁兼容性、热设计、信号完整性和电源完整性等，因为智能仪器很多情况下都是针对微弱信号的，以及军用系统中的功能安全和信息/物理安全问题，因为仪器是战场环境中军事信息的源泉，是军事测控、指挥系统的神经元，是战斗力的倍增器。此外，还有医疗仪器的安全性，因为它直接关系到生命。

　　（2）方案简单化、最优化。

　　（3）技术路线各个环节标准化与模块化，重点是互换性、互操作性、可扩展性、可移植性、兼容性、测试一致性等。

　　（4）过程全寿命周期化。

　　（5）具体实现方法现代化、多级化、多样化、综合化和技术先进化，加强软件仿真和验证。

　　（6）兼顾降额设计、冗余设计、容错/容损设计，尤其是智能仪器中实时测控应用软件、实时操作系统的可靠性与稳定性、健壮性（鲁棒性）、可测试性、可维护性等。

（7）综合管理体系和人员工程，以及人因工程，对后者重点是人机交互性和人机工效学。

（8）统筹环境工程因素和三防特性、抗震性，重点分析和预测环境中的电磁干扰、静电放电（ESD）和过度电应力 EOS（Electrical Over Stress，指超过其最大规定极限后，器件功能会减弱或损坏。注意这里的 EOS 是双向的，一方面是环境对仪器，另外一方面是仪器对环境中的其他设备）以及浪涌、雷电脉冲等，及其影响程度、预防措施。

（9）设计完整的高性能智能自动校准、自动恢复以及故障预测和健康管理系统。

5.3.5　智能仪器可靠性工作流程

1．总体工作流程

智能仪器可靠性工程方法是指其可靠性理论、组织和技术措施实现的具体工程途径及其应用手段、完成方式等。这些方法体现在产品全寿命周期的可靠性工作各个阶段中，传统的可靠性工作框架，或者叫做可靠性工作流程，如图 5.7 所示。

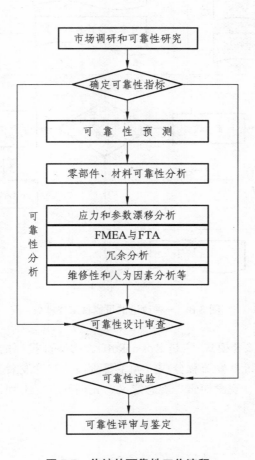

图 5.7　传统的可靠性工作流程

　　传统可靠性工作流程，存在诸多问题：一是可靠性工作系统方面，有体制不健全、责任不明确、计划不严谨；二是产品可靠性要求方面，有不能科学地描述产品的可靠性要求，不能合理地提出产品的可靠性要求，不能有效地控制产品的可靠性要求等；三是产品的故障信息闭环管理方面，有重大故障/频发故障/突发故障的闭环管理机制不健全，故障信息反馈机制不规范，故障信息的再利用能力差，可靠性增长的计划性不足等；四是产品的设计、工艺的可靠性分析手段方面，没有系统的可靠性设计准则，没有建立起实用、有效的可靠性设计分析手段。针对这些问题，提出了多种框架进行改进，其中一个如图5.8所示。

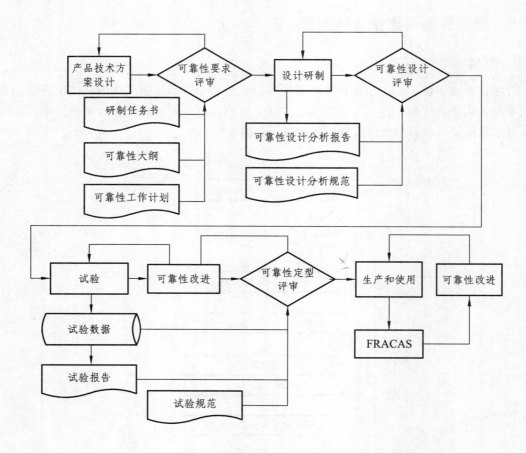

图5.8　一种改进的可靠性工作框架

　　较为著名的改进是K&S模式,它是Kossiakoff 及 Sweet 提出的一个系统开发生命周期的可靠性流程模式。它将系统开发流程分成三大主要阶段（观念发展、工程发展及后工程发展）及八小段步骤（需求分析、观念探索、观念定义、先期开发、工程设计、整合与评鉴、生产、使用与支持），如图5.9所示。

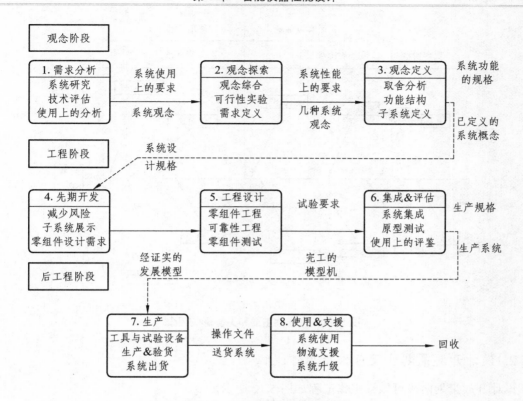

图 5.9 K&S 可靠性工作流程

在这个流程中，要开展的可靠性活动如图 5.10 所示。

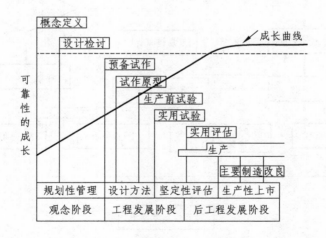

图 5.10 可靠性工作流程中的可靠性活动

在可靠性流程中，可靠性主要和关键影响因素如图 5.11 所示。

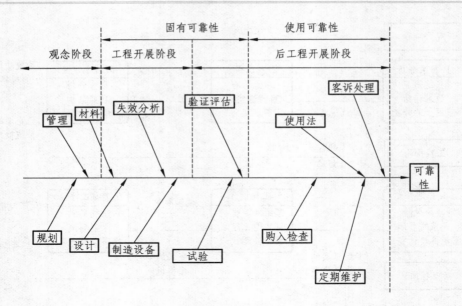

图 5.11　可靠性主要和关键影响因素

2. 设计开发策划阶段可靠性工作流程

设计开放策划阶段可靠性工作流程如图 5.12 所示。

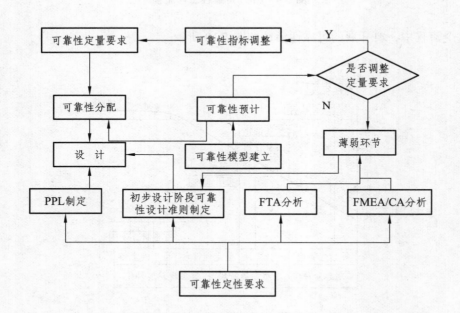

图 5.12　设计开发策划阶段可靠性工作流程

图中，PPL 是指优选元器件清单，下同。

3. 详细设计（设计输入/输出）阶段可靠性工作流程

设计开发输入输出阶段可靠性工作流程如图 5.13 所示。

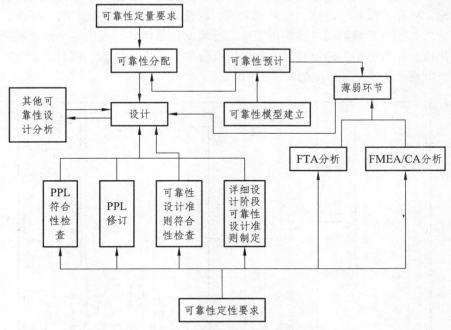

图 5.13　设计开发输入输出阶段可靠性工作流程

由上述的流程可以看出，可靠性工作在产品全寿命周期的每一个环节，涵盖需求分析，方案论证，设计、生产制造、测试试验、运维等，其中涉及可靠性理论的各个分支及其具体方法。下面介绍可靠性设计分析方法。

5.3.6　智能仪器可靠性设计分析方法

所有可靠性设计方法是融会贯通于整个可靠性工作流程中的。但是可靠性设计方法又有自己独立的特点，第一，它总是和分析联系在一起；第二，它也必须形成自己独立的流程，并且所有的流程都要在质量管理体系中形成闭环。如图 5.14 所示就是一种实例。

可靠性设计是在产品设计过程中，为消除产品全寿命周期各阶段潜在缺陷和薄弱环节，防止故障发生，以确保满足规定的固有可靠性要求所采取的技术活动。产品的可靠性是设计出来的，生产出来的，也是管理出来的。产品开发者的可靠性设计水平对产品固有的可靠性影响重大而且关键。因此可靠性设计与分析在产品开发过程中占据主要地位。可以说可靠性设计分析是可靠性工程的核心部分。它是实现产品固有可靠性要求的最关键的环节，是在可靠性分析的基础上通过制定和贯彻可靠性设计准则来实现的。智能仪器可靠性设计可以根据如图 5.15 所示的流程进行。其中可靠性设计分析常用方法如图 5.16 所示。

在明确产品的可靠性定性定量要求以前，首先要识别智能仪器产品的任务剖面、寿命剖面，它们是建立产品技术要求不可缺少的信息。任务剖面是产品在完成规定任务这段时间内所经历的事件和环境的时序描述。它包括任务成功或致命故障的判断准则。任务剖面一般应

包括：产品的工作状态；维修方案；产品工作的时间与程序；产品所处环境（外加有诱发的时间与程序）。寿命剖面是产品从制造到寿命终结或退出使用这段时间内所经历的全部事件和环境的时序描述。寿命剖面包括任务剖面。寿命剖面说明产品在整个寿命期经历的事件，如装卸、运输、储存、检修、维修、任务剖面等，以及每个事件的持续时间、顺序、环境和工作方式。此外，还有环境剖面，试验剖面等。环境剖面是任务剖面的一个组成部分，它是对产品的使用或生存有影响的环境特性，如温度、湿度、压力、盐雾、辐射、砂尘以及振动冲击、噪声、电磁干扰等及其强度的时序说明。

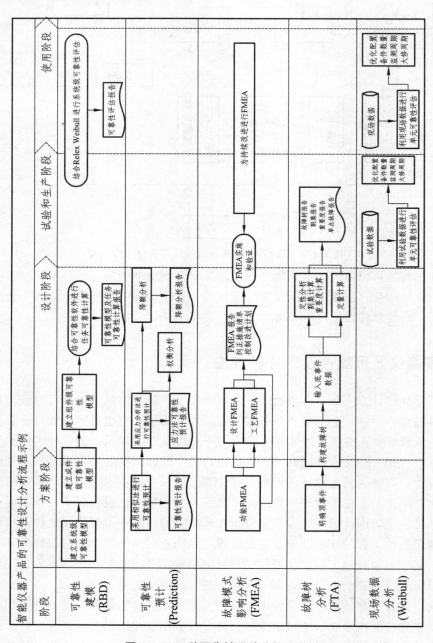

图 5.14　　一种可靠性设计分析流程

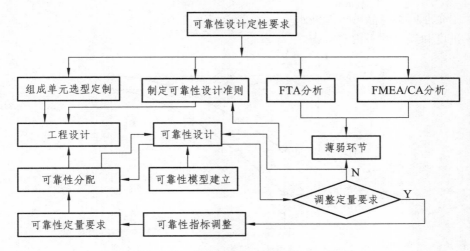

图 5.15　智能仪器可靠性设计流程图

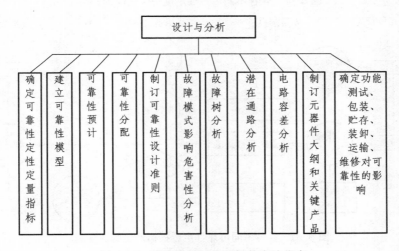

图 5.16　可靠性设计分析相关方法集合

1. 确定可靠性定性定量需求与规格

确定可靠性定性定量需求与规格，即指标。可靠性定量要求是指：选择和确定产品的故障定义和判据、可靠性指标以及验证时机和验证方法，以便在研制过程中用量化的方法来评价和控制产品的可靠性水平。有了可靠性指标，开展可靠性设计才有依据，也才有开展可靠性工作的动力；有了可靠性指标也才能对开发的产品可靠性进行考核，以避免产品在顾客使用中因故障频繁而使开发商和顾客利益受到损失。把表示和衡量产品的可靠性的各种数量指标统称为可靠性特征量。可靠性定量指标有各种不同的值，比如目标值、门限值、规定值、最低可接受值等，它们的关系如图 5.17 所示。这些具体指标在不同的阶段得到反映或体现，形成如图 5.18 所示的时序图。

确定可靠性指标主要考虑下列因素：

（1）国内外同类产品的可靠性水平；

（2）用户的要求或合同的规定；

（3）本企业同类产品的可靠性水平；

（4）进度和经费的考虑与权衡。

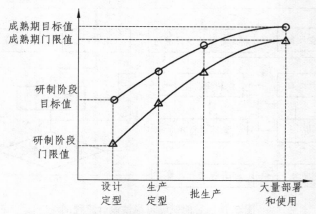

图 5.17　各种不同可靠性定量指标之间的关系

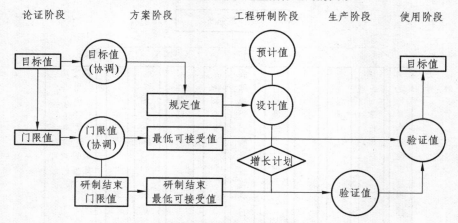

图 5.18　各种不同可靠性定量指标产生的时序图

2. 建立可靠性模型

用于预计或估计产品可靠性的模型叫可靠性模型。建立产品系统级、分系统级或设备级、板级、元器件级的可靠性模型，以用于定量分配、估计和评价产品的可靠性。

可靠性模型包括可靠性方框图和可靠性数学模型、逻辑模型等多种。产品典型的可靠性框图模型有串联模型和并联模型，此外还有混联模型、表决模型等。对于串联系统，如果系统是由 n 个分系统组成，其中只要有一个失效，整个系统就失效。对于并联系统，如果系统的 n 个分系统中只要有一个正常工作，系统就能正常工作。并联系统比串联系统可靠性大，可以近似认为串联取决于弱者，并联取决于强者。

产品的可靠性框图表示产品中各单元之间的功能逻辑关系，产品原理图表示产品各单元的物理关系，两者不要混淆。

3. 制定可靠性设计准则

可靠性设计准则一般都是针对某种产品的，但也可以把各种产品的可靠性设计准则的共性内容，归纳综合成某种类型的可靠性设计原则，如智能仪器可靠性设计原则等。可靠性设计准则的目标是：通过制定并贯彻产品可靠性设计准则，把有助于保证、提高产品可靠性的一系列设计要求设计到产品中去。

可靠性设计准则一般应根据产品可靠性大纲、产品类型、重要程度、可靠性要求、使用特点和相似产品可靠性设计经验以及有关的标准、规范来制定。制定可靠性设计准则的依据主要有：新产品研制开发任务书规定的可靠性设计要求；国内外有关规范、标准和手册中所提出的可靠性设计准则等相关内容；相似产品中制定贯彻的可靠性设计准则中的有关条款；通过调研，了解使用人员在使用中对产品的可靠性方面需求，整理转化为可靠性设计准则；研制单位所积累的可靠性设计经验和失败所取得的教训。

4. 可靠性计算与分配

可靠性计算是为确定和分配产品的定量可靠性要求，预计和评估产品的可靠性量值而进行的一系列数学工作。它将产品总的可靠性的定量要求分配到规定的产品层次。通过分配使整体和部分的可靠性定量要求协调一致。它是一个由整体到局部，由上到下的分解过程。分配的目的：根据系统设计任务书中规定的可靠性指标，按一定的方法分配给组成系统的分系统、设备和元器件，并写入与之相对应的设计任务书，使各级设计人员明确其可靠性设计要求，并研究实现这个要求的可能性及办法。

可靠性分配有许多方法，如评分分配法，用于设计初期，对各单元可靠性资料掌握很少，故假定各单元条件相同，该分配方法简单，但当产品试制结束会发现前期分配的可靠度与实际可靠度相差较大。评分分配法，由专家根据各组成单元影响可靠性的各种因素，如系统复杂程度、环境、技术水平等因素对各单元进行评分，根据相对分值进行可靠度分配，该方法的优点是动态性好，专家能够把握分配值对整个系统的影响，缺点是主观性强，得到的分配结果一般并不是最优化结果。比例分配法是根据产品中各单元预计的故障率占产品预计故障率进行分配，如美国航空无线电公司（AeronauticalRadio Incorporated，ARINC）法，该方法一般需要参考旧系统的故障数据，使新系统容易继承旧系统中的不合理因素，造成新系统的可靠度分配布局不够合理。重要度复杂度分配法是根据产品中各单元的复杂度及重要度进行分配，一般复杂的分系统和单元分配较低的可靠度，重要度高的分系统和单元分配较高的可靠度，如电子设备可靠性咨询小组（AdvisoryGroup on Reliability of Electronic Equipment，AGREE）法，该方法和评分分配法一样存在着主观性强，分配结果量化准确度差的特点。拉格朗日乘数法是利用拉格朗日乘数法在单一约束（如成本）条件下，求组成产品各单元的最佳余度数。该方法只适用于单一约束情况，对于多约束情况，需不断改变拉格朗日乘数的值进行调整，增加了运算的复杂性。如果与其他算法相结合可取得满意的可靠度分配结果。动态规划法是利用动态规划的最优化原理及状态的无后效性，进行可靠性分配。该方法可以满足多目标的可靠度分配过程优化，但该方法计算过程相对较复杂。直接查寻法是在约束允许的范围内，通过一系列试探，将分配给各单元的可靠性，经综合后使产品可靠性最高。该方法的缺点是为了得到高的可靠性需要进行多次试探，增加了可靠度分配过程的复杂性。此外，还有利用预计值的分配法、阿林斯分配法、代数分配法，以及基于成本系数法的可靠性分配方法，它综合考虑元器件重要度、技术实现难度等指标，建立可靠度分配模型，并结合拉格朗日乘数法进行分配。

可靠性分配原则有：

（1）技术水平；

（2）复杂程度；

（3）重要程度；

（4）任务情况。

可靠性分配一般还要受费用、重量、尺寸等条件的约束。总之，最终都是力求以最小的代价来达到系统可靠性的要求。

5. 可靠性预计

根据产品各组成部分的可靠性预测产品在规定的工作条件下的可靠性所进行的工作称为可靠性预计。可靠性预计是在设计阶段对系统可靠性进行定量的估计，是根据相似产品可靠性数据、系统的构成和结构特点、系统的工作环境等因素估计组成系统的部件及系统的可靠性。通过可靠性预计还可发现组成系统的各单位中故障率高的单元，找到薄弱环节，加以改进。可靠性预计有许多方法，如元器件计数法、应力分析法、上下限法、相似产品预计法、专家评分法、结构参数法、相似产品法、相似电路法、故障率预计方法、数学模型法、边值法、蒙特卡罗法等。

可靠性预计三要素：模型、数据、算法。

可靠性预计的目标：

（1）审查设计任务中提出的可靠性指标能否达到；

（2）进行方案比较，选择最优方案；

（3）从可靠性观点出发，发现设计中的薄弱环节，加以改进；

（4）为可靠性增长试验、验证试验及费用核算等研究提供依据；

（5）通过预计给可靠性分配奠定基础。

可靠性预计的主要价值在于，它可以作为设计手段，对设计决策提供依据。

预计是根据系统的元件、部件和分系统的可靠性来推测系统的可靠性。是一个局部到整体、由小到大、由下到上的过程，是一种综合的过程。

可靠性预计与分配的关系如图 5.19 所示。

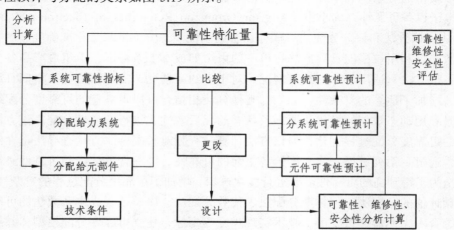

图 5.19　可靠性预计与分配的关系

6. 可靠性分析

可靠性分析主要指失效模式、效应与危害度分析，它又是维修性设计特别是故障安全设计的基础，也是 PLP（产品责任预防）分析的代表性方法。主要方法有：

1）功能危险分析（FHA）

FHA 是系统地、综合地按层次检查产品的各种功能，以确定该产品不但在发生故障时，而且在它正常工作时可能产生或促使诱发产生的潜在危险及其后果分类。它主要用于检查功能，确定故障，确定危险对整体/人员的影响，以便在寿命周期的所有阶段中能够消除或控制这些危险。FHA 是安全性分析的第一步，它在系统研制的初期就要开始实施。FHA 可分级进行，一般分为整机级 FHA 和系统级 FHA。FHA 是一个自上而下的方法，关键是确定功能故障状态并评估其影响。

2）故障模式和影响分析（FMEA）

FMEA 是国际上公认的有效的可靠性设计分析技术，在工程实际中得到广泛应用。目前典型的 FMEA 方法有两种：一种是美国军标 MIL-STD-1629 和我国军标 GJB 1391/z《故障模式、影响与危害度分析》；另一种是美国 QS-9000《潜在失效模式及影响分析》。在 QS-9000中，把 FMEA 分为设计的 FMEA（简称 DFMEA）和过程工艺的 FMEA（简称 PFMEA）。

3）故障树分析（FTA）

故障树分析（Fault Tree Analysis）简称 FTA。也叫失效树分析，它是把系统不希望发生的失效状态作为失效分析的目标，这一目标在失效树分析中定义为顶事件。在分析中要求寻找出导致这一失效发生的所有可能的直接原因，这些原因在失效树分析中称之为中间事件。再跟踪追迹找出导致每一个中间事件发生的所有可能的原因，顺序渐进，直至追踪到对被分析对象来说是一种基本原因为止。这种基本原因，失效树分析中定义为底事件。失效树建造是失效树分析的关键，也是工作量最大的部分。由于建树工作量大，因而这种方法在新的复杂系统上使用受到局限。故障树的建立步骤：第一步，熟悉并分析对象；第二步，选定顶事件；第三步，故障树的构造与简化；第四步，计算分析；最后，评价改进。

故障树分析是对既定的生产系统或作业中可能出现的事故及可能导致的灾害后果，按工艺流程、先后次序和因果关系绘成程序方框图，表示导致灾害、伤害事故的各种因素间的逻辑关系。它由输入符号或关系符号组成，用以分析系统的安全问题或系统的运行功能问题，为判明灾害、伤害的发生途径及事故因素之间的关系，故障树分析法提供了一种最形象、最简洁的表达形式。

4）区域安全性分析（ZSA）

区域安全性分析用来确定系统各区域及整个系统存在的危险。首先用于飞机。ZSA 的目的是通过对系统各区域进行的相容性检查，判定各系统或设备的安装是否符合安全性设计要求，判定位于同一区域内各系统之间相互影响的程度，分析产生维修失误的可能性，尽早发现不安全因素，提出改进意见，使新设计能防止或限制事故的发生，保证系统各系统之间的相容性和完整性。区域安全性分析在系统的每一区域进行，同时在新系统研制和现有产品有较大改型时均应进行 ZSA。在设计过程中，系统的区域安全性评价应对照分析准则进行检查评估。检查评价的结论可为设计的改进提供支持。

5）故障模式影响和危害性分析（FMECA）

FMECA 是在 FMEA 基础上扩展出来的，它是 FMA（故障模式分析）、FEA（失效影响分析）、FCA（失效后果分析）三种方法的总称。它使定性分析的 FMEA 增加了定量分析的特点。其基本程序是：定义系统及其各种功能要求和相应的失效判据；制订功能、可靠性等框图，并作扼要的文字说明；确定在哪一功能级上进行分析，并根据实际情况确定采用的分析方法；确定失效模式及其发生的原因和效应，以及由此引起的各种继发事件；确定失效检测方法和可能采取的预防性措施；针对后果特别严重的失效，进一步考虑修改设计的步骤；计算相对故障概率及其故障危害等级；根据失效模式、效应及危害度分析结果，提出相应的改进建议。

FMECA 的实施步骤介绍如下：

（1）掌握产品的相关资料；

（2）按照系统功能图画出可靠性框图；

（3）确定每一部件和零件应有的工作参数和功能；

（4）查明每一部件和零件可能的失效模式和后果；

（5）针对各种失效模式，找出失效原因，指出可能的预防措施；

（6）确定各故障影响的严酷度等级；

（7）确定各故障模式的发生概率；

（8）估计致命度；

（9）填写 FMEA 和 FMECA 工作表。

FMECA、FTA 都是可靠性分析方法，但是并非万能。FMECA、FTA 不能代替全部可靠性分析。这两种方法不仅要相辅相成地应用，还要重视与其他分析方法、管理方法及数据的结合。而且，FMECA、FTA 都是重视功能型的静态分析方法，在考虑时间序列与外部因素等共同原因方面，即动态分析方面并不完善。

7. 设计优选元器件/材料清单

电子元器件是电子产品可靠性的基础。要保证产品的性能，对所使用的元器件进行严格检验与控制是极为重要的一项工作。制定并实施元器件大纲、编制优选元器件/材料清单是控制元器件的选择和使用的有效途径。此外，还要根据故障危害程度，确定关键元器件、关键零部件和关键产品。

建立元器件优选清单（PPL）是为了择优选择元器件品种、规格和生产厂、控制选用的元器件质量等级，以及压缩元器件品种、规格和生产厂，达到既保证元器件的选择质量，减少保障费用，又可提高元器件的生产质量。制定关键电子元器件保证措施：确定关键电子元器件关键特性与技术指标；采购过程中对关键电子元器件的保证；对关键电子元器件实施动态管理。随着系统方案地不断完善、变更、设计修正，对关键电子元器件的特性和技术指标也在不断的修改，甚至更换。对此，应进行充分再验证，实施动态管理。尽量采用和实施通用化、系列化、标准化、模块化设计，选用成熟的标准零部件、元器件、材料等。

8. 环境适应性设计

产品使用环境对产品可靠性的影响十分明显。因此，在产品开发时应开展抗振动、抗冲击、抗噪音、三防设计，以及热设计。在军事等关键应用中，还要考虑新三防：防原子弹、化学、生物武器的设计。

　　环境适应性设计主要考虑的因素如图 5.20 所示。

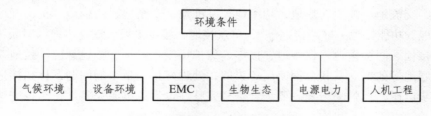

图 5.20　环境适应性考虑的主要因素

　　环境适应性其他理论和考虑的因素还有：

　　（1）人机工程：考虑人机系统，注意人的能力和局限。包括：可维修设计（拆卸、装配程序评估），软硬件设计（人机界面、通信、显示与控制技术），可操作性试验（录像分析，方案比较），人操作可靠性分析等

　　（2）供应链分析：企业之间的协作减少提供产品和服务的供应链时间，减少库存。需求不确定性增大，需要供应链越敏捷。

　　（3）制造统计技术：主要包括：统计过程和质量控制（如 SPC、抽样、过程能力分析、改进计划、变差减少），实验设计（DOE），统计建模（如 SPC、回归分析、方差分析、时序分析、多元分析、非参数分析）等。

　　（4）工业工程：工业工程涉及技术系统的设计、安装、改进、评估和控制。目标是：在尽可能降低成本的同时优化系统的资源来提升质量、效率、生产率。工具：数学模型（对复杂系统应用随机模型）、实验设计、连续过程改进、生产性研究、计算机模拟、神经网络（处理非线性现象，减少数据处理时间）、专家系统等。

9. 电磁兼容性设计

　　对电子产品来说，电磁兼容设计是不可缺少的。它包括静电、雷击、浪涌、快速瞬变脉冲群、电源纹波和瞬间跌落、传导干扰、射频电磁场辐射防护设计等。此外，还要考虑电磁脉冲，比如高空电磁脉冲的防护设计。关于电磁兼容设计，涉及学科领域很广，具体技术方法多样化，不再详述，请参阅相关文献资料。设计时要注意造成电磁干扰的三要素即干扰源、耦合途径、敏感器件和设备的分析，这样采取措施才能够做到有的放矢，对症下药。具体措施总体概括起来就是：滤波、接地、屏蔽、隔离，以及软件技术如数字滤波、软件看门狗技术、指令冗余和程序陷阱等。

　　熟悉和掌握电磁兼容设计仿真分析和验证方法。可以进行电磁兼容性仿真的电磁仿真软件很多，比如 ANSOFT HFSS、EMCstudio、EMC2000、IE3D、CST-SD、ADS 以及多物理场仿真软件等。

　　特别值得注意的是接地设计。第一，地线的定义，不再是连续零电位参考点，而是信号返回电源的低阻抗通路，这就要求在布局和布线时接地通路尽可能短，而且接地线尽可能粗。第二，许多仪器接地设计有特殊要求，并且有相关标准规范规定，比如化工仪器接地设计，有 SH 3097—2000 石油化工静电接地设计规范、SHT 3081—2003 石油化工仪表接地设计规范、

SY T0060—2010 油气田防静电接地设计规范等对接地进行了规定。第三，要根据具体情况（不是每台仪器都涉及下述所有概念），注意保护接地、工作接地、本质安全系统接地、防静电接地和防雷接地的定义、功能和正确应用。区分大地、虚地、信号地、电源地、数字地、模拟地、直流地、交流地、浮地、热地、功率地、基准地、安全地、结构地、抗干扰地，系统接地、设配接地、功能接地（屏蔽接地等）、单点接地、多点接地、重复接地、串联接地、并联接地、直接接地、间接接地、软接地、接零、保护接零、搭接、接地系统、接地制式，以及高频地、低频地等的概念及其合理使用。第四，处理好接地带来的问题，比如接地不良、多余回路、跨步电压、地弹噪声等。要结合信号完整性设计、电源完整性、结构完整性和安全完整性进行。

而屏蔽方面，要注意静电屏蔽、磁屏蔽和电磁屏蔽的区别，它们的要求和所使用的材料、方法是有所不同的。注意单层屏蔽线和多层屏蔽线接地、屏蔽线屏蔽层单端接地和双端接地的区别。

10. 容差设计

容差是从经济角度考虑允许五性指标值的波动范围。容差设计包括元器件、零部件容差，电路容差和软件容差几个方面。

电路容差分析技术也就是电路性能参数稳定性预计技术。对于精度要求高的复杂系统，性能稳定性问题在系统可靠性中占很重要的地位。

电路中，器件和电路漂移退化的原因有三种：第一，忽略公差（原因产生的参数偏差是固定的）；第二，环境条件（偏差在许多情况下是可逆的）；第三，退化效应（偏差是不可逆的）。所以要进行三次设计来解决问题。第一次设计，系统设计（或功能设计）；第二次设计，进行参数设计（或质量设计）；第三次设计，就是容差设计（裕度设计或敏感度分析）。容差设计是"三次设计"中最重要的一环。容差设计适用于所有质量特性，即"五性"。

容差设计的目的是在参数设计阶段确定的最佳条件的基础上，确定各个参数合适的容差。容差设计的基本思想是：根据各参数的波动对产品五性贡献（影响）的大小，从经济性角度考虑有无必要对影响大的参数给予较小的容差（例如，用较高质量等级的元件替代较低质量等级的元件）。这样，一方面可以进一步减少五性的波动，提高产品的稳定性，减少质量损失；另一方面，由于提高了元件的质量等级，使产品的成本有所提高。因此，容差设计阶段既要考虑进一步减少在参数设计后产品仍存在的质量损失，又要考虑缩小一些元件的容差将会增加成本，要权衡两者的利弊得失，采取最佳决策。通过容差设计来确定各参数的最合理的容差，使总损失（质量与成本之和）达到最佳（最小）。用于容差设计的主要工具是质量损失函数和正交多项式回归。

参数设计与容差设计是相辅相成的。按照参数设计的原理，每一层次的产品（系统、子系统、设备、部件、零件），尤其交付顾客的最终产品都应尽可能减少质量波动，缩小容差，以提高产品质量，增强顾客满意；但另一方面，每一层次产品均应具有很强的承受各种干扰（包括加工误差）影响的能力，即应容许其下级零部件有较大的容差范围。对于下级零部件通过容差设计确定科学合理的容差，作为生产制造阶段符合性控制的依据。

容差设计的实现途径很多，主要有极值分析法（Worst Case）、统计平方公差法（Root-Sum-Squares）和模拟法（Simulation）三类。

11. 潜在电路分析（Sneak Circuit Analysis，SCA）

系统发生故障，有时并非由于元部件损坏、参数漂移、电磁干扰等原因所造成，而是系统的潜在电路作用造成的。所谓潜在电路指的是在某种条件下，电路中产生的不希望有的通路，它的存在会引起功能异常或抑制正常功能。

潜通路产生的原因主要有以下几个方面：由于设计的层次化分工，分系统设计人员对系统整体设计缺乏全面深入的认识；对如何适当地连接各分系统缺乏全面考虑；对设计评审后所做的更改将会给系统带来的影响未进行充分的审查；操作人员的差错；错误的操作过程。

潜通路主要表现为：潜在电路——潜在的电流通路，它的存在会引起不希望的功能发生或者抑制一个规定功能的发生；潜在定时——某功能在不希望的出现时间内存在或发生；潜在标志——开关或控制旋钮上的标志，不能全面反映该开关或旋钮会引起的后果，因而引起误解，导致错误的操作；潜在指示——错误地或不明确地显示系统的工作状态，从而导致操作员采取不需要的动作。此外，还有软潜在、潜行，指在不考虑执行程序中硬件系统故障的情况下，使有害的运算产生或使需要的运算傍路的逻辑控制通道。

潜在电路分析就是根据电路理论以及电磁场理论和技术分析引起潜在电路的原因及其影响要素，并且找出恰当的方法将其杜绝。潜电路分析的目的是：在假定所有组件均正常工作的情况下，分析哪些是能引起功能异常或抑制正常功能的潜在电路，从而为改进设计提供依据。SCA 技术的两大原理：复杂系统的划分原理；系统的结构功能相似原理。SCA 的两大工具：全面 SCA 技术的两大工具是网络树和线索表，实际上是上述划分原理和相似原理的工程化体现。网络树是把所有电源置于每一网络树的顶端，而底部是地，并使电路按电流自上而下的规则排列，由此判断出存在的潜电路。为了查出潜电路，先要列出电路所存在的一切通路。为了简化起见，须略去不必要的部分，但必须保持连通电源和接地总线通路，略去无关路径。这个过程工作量很大，可以结合 EDA 平台，设计软件进行，也可以利用计算机产生网络树或线性表进行分析，还有专门的软件可以利用，如 CapFast/SCAT、CANTGS、UEST-611-301SCAS 等。潜在通路一般分析流程如图 5.21 所示。

12. 热设计

热设计就是要考虑温度对产品影响的问题。其实质就是散热设计。对于智能仪器，散热设计有几个层次：结构（机械）热设计；板级热设计；元器件散热设计。

各级热设计均应利用热传导、对流、热辐射等原理，相互结合，统筹考虑，分别采取必要的自然通风、强制通风、以致水冷及热管等技术进行合理的热设计，以降低其周围的环境温度。热设计软件是一种有效工具。热设计的重点是通过器件的选择、电路设计（包括容差与漂移设计和降额设计等）及结构设计来减少温度变化对产品性能的影响，使产品能在较宽的温度范围内可靠地工作。

工程实际中，要求熟悉和使用热设计软件，著名的热设计软件有 Flotherm、Sinda 等，还有多物理场仿真软件 ANSYS、COMSOL 等。

13. 简化设计

系统可靠性是其复杂度的函数。简化设计是基于日常生活中一个最为朴素的思想：越简

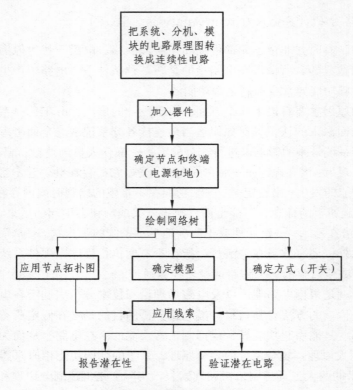

图 5.21　潜在通路一般分析流程

单越可靠。简化设计就是指产品在设计过程中，将构成产品的元器件数目和复杂度、精度，零部件尺寸准确度，形状位置要求，结构或整个部件/系统要求进行简化，在保证性能要求的前提下达到最简化状态，以便于制造、装配、维修的一种设计。其特点有：

（1）减少产品的组成单元数，减少连接线缆，降低复杂度，提高产品的可靠性。

（2）使复杂的产品简单化，少量元器件在生产过程中便于焊接/连接、测量，便于安装、调试。

（3）在相同条件下，降低产品的制造成本。

（4）由于整个产品组成的单元数减少，或产品中零件的简单化，使产品的维修性和维修性保障要求具有良好的效果。

简化设计就其简化内容而言可分为两种形式：

（1）对元器件、零部件结构进行简化，如果一个元件有多处较高精度的尺寸以及形位要求或形状较为复杂，产品在制造过程中无疑会因难度较大而降低合格率。零件简化的目的就是要将过剩的功能或要求降低到保证该零件在使用过程必须的状态或性能要求下的结构，使该零件具有较低的成本和较高的合格率。

（2）使构成产品的整个结构件在保证使用要求的条件下，将产品中可以取消的额外功能或可以合并的零部件简化，以达到在规定的条件下、规定时间内完成规定功能所达到的最简状态。

14. 降额设计

在进行产品设计时，应将元器件零部件的工作应力设计在其额定值之下，并留有余地。

智能仪器可靠性降额设计，主要是指构成仪器的元器件使用中所承受的应力（电应力和温度应力等）低于其设计的额定值，以达到延缓参数退化，延长使用可靠性的目的。

关于应力：GJBZ 35—1993 器件降额准则定义的应力是：影响元器件失效率的电、热、机械等负载。GJB 899A—2009 定义：电应力包括产品的通断电循环（通电工作的次数）、规定的工作模式及工作周期、规定的输入标称电压及其最大允许偏差。中国武侠小说讲究的是内力，但至于什么是内力，那真是玄而又玄，只可意会不可言传的东西。在工程科学中，也有内力，这里却有科学定义。当元器件/系统在外场（力场，电磁场、温度场等）力作用下不能产生位移时，它的几何形状和尺寸将发生变化，这种形变就称为应变（Strain）。此时在元器件、系统内各部分之间产生相互作用的、与外力大小相等但方向相反的反作用力以抵抗外力，这就是内力，它力图使元器件和系统从变形后的状态回复到变形前的状态。应力定义为单位面积上所承受的内力，即 $\sigma = \Delta F_i / \Delta A_i$，也就是说应力与微面积的乘积即为内力。

降额通常用应力比和环境温度来表示。元器件工作应力与额定应力之比，应力比又称降额因子。

应按设备可靠性要求、设计的成熟性、维修费用和难易程度、安全性要求，以及对设备重量和尺寸的限制等因素，综合权衡确定其降额等级。在最佳降额范围内推荐采用三个降额等级。

15. 冗余设计和容错设计

冗余设计本质就是备份设计。通过重复配置某些关键设备或部件以及软件指令、代码，当系统出现故障时，冗余部分介入工作，承担已损设备或部件的功能，为系统提供服务，减少宕机事件的发生；在软件中，就是用冗余指令躲避瞬时干扰，用程序陷阱俘获异常，用中断方式处理中断等。

当简化设计、降额设计及选用的高可靠性的零部件、元器件仍然不能满足任务可靠性要求时，则应采用冗余设计。

在重量、体积、成本允许的条件下，选用冗余设计比其他可靠性设计方法更能满足任务可靠性要求。

影响任务成功的关键部件如果具有单点故障模式，则应考虑采用冗余设计技术。

硬件的冗余设计一般在较低层次（设备、部件）使用，功能冗余设计一般在较高层次进行（分系统、系统）。

冗余设计中应重视冗余转换的设计。在进行切换冗余设计时，必须考虑切换系统的故障概率对系统的影响，尽量选择高可靠的转换器件。

冗余设计应考虑对共模/共因故障的影响。

提高产品可靠性的措施大体上可以分为两类：第一类是尽可能避免和减少产品故障发生的避错技术；第二类是当避错难以完全奏效时，通过增加适当的设计余量和替换/备份工作方式等消除产品故障的影响，使产品在其组成部分发生有限的故障时，仍然能够正常工作的容错技术。冗余是实现产品容错的一种重要手段。容错（fault tolerance）的定义：系统或程序在出现特定的故障情况下，能继续正确运行的能力。"冗余（redundancy）"的定义是：用多于一种的途径来完成一个规定功能。容错反映了产品或系统在发生故障情况下的工作能力。而冗余是指产品通过多种途径完成规定功能的方法和手段。容错强调技术实施的最终效果，而冗余则强调完成规定功能所采用的不同方式和途径。

从原理上讲，冗余作为容错设计的重要手段，其实施流程和原则也同样适用与其他容错设计活动。冗余设计主要是通过在产品中针对规定任务增加更多的功能通道，以保证在有限数量的通道失效的情况下，产品仍然能够完成规定任务。

冗余设计方法主要有：

（1）按照冗余使用的资源可划分为：

① 硬件冗余：通过使用外加的元器件、电路、备份部件等对硬件进行冗余。

② 数据/信息冗余：通过诸如检错及自动纠错的检校码、奇偶位等方式实现的数据和信息冗余。

③ 指令/执行冗余：通过诸如重复发送、执行某些指令或程序段实现的指令/执行冗余。

④ 软件冗余：通过诸如增加备用程序段、并列采用不同方式开发的程序等对软件进行冗余。

（2）按照实施冗余的产品级别可划分为：部件冗余、系统冗余等。

（3）按照冗余方法可划分为：

① 静态冗余：只利用冗余的资源把故障的后果屏蔽掉，而不对原来的系统结构进行重新改变。此方法多用于电路或部件。

② 动态冗余：在发现故障后，对有故障的部件或分系统进行切换或对系统进行重构或恢复。此方法多用于系统。

③ 混合冗余：上述两种冗余方法的组合。

（4）按照冗余系统的工作方式和各个单元的工作状态，冗余也可划分为：

① 主动冗余（热储备/热备份）：冗余系统中的各个单元同时工作，以保证在有限个单元故障时，该冗余系统仍然能够完成预定任务。主动冗余又可划分为并行冗余和表决冗余两类。

② 备用冗余（冷储备/冷备份、温储备/温备份）：执行任务时，冗余系统中只有一个单元工作，当该单元发生故障时，切换至其他的冗余单元，直至所有冗余单元都失效，该冗余系统才失效。备用冗余可划分为冷备份和温备份。

上述冗余方式分类如图 5.22 所示。

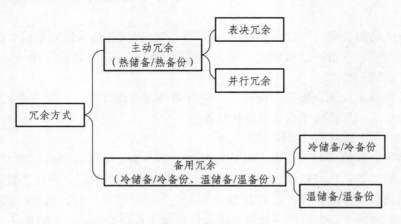

图 5.22　冗余方式分类

相比冗余设计，容错设计包含的内容更广泛，它通过在产品设计中增加消除或控制故障（错误）影响的措施，实现提高产品任务可靠性和安全性的目的。

在执行任务时，一个容错系统从产品出错到恢复通常需要经过下列几个步骤：

（1）故障检测。

（2）程序重复执行。

（3）故障定位及诊断。

（4）故障屏蔽/隔离，限制故障后果的扩散，以避免影响系统的其他部分。

（5）系统重构/备份切换。

（6）系统恢复。

而这正是智能仪器自诊断、自恢复，实现故障预测和健康管理的一个方面。

16. 信号完整性设计

当电路中信号能以要求的时序、持续时间和电压幅度到达接收芯片管脚时，该电路就有很好的信号完整性。当信号不能正常响应或者信号质量不能使系统长期稳定工作时，就出现了信号完整性问题。信号完整性主要表现在延迟、反射、串扰、时序、振荡等几个方面。一般认为，当系统工作在 50 MHz 时，就会产生信号完整性问题，而随着系统和器件频率的不断攀升，信号完整性的问题也就愈发突出。元器件和 PCB 板的参数、元器件在 PCB 板上的布局、高速信号的布线等这些问题都会引起信号完整性问题，导致系统工作不稳定，甚至完全不能正常工作。

信号完整性设计主要解决以下几方面的问题：

（1）单一网络的信号传输质量，降低反射、过冲，减小抖动和失真，稳定时钟，实现阻抗匹配等。

（2）多网络间的串扰，减小分布参数的影响，清除潜在电路及其作用，结合 PCB 板布局，注意混合电路，如高速、低速，数字和模拟以及电源跨区的分割与隔离。合理使用差分走线和蛇形线等。

（3）电源与地分配中的轨道塌陷，实现电源完整性、接地完整性；注意退耦电容和旁路电容的合理使用，它们的容量、耐压和漏电流限制。

（4）来自整个系统的电磁干扰和辐射，结合电磁兼容性、电源完整性设计进行，关键设计好仪器背板或主板。

一个简单原则就是不要盲目追求元器件的高性能，在简化设计的基础上，尽可能使用低频、低速器件。注意原理图和 PCB 板的 EDA 软件如 CADENCE 等的仿真设计，合理使用 SPICE 模型、IBIS 模型等，以及熟悉专用信号完整性软件的使用，著名的信号完整性分析软件有 HyperLynx 等。

17. 安规设计

安规设计是指遵照安规进行设计。安规是产品认证中对产品安全的要求，包含产品零件的安全要求、组成成品后的安全要求，是指产品从设计到销售到终端用户，贯穿产品使用的整个寿命周期，相对于销售地的法律、法规及标准产品安全符合性。这种产品安全符合性不仅仅包含了普通意义上的产品安全，同时还包括产品的电磁兼容与辐射、节能环保等方面的要求。安规有相关规范，是电子产品在设计中必须保持和遵守的规范，比如国家标准 GB4943

等。安规要求认证，我国有强制 CCC 认证和自愿 CQC 认证，欧洲是 CE，美国是 UL 认证。

安规的意义：防对生命健康、财物、环境的四类主要伤害：电气伤害、机械/物理伤害、低压/高能量伤害、易燃防治，具体是防生命、财物和环境受电击、高温、辐射、机械不稳定和运动部件等危害；防火、防爆、防化学品危害。安规的作用：为避免因为器件、设备漏电或起火、电磁辐射等而引起对人身安全和周围环境、财物安全以及产品自身造成的危害而进行的技术和组织规范；提供产品进出口的通行证；提供具体产品的一项质量认证要求。

安规的特点：强调对使用和维护人员的保护，保障使用电子产品方便同时，不让电子产品给使用者带来危险威胁和结果，同时允许设备部分或全部功能丧失。设备部分或全部功能丧失，但是不会对使用人员带来危险，那么安全设计则是合格的，尽管设备不能使用或变成一堆废物。常规电子产品设计主要考虑怎样实现功能和保持功能的完好，以及产品对环境的适应等。安规设计是遵照安全规范及相关技术来设计电子产品，使之达到安全目的和标准要求。安全的目的就是防止和尽可能减小人体、财物和环境受到伤害或危害的可能性，皆在提供对人体的保护和对设备周围的保护。

安规设计内容很多。智能仪器安规设计主要以下几点：第一，关注安规电容包括 X 电容和 Y 电容的合理使用，它们的容量、耐压和漏电流必须满足要求。比如 GJB151A 规定适用于海军装备的 Y 电容的容量应不大于 0.1 μF。第二，对于关键元器件、PCB 和结构，都要设计好安全距离，包括电气间隙（空间距离），爬电距离（沿面距离）和绝缘穿透距离。其中电气间隙是指：两相邻导体或一个导体与相邻电机壳表面的沿空气测量的最短距离。爬电距离是指：两相邻导体或一个导体与相邻电机壳表面的沿绝缘表面测量的最短距离。要根据具体情况，比如规范和项目要求，使用环境条件，PCB 版基材、层数等设计。第三，采取恰当的绝缘手段，满足要求。第四，尽可能减小泄漏电流和接触电流。第五，保证机械强度和稳定度。第六，注意防火、防爆设计。第七，进行合格的防辐射、防电击、防静电等，结合电磁兼容性设计、信号完整性和电源完整性、结构完整性等进行。第八，注意人机接口、人机界面标识，连接器和连接线缆的颜色标识。要参照 GB/T 4025—2010 人机界面标志标识的基本和安全规则指示器和操作器件的编码规则，GB/T 4205—2010 人机界面标志标识的基本和安全规则操作规则，GB/T 4026—2010 人机界面标志标识的基本方法和安全规则 设备端子和特定导体终端的标识及字母数字系统的应用通则等标准进行设计。第九，结合行业特点及其特殊要求，比如医疗仪器，以及 IEC 60601 系列标准及我国对应的国家标准系列，此外安规类仪器的设计，如 IEC 62353 标准的智能医用安规测试仪等，这类仪器是用来进行安规测试和认证的，它首先要遵照安规的详细要求进行设计和测试。第十，特别严防器件的潜在损伤，如静电危害等，这类器件极易造成隐患、随机故障乃至事故。

5.3.7　智能仪器软件可靠性简介

随着社会日益信息化，系统（或设备）软件功能较硬件功能越来越强，在功能、性能以及成本诸方面比重越来越大，地位越来越高，但是可靠性问题也随之日益突出。GB/T 11457 对软件可靠性的定义：在规定的条件下，在规定的时间内软件不引起失效的概率。该概率是系统输入和系统使用的函数，也是软件中存在的缺陷的函数。系统输入将确定是否遇到已存在的缺陷（如果有缺陷存在的话）。

人们在进行系统可靠性工程工作时，对软件可靠性研究较少，原因很多，主要有二：一是开展软件可靠性工作较晚，软件可靠性工程的有关理论和技术方法还不够成熟，还有许多问题亟待研究；二是软件可靠性技术较为复杂，研究和应用难度较大。

软件可靠性有其独特性：

（1）软件是逻辑实体，它始终不会自然变化，它不能够独立存在，总是依附于载体（硬件），软件可靠性很难与载体可靠性剥离。而其载体可变，这样，软件可靠性问题来自两个方面：一是由于开发过程中的人为差错、疏忽以及水平和能力限制、测试验证手段不完善所造成的缺陷，它是由于人的智力失效引起的而不是物理失效造成的。二是由硬件可靠性问题引发的故障，有些软件故障是由硬件设计缺陷和故障所引发的。比如外界电磁干扰造成硬件误动作导致指令时序紊乱，程序跑飞等。

（2）可靠性模型不是指数分布，一般是正态分布或威布尔分布，可靠性数学模型建立难度很大。

（3）可靠性指标和确定方法多样化，但是可靠性参数没有物理基础。

（4）可靠性目标的实现、测试、评估和验证、模式具有很大的不确定性，软件故障不能够直观测试，有时看得见，但是摸不着，很多时候既看不见又摸不着。所以测试仪器和工具研发相当困难。

（5）病毒软件有自我复制功能，所以软件容易受到病毒软件的攻击。

（6）危险集总是包含在其故障集内。

（7）不可修理，但可维护、升级，本质是再设计。而且维护还可以提高可靠性，这是硬件不可能做到的。但是维护过程复杂，牵一发而动全身。

（8）软件可靠性与时间无关，但是与检测、测试、验证所做的工作有关。

（9）环境不影响软件可靠性，但是影响其输入。比如外界干扰引起一个不必要的发出信号，导致软件运行执行不必要的程序，造成错误和危害。

因此，软件可靠性工程是一门新兴的学科，任重而道远。软件可靠性设计与硬件类似，诸如可靠性预计、分配、试验和评估等，但是实现方法各异。请参见相关文献。

软件可靠性工程实施框架如图 5.23 所示，可以指导智能仪器软件可靠性工程的实施。而图 5.24 是软件可靠性一般工作流程，可供智能仪器软件设计参考采用。

这里强调三个问题：

（1）一般智能仪器均是嵌入式系统，其软件均以 C 语言为主要持续设计语言，而 C 语言很诡异，它具有汇编语言的一些特点，能够直接操作硬件，且语法灵活，稍不留意就会造就诸多缺陷和陷阱。注意 C 编程规范，可以借鉴汽车专用软件的 C 语言编程指南，MISRAC 编程规范进行编程。要参照 GB/T 28169—2011《嵌入式软件 C 语言编码规范》，GB/T 28171—2011《嵌入式软件可靠性测试方法》，GB/T 28172—2011《嵌入式软件质量保证要求》，以及软件工程通用标准等的要求进行设计。对于包含智能卡以及属于手持式的智能仪器，还要参照 GB/T 20276—2006《信息安全技术 智能卡嵌入式软件安全技术要求（EAL4 增强级）》，以及 GB/T 25654—2010《手持电子产品嵌入式软件 API》等标准的要求进行设计。

（2）智能仪器软件的实时性，它也是仪器的一个重要可靠性指标。因为很多情况下，智能仪器都要求实时性，比如导弹、火箭发射监控系统，核反应堆安全测控系统，汽车传感器系统（如紧急停车系统 ESD 等），飞机飞行测控系统以及空管系统，化工以及其他重大危险

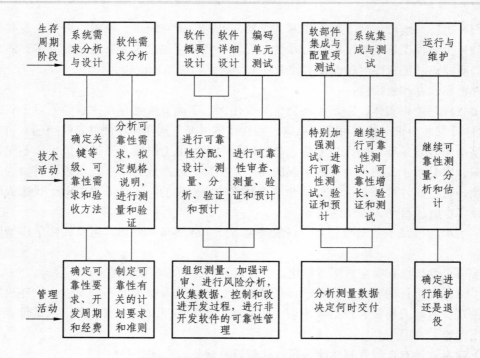

图 5.23　软件可靠性工程实施框架

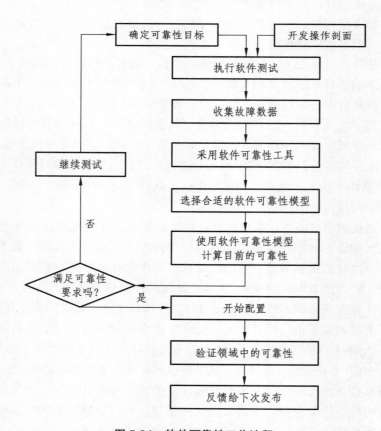

图 5.24　软件可靠性工作流程

源区、场合检测和测控系统、安检系统等。你不可能说我的函数、过程、算法以及软件绝对可靠，就是要花一年时间才能够执行完。特例是安检，排一长队人等待检测通过上飞机（或坐地铁、赶长途汽车），而如果每一人的检测要花十分钟，那就简直是就是比废品都还有危害了。除了应用软件的实时性，还要解决好智能仪器实施操作系统的实时性问题，尤其是任务调度、线程管理和中断管理与控制。

（3）对于上述在软件失效后果特别严重的场合，一般需要采用防错、判错、容错方法设计。常用的容错方法有：

① N 版本编程法：N 版本编程法的核心是通过多个模块或版本不同的软件，对相同初始条件和相同输入的操作结果，实行多数表决，防止其中某一软件模块/版本的故障提供错误的服务，以实现软件容错。本质上是一种冗余设计。

② 恢复块技术：基本设计思想是把一些特有的故障测试和恢复特性引入单一版本软件。目的是用可接收性测试（Acceptance Test）实现软件的故障测试。该测试对首先启动的模块运行结果实行。如果测试不通过，则恢复系统的原来状态，在相同的硬件上执行另一模块；如果以后的可接受性测试得以通过，则被认为完成了恢复功能。

对于软件作为系统、硬件的可靠性措施，比如前面指出的指令冗余、程序陷阱等，首先要保证其自身的可靠性。

注意软件可靠性与可靠性软件的区别。软件可靠性是指软件的质量特性。可靠性软件是用来进行可靠性工作的平台和工具。国际著名的可靠性软件有 BlockSim、ASENT，Relex 等。其中 BlockSim 可以通过可靠性框图和（或）故障树分析法，为非修复性及可修复性系统建立模型，并演算其可靠性、维护性、可用性、系统优化、单位时间产量、资源配置、生命周期成本以及其他相关分析；利用 BlockSim 完善的离散事件仿真引擎，很方便地进行可靠性、维修性、可用性、吞吐量、寿命周期费用汇总及相关分析。而 ASENT 是可靠性、维修性、测试性和保障性（RMTS）协同设计分析工具包。其主要用户是承制方的可靠性、维修性、测试性以及保障性的主管和相关工程技术人员。ASENT 具有可靠性预计、可靠性建模、热分析、FMECA、RCMA、测试性预计、维修性预计、可用性预计、FRACAS 等功能。

由工业和信息化部电子第五研究所数据中心开发的可靠性维修性保障性工程软件CARMES 是我国首个工程实用化的大型专业软件，CARMES 包含 18 个功能模块，在工程安全保密、工程实用化、标准先进性、数据库支持、性价比等方面优于国外同类软件。

北航可靠性工程研究所等单位联合研发的可维 ARMS 以可靠性、维修性、保障性、测试性和安全性设计分析工作需求为出发点，进行总体规划和设计，应用面向对象的软件开发技术，建立了先进的五性设计分析软件集成环境（包括顶层设计和管理平台、设计分析工具及其后台服务），实现以顶层设计管理平台为中枢的集中控制管理和各设计分析工具之间的数据共享，为性能与可靠性一体化设计平台的构建奠定了基础。

5.3.8　智能仪器可测试性设计简介

随着计算机技术的飞速发展和大规模集成电路的广泛应用，智能仪器在改善和提高自身性能的同时，也大大增加了系统的复杂性。这给智能仪器的测试带来诸多问题，如测试时间长、故障诊断困难、使用维护费用高等，从而引起了人们的高度重视。

自 20 世纪 80 年代以来，测试性和诊断技术在国外得到了迅速发展，研究人员开展了大量的系统测试和诊断问题的研究，测试性逐步形成了一门与可靠性、维修性并行发展的学科分支。现在，故障预测与健康管理技术正在大踏步由军用装备领域向各行业电子设备前进。

1. 可测试性定义

可测试性是产品的一种设计特性，是设计时赋予产品的一种固有属性，指产品能够及时准确地确定其自身状态（如可工作，不可工作，性能下降等）和隔离其内部故障的设计特性。

测试性是一种设计理念，是为了更好地实现设备的故障诊断和隔离、维修性，缩短检修时间，提高设备可靠性的一种设计特性，测试性描述了测试信息获取的难易程度。可测试性的概念最早产生于航空电子领域，1975 年由 Liour 等人在《设备自动测试性设计》中最先提出。

2. 可测试性主要标准

（1）美军 MIL-STD 2165 电子系统和设备测试性大纲。它规定了可测试性管理、分析、设计与验证的要求和实施方法，是可测试性从维修性分离出来，作为一门独立的新学科确立的标志。

（2）我国现在执行的两部相关的测试性大纲，分别是 1995 年颁布的 GJB 2547《装备测试性大纲》以及 1997 年颁布的 HB 7503《测试性预计程序》。

3. 可测试性设计定义

可测试性设计是一种以提高产品测试性为目的的设计方法学。测试性设计是指在系统、分系统、设备、组件和部件的设计过程中，通过综合考虑并实现测试的可控性与可观测性、初始化与可达性、BIT 以及和外部测试设备兼容性等，达到测试性要求的设计过程。测试性设计的目的是提高系统的故障诊断和隔离能力。测试性设计的优劣直接影响了故障诊断的难易程度、故障隔离率和检测率的高低。

为构造一个产品的测试性，设计人员需要五个方面的知识：

（1）了解部件和产品信息及其表示方式；

（2）能预测部件在一定条件下的行为；

（3）能观测软件程序的运行、输入参数和输出，测试和测量的硬件节点；

（4）通过内建功能可跟踪部件性能和行为的状态；

（5）能控制程序的输入、输出、运行和行为。

测试性设计是一个复杂的过程，需要考虑主要因素有：

（1）测试接口要标准、通用、简单；

（2）测试点的设置应支持产品各个层次测试的需要；

（3）要考虑工效学、自动化、障碍物、可达性、可视性；

（4）由板内诊断和传感器构成的自测试应像产品一样轻便；

（5）能对模块化部件一次完成多个功能的测试；

（6）能对多个独立的功能部件进行并行测试；

（7）尽可能通过系统级测试实现故障检测来缩短测试时间；

（8）测试应直观、非破坏性，并尽量不使用专用工具等。

系统级测试性设计原则：

（1）通过将系统划分成各个模块来解决系统测试的复杂性；

（2）在系统中插入测试功能，先测试单个模块，再测试模块间的相互作用，进而完成整个系统的测试。

固有测试性是指仅取决于产品硬件设计，不依赖于测试激励和响应数据的测试性。固有测试性从硬件设计上考虑，便于用内部和外部测试设备检测与隔离系统故障的特性。为提高系统固有测试性，系统应按功能、结构合理地划分为不同等级的更换单元；能分别检测其功能，拆换方便，可初始化到规定的状态；能控制测试，设置足够的内部与外部测试点，外部测试设备接口方便等。

4. 机内测试 BIT 定义

指系统、设备内部提供的检测、隔离故障的自动测试能力。一般来说，指系统主装备不用外部测试设备就能完成对系统、分系统或设备的功能检查、故障诊断与隔离以及性能测试，它是联机检测技术的新发展。

模拟 BIT 和数字 BIT 统称为常规 BIT。其中数字 BIT 又有板内 ROM 式 BIT、微处理器 BIT、微诊断法、内置逻辑块观察法、边界扫描 BIT 等几种。

5. 智能 BIT

智能 BIT 就是将包括专家系统、神经网络、模糊理论、信息融合等在内的智能理论应用到 BIT 的设计、检测、诊断、决策等方面，提高 BIT 综合效能，从而降低设备全寿命周期费用的理论、技术和方法。包括几个方面的含义：

（1）BIT 智能设计。

（2）BIT 智能检测。

（3）BIT 智能诊断。

（4）BIT 智能决策。

可测试性理念与 BIT 设计技术大大提高了智能仪器的五性，是非常重要的。

习题与思考五

1. 产品质量体系及其框架有哪些内容？
2. 可靠性设计要考虑的主要因素有哪些？
3. 简述故障树分析流程及其每一个步骤的主要内容。
4. 简述 FEMA 的效果标准及方法。
5. 简述软件可靠性工程的内容及其主要方法。
6. 智能仪器可靠性设计原则有哪些？
7. 什么是可测试性？
8. 简述 BIT 技术的内容和重要意义。

第 6 章　智能仪器总线

智能仪器要采集和传输数据、信息，而且，智能仪器网络化、信息化、自动化、远程化是总的发展趋势，这就必然要用到总线。总线是一组信号线的集合，是一种在各模块间传送信息的公共通路。总线在英文里是 Bus，Bus 是用来干什么的呢？是交通工具，用来把人或物从甲地运载（传送）到乙地或者反之，本质上是一种通信，就是信息交换，只不过其交换的内容不是信息、数据，而是人或物。所以，在计算机科学中，借用 Bus 这一个词语来表达总线，是非常形象的。Bus 用来分发控制命令、传递状态信息，收发数据。注意，作为交通工具的 Bus 要耗能（电、气或油），而计算机总线等要耗电，而电流要形成回路，就需要地线。所以总线中的电源和地线是必不可少的。除了在内部进行处理外，Bus 大部分工作还要与外界连接，就是通信。总线种类很多，有标准、有协议，这些标准和协议的具体实现既需要硬件又需要软件，以构成总线接口，与其他设备、器件互联。因此，在智能仪器软硬件设计之前，对总线技术的掌握是一个前提和基础。

总线有多种类型，比如计算机总线，测控总线。而从传递数据的性质看，有用于信息网络的数据信息总线、用于控制网络的控制总线。相对于微处理器乃至智能仪器整机，有内总线和外总线之分。此外，还有无线网络通信协议、标准。本书限于篇幅，只介绍测控总线、现场总线和工业以太网总线。

6.1　智能仪器常用计算机总线

计算机总线种类很多，本节简单介绍智能仪器常用的三种串行总线。现在，每一种总线都标准化了，不同的标准，就形成了不同类型或同一类型不同版本的总线，因为采用标准总线可以简化系统设计、简化系统结构、提高系统可靠性、易于系统的扩充和更新等。总线标准是指用来进行物理连接和信息传输时，应遵守的一些协议与规范，包括硬件和软件两个方面，如总线的物理特性、功能特性和电气特性、性能参数等，比如工作时钟频率、总线信号定义、总线系统结构、总线仲裁机构和实施总线协议的驱动与管理程序。包括：

（1）总线的物理特性：主要指机械结构参数等，包括总线的物理连接方式、连线的类型、连线的数量、接插件的形状和尺寸、引脚线的排列方式等方面。

（2）功能特性：总线的功能特性包括总线的功能层次、资源类型、信息传递类型、信息传递方式和控制方式，以及引脚名称与功能，以及其相互作用的协议。是总线的核心，通常包括如下内容：

　　① 数据线、地址线、读/写控制逻辑线、时钟线和电源线、地线等。

　　② 中断机制。

　　③ 总线主控仲裁。

　　④ 应用逻辑，如握手联络线、复位、自启动、休眠维护等。

　　（3）电气特性：总线的电气特性定义为每一条信号线的信号传递方向、信号的时序特征和电平特征，包括信号逻辑电平、负载能力及最大额定值、动态转换时间等。

　　（4）总线的性能参数，主要包括：

　　① 线时钟频率：总线的工作频率，以 MHz 表示，它是影响总线传输速率的重要因素之一。

　　② 总线宽度：数据总线的位数，用位（bit）表示，如总线宽度为 8 位、16 位、32 位和 64 位。

　　③ 总线传输速率：在总线上每秒传输的最大字节数，用 MB/s 表示，即每秒多少兆字节。若总线工作频率为 8 MHz，总线宽度为 8 位，则最大传输速率为 8 MB/s。若工作频率为 33.3 MHz，总线宽度为 32 位，则最大传输速率为 133 MB/s。

　　④ 同步方式：有同步或异步之分。在同步方式下，总线上主模块与从模块进行一次传输所需的时间（即传输周期或总线周期）是固定的，并严格按系统时钟来统一定时主、从模块之间的传输操作，只要总线上的设备都是高速的，总线的带宽便可允许很宽。在异步方式下，采用应答式传输技术，允许从模块自行调整响应时间，即传输周期是可以改变的，故总线带宽减少。

　　⑤ 多路复用方式及能力：数据线和地址线是否共用。若地址线和数据线共用一条物理线，即某一时刻该线上传输的是地址信号，而另一时刻传输的是数据或总线命令。这种一条线做多种用途的技术，叫做多路复用。若地址线和数据线是物理上分开的，就属非多路复用。采用多路复用，可以减少总线的数目。

　　⑥ 负载能力：总线的负载能力即驱动能力，这种能力保证当总线挂接上允许负载（接口设备）后不影响总线输入/输出的逻辑信号电平及其波形。

　　⑦ 信号线数：表明总线拥有多少信号线，是数据、地址、控制线及电源线的总和。信号线数与性能一般不成正比，但与复杂度成正比。

　　⑧ 总线控制方式：如传输方式（猝发方式），并发工作，设备自动配置，中断分配及仲裁方式。

　　⑨ 其他性能：包括电源电压等级是 5 V 还是 3.3 V，以及其他，能否扩展到 64 位/128 位宽度等。

　　（5）总线协议的驱动与管理程序，用来管理物理总线，它一般通过询问总线上的硬件设备来装载适当的驱动程序。总线驱动程序具有下列一个或多个职责：管理物理总线，例如 USB 或 PXI；在总线驱动程序没有直接管理的物理总线上加载驱动程序；加载内置驱动程序；所加载的设备驱动程序可能通过另一个设备驱动程序来间接管理硬件等。

　　学习总线，都要从这几个方面入手，工程上要求收集这些总线的协议、规范和应用参考指南等来研究。其中，对于通信协议，关键是要从其握手过程入手，这是测控总线接口软硬件设计的基本要素。

1. I²C 总线

1）I²C 总线的概念及特点

I²C（Inter-Integrated Circuit）总线是 20 世纪 80 年代由 Philips 半导体公司推出的两线式串行总线，用于连接微控制器及其外围设备。飞利浦公司的 I²C 总线协议最近版本是 2000 年发布的 V2.1，后来 NXP 半导体公司从 2007 年后相继颁布 V3/4/5 版，2014 年 4 月已经发布 V6 版本。

I²C 总线最初为音频和视频设备开发，在高性能的高度集成电视、DECT 无绳电话基站中应用广泛，如今在传感器、存储器、服务器管理等诸多领域中使用，其中包括单个组件状态的通信。例如在服务管理应用中，管理员可对各个组件进行查询，以管理系统的配置或掌握组件的功能状态，如电源和系统风扇。可随时监控内存、硬盘、网络、系统温度等多个参数，增加了系统的安全性，方便了管理。它是同步通信的一种特殊形式，最主要的优点是其简单性和有效性。

I²C 总线的特点：

（1）由于接口直接在组件之上，因此 I²C 总线占用的空间非常小，接口线少，控制方式简化，器件封装小，减少了电路板的空间和芯片管脚的数量，降低了互联成本。通信速率较高，标准模式 100 bps，快速模式 400 bps，而加强快速模式可达 1 Mbps，高速模式达 3.4 Mbps。传输距离没有具体规定，唯一的限制是规定 I²C 最大总线电容为 400 pF，这个电容值还限定了连接到总线的接口数量。根据经验，不加外围器件其传输距离可以大于 100 m。

（2）I²C 总线支持多主控技术，其中任何能够进行发送和接收的设备都可以成为主控总线。一个主控器能够控制信号的传输和时钟频率。在主从通信中，可以有多个 I²C 总线器件同时接到 I²C 总线上，通过地址来识别通信对象。

（3）I²C 总线可以模拟实现，比如用 51 单片机的接口和程序模拟实现。它还支持 USB2 I²C 芯片对 USB 总线与 I²C 总线的转换。USB2 I²C 芯片是 USB 与 I²C、IIC、TWI、SMBUS 的接口芯片，通过 USB2 I²C 芯片可以非常方便地实现 PC 机 USB 总线和下位机端 I²C 接口之间的通信。

（4）I²C 总线支持不同工作电源电压的器件共享总线。而且，支持时钟分频，允许灵活的传输速率。

（5）I²C 总线最新版支持 Ultra Fast-mode I²C-bus protocol（UFM）模式，最高可以 5 MHz 频率工作。这说明 I²C 总线是可以不断扩展的。

（6）I²C 总线能够被多种控制架构应用，比如系统管理总线 SMBUS，电源管理总线 PMBUS 等。

2）I²C 总线的构成、信号类型及工作过程

I²C 总线是由数据线 SDA 和时钟 SCL 构成的串行总线，可发送和接收数据。在 CPU 与被控 IC 之间、IC 与 IC 之间进行双向传送。各种被控制电路均并联在总线上，每个电路和模块都有唯一的地址，在信息的传输过程中，I²C 总线上挂接的每一模块电路既是主控器（或被控器），又是发送器（或接收器），这取决于它所要完成的功能，各控制器彼此独立，功能互不耦合。CPU 发出的控制信号分为地址码和控制量两部分，地址码用来选址，即接通需要控制的电路，确定控制的种类；控制量决定该调整的类别及需要调整的量。

I^2C 总线在传送数据过程中共有三种类型信号，分别是：开始信号、结束信号和应答信号。

开始信号：SCL 为高电平时，SDA 由高电平向低电平跳变，开始传送数据。

结束信号：SCL 为高电平时，SDA 由低电平向高电平跳变，结束传送数据。

应答信号：接收数据的 IC 在接收到 8 bit 数据后，向发送数据的 IC 发出特定的低电平脉冲，表示已收到数据。CPU 向受控单元发出一个信号后，等待受控单元发出一个应答信号，CPU 接收到应答信号后，根据实际情况作出是否继续传递信号的判断。若未收到应答信号，由判断为受控单元出现故障。

总线工作过程可以简单描述为：

（1）产生 START（或者重复 START 信号）。

（2）传输从设备地址。

（3）数据传输。

（4）产生 STOP 信号。

其工作过程如图 6.1 所示。

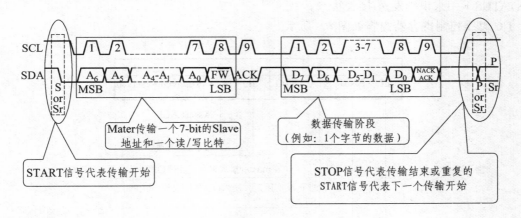

图 6.1　总线工程时序

总线工作时序如图 6.2 所示。master 发出 START 信号初始化一次传输；master 可以发出 Repeated START 信号连续传输；master 通过 STOP 信号来结束传输。

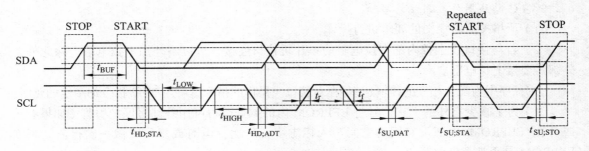

图 6.2　总线工作时序

3）总线基本操作及操作模式

I^2C 协议是主从双向通信协议，器件发送数据到总线上，则定义为发送器，器件接收数据则定义为接收器。总线必须由主器件（通常为微控制器）控制，主器件产生串行时钟（SCL）控制总线的传输方向，并产生起始和停止条件。SDA 线上的数据状态仅在 SCL 为低电平的期间才能改变，SCL 为高电平的期间，SDA 状态的改变被用来表示起始和停止条件。

在起始条件之后，必须是器件的控制字节，其中高四位为器件类型识别符（不同的芯片类型有不同的定义，EEPROM 一般应为 1010），接着三位为片选，最后一位为读写位，当为 1 时为读操作，为 0 时为写操作。

写操作分为字节写和页面写两种操作，对于页面写根据芯片的一次装载的字节不同有所不同。

读操作有三种基本方式：当前地址读、随机读和顺序读。

I^2C 总线操作模式有：主传输、主接收、从传输、从接收、GC（组播、广播）呼叫五种。

4）I^2C 器件总线接口寄存器

I^2C 器件总线接口一般有总线控制寄存器，数据寄存器，状态寄存器等。I^2C 控制寄存器（I^2CON）用来控制发送/接收流量，数据寄存器（I^2DAT）缓冲的发送/接收数据，状态寄存器（$I^2STATUS$）用来识别发送/接收状态。

I^2C 总线控制寄存器内容如图 6.3 所示。

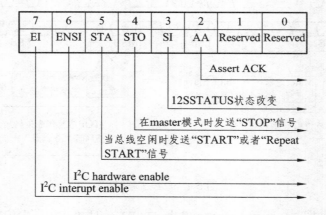

图 6.3 I^2C 总线控制寄存器

5）I^2C 总线器件应用注意事项

（1）严格按照时序图的要求进行操作。

（2）若与接口线上带内部上拉电阻的单片机接口连接，可以不外加上拉电阻，除此外，外部需要接上拉电阻。

（3）程序中为配合相应的传输速率，在对接口线操作的指令后可用 NOP 指令加一定的延时。

（4）为了减少意外的干扰信号将 EEPROM 内的数据改写可用外部写保护引脚（如果有），或者在 EEPROM 内部没有用的空间写入标志字，每次上电时或复位时做一次检测，判断 EEPROM 是否被意外改写。

（5）注意各个寄存器的映射。

6）带有 I^2C 总结接口的器件

目前有很多半导体集成电路上都集成了 I^2C 接口，有 50 多个生产商提供 1 000 多种 I^2C

器件。带有 I^2C 接口的单片机有：CYGNAL 的 C8051F0XX 系列，三星的 S3C24XX 系列，PHILIP 的 SP87LPC7XX 系列，MICROCHIP 的 PIC16C6XX 系列等。很多外围器件如存储器、监控芯片等也提供 I^2C 接口。常见的带有 I^2C 总线接口的器件有：

（1）存储器类：ATMEL 公司的 AT24CXX 系列 EEPROM。

（2）I^2C 总线 8 位并行 IO 口扩展芯片 PCF8574/JLC1562。

（3）I^2C 接口实时时钟芯片 DS1307，PCF8563，SD2000D，M41T80，ME901，ISL1208 等。

（4）I^2C 数据采集 ADC 芯片 MCP3221（12bit），ADS1100（16），ADS1112（16bit），MAX1238（12bit），MAX1239（12bit）。

（5）I^2C 接口数模转换 DAC 芯片 DAC5574（8bit），DAC6573（10bit），DAC8571（16bit）。

（6）I^2C 接口温度传感器 TMP101，TMP275，DS1621，MAX6625。

2. SPI 总线

1）SPI 总线概述

串行外围设备接口 SPI（serial peripheral interface）总线技术是 Motorola 公司推出的一种同步串行接口。SPI 总线用于 CPU 与各种外围器件进行全双工、同步串行通信。Motorola 公司生产的绝大多数 MCU（微控制器）都配有 SPI 硬件接口，如 68 系列 MCU。由于节省了芯片管脚，同时为 PCB 布局节省了空间，简单易用，所以越来越多的芯片集成了这种通信协议，微处理器比如 Atmel 公司的 AT91RM9200 等；温度传感器有 ADI 公司的 ADT7310、微芯公司的 TC72、TI 的 LM74A SPI/MICROWIRE 和 TMP123 等；达拉斯串行时钟芯片 DS1302 等集成了 SPI 总线。

SPI 典型应用系统框图如图 6.4 所示。

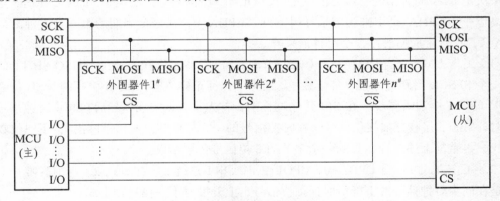

图 6.4　SPI 总线典型应用系统框图

2）SPI 总线特点

（1）全双工，三线同步总线。

（2）硬件功能很强，与 SPI 有关的软件相对简单，使 CPU 有更多的时间处理其他事务。

（3）挂接在总线上的器件可以主机或从机方式工作。

（4）提供频率可编程时钟，设置了发送结束中断标志。

（5）具有写冲突保护，总线竞争保护等功能。

（6）SPI 传输数据时首先传输最高位。波特率可以高达 5 Mbps，具体速度大小取决于 SPI

硬件。例如，Xicor 公司的 SPI 串行器件传输速度能达到 5 MHz。

3）工作原理

SPI 总线只需四条线（单向传输时三线也可以）就可以完成 MCU 与各种外围器件的通信，这四条线是：

（1）SCK：串行时钟线。

（2）MOSI：主机输出/从机输入数据线。

（3）MISO：主机输入/从机输出数据线。

（4）CS：片选信号，低电平有效。

SPI 总线接口的内部硬件实际上是一个简单的移位寄存器，8 位被传输数据在主器件产生的从器件使能信号和移位脉冲作用下，按位传输，高位在前，低位在后。当 SPI 器件工作时，在移位寄存器中的数据逐位从输出引脚（MOSI）输出（高位在前），同时从输入引脚（MISO）接收的数据逐位移到移位寄存器（高位在前）。发送一个字节后，从另一个外围器件接收的字节数据进入移位寄存器中。即完成一个字节数据传输的实质是两个器件寄存器内容的交换。主 SPI 的时钟信号 SCK 使传输同步。

SPI 一般采用上升沿发送、下降沿接收、高位先发送。上升沿到来的时候，MISO 上的电平将被发送到从设备的寄存器中。下降沿到来的时候，MOSI 上的电平将被接收到主设备的寄存器中。

4）SPI 的工作方式和时序

SPI 接口有四种工作方式：SPI0，SPI1，SPI2，SPI3。其中应用最多的是 SPI0 和 SPI3。SPI 接口有四种不同的数据传输时序，取决于时钟极性 CPOL 和时钟相位 CPHA 的组合。CPOL 是用来决定 SCK 时钟信号空闲时的电平，CPOL=0，空闲电平为低电平，CPOL=1 时，空闲电平为高电平。CPHA 是用来决定采样时刻的，CPHA=0，在每个周期的第一个时钟沿采样，CPHA=1，在每个周期的第二个时钟沿采样。

（1）工作方式 0：当 CPHA=0、CPOL=0 时，SPI 总线工作在方式 1。MISO 引脚上的数据在第一个 SPSCK 沿跳变之前已经上线了，而为了保证正确传输，MOSI 引脚的 MSB 位必须与 SPSCK 的第一个边沿同步，在 SPI 传输过程中，首先将数据上线，然后在同步时钟信号的上升沿时，SPI 的接收方捕捉位信号，在时钟信号的一个周期结束时（下降沿），下一位数据信号上线，再重复上述过程，直到一个字节的 8 位信号传输结束。

（2）工作方式 1：当 CPHA=0、CPOL=1 时，SPI 总线工作在方式 2。与前者唯一不同之处只是在同步时钟信号的下降沿时捕捉位信号，上升沿时下一位数据上线。

（3）工作方式 2：当 CPHA=1、CPOL=0 时，SPI 总线工作在方式 3。MISO 引脚和 MOSI 引脚上的数据的 MSB 位必须与 SPSCK 的第一个边沿同步，在 SPI 传输过程中，在同步时钟信号周期开始时（上升沿）数据上线，然后在同步时钟信号的下降沿时，SPI 的接收方捕捉位信号，在时钟信号的一个周期结束时（上升沿），下一位数据信号上线，再重复上述过程，直到一个字节的 8 位信号传输结束。

（4）工作方式 3：当 CPHA=1、CPOL=1 时，SPI 总线工作在方式 4。与前者唯一不同之处只是在同步时钟信号的上升沿时捕捉位信号，下降沿时下一位数据上线。

SPI 工作时序如图 6.5 所示。

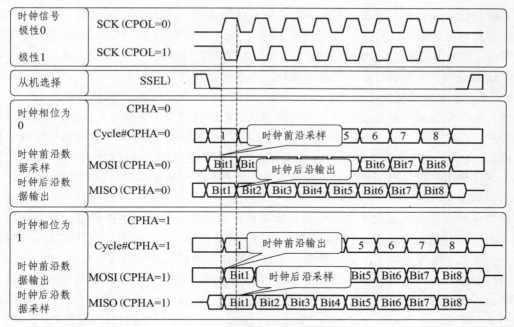

图 6.5 SPI 工作时序

5）SPI 使用要防范的错误

（1）SCK 波特率寄存器设定错误：在从器件时钟频率小于主器件时钟频率时，如果 SCK 的速率设得太快，将导致接收到的数据不正确（SPI 接口本身难以判断收到的数据是否正确，要在软件中处理）。

（2）模式错误（MODF）：模式错误表示的是主从模式选择的设置和引脚 SS 的连接不一致。

（3）溢出错误（OVR）：溢出错误表示连续传输多个数据时，后一个数据覆盖了前一个数据而产生的错误。

（4）偏移错误（OFST）：主器件的 SPIF 和从器件的 SPIF 发生重叠，数据发生错位，从器件如果不对此进行纠正的话，数据的接收/发送便一直地错下去。

（5）其他错误：设定不当，或者受到外界干扰，数据传输难免会发生错误，或者有时软件对错误的种类判断不清，必须要有一种方法强制 SPI 接口从错误状态中恢复过来。

3. 单线总线

1）单线总线概述

单线总线即 1-Wire，又叫单总线。由美国的达拉斯半导体公司推出的一项技术。该技术采用单根信号线，既可传输时钟，又能传输数据，而且数据传输是双向的，因而这种单总线技术具有线路简单，硬件开销少，成本低廉，便于总线扩展和维护等优点。单总线适用于单主机系统，能够控制一个或多个从机设备。主机可以是微控制器，从机可以是单总线器件，它们之间的数据交换只通过一条信号线。当只有一个从机设备时，系统可按单节点系统操作；当有多个从机设备时，系统则按多节点系统操作。

作为一种单主机多从机的总线系统，在一条 1-Wire 总线上可挂接的从器件数量几乎不受限制。当只有一个从机设备时，系统可按单节点系统操作；当有多个从设备时，系统则按多节点系统操作。为了不引起逻辑上的冲突，所有从器件的 1-Wire 总线接口都是漏极开路的，因此在使用时必须对总线外加上拉电阻（一般取 5 kΩ 左右）。主机对 1-Wire 总线的基本操作分为复位、读和写三种，其中所有的读写操作均为低位在前高位在后。复位、读和写是 1-Wire 总线通信的基础，下面通过具体程序详细介绍这 3 种操作的时序要求。

　　2）单线总线通信协议

　　所有的单总线器件都要遵循严格的通信协议，以保证数据的完整性。1-Wire 协议定义了复位脉冲、应答脉冲、写 0、读 0 和读 1 时序等几种信号类型。所有的单总线命令序列（初始化，ROM 命令，功能命令）都是由这些基本的信号类型组成的。在这些信号中，除了应答脉冲外，其他均由主机发出同步信号，并且发送的所有命令和数据都是字节的低位在前。

　　（1）初始化时序。

　　初始化时序包括主机发出的复位脉冲和从机发出的应答脉冲。主机通过拉低单总线至少 480 μs 产生 Tx 复位脉冲，然后由主机释放总线，并进入 Rx 接收模式。主机释放总线时，会产生一由低电平跳变为高电平的上升沿，单总线器件检测到该上升沿后，延时 15～60 μs，接着单总线器件通过拉低总线 60～240 μs 来产生应答脉冲。主机接收到从机的应答脉冲后，说明有单总线器件在线，然后主机就可以开始对从机进行 ROM 命令和功能命令操作。初始化时序如图 6.6 所示，图中实线代表从机拉低总线，而虚线代表上拉电阻将总线拉高（下同）。

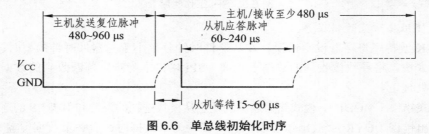

图 6.6　单总线初始化时序

　　系统主设备发送端送出的复位脉冲是一个 480～960 μs 的低电平，然后释放总线进入接收状态；此时系统总线通过 4.7 kΩ 的上拉电阻接至 V_{CC} 高电平，时间约为 15～60 μs，接在接收端的设备就开始检测 I/O 引脚上的下降沿以及监视脉冲的到来。主设备处于这种状态下的时间至少为 480 μs。

　　（2）读写时序。

　　单总线读和写时序都是按时隙操作的。单总线通信协议中有两个写时隙：写 0 写 1。主机采用写 1 时隙向从机写入 1，而写 0 时隙向从机写入 0。所有写时隙至少要 60 μs，且在两次独立的写时隙之间至少要 1 μs 的恢复时间。两个写时隙均起始于主机拉低数据总线。产生 1 时隙的方式：主机拉低总线后，接着必须在 15 μs 之内释放总线，由上拉电阻将总线拉至高电平。产生写 0 时隙的方式为：在主机拉低后，只需要在整个时隙间保持低电平即可（至少 60 μs）。在写时隙开始后 15～60 μs 期间，单总线器件采样总电平状态。如果在此期间采样值为高电平，则逻辑 1 被写入器件；如果为 0，写入逻辑 0。写时序如图 6.7 所示。

　　对于读时隙，单总线器件仅在主机发出读时隙时，才向主机传输数据。所有主机发出读数据命令后，必须马上产生读时隙，以便从机能够传输数据。所有读时隙至少需要 60 μs，且在两次独立的读时隙之间至少需要 1 μs 恢复时间。每个读时隙都由主机发起，至少拉低总线 1 μs。在主机发出读时隙后，单总线器件才开始在总线上发送 1 或 0。若从机发送 1，则保持总线为高电平；若发出 0，则拉低总线。

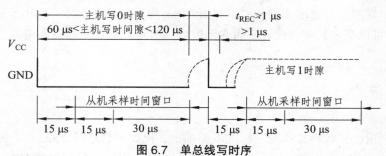

图 6.7　单总线写时序

当发送 0 时，从机在读时隙结束后释放总线，由上拉电阻将总线拉回至空闲高电平状态。从机发出的数据在起始时隙之后，保持有效时间 15 μs，因此主机在读时隙期间必须释放总线，并且在时隙起始后的 15 μs 之内采样总线状态。读时序如图 6.8 所示。

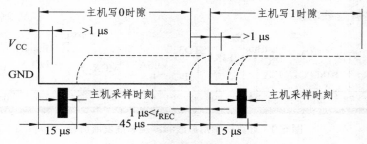

图 6.8　单总线读时序

在每一个时序中，总线只能传输一位数据。所有的读、写时序至少需要 60 μs，且每两个独立的时序之间至少需要 1 μs 的恢复时间。图中，读、写时序均始于主机拉低总线。在写时序中，主机将在拉低总线 15 μs 之内释放总线，并向单总线器件写 1；若主机拉低总线后能保持至少 60 μs 的低电平，则向单总线器件写 0。单总线器件仅在主机发出读时序时才向主机传输数据，所以，当主机向单总线器件发出读数据命令后，必须马上产生读时序，以便单总线器件能传输数据。在主机发出读时序之后，单总线器件才开始在总线上发送 0 或 1。若单总线器件发送 1，则总线保持高电平，若发送 0，则拉低总线。由于单总线器件发送数据后可保持 15 μs 有效时间，因此，主机在读时序期间必须释放总线，且须在 15 μs 内采样总线状态，以便接收从机发送的数据。

3）单总线器件

把挂在单总线上的器件称之为单总线器件，单总线器件内一般都具有控制电路、收/发短路和存储等电路。为了区分不同的单总线器件，厂家生产单总线器件时都刻录了一个 64 位的二进制 ROM 代码，以标志其 ID 号。单总线器件主要有数字温度传感器如 DS18B20、A/D 转换器如 DS2450、门标、身份识别器如 DS1990A、单总线控制器如 DS1WM 等。其中有一种利用瞬间接触来进行数字通信的称为智能按钮（iButton）的单总线器件，这些器件的应用已经渗透到货币交易和高度安全的认证系统之中。iButton 采用纽扣状不锈钢外壳封装的微型计算机芯片，具有抗撞击、防水渍、耐腐蚀、抗磁扰、防折叠、价格便宜等特点，能较好地解决传统识别器存在的不足，同时又可满足系统在可靠性、稳定性方面的要求。iButton 主要有三种类型：存储器型、加密型和温度型。存储型 iButton 最大存储空间为 64 kB，可以存储文本或数字照片。加密型 iButton 是一种微处理器和高速算法加速器，可以产生大量需要加密和解密的数据信息，它的运行速度非常快，可与 Internet 应用相结合，并可应用于远程鉴定识别。温度型 iButton 可以测量温度变化，它内含温度计、时钟、热记录和存储单元等。

6.2　测控总线

计算机问世以来，各种总线及其标准不断推出，比如串行总线 RS232C、RS485、RS422、USB、IEEE1394，并行总线 TRS80、ISA、IBM-PC（XT）、EISA，局部总线 VESA、PCI、CPCI、SCSI、MXI 等。所有的计算机总线都可以、而且已经广泛用来挂接上必要的 I/O 设备，构成各种测试测量和测控系统。但是这些总线不是测控总线。测控总线是指以组成测量和控制系统为主要目标而开发的总线，它们有 GPIB、STD、STD32、VME、VXI、PXI、LXI 等。图6.9 大致描述了这些总线的发展历程。

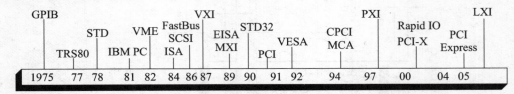

图 6.9　计算机常用总线和测控总线发展历程

测控总线式实现自动化测试设备（ATE）、自动化测试系统（ATS）、实现工业自动化的必由之路，是虚拟仪器的基础，也是智能仪器网络化、远程化的物理条件。基于总线，所有的仪器、设备都像计算机内部的各种器件、接口一样，都是面向总线的，它们统统是挂接在总线上的。由测控总线构成的自动测试/测控系统示意图如图 6.10 所示。

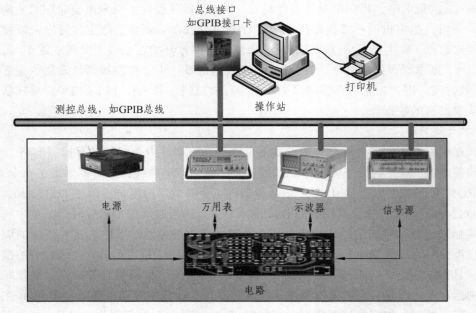

图 6.10　基于总线的自动测试/测控系统示意图

　　测控总线技术的发展，使得现代测试技术具有以下明显特征：从个别变量的测试转变为整个系统的特征参数的测试，从单纯的接收、显示转变为控制、分析、处理计算与显示输出，从用单台仪器进行测试转变为组建测试系统进行测试，从传统独立仪器模式转变为充分利用计算机软硬资源的虚拟仪器测试系统。

6.2.1　GPIB

1. 历　　史

　　GPIB 是一种台式仪器通用接口总线。前身是由 1965 年惠普公司设计、用于连接惠普的计算机和可编程仪器的惠普接口总线（HP-IB）。1975 年分别被确认为 IEEE 标准 488—1975 和 IEC 60625 标准，称为 GPIB（General Purpose Interface Bus），有时也称作 IEEE 488 总线。1987 年变为 ANSI/IEEE 标准 488.1，同年，IEEE 进一步制定了为配合 IEEE-488.1 使用的编码与通用命令，准确定义了控制器和仪器的通信方式与规范，成为 IEEE 488.2。1990 年，惠普、福禄克和 NI 等公司联合制定了可编程仪器的标准命令规范 SCPI（Standard Commands for Programmable Instruments），采纳了 IEEE 488.2 定义的命令结构，创建了一整套编程命令。我国 1995 年应对 GPIB 总线，颁布 GB/T 15946 可程控测量设备的标准数字接口，2008 年更新为《可编程仪器标准数字接口的高性能协议概述》，同年，转化 IEC 60652-2：1993 为 GB/T 17563 可程控测量仪器的接口系统。

　　GPIB 在仪器、仪表及测控领域得到了最广泛的应用，至今长盛不衰。在 USB 出现以前，打印机多半采用该总线与计算机连接。由 GPIB 构成的测控系统是在微机中插入一块 GPIB 接口卡，通过标准连接器和电缆连接到仪器端的 GPIB 接口。当微机采用不同总线例如 ISA 或 PCI 等总线时，接口卡也要随之变更，其余部分可保持不变，从而使 GPIB 系统能适应微机总线的快速变化。由于 GPIB 系统在 PC 出现的初期问世，所以有一定的局限性。比如其数据线只有 8 根，传输速率最高为 1 Mbps，传输距离 20 m（加驱动器可达 500 m）等。尽管如此，目前仍是仪器、仪表及测控系统与计算机互连的主流并行总线。因为装有 GPIB 接口的台式仪器的品种和数量都明显超过备受青睐的 VXI 仪器，而且在目前应用的 VXI 系统中，与 GPIB 混合应用比例很大，还有相当数量采用外主控计算机控制的 VXI 系统，其计算机通过 GPIB 电缆和 GPIB-VXI 接口进行控制。以 PCI 为基础的 PXI 系统，也都具有 GPIB 接口。所以，在相当长的时间内，GPIB 系统仍将在实际应用中，特别是中、低速范围内的计算机外设总线应用中占有一定的市场。

2. 特性和特点

　　GPIB 是计算机和仪器间的标准通信协议，作为最早的仪器总线具有以下特点：

　　（1）适用于在电气噪声小，范围不大的实验室或生产环境中构成测试、测控系统。

　　（2）总线构成：如图 6.11 所示。总共 24 条线，包括 16 条信号线，其中 8 条为数据线，5 条为接口管理线，3 条为握手线。其标准连接器如图 6.12 所示。

　　（3）具有十种功能：

　　① 听者或扩展听者功能 L 或 LE（Listener or Extended Listener）。

② 讲者或扩展讲者功能 T 或 TE（Talker or Extended Talker）。

③ 源握手功能 SH（Source Handshake）。

④ 受者握手功能 AH（Acceptor Handshake）。

⑤ 服务请求功能 SR（Service Request）。

⑥ 并行点名功能 PP（Parallel Poll）。

⑦ 远地/本地功能 R/L（Remote Local）。

⑧ 仪器清除功能 DC（Device Clear）。

⑨ 仪器触发功能 DT（Device Trigger）。

⑩ 控者功能 C（Controller）。

（4）消息的最高传送速率在限制的总线长度内为 1 MB/s。一般工作在数十至数百 kB/s。传送速率受总线长度及发送/接收器等的限制。实际的数据传送速率也取决于正在通信中的仪器的工作速率。在一个系统中的各仪器接口之间的连接线的总长度不应超过 20 m 或小于等于仪器数×2 m。这是为保证信息的传送速度所必需的。现在生产的单根电缆线的长度有 4 m、2 m、1 m、0.5 m 四种。

（5）消息传送方式为字节串行、位并行、应用三线握手技术异步传送数据。

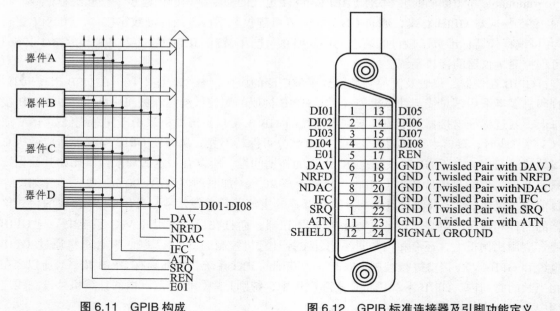

图 6.11　GPIB 构成　　　　　　图 6.12　GPIB 标准连接器及引脚功能定义

（6）寻址能力：每个仪器都有自己的编号（地址）以供相互区别和通信联络。供选择的单字节地址有 31 个，双字节地址有 961 个。最大设备数量可达 15 个，由于在系统中某一时刻发送数据信息的仪器（称为讲者）只能有一个，接收数据的仪器（称为听者）最多可有 14 个，因而一块 GPIB 接口卡最多可带 14 台仪器，便于将多台带有 GPIB 接口的仪器组合起来，形成较大的局部测试测控系统，高效灵活地完成各种不同的测控任务，而且组建和拆散灵活，使用方便。仪器间的连接方式可有星型、线型性或混合型。便于扩展传统仪器的功能，由于仪器和计算机相连，因此可在计算机的控制下对测试数据进行更加灵活、方便的传输、处理、综合、利用和显示，使原来仪器采用硬件逻辑很难解决的问题迎刃而解。

（7）GPIB 接口编程方便，软件设计较为简单，可使用高级语言编程，总线可以通过接口与其他总线如 USB 等相互转换。

（8）提高了仪器设备性能的指标，利用计算机对带有 GPIB 接口的仪器实现操作和控制，可实现系统的自校准、自诊断等要求，从而能够提高测量准确度，降低不确定度.

（9）GPIB 支持特殊的测量方法，当测试系统使用独特的仪器时，专用的 GPIB 设备是无法取代的。

（10）能够克服 VXI/PXI 在提供和处理足够大的测量功率时的不足：当 VXI/PXI 总线在 DC 电源供电、DC-AC 电源和电子负载应用时仍然要使用 GPIB 接口进行连接。

3. GPIB 三线握手

为保证在消息源（控者或讲者）与消息受者之间准确无误地传送和接收数据，而采用三根握手线 NRFD、DAV 与 NDAC 进行通信联络的技术称为三线握手。控者或讲者通过源握手功能（SH）控制 DAV，传送 DAV 消息，受者（听者）通过受者握手功能（AH）控制 NRFD 和 NDAC 线发送准备好接收数据 RFD 和接收完数据 DAC 消息。

三线握手过程如图 6.13 所示，过程时序如图 6.14 所示。

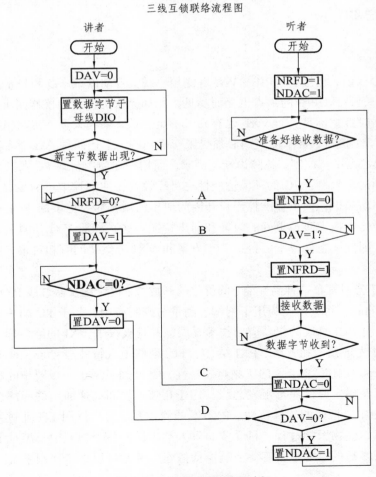

三线互锁联络流程图

图 6.13　GPIB 三线握手过程

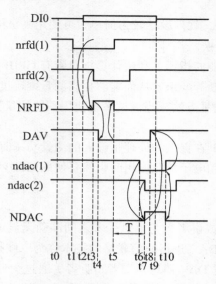

图 6.14　三线握手过程时序

6.2.2　PXI 总线

1. 产生与发展

在 PXI 提出以前，已经有 GPIB、VXI 等测控总线。自动测试系统和技术，虚拟仪器技术取得长足发展。但是，GPIB 的缺点也显而易见，比如无法提供多台仪器同步和触发的功能，在传输大量数据时带宽不足。而 VXI 也有先天不足：系统架构太贵，初期建设成本太高；非标准的 I/O（MXI）接口；插卡的应用必须受限于机箱等。上述两种总线都无法很好满足远程测量、数据采集、测试、控制、故障诊断等需求。而用户在使用台式 PC 及其总线搭建虚拟测控系统时，受到诸多限制：PC 的环境适应性、可靠性在工业测控中不满足要求；台式 PC 系统扩展插槽数不断减少，而工业测控用户却因为应用的增长需要更多的 PCI 插槽；用户还需要在仪器和自动化申报中实现更好的时钟和同步特性，这通常是 VXI 所具备而台式 PC 仪器不具备的特性。因此，在低成本的台式 PC 方案和 VXI 方案之间有相对很大的空白，PXI 应运而生。

1997 年，NI 公司发布一种高性能、低价位的开放性、模块化仪器总线 PXI（PCI eXtension for Instrumentation），将其定义为用于测试、测量与控制应用，基于 PC 的一种小型模块化仪器平台。PXI 是对 PCI 总线的仪器应用技术开展，并且吸收了 VXI 的诸多理念，采用或者参考了 VXI 的一些先进技术和方法。PXI 结合了 PCI 总线电气特性与 Compact PCI 的坚固性、模块化以及 Eurocard（欧洲卡）的机械封装特性，并增加了用于多板同步的触发总线和参考时钟、用于进行精确定时的星形触发总线、用于相邻模块间高速通信的局部总线，规范了以 Windows 平台为主要框架的软件特性。PXI 总线测控系统可广泛用于工业过程、军事、航空航天、生态环境、生物医学过程、科学实验等人类生活的各个领域中，满足了广大仪器及自动设备用户不断增长的对易于紧凑集成、灵活搭建，并且可以结合通用系统的功能性能和可靠性的需求。

2. PXI 总线的体系结构

PXI（PCI 在仪器领域的扩展）规范定义了基于 PCI 总线的、适用于测量测控和自动化系统的健壮型总线。PXI 体系结构如图 6.15 所示。PXI 规范对总线的设计考虑了如下因素：能在严酷的工业环境下工作、共享硬件资源以减小体积、多模块和多机箱之间同步，以及为在硬件基础上进一步简化系统集成、灵活搭建测控平台而对软件的要求。

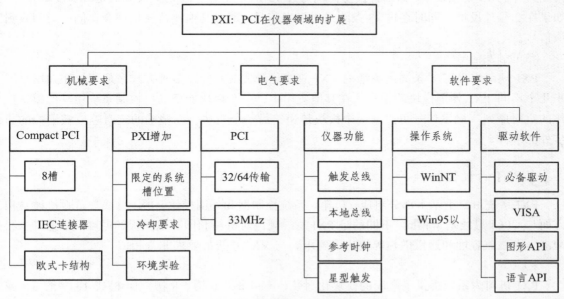

图 6.15　PXI 规范规定的总线体系结构

3. PXI 的电气特性

1）一般电气特性

PXI 采用标准 PCI 总线，提供了与 PCI 规范所规定相同的性能，即 PCI 的全部特性都原封不动地搬用到 PXI，包括：

（1）33 MHz 性能。

（2）32-bit 和 64-bit 数据宽度。

（3）132 MB/s（32-bit）和 264 MB/s（64-bit）的峰值数据吞吐率。

（4）通过 PCI-PCI 桥接技术进行系统扩展。

（5）即插即用功能。

仅有的一点区别是，PXI 系统每个 33 MHz 总线段可以有 8 个插槽，而标准 PCI 系统每个 33 MHz 总线段只能有最多不超过 5 个插槽；同样，PXI 系统每个 66 MHz 总线段可以有 5 个插槽，而桌面 PCI 系统每个 66 MHz 总线段最多只能有 3 个插槽。

2）PXI 增加的电气特性

PXI 在在众多方面增加了 PCI 所没有的特性，主要有系统参考时钟、触发信号、星型触发器等内容。

（1）系统参考时钟。

PXI 规范定义了将低倾斜的 10 MHz 参考时钟分布到系统中所有模块的方法，该时钟信号线位于背板上且分布至每一个外设槽，其特点是由时钟源开始至每一槽的布线长度相等，保证每一外设插卡所接受的时钟相位相同，该参考时钟被用作同一测控系统中的多卡同步信号，保证多个仪器模块的同步时钟实现。

（2）星型触发。

PXI 在 2 号外设槽定义了一种特殊的信号，叫做星型触发。由 13 条线组成，分别依序连接到另外的 13 个外设槽（如果背板支持到另外 13 个外设槽的话），且彼此的走线长度都相等。如果在 2 号外设槽上同时在这 13 条线送出触发信号，那么其他仪器模块都会在同一时间收到该信号。

（3）触发信号。

PXI 规范定义了 8 条高度灵活的 PXI 总线化触发线，能以多种方式来使用，比如用来同步几个不同 PXI 外围模块的操作。在其他应用中，一个模块能精确地控制系统中其他模块操作的定时序列。触发信号可以从一个模块传递给另一个模块，以精确的定时响应被测控的异步外部事件。

4. PXI 的机械特性

PXI 系统由三个基本部分组成：机箱、系统控制器和外围模块。PXI 总线规范在机械结构方面与 CPCI 总线基本相同，不同的是 PXI 总线规范对机箱和印制电路板的温度、湿度、振动、冲击、电磁兼容性和通风散热等提出了要求，与 VXI 总线的要求非常相似。

1）机　箱

PXI 机箱为系统提供了坚固的模块化封装，有 4 槽、6 槽、8 槽、14 槽或 18 槽的 3U 或 6U 机箱。U（rack unit）是一种测量单位，用来描述安装在 19 或 23 英寸（指宽度）机架上的设备高度，1 U 等于 44.45 mm（1.75 英寸）。装在机架上的设备的尺寸大小通常用 U 来描述。专用机箱还可在交流电源和直流电源中选择，以及是否集成信号调理功能。很多 PXI Express 机箱中都可以容纳 PXI 和 PXI Express 外围设备，而有些具有混合插槽的机箱（如 NI PXIe-1075），还可以容纳 PXI Express 外围设备或者兼容混合插槽的 PXI 设备。利用这些机箱可以配置多种 PXI 系统从而满足应用需求。PXI 机箱实物如图 6.16 所示。

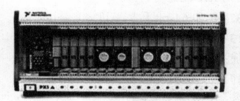

图 6.16　NI PXI 机箱实物

2）背　板

PXI 机箱中具有高性能的 PXI 背板，该背板包括 PCI 总线，定时总线以及触发总线。PXI 模块化仪器系统中增加了专用的 10 MHz 系统参考时钟、PXI 触发总线、星型触发总线和槽与槽之间的局部总线，从而在保持 PCI 总线所有优势的同时，满足高级定时、同步和相邻槽直接通信等应用中的需求。背板插槽如图 6.17 所示，而背板信号示意图如图 6.18 所示。

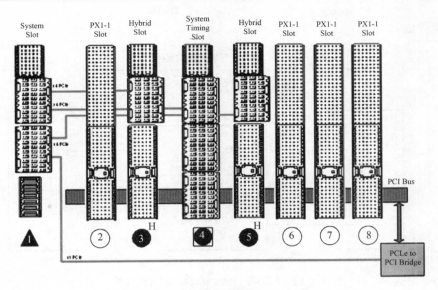

图 6.17　PXI 背板插槽分布示意图

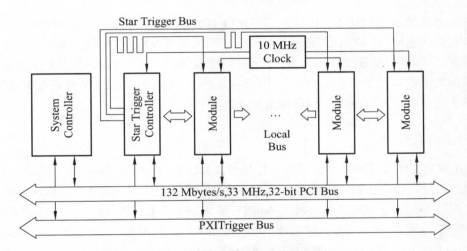

图 6.18　PXI 背板及各主要信号示意图

3）增加的安装规范

除了将 CPCI 规范中的所有机械规范直接移植进 PXI 规范之外，为了简化系统集成，PXI 还增加了一些 CPCI 所没有的要求。如 PXI 机箱中的系统槽必须位于最左端，且主控机只能向左扩展以避免占用仪器模块插槽。PXI 规定模块所要求的强制冷却气流流向必须由模块底部向顶部流动。PXI 规范建议的环境测试包括对所有模块进行温度、湿度、振动和冲击试验，并以书面形式提供试验结果。同时，PXI 规范还规定了所有模块的工作和存储温度范围。

4）与 CPCI 的互操作性

PXI 提供了一个重要特性，即保持与标准 CPCI 产品的互操作性。许多 PXI 兼容系统要求采用不执行 PXI 规定特性的部件，如用户希望在 PXI 机箱中使用标准的 CPCI 网络接口卡。同样，一些用户希望在标准 PXI 机箱中使用 PXI 兼容插卡。在这些情况下，用户将无法执行 PXI 规定功能，但是仍能使用插卡的基本功能。但不保证 PXI 兼容产品和一些 CPCI 专用产品之间的互操作性。

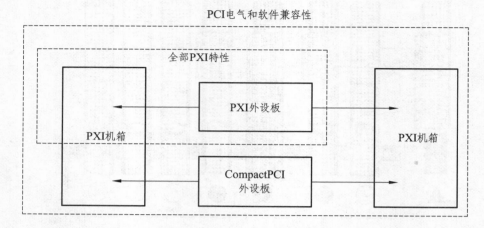

图 6.19   PXI 与 CompactPCI 的互操作性

5）插　卡

PXI 规范采用 ANSI310-C、IEC-297 和 IEEE1101.1 等在工业环境下具有很长应用历史的 Eurocard 规范，支持 3U 和 6U 两种模块尺寸，它们分别与 VXI 的 A 尺寸和 B 尺寸相同。3U 卡可以有 J1、J2 两个总线接口连接器，J1 包括 32 位 PCI 本地总线信号，J2 包括 64 位 PCI 数据传输所需的信号和用于实现 PCI 电气特征的信号。6U 卡还可以有另外两个 J3 和 J4 连接器，这两个连接器被 PXI 规范保留作将来扩展之用。

5. PXI 的软件架构

PXI 不仅定义了保证多厂商产品互操作性的仪器级（即硬件）接口标准，还增加了相应的软件规范，以进一步简化系统集成。这些软件要求形成了 PXI 的系统级（即软件）接口标准。

PXI 的软件要求包括支持 Microsoft WinNT 和 Win95 以上（Win32）的标准操作系统框架，要求所有仪器模块带有配置信息和支持标准的工业开发环境，如 NI LabView、LabWindows™/CVI、Measurement Studio，Visual Basic、Visual C/C++等。PXI 组件需要初始化文件以定义系统配置和系统功能。最后，采用虚拟仪器软件架构 VISA （Virtual Instrument Software Architecture），可实现对 VXI、GPIB、串口和 PXI 仪器的配置和控制。

对其他没有软件标准的工业总线硬件厂商来说，他们通常不向用户提供其设备驱动程序，用户通常只能得到一本描述如何编写硬件驱动程序的手册。用户自己编写这样的驱动程序，其工程代价（包括要承担的风险、人力、物力和时间）是很大的。PXI 规范要求厂商而非用户来开发标准的设备驱动程序，使 PXI 系统更容易集成和使用。

基于 Windows 的 PXI 系统，其开发、操作与标准的基于 Windows 的 PC 机系统的开发和操作差异性很小。另外，因为 PXI 背板使用的是工业标准的 PCI 总线，所以大多情况下，对 PXI 模块的软件编程也与 PCI 板卡一样。因此，将基于 PC 系统的程序移植到 PXI 系统时，无须重写现有的应用程序和示例代码。

PXI Express 系统同样也具有软件方面的兼容性，从而可以保护用户在软件方面的既有投资。由于 PCI Express 使用了与 PCI 相同的驱动和操作系统模型，这些规范就保证了与基于 PCI

系统的软件兼容性。因此,设备商和客户都不需要改变驱动或应用软件来适应基于 PCI Express 的系统。

例如,由于 PXI 和 PXI Express 系统可以使用与 PCI 相同的驱动,因此,控制 NI PXI-6251 多功能数据采集模块的软件与控制 PC 机中 NI PCI-6251 板卡的软件是完全相同的。

对于要求确定性循环速率和无头操作(即没有键盘、鼠标或显示器)的、具有严格时间确定性要求的应用来说,可以使用实时软件架构替代基于 Windows 的系统。实时操作系统可以帮助你按照优先级顺序对任务进行排序,从而使处理器在必要时总会优先处理最重要的任务。这样,应用程序的执行结果就完全可以预测,而且定时确定性更高。

6. PXI 的优点

PXI 模块仪器的优点主要有:

(1) PXI 与 CPCI 保持 100%兼容;

(2) 将台式 PC 技术引入到测试与测量设备;

(3) 比台式 PC 提供了更多的 I/O 扩展槽;

(4) 扩充了台式 PC 机中所没有的仪器特性;

(5) 更加紧凑,比台式 PC 更节省空间;

(6) 提供了标准,促进多供应商产品之间的兼容,有利于系统集成;

(7) 增加了较为严格, PCI 所没有的机械、电气规范和特性,保障系统的坚固性;

(8) 定义了标准的软件框架,要求兼容的产品提供相应的驱动软件,有利于简化系统集成。

7. PXI 的缺点

PXI 的缺点在于封闭式的空间局限性、功耗、转换板的密度。对转换板来说,当信道数量为中等时,它仅仅具有价格优势。此外,使用者往往需要 GPIB 设备来完成测试装备。例如,在 PXI 系统中很难实现 240 个从 DC 到 40 GHz 转换通道,或者在 2 U 尺寸中实现 32 个从 DC 到 40 GHz 转换通道。当然,其价格相对昂贵也是缺点之一。PXI 最大的瓶颈还在于它仍是一种工业总线,还未被 IEEE 等吸收为标准。

6.2.3　LXI 总线

1. 产生背景

毫无疑问, GPIB、VXI、PXI 仪器总线分别代表了计算机技术 8 位、16 位、32 位总线的相应水平,同时也把虚拟仪器技术、自动测试技术逐步提高到前所未有的水平。但 21 世纪是信息化、网络化和智能化的时代,日益增长的系统复杂性和更多的系统协调性,产生大量的分布、异构数据采集、信息传输和交换以及测试、测控新需求,给仪器行业带来巨大的挑战和发展契机。而随着 Internet 技术的迅速发展、广泛应用和深入普及,以太网和 TCP/IP 协议已成为一种公认的网络传输标准,智能互联网产品的广泛应用,也给测量与仪器仪表技术带来了前所未有的发展空间和机遇:以太网、标准 PC 和软件在测试行业中广泛使用,技术已经非常成熟，而且得到众多计算机厂家不断的研发投入和升级支持；IEEE 1588 网络同步标准的实施，可以在实验室环境中得到纳秒级的时钟同步误差；标准的网络接口已经极为普遍。如何拓展利用 LAN（局域网）来实现仪器的下一代总线标准成为人们关注的焦点。为了更好的发展测量仪器系统以满足各种新的需求，也把新的测试理念工程化，开发一种新型仪器总线势在必行，互联网化即 Internet 化（而不只单纯强调网络化，这是有极大区别的）测量技术与互联网络功能的新型仪用总线应运而生。2004 年 9 月，Agilent 公司和 VXI 科技公司联合推出了新一代基于 LAN 的模块化平台标准：LXI（LAN-based extensions for Instrumentation）。它集台式仪器的内置测量原理及 PC 标准 I/O 连通能力和基于插卡框架系统的模块化和小尺寸于一身，满足了研发和制造工程师为航天/国防，汽车、工业、医疗和消费品市场开发电子产品的需要。

　　LXI 是成熟的以太网技术在测试自动化领域应用的拓展。其具体的设想是将成熟的以太网技术应用到自动测试系统中，以替代传统的测试总线技术。目前已经得到绝大多数仪器行业厂家的支持。

2. 定　义

　　LXI 就是一种基于以太网等技术的、由中小型总线模块组成的新型仪器平台。LXI 仪器是严格基于 IEEE 802.3、TCP/IP、网络总线、网络浏览器、IVI-COM 驱动程序、时钟同步协议（IEEE 1588）和标准模块尺寸的新型仪器。与带有昂贵电源、背板、控制器、MXI 卡和电缆的模块化插卡框架不同，LXI 模块本身已带有自己的处理器、LAN 连接、电源和触发输入。

　　LXI 模块的高度为 1 U 或 2 U，宽度为全宽或半宽，因而很容易混装各种功能的模块。信号输入和输出在 LXI 模块的前部，LAN 和电网输入则在模块的后部。LXI 模块由计算机控制，不需要传统台式仪器的显示、按键和旋钮，而且由 LXI 模块组成的 LXI 系统也不需要如 VXI 或 PXI 系统中的零槽控制器和系统机箱。一般情况下，在测试过程中 LXI 模块由 1 台主机或网络连接器来控制和操作，等到测试结束后，再把测试结果传输到主机上显示出来。LXI 模块借助于标准网络浏览器进行浏览，并依靠 IVI-COM 驱动程序通信，从而为实现系统集成带来更多方便。

3. LXI 功能类及其属性

　　国际 LXI 协议根据仪器所具有的功能属性和触发精度不同，初步将基于 LXI 的仪器分为 A、B 和 C 三个等级，这种划分完全是基于仪器功能，与其物理尺寸无关，称为 LXI 功能类。不同需求的用户可选用不同的功能类，不同功能类的仪器间可以协同工作，如表 6.1 所示。其中 C 类是基本类型，使用网线触发，没有基于时间的触发能力；B 类在 C 类的基础上增加了 IEEE1588 标准的要求，允许测试系统内的不同设备自主地进行复杂的时间序列测试，而无需系统控制器的干预；A 类在 B 类的基础上又增加了 8 路的 LVDS 高速触发总线，以 3 种方式依次递增同步精度，以提高硬件触发能力。

　　LXI 仪器具有 3 个功能属性：标准 LAN 接口，可提供 Web 接口和编程控制能力，支持对等操作和主从操作；基于 IEEE 1588 标准的触发设备，使模块具有准确动作时间，且能经 LAN 发出触发事件；基于 LVDS 电气接口的物理线触发系统，使模块通过有线接口互连。

表 6.1　LXI 仪器等级（功能类）划分

等级	特　征
A 类	触发总线硬件触发机制；IEEE1588 精确时间协议同步；网络功能性（辨识、浏览界面）
B 类	IEEE1588 精确时间协议同步；网络功能性（辨识、浏览界面）
C 类	网络功能性（辨识、浏览界面）

4. LXI 总线特点与关键特征

1）特　点

（1）总体特性。

为了满足 PC 标准 I/O 的需求，LXI 标准将 LAN 和 USB 接口应用到电子仪器上，无须专门的机箱和 0 槽控制器，集成更加方便；LXI 模块既可以单独使用，又具备模块化的特点，LXI 模块可与老的平台集成在一起，安装在标准机架上；LXI 规模可大可小，小到一个模块，大到分布在世界各地，十分灵活；可组成功能强大的复杂测试系统。而且通过去除前面板、显示器和扩展卡部分，为配置系统的小物理尺寸、高可靠性、低成本、强灵活紧凑性、优异的综合性能提供了条件。可以利用网络界面精心操作，无须编程和其他虚拟面板；LXI 平台提供对等连接；测试项目改变时，LXI 在 LAN 上的连接不必改变，从而缩短了测试系统的组建时间；连在 LAN 上的 LXI 模块可采取分时方式工作，同时服务于不同的测试项目。

（2）开放式工业标准。

LAN 和 AC 电源是业界最稳定和生命周期最长的开放式工业标准，也由于其开发成本低廉，使得各厂商很容易将现有的仪器产品移植到该 LAN-Based 仪器平台上来。

（3）向后兼容性。

因为 LAN-Based 模块只占 1/2 的标准机柜宽度，体积上比可扩展式（VXI，PXI）仪器更小。同时，升级现有的 ATS（AutomaticTestSystems）不需重新配置，并允许扩展为大型卡式仪器（VXI，PXI）系统。

（4）互操作性。

作为合成仪器（Synthetic Instruments）模块，只需 30 ~ 40 种通用模块即可解决军用客户的主要测试需求。如此相对较少的模块种类，可以高效且灵活地组合成面向目标服务的各种测试单元，从而彻底降低 ATS 系统的体积，提高系统的机动性和灵活性。

（5）方便及时引入新技术。

由于 LXI 仪器模块具备完备的 I/O 定义文档（由军标定义），所以模块和系统的升级仅需核实新技术是否涵盖其替代产品的全部功能。

（6）LXI 模块在通风散热、电磁兼容等方面的设计比较简单。

2）三个关键特征

（1）标准化的 LAN 接口提供基于网络框架的接口与程序控制。LAN 的接口可以是有线的，也可以是无线的，接口支持同位操作也支持主从操作。

（2）基于 IEEE 1588 精密时钟同步的触发机制使得模块间的触发可以达到纳秒级的同步。

（3）基于 LVDS 的电气接口使得模块间触发可以通过硬件触发总线来连接。

5. LXI 总线的优越性

由于 LXI 所具有的上述特点和特征，因此相对于已有的 GPIB、VXI 和 PXI 等测试总线，LXI 总线具有很大优越性，如表 6.2 所示。

表 6.2　LXI 总线与其他常用仪器总线的技术性能指标比较

技术指标	PC-DAQ	GPIB	VXI	PXI	LXI
吞吐率 MB/S	132	8	40	132	5（Fast）125（Gigab）
物理形式	板卡式	分立式	插卡式	插卡式	标准模块式
几何形式	小-中	大	中	小-中	小-中
软件规格	无	IEEE488.2	VPP	IVI-C	IVI-COM
互换性	差	差	一般	较强	很强
系统成本	低	高	中-高	低-高	低-中

6. LXI 的关键技术

LXI 主要是一种功能接口标准，它定义了基于以太网 802.3 标准的接口技术来确保仪器间的互通性，它有 1 个嵌入式的 IEEE 1588 协议来提供必需的同步能力。另外，它还指定了相关的有线触发总线为重要和关键的应用程序提供改进的同步能力。LXI 得益于以下关键技术：

1）定时与同步技术

由于 LAN 没有同步信号线，LXI 总线要完成不同仪器的同步，需要采用与 PXI 等不同的途径。LXI 提供精度由低到高的 3 种触发机制：基于 NTP 的触发方式、基于 IEEE 1588（PTP）的触发方式和基于 LXI 触发总线（LXI Trigger Bus）的硬件触发方式。

2）千兆以太网技术

LXI 定义了基于以太网 IEEE 802.3 标准的接口技术来确保仪器之间的通信，并且实现了仪器系统级的模块化。保障网络实时性最有效的方法是提高网络带宽，千兆以太网技术及网关、交换机、路由器、嵌入式以太网技术的发展使高速以太网可以满足仪器测量的需要。

3）面向信号的 IVI-COM 技术

LXI 仪器的软件功能建立在 IVI 技术之上，采用 IVI-MSS（Measure Stimulus Subsystem）方案等，实现模块间的可互换性。

4）LXI 总线通信

对仪器及测试过程进行控制、实现测试过程的自动化都离不开设备间的通信，LXI 模块间的通信有 3 种方式：经 LAN 的由控制器到模块发送的驱动程序命令；通过 LAN 传送的直接模块至模块的消息；模块间的硬件触发信号线。直接模块至模块的消息是 LXI 仪器所特有的，它可以是点对点的通信（通过 TCP 连接传送数据包），也可以是一点到多点的广播式通信（通过 UDP 广播方式发送数据包）。这种基于 TCP／IP 协议的通信方式提供了传统测试系统结构（依赖使用中央控制器的主从配置）所不可能具备的灵活性，因为在 LXI 系统中，触发可由系统中任何 LXI 设备发起，并直接发送到任何其他 LXI 设备，而不必经过控制器。

LXI 总线以及 LXI 仪器具有广阔的发展前景，在各个领域必将深入应用，尤其是在工业远程测控、航天航空测控、汽车测试、飞机测试和舰船测试等。图 6.20 所示是在飞机测试中的应用说明。

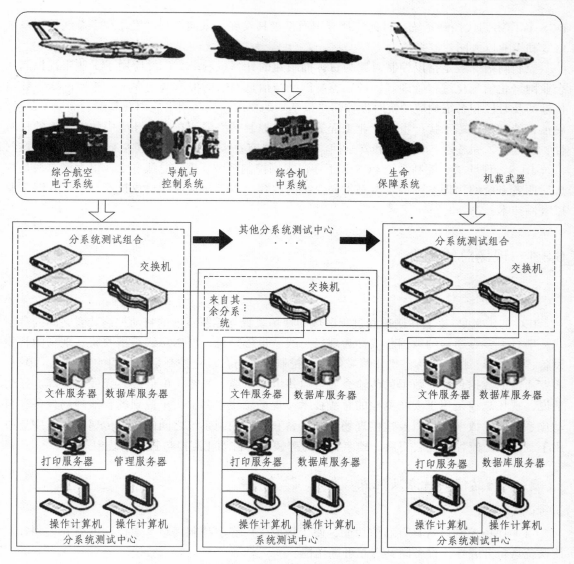

图 6.20　LXI 在飞机测试中应用

6.3　现场总线

　　当今，网络已经是一个高频词。但是一提到网络，人们恐怕首先想到的是 Internet 互联网、无线通信网，其次是人际关系网等。很少有人想到蜘蛛网这个东西，它与前面提到的几种网络是不同的：它是一种控制网络，而前面的网络是信息网络。本节及后节将要介绍的正是控制网络。控制网络是控制系统的组成部分，而控制系统的前二代，即 20 世纪 50 年代前的气动信号控制系统 PCS，以 4～20 mA 等为标准信号的电动模拟信号控制系统 ACS，要组建网络是极为困难的。控制系统可以网络化是在其第三代，即数字计算机集中式控制系统 CCS 开始的，著名的可编程控制系统就是其中之一。20 世纪 70 年代中期以来的集散式分布控制系统

DCS 称作第四代控制系统，目前广泛应用而且极具发展前景的控制网络是现场总线控制系统
FCS 和工业以太网控制系统。

控制网络一般是指以控制对象为目标而组建的计算机网络，广泛应用于工业工程控制和
企业网络化信息化过程管理等领域。控制网络与信息网络的根本区别在于：控制网络中数据
传输的及时性和系统响应的实时性控制是最基本的要求；控制网络应用在高温、潮湿、振动、
腐蚀，特别是电磁干扰严重的工业工程等领域，控制网络强调在恶劣环境中数据传输的长时
性、连续性、完整性、可靠性和安全性。控制网络有几大类型：可编程控制 PLC、集散控制
系统 DCS、现场总线控制系统 FCS 和工业以太网控制系统。现场总线和工业以太网总线是构
成后两者系统的物理基础，是本书主要介绍的内容。本节介绍现场总线技术，下节介绍工业
以太网技术。

6.3.1　现场总线简介

1. 定　义

IEC 的定义是：安装在制造和过程区域的现场装置与控制室内的自动控制装置之间的数字
式、串行、多点通信的数据总线称为现场总线。也就是说，现场总线是指安装在现场的智能
设备、控制器、执行机构、操作终端等现场控制设备与自动化控制系统之间的数字式、串行、
多点通信的数据总线；数据的传输介质可以是电线电缆、光缆、电话线、无线电波等。通俗
地说，现场总线是用于现场测控的总线技术。现场总线主要解决工业现场智能现场设备和自
动化系统间的数字通信以及这些现场控制设备和高层控制系统之间的信息传递问题。广泛应
用于制造业、流程工业、交通、楼宇、电力等领域的自动化测控与管理系统中。

2. 现场总线的特点及优点

1）特　点

（1）现场控制设备具有通信功能，便于构成工厂底层控制网络。通信标准公开、一致，
使系统具备开放性，设备间具有互可操作性。

（2）功能块与结构的规范化使相同功能的设备间具有互换性。

（3）控制功能在现场实现，使控制系统结构具备高度的分散性。

2）优　点

现场总线使自控设备与系统步入了信息网络的行列，为其应用开拓了更为广阔的领域，
一对双绞线上可挂接多个控制设备，便于节省安装费用，节省维护开销，提高了系统的可靠
性，为用户提供了更为灵活的系统集成主动权。具体还有以下优点：

（1）全数字化。

（2）开放型互联网络，遵从 OSI（Open System Interconnection）模型。

（3）多点双向通信。

（4）互可操作性与互用性。

（5）现场仪表和设备、系统的智能化。

（6）系统结构的高度分散性，真正实现了多站和彻底分散控制。

（7）对现场环境的适应性。

（8）数据通信信号线供电：数据通信线供电方式允许现场仪表直接从通信线上摄取能量，对于要求本质安全的低功能现场仪表，可以采用这种供电方式。

一个现场总线测控系统实际系统如图 6.21 所示。从图中可以看出，由于现场总线的优势，各种底层仪器、设备和系统在现场组建网络，不需要每个设备与高层管理系统单独连接，显然大大减少了各种电线电缆的种类和长度，这在汽车、飞机、舰船等平台以及各种工业过程控制领域的效效益是十分巨大的。其次，这种结构框架改变了过去纵深测控的理念和架构，实现了测控体系的扁平化，提高了生产、控制和管理效率。

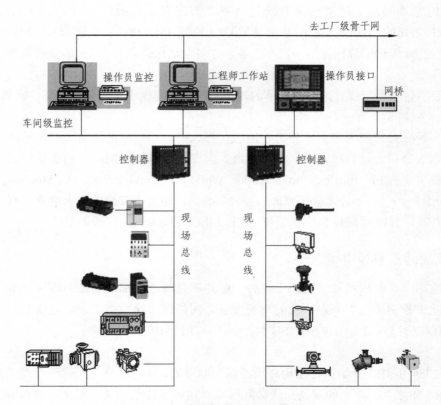

图 6.21　一个现场总线测控系统实例

从物理结构来看，现场总线系统有两个主要组成部分：现场设备，传输介质。现场设备由现场微处理器以及外围电路构成。现场总线系统使用的传输介质一般是双绞线。

由上述内容可以看出，使用现场总线技术给用户带来以下好处：

（1）节省硬件成本。

（2）设计、组态、安装、调试简便。

（3）系统的安全性、可靠性好。

（4）减少故障停机时间，系统维护容易。

（5）用户对系统配置设备选型有最大的自主权，设备更换和系统扩充方便。

（6）完善了企业信息管理系统，为实现企业综合自动化控制和管理提供了基础。

3. 现场总线分类

现场总线的分类方法很多，IECSC65c/WG6 委员会主席 Richard H.Caro 将现场总线分为以下 3 类：

（1）全功能数字网络：这类现场总线提供从物理层到用户层的所有功能，标准化工作进行得较为完善。这类总线包括：IEC/ISA 现场总线，IEC 和美国国家标准。Foundation FieldBus 实现了 IEC/ISA 现场总线的一个子集。Profibus-PA 和 DP 是德国标准、欧洲标准的一部分。LonWorks 是 Echelon 公司的专有现场总线，在建筑自动化、电梯控制、安全系统中得到广泛的应用。

（2）传感器网络：这类现场总线包括罗克韦尔自动化公司的 DeviceNet，Honeyweill Microswitch 公司的 SDS。它们的基础是 CAN（高速 ISO11898，低速 ISO11519）。CAN 出现于 20 世纪 80 年代，最初应用于汽车工业。许多自动化公司在 CAN 的基础上建立了自己的现场总线标准。

（3）数字信号串行线：这是最简单的现场总线，不提供应用层和用户层。例如 Seriplex ，Interbus-S，ASI 等。

还有一种分类是把现场总线分为专用的，开放的，和标准的三类。专用的现场总线是由各家控制系统公司、计算机公司、科研院所、大专院校自行研制的现场总线控制系统。开发的现场总线主要有 FF、Profibus、LON works、World FIP、Device Network、Modbus、CC-LINK、AS-I、InterBus。一部分是无条件开放，如 Modbus，相对比较简单；大部分是有条件开放，仅对成员开放。标准的现场总线就是被 IEEE、IEC 吸收为国际标准的总线。

4. 现场总线标准体系

目前应用广泛的现场总线有四十多种。但并不是每一种都被吸收为国际标准。现场总线标准规定某个控制系统中一定数量的现场设备之间如何交换数据。现场总线的标准基本有三大体系：IEC 61158，IEC 62026，ISO 11898 和 ISO 11519。

1）IEC 61158 体系

自从 1984 年 IEC 开始制订现场总线国际标准以来，环绕着单一的现场总线国际标准的大战持续了 15 年之久，单一的现场总线国际标准经过多次投票表决，始终没有得到通过，只能在 1999 年 3 月作为技术规范出版，即 IEC 61158 标准的第一版。经过多个利益集团的反复磋商和妥协，在 2000 年 1 月产生了包括 8 种类型现场总线在内的 IEC 61158 第二版，为多标准开辟了道路。由于现场总线与工业以太网的技术发展很快，于 2003 年 4 月又颁布了 IEC 61158 第三版国际标准，从第 2 版的 8 种现场总线扩大为 10 种类型。由于实时工业以太网的技术发展很快，各大公司或有关国际标准化组织又推出了各种工业以太网实时性的解决方案，出现了 IEC 61158 的第四版，2007 年正式成为国际标准，有效期至 2012 年。2010 年，IEC 61158 已经发布第五版。

IEC 61158 将 20 种现场总线纳入标准体系，每一种总线归属不同的类型，共有 20 种类型，如表 6.3 所示。目前 61158 修订的基本原则是：不改变原来 61158 的内容，作为类型 1；不改变各个子集的行规，作为其他类型，并对类型 1 提供接口。

表 6.3　IEC 61158 第四版中的现场总线

类 型	名 称
1	TS61158 现场总线
2	CIP 现场总线
3	PROFIBUS 现场总线
4	P-NET 现场总线
5	FF 的 HSE 高速以太网
6	Swift Net（已经被撤销）
7	World FIP 现场总线
8	INTER BUS 现场总线
9	FF 的 HI 现场总线
10	PROFINET 实时以太网
11	TC-net 实时以太网
12	Ether CAT 实时以太网
13	Ethernet Power Link 实时以太网
14	EPA 实时以太网
15	Modbus-RTPS 实时以太网
16	SERCOS Ⅰ，Ⅱ现场总线
17	V-NET/IP 实时以太网
18	CC-Link 现场总线
19	SERCOS Ⅲ实时以太网
20	HART 现场总线

2）IEC 62026 体系

IEC 62026 规定了主要应用于电力行业的现场总线。由于应用领域较为单纯，所以它没有 IEC 61158 那么复杂，基本构成如下：

IEC 62026-1 一般要求 General Rules（in preparation）

IEC 62026-2 电器网络 Device Network（DN）

IEC 62026-3 操动器传感器接口 Actuator sensor interface（ASI）

IEC 62026-4 协议（规约）Lontalk

IEC 62026-5 灵巧配电系统 Smart distributed system（SDS）

IEC 62026-6 多路串行控制总线。Serial Multiplexed Control Bus（SMCB）

另外 IEC 17B 又发出一个 NP 文件：《Device Word FIP》电器网络，即 1998 年 4 月投票失败尚未成为 IEC 62026 系列的 CD 文件。而 Interbus 努力成为第 7 部分。

我国对应的标准体系是 GB/T 18858 低压开关设备和控制设备控制器，目前已经发布 2012 版。

3）ISO 11898 和 ISO 11519

现场总线领域中，在 IEC 61158 和 62026 之前，CAN 是唯一被批准为国际标准的现场总线。CAN 由 ISO/TC 22 技术委员会批准为国际标准 ISO 11898（通信速率＜1 Mbps）和 ISO

11519（通信速率≤125 kbps）。CAN 总线得到了计算机芯片商的广泛支持，它们纷纷推出直接带有 CAN 接口的微处理器（MCU）芯片以及外围芯片。带有 CAN 的 MCU 芯片总量已经超过 1 亿 3 千万片（不一定全部用于 CAN 总线）。因此，在接口芯片技术方面 CAN 已经遥遥领先于其他所有现场总线。

需要指出的是 CAN 总线同时是 IEC 62026-2 电气网络 Device Network(DN)和 IEC 62026-5 灵巧配电系统 Smart distributed system（SDS）的物理层，因此它是 IEC62026 最主要的技术基础。

6.3.2 CAN 总线

控制器局域网（Controller Area Network，CAN）总线是一种串行数据通信协议，最早由德国 BOSCH 公司推出，用于汽车内部测量与执行部件之间的数据通信。CAN 推出之后，世界上各大半导体生产厂商迅速推出各种集成有 CAN 协议的产品，由于得到众多产品的支持，使得 CAN 在短期内得到广泛应用。1991 年 BOSCH 制定并发布了 CAN 技术规范 2.0 版。该技术包括 A 和 B 两部分。2.0A 给出了 CAN 报文标准格式，而 2.0B 给出了标准的和扩展的两种格式。CAN 总线规范于 1993 年被 ISO 国际标准组织制订为国际标准，包括用于高速场合的 ISO 11898 和用于低速场合的 ISO 11519，CAN 是总线规范中最早被批准为国际标准的现场总线。CAN 是开放的通信标准，包括 ISO/OSI 模型的第一层和第二层，由不同的制造者扩展第七层，CIA（CAN in Automation）组织发展了一个 CAN 应用层（CAL）并由此规定了器件轮廓，以联网相互可操作的以 CAN 为基础的控制器件，或使 EIA 模块相互可操作。

基于 CAN 的网络已经安装于很多公司生产的乘用车及商用车上，目前在美国 CAN 已基本取代基于 J1850 的网络。至 2005 年，CAN 总线占据整个汽车网络协议市场的 63%。在欧洲，基于 CAN 的网络占有大约 88%的市场。我国多家合资公司在外资技术的支持下早已安装使用 CAN 网络，且随着 CAN 网络技术被越来越多的厂家认可和掌握，这一技术在我国已被广泛推广和使用。CAN 在全世界范围的应用和用户在不断扩大。ISO 11898 作为硬件协议，基本被 SAEJ1939 所覆盖，SAEJ1939 已被越来越多的国家所接受并被采用。J1939 以 CAN 2.0 为网络核心，是一种支持闭环控制的在多个电子控制单元即 ECU 之间高速通信的网络协议，主要运用于载货车和客车上。

除了汽车电子控制，CAN 也用于其他领域，比如飞机、舰船和电力通信以及军事装备等。

1. CAN 的协议结构

CAN 的拓扑结构为总线式，因此也称为 CAN 总线，是一种具有高保密性，有效支持分布式控制或实时控制的串行通信网络。CAN 拓扑结构如图 6.22 所示。CAN 已经成为全球范围内最重要的总线之一，甚至领导着串行总线。在 2000 年，市场销售已超过 1 亿个 CAN 控制器。CAN 通信协议采用 ISO/OSI 模型的第一层、第二层和第七层。CAN 总线采用 CSMA/CD（Carrier Sense Multiple Access with collision Detect，载波监测多路访问/冲突检测）技术。

CAN 废除了传统的站地址编码而代之以对通信数据块进行编码。CAN 总线具有两种逻辑状态，隐性和显性。

CAN 消息帧的类别有：数据帧、远程帧、出错帧、超载帧等几种。信号传输采用短帧结构，每一帧有效字节数为 8 个，因而传输时间短，受干扰的概率低。当节点严重错误时，具有自动关闭的功能，以切断该接点与总线的联系，使总线上的其他接点及其通信不受影响，具有较强的抗干扰能力。

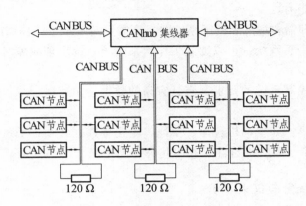

图 6.22 CAN 拓扑结构示意图

CAN 能够使用多种物理介质，例如双绞线、光纤等。最常用的就是双绞线，信号使用差分电压传送，两条信号线被称为 CAN_H 和 CAN_L。采用双绞线，通信速率高达 1 Mbps/40 m，直接传输距离最远可达 10 km/5 kbps。可挂设备最多可达 110 个。

CAN 支持多主站方式，网络上任何接点均可在任何时刻主动向其他接点发送信息，支持点对点，一点对多点和全局广播方式接收/发送数据。CAN 采用总线仲裁技术，当出现几个节点同时在网络上传输信息时，优先级高的节点继续发送数据，而优先级低的节点则主动停止发送，从而避免总线冲突。

2. CAN 总线的特点

（1）多主站依据优先权进行总线访问。

（2）非破坏性的基于优先权的总线仲裁。

（3）借助接收滤波的多地址信息传送。

（4）远程数据请求。

（5）配置灵活。

（6）全系统的数据相容性。

（7）错误检测和出错信令。节点在错误严重的情况下，具有自动关闭总线的功能，切断它与总线的联系，以使总线上的其他操作不受影响。

（8）发送期间若丢失仲裁或由于出错而遭破坏的数据包可自动重发。

（9）暂时错误和永久性故障节点的判别以及故障节点与 CAN 总线的自动脱离。

3. J1939 对 CAN 的改进

J1939 是基于 CAN 2.0 的协议，但它对后者在数据传输协议、信息帧格式等方面进行了改造，改造后解决了如下问题：

（1）优先权问题。如自动换挡要求减油门，巡航控制同时要求增油，而 ASR 则要求减油门以维持驱动轴的低扭矩。根据重要程度，则应确定换挡优先，协议能定义各个子系统的优先权顺序。

（2）灵活性问题。因为各个子系统都是不同类型的控制系统，网络应具备将各个子系统有机地融合在一起的能力。

（3）可扩展性。即需要增加新的子系统时，不需要对基本系统作修改。

（4）独立性。每个子系统都可以独立工作，某个子系统出现故障时并不影响其他系统的正工作。

（5）为满足不同控制系统的要求，应具有高的数据传输速率带宽，具有通用的故障诊断接口诊断协议。

（6）车辆状态共享。如发动机转速、车速、轮速等数据必须各子系统共享，数据的传输及刷新时间取决于各个子系统的特性，并由此决定优先权。

4. 基于 CAN 的汽车仪表简介

1）各仪表的简要概述

（1）车速里程表：该仪表显示的车速及里程数据由发动机 ECU 通过 J1939 数据总线提供，数据首先提供给 J1939 多功能表，并可在该表显示，然后由多功能表通过到仪表总成的总线发送给车速里程表并显示。其车速指示范围为 0 ~ 140 km/h，指示误差为+2 km/h（最大），，里程表指示范围为 0 ~ 999 999 km。指示误差为±2 km/100 km。

（2）发动机转速表：该仪表显示的发动机转速参数由发动机 ECU 通过 J1939 数据总线提供，数据首先是提供给 J1939 多功能表并可在该表显示，然后由多功能表通过到仪表总成的总线发送给发动机转速表并显示。其指示范围为 0 ~ 4 000 r/min，指示误差±100 r/min。

（3）水温、燃油量组合表：水温表显示的参数由发动机 ECU 通过 J1939 数据总线提供，数据首先提供给 J1939 多功能表并可在该表显示，然后由多功能表通过到仪表总成的总线发送给水温表并显示。其指示刻度共分 9 挡，40 ~ 120℃，指示分辨率为 10℃。燃油表显示油量参数（水平位）由安装在油箱上的燃油传感器直接向仪表提供并处理显示。指示刻度为 9 挡，从 0 ~ 1，指示分辨率为 1/8。

（4）机油压力、电压组合表：该仪表显示的机油压力及电压的参数由发动机 ECU 通过 J1939 数据总线提供，数据首先提供给 J1939 多功能表并显示，然后通过到仪表总成的总线发送给机油压力表及电压并显示。机油压力指示范围为 9 挡，0 ~ 6×100 kPa，其指示范分辨率为 0.7 大气压（70 kPa）；电压指示范围为 9 挡，12 ~ 36 V，其指示分辨率为±3 V。

（5）气压表：该仪表为双气压表，其显示的参数由气压传感器向仪表提供，通过处理并显示，其指示范围为 0 ~ 10×100 kPa，指示分辨率为 100 kPa。

2）仪表的扩展功能

将车内的控制网络与信息网络如故障信息检测系统，车况自动纪录系统。实时驾驶信息显示系统（智能化数字仪表）与嵌入式因特网互联（支持 IPv4 及 IPv6），使每个汽车有一个 Web 网页，是今后汽车计算平台的关键核心技术。

由此可见，CAN 应用于汽车等平台的智能仪器是大有作为的。

5. CAN 智能仪器开发步骤

（1）熟悉和理解 CAN 标准，通过现有的 CAN 接口卡等进行学习，既有理论知识又有感性认识。

（2）了解和掌握可以用来设计的 CAN 芯片，常用 CAN 控制器芯片有：P87C591，XAC37，SJA1000 等；常用 CAN 收发器芯片有：PCA82C250，PCA82C251，PCA82C252，TJA1040，TJA1041，TJA1050，TJA1053，TJA1054 等。

（3）选择合适的 CAN 开发工具。

其中 ZLGCAN 系列工具品种齐全，规格众多，能够提供多种层次的选择。

（4）制定用户层通信协议：实质就是建立 OSI 模型的第 7 层协议，一般如图 6.23 所示。重点分析和规划通信握手、连接过程，校验过程和方式，以及波特率设置等，并且形成文档。

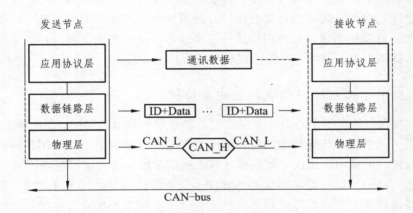

图 6.23　建立 CAN 通信协议

（5）配置相关 CAN 附件，如电缆等。

（6）进行单元电路设计。

（7）结合编制好的通信协议，编写芯片控制程序。

（8）调试，利用 CAN 协议分析仪等进行。

（9）应用，实际安装应用。

（10）测试，利用 CAN 协议分析仪等进行。

6.4　工业以太网总线

6.4.1　工业以太网总线

由于以太网技术具有成本低、通信速率和带宽高、兼容性好、软硬件资源丰富、广泛的技术支持基础和强大的持续发展潜力等诸多优点，在过程控制领域的管理层已被广泛应用。但是，以太网应用于工业现场存在以下主要问题：

1. 信息传输存在实时性差和不确定性

工业控制网络要求具有比较高的实时性和确定性。而以太网采用带冲突检测的载波侦听多路访问协议（CSMA/CD）以及二进制指数退避算法（BEB），必然导致信息传送的滞后，而且其时间滞后是随机的，即以太网实质上是一种非确定性的网络系统。因此，对于响应时间要求严格的控制过程会存在碰撞产生的可能性，造成响应时间的不确定性，使信息不能按要求正常传递，无法满足工业控制网络所要求的数据传输的实时性和确定性。此外，以太网交换机存在的"广播风暴"问题，工业数据通信网络中广泛采用广播方式发送的实时数据报文，同样会产生碰撞。

2. 以太网的可靠性差

安装在工业现场的设备对高可靠性、健壮性和安全性等性能要求很高，要能够抗冲击、耐振动、耐腐蚀、防尘、防水以及具有比较好的电磁兼容性和功能安全性。而传统的以太网主要应用于办公自动化领域，其所用插接件、集线器、交换机和电缆等都是为办公室应用而设计的，抗干扰能力差，难以满足工业现场的恶劣环境要求。

3. 缺乏应用于工业控制领域的应用层协议

以太网标准仅仅定义了 ISO/OSI 参考模型的物理层和数据链路层，即使再加上 TCP/IP 协议也只是提供了网络层和传输层的功能。两个设备要想正常通信必须使用相同的协议，也就是说还必须有统一的应用层协议。而商用计算机通信领域采用的应用层协议主要是 FTP（文件传输协议），Telnet（远程登录协议），SMTP（简单邮件传输协议），HTTP（超文本传输协议）等。这些协议所规定的数据结构等特性不符合工业控制现场设备之间的实时通信要求。因此，必须制定统一的适用于控制领域的应用层协议。

事实证明，通过一些实时性和确定性通信增强技术，工业应用中的高可靠性网络的设计与改进，以及工业通信应用层协议制定，以太网可以满足工业数据通信的实时性及工业现场环境要求，并可直接向下延伸应用于工业现场仪器、设备和系统间的通信，这就是工业以太网。

工业以太网一般是指在技术上与商业以太网（即 IEEE 802.3 标准）兼容，但在产品设计时，材质的选用、产品的强度、适用性以及实时性等方面能够满足工业现场的需要，也就是满足环境性、可靠性、安全性以及安装方便等要求的以太网。以太网是按 IEEE 802.3 标准，采用带冲突检测的载波侦听多路访问方法（CSMA/CD）对共享媒体进行访问的一种局域网。其协议对应于 ISO/OSI 七层参考模型中的物理层和数据链路层，以太网的传输介质为同轴电缆、双绞线、光纤等，采用总线型或星型拓扑结构，传输速率为 10 Mbps，100 Mbps，1 000 Mbps 或更高。工业以太网应用于工业过程控制领域，它是现代自动控制技术和信息网络技术相结合的产物，是下一代自动化设备的标志性技术，是改造传统工业的有力工具，同时也是信息化带动工业化的重点方向。国内对工业以太网络技术的需求日益增加，在石油、化工、冶金、电力、机械、交通、建材、楼宇管理、现代农业等领域和许多新规划建设的项目中都需要工业以太网络技术的支持。其中，应用于过程测控的智能仪器面向工业以太网进行设计，是一个发展趋势和方向。

前几年，关于现场总线和工业以太网逐鹿中原鹿死谁手的争论还余音绕梁，言犹在耳，但是，跟多种现场总线竞争单一主流标准地位，但是最终是多个总线规范同时被纳入 IEC

61158 体系一样，多种工业以太网规范也被一同纳入到 IEC 61158 体系中，并驾齐驱，共同生存，互不隶属，称为工业以太网总线。由我国自主提出的 EPA 框架也在其中，称为第 14 类总线，参见表 6.3。

6.4.2　EPA

1. EPA 的产生、特点和意义

EPA 是 Ethernet for Plant Automation 的首字母缩略语。在国家科技部 "863" 计划的支持下，浙江大学、浙大中控、中科院沈阳自动化研究所、重庆邮电学院、大连理工大学、清华大学等单位联合成立了标准起草工作小组，经过技术攻关，起草了我国第一个拥有自主知识产权的现场总线国家标准，已于 2005 年 2 月被国际电工委员会 IEC/TC65/SC65C 采纳，成为 IEC PAS 62409 国际标准，而且 IEEE 61158 批准其为第 14 类标准总线。

EPA 在我国的国家标准是 GB/T 20171—2006《用于工业测量与控制系统的 EPA 通信标准》，并且在此基础上，以该标准为第 1 部分，制定和颁布了 GB/T 26796《用于工业测量与控制系统的 EPA 规范》体系，如 2011 年的《第 2 部分：协议一致性测试规范》等，可以称之为 EPA 体系。EPA 体系通过增加一些必要的改进措施，改善以太网的通信实时性，在以太网、TCP/IP 协议之上定义工业控制应用层服务和协议规范，将在 IT 领域应用较为广泛的以太网（包括无线局域网、蓝牙）以及 TCP/IP 协议应用于工业控制网络，实现工业企业综合自动化系统中由信息管理层、过程监控层直至现场设备层的无缝信息集成，解决基于以太网的确定性通信调度规范、定义基于以太网和 TCP/IP 协议的应用层服务和协议规范、基于 XML 的电子设备描述等内容，为用户应用进程之间无障碍的数据和信息交换提供统一的平台。

2. EPA 体系有以下特点：

1）总体框架特点

（1）EPA 符合分布式网络发展的趋势，能够满足其现实需求。EPA 系统采用分布式结构，它利用 ISO/IEC 8802-3、IEEE 802.11 和 IEC 802.15 等协议定义的网络，将分布在现场的若干个设备、小系统以及控制/监视设备连接起来，所有设备一起运作，共同完成工业生产过程和操作中的测量和控制任务。

（2）EPA 符合 IEC 61499 规定的体系结构参考模型。IEC 61499 定义的分布式自动化系统由物理设备（设备）和逻辑设备（资源）组成，因而 IEC 61499 建立的系统参考模型用三个层次，即系统模型、设备模型和资源模型来描述。在 EPA 标准中，这些模型全部得以实现，并有了进一步的发展。

（3）EPA 支持垂直集成与水平集成：当前，评价一个工业自动化系统的性能，除开放性、一致性和透明性等方面以外，集成性已成为衡量控制系统综合性能的十分重要的指标。集成性包括垂直集成（信息集成）和水平集成（自动化集成）。系统集成性的关键技术是网络通信。因而，采用 EPA 实时以太网通信技术，可实现工业企业智能工厂中垂直和水平两个方向信息的无缝集成。因此，采用 EPA 网络，可以实现工业企业综合自动化智能工厂系统中从底层的现场设备层到上层的控制层、管理层的通信网络平台基于以太网技术的统一，即所谓的 "E（Ethernet）网到底"。

（4）EPA 系统提供工厂自动化整体解决方案。EPA 实时以太网为工业企业的生产过程控制系统 PCS、生产执行系统 MES 和企业资源管理系统 ERP 等三个层次建立了完善的管控一体化网络，实现了各层次信息的无缝集成，将标准 EPA 网段、功能安全 EPA 网段、无线通信 EPA 网段，以及第三方现场总线网段等子系统有机地融为一体，使各方面资源充分调配、平衡和控制，最大限度地发挥其能力。并能根据市场和生产状态反馈，制订生产计划和调度排产计划，达到生产现场在线设备动态管理。

2）兼容性

EPA 控制系统兼容 IEEE 802.3、IEEE 802.1P&Q、IEEE 802.1D、IEEE 802.11、IEEE 802.15 以及 UDP（TCP）/IP 等协议。

3）开放性

为确保 EPA 系统运行的可靠性，EPA 标准中还针对工业现场应用环境，增加了媒体接口选择规范与线缆安装导则。商用通信线缆（如五类双绞线、同轴线缆、光纤等）均可应用于 EPA 系统中，但必须满足工业现场应用环境的可靠性要求，如使用屏蔽双绞线代替非屏蔽双绞线。EPA 网络支持其他以太网/无线局域网/蓝牙上的其他协议（如 FTP、HTTP、SOAP 以及 MODBUS、ProfiNet、Ethernet/IP 协议）报文的并行传输。这样，IT 领域的一切适用技术、资源和优势均可以在 EPA 系统中得以继承。

4）互操作性

EPA 标准除了解决实时通信问题外，还为用户层应用程序定义了应用层服务与协议规范，包括系统管理服务、域上/下载服务、变量访问服务、事件管理服务等。至于 ISO/OSI 通信模型中的会话层、表示层等中间层次，为降低设备的通信处理负荷，可以省略，而在应用层直接定义与 TCP/IP 协议的接口。

为支持来自不同厂商的 EPA 设备之间的互可操作，EPA 标准用 XML（eXtensible Markup Language）扩展标记语言为 EPA 设备描述语言，规定了设备资源、功能块及其参数接口的描述方法。用户可采用 Microsoft 提供的通用 DOM 技术对 EPA 设备描述文件进行解释，而无须专用的设备描述文件编译和解释工具。

5）EPA 采用微网段化系统结构

将控制系统中的控制网络划分为若干个控制区域，每个控制区域即为一个微网段。每个微网段通过 EPA 网桥与其他网段进行分隔，该微网段内 EPA 设备间的通信被限制在本控制区域内进行，而不会占用其他网段的带宽资源。处于不同微网段内 EPA 设备间的通信，需由相应 EPA 网桥进行转发控制。

6）通信的确定性

该标准在数据链路层与网络层之间定义了一个确定性通信调度管理接口，用于处理 EPA 设备的报文发送调度。通过该通信调度管理接口，EPA 设备按组态后的顺序，采用分时发送方式向网络上发送报文，以避免报文冲突，并确保通信的确定性。支持 EPA 报文与通用网络报文并行传输，在不影响实时性的前提下，支持 EPA 报文与通用网络报文并行传输。

EPA 系统中，根据通信关系，将控制现场划分为若干个控制区域，每个区域通过一个 EPA 网桥互相分隔，将本区域内设备间的通信流量限制在本区域内；不同控制区域间的通信由 EPA 网桥进行转发；在一个控制区域内，每个 EPA 设备按事先组态的分时发送原则向网络上发送数据，由此避免了碰撞，保证了 EPA 设备间通信的确定性和实时性。满足了以下应用要求：

（1）在正常工作状态下，周期性信息（如过程测量与控制信息、监控信息等）较多，而非周期信息（如突发事件报警、程序上下载等）较少；

（2）有限的时间响应，一般办公室自动化计算机局部网响应时间可在几秒范围内，而工业控制局域网的响应时间应在 0.01～1 s；

（3）信息流向具有明显的方向性，通信关系确定。比如变送器只需将测量信息传送到控制器，而控制器则将控制信息传送给执行机构，来自现场仪表的过程监控与突发事件信息则传向操作站，操作站一般只需将下载的程序或配置数据传送给现场仪表等；

（4）根据组态方案，信息的传送遵循严格的时序；

（5）网络负荷较为平稳。

7）分层的安全策略

对基于 EPA 的分布式现场网络控制系统，从企业信息管理层、过程监控层和现场设备层 3 个层次，采用不同的安全技术，如防火墙技术、网络隔离、硬件加锁等安全措施。

8）网络供电

该标准采用 XML 结构化文本语言，规定了 EPA 设备资源的描述方法，以实现不同 EPA 设备的互可操作性。EPA 体系在产品开发和工程应用上有比较好的基础，现已开发出了基于 EPA 的变送器、执行器、现场控制器、数据采集器、远程分散控制站、无纸记录仪等产品，基于 EPA 的分布式网络控制系统已在化工企业得到成功应用。

3. EPA 框架结构

EPA 实现了 IEC 61499 规定的体系结构参考模型，包括系统模型、设备模型和资源模型三个层次。

1）系统模型

EPA 分布式系统模型如图 6.24 所示。控制系统应用进程分布在一个设备或一组设备上，这些设备通过通信网络（如以太网、无线局域网、蓝牙等）互连，分布式应用进程共同完成对过程对象的控制。

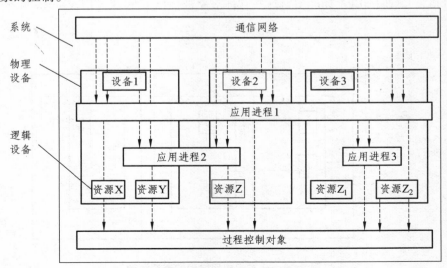

图 6.24　基于对象组件的 EPA 分布式系统模型

2）设备模型

EPA 的设备模型如图 6.25 所示。它包含由一个或由多个资源组成的设备，通过对这些资源的组合，在这些资源上执行分布式应用程序的本地部分。这些带有符合 IEC 61499 标准的设备，在 EPA 标准中称作包含逻辑设备的 EPA 物理设备，简称 EPA 设备。

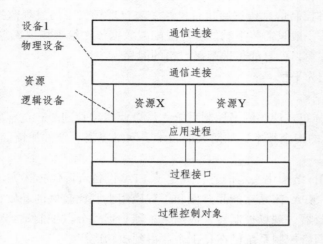

图 6.25　设备模型

EPA 设备可包括一个或多个 EPA 逻辑设备（EPA 资源），EPA 资源描述了 EPA 设备中的一部分硬件和软件特性。EPA 设备有 EPA 主设备、EPA 现场设备、EPA 网桥、EPA 代理，以及无线接入设备等。

3）资源模型

图 6.26 所示是 EPA 资源模型。它由互连的软件对象组成，它们在设备内可直接彼此通信或者它们具有通过 EPA 网络进行互连的能力。在 IEC 61499 中，这些软件对象称作功能块（function block）；而在 EPA 标准中，这些软件对象被称作 EPA 块（EPA block）。

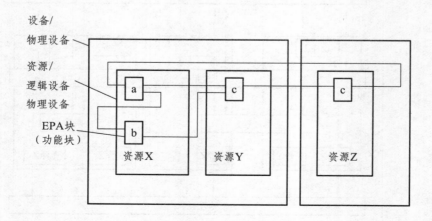

图 6.26　分布式应用进程的资源模型

EPA 块是 EPA 系统中原子级的元素，也就是说它们是不可再分割的基本元素，其存在于一个包含可执行算法的实体内，而且具有用于输入和输出数据的可互连的外部接口。EPA 块是 EPA 应用的分布式功能单元。

一般来讲，IEC 61499 假定一个功能块（对应于 EPA 块）应用进程驻存于一个由不同逻辑设备组成的设备，或者也可以驻存于由不同逻辑设备组成的设备中，这些逻辑设备之间通过事件流和数据流的因果关系链接而成，来自输出方的事件与相关联的 EPA 块的数据相结合，作为另一个 EPA 块的输入。对于一个 EPA 设备内由一个或多个 EPA 逻辑设备组成的 EPA 块应用进程，其内部对象模块之间的通信关系可由 EPA 设备制造厂商定义。

对于跨越不同设备的不同资源与 EPA 块实例之间的互连、数据交换和功能调用，必须为每个资源和 EPA 块实例指定角色和通信访问路径，因此必须使用 EPA 通信块。在 EPA 系统中，EPA 通信块包括两个组成部分，即 EPA 链接对象和 EPA 应用层服务。

4）EPA 块通信映射模型

EPA 块通信映射模型如图 6.27 所示。从图中可以看出，EPA 链接对象用来表示组成 EPA 块应用进程的资源和 EPA 块实例之间的网络链路连接关系，EPA 块实例间的每个链接对象规定了一个 EPA 块实例的参数，如从另一个 EPA 块实例的指定输出参数端口处得到的值。而 EPA 应用层服务则为这些资源和 EPA 块实例之间提供数据交换与事件传输接口，这些 EPA 服务包括域管理服务、变量访问服务，以及事件管理服务等。

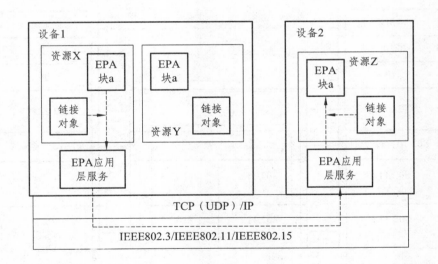

图 6.27　EPA 块通信映射模型

这样一来，利用开发商提供的组态软件工具，就可选用各种 EPA 块对象的实例，将它们放在组态界面上，组态工具完成这些对象的实例，然后在输入和输出之间用图形化的线将这些实例的接口连接起来，这样就隐性地设计了 EFA 网络上的通信链。由此可见，基于 EPA 实时以太网的分布式控制系统完全面向控制应用工程师，它利用标准的、开放的、分布式、可重用的 EPA 块，通过一种明晰的、易于实现的链接关系连接起来，有机地组成不同的系统，以满足各种不同工程应用的要求。由于 EPA 块组件可以在相同或其他应用程序中被反复应用，所以这种基于组件模块的方法可以显著减少为应用所开发的软件数量，节省控制系统开发的时间，降低工程成本，大大提高工程的应用质量和可靠性。

5）无线接入模型

为了实现与无线通信网络的互连，EPA 标准规定了两种无线通信技术的接入，即 IEEE 802.11 无线局域网的接入和 IEEE 802.15 蓝牙通信的接入。

EPA 标准定义了两类无线局域网设备，即无线局域网 EPA 现场设备和 EPA 接入设备。无线局域网 EPA 接入设备通常由一个无线局域网接口和一个以太网接口构成，EPA 接入设备负荷 IEEE 802.1d 桥接协议。它支持的接入有：EPA 现场设备间直接进行数据交换，无线局域网 EPA 现场设备通过接入设备连接以太网。

无线局域网 EPA 现场设备与以太网的接入模型如图 6.28 所示。从图中可以看出，无线局域网（IEEE 802.11x）物理层规定了 FHSS、直接序列扩频（DSSS）和红外线三种物理层的相关规范。接入模型的数据链路层则由 IEEE 802.11x MAC、IEEE 802.11d 桥接协议和 IEEE 802.2 LLC 组成，其中 IEEE 802.11x MAC 规定了 CSMA/CA 介质访问控制机制、网络连接以及提供数据验证和保密机制；IEEE 802.11d 是连接不同类型局域网的桥接协议；IEEE 802.2 LLC 为网络层协议提供未确认无连接服务、面向连接的服务和确认无连接服务，并规定了差错控制、寻址和数据链路控制服务。

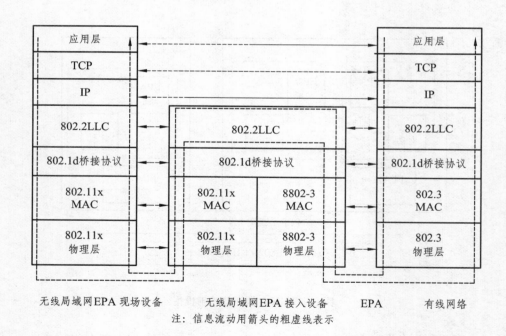

图 6.28　无线局域网 EPA 现场设备与以太网的接入模型

在 IEC 61499 国际标准中不包括无线通信网络技术，显而易见，EPA 标准规定的无线局域网 EPA 现场设备接入协议和蓝牙 EPA 现场设备接入协议模型是对 IEC 61499 参考模型的扩展和创新。

　　通过各种总线技术的学习与理解，现在就可以很好理解虚拟仪器的概念与体系结构了。所谓虚拟仪器，是指这样一类仪器：它以计算机为核心，通过最大限度地利用计算机的软硬件资源，使计算机不但能完成传统仪器测量控制、数据运算和处理工作，而且可以用强大的软件去代替传统仪器的某些硬件功能。虚拟仪器中，计算机是载体，仪器硬件是核心，仪器应用软件是关键。之所以称为虚拟仪器，是因为它的仪器面板是虚拟的，而仪器功能很大部分是由软件实现的，号称软件即仪器。从与传统仪器的对比中可以看出虚拟仪器的特点，如表 6.4 所示。

表 6.4　虚拟仪器的特点（与传统仪器对比）

	传统仪器	虚拟仪器系统
系统标准	仪器厂商定义	用户自定义
系统关键	硬件	软件
系统更改	仪器功能、规模固定	系统功能、规模可通过软件修改、增减
系统连接	系统封闭，与其他设备连接受限	开放的系统，可方便地与外设、网络及其他应用连接
价格	昂贵	低，可重复利用
技术更新周期	5～10 年	1～2 年
开发、维护费用	高	低

　　虚拟仪器的体系结构如图 6.29 所示。

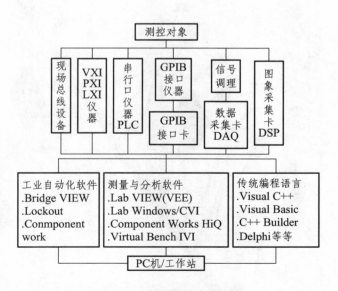

图 6.29　虚拟仪器体系结构

图 6.30 和图 6.31 有助于理解虚拟仪器框架结构。

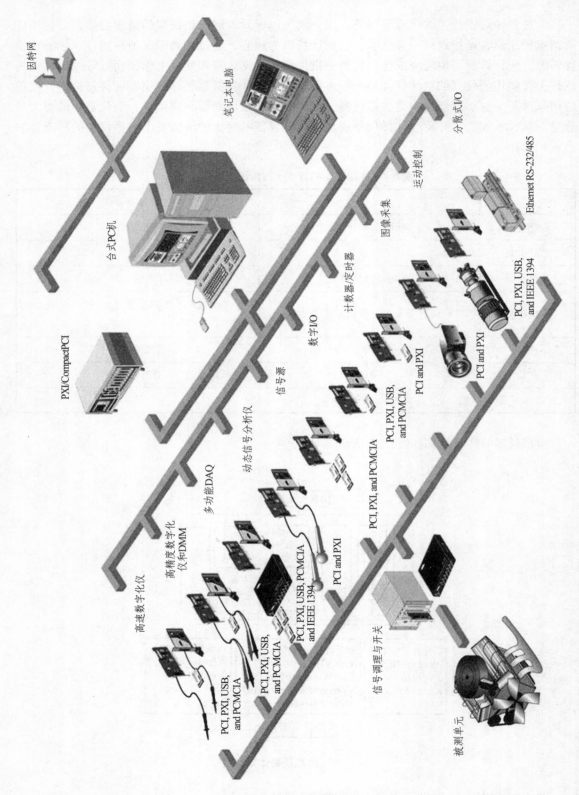

图 6.30 虚拟仪器系统构成

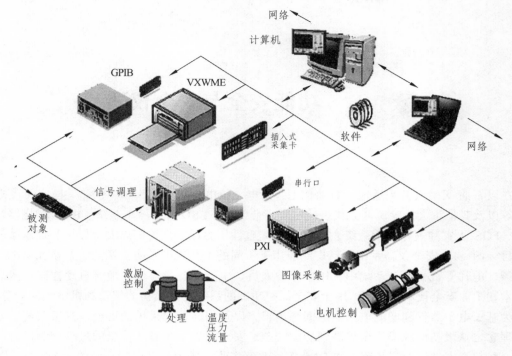

图 6.31　虚拟仪器系统构成

　　虚拟仪器是智能仪器主要和重要发展方向之一。虚拟仪器理论和技术丰富了智能仪器的内涵，扩展了智能仪器的理念。

习题与思考六

1. 简述总线的定义，作用和特点以及性能参数。
2. 仪用总线有哪些类型，各自的特点是什么？
3. 简述现场总线的发展、特点和种类。
4. IEC61158 标准体系的内容和特点是什么？
5. 简述 CAN 总线的功能、特点和应用。
6. 设计一个基于 CAN 总线的简易仪表。
7. EPA 是什么？EPA 体系的主要内容、特点有哪些？
8. EPA 还需要哪些技术、方法或标准作为补充？

第 7 章　功能安全与安全仪器

在以石油/天然气开采运输、石油化工、发电、核电、化工，汽车、铁路、航空（飞机）、冶金等以及其他重大危险源区为代表的过程工业领域，ESD 紧急停车系统、BMS 燃烧器管理系统、FGS 火灾和气体安全系统、HIPPS 高完整性压力保护系统等以安全保护和抑制减轻灾害为目标的 SIS 安全仪器系统，已广泛应用于不同的工艺或设备防护场合，乃至如家电、医疗器械、电梯等机械电气系统中，用以保护人员、生产设备及环境。随着自动控制技术、仪器技术和工业安全技术的发展，用于安全保护功能的系统也从最初的气动和机电继电器逻辑，发展为基于电子器件和印刷电路板的固态逻辑，以及当前普遍采用的可编程逻辑系统。安全设计理念也从最初的故障安全扩展到功能安全。安全仪表系统已从传统的过程控制概念脱颖而出，并与基本过程控制系统（如 DCS 等）并驾齐驱，成为自动控制领域的一个重要分支。

智能仪器广泛应用于上述各个行业，实现功能安全，就是功能安全仪器。智能仪器设计，必须遵照功能安全相关标准和规范的要求、理论技术方法进行。功能安全设计要与质量管理体系 QMS、职业健康安全管理体系 OMS、环境管理体系 EMS 和信息安全管理体系 ISMS 一起协同规划、综合统筹设计。安全已经是人类不可或缺的主要和重要需求之一，产品设计之初的需求分析必然包括对安全需求的分析。现代设计理念不仅是技术方法的现代化，而且是一种哲学，安全哲学就是其中一个重要分支，其具体学科叫做安全科学。它不仅解决的是安全问题，研究安全理论和工程技术方法，而且提倡安全道德，建设的是安全文化，追求的是安全体系。

与智能仪器安全设计相关的主要安全术语有安规、本质安全和功能。本章主要讲功能安全以及实现功能安全的安全仪器（仪表，为与约定俗成的称谓吻合，本章采用安全仪表这一术语），兼顾安规和本质安全。目前，越来越多的自动化、信息化功能使得保护人类生命安全，健康、财产和环境安全的责任由设备和系统操作者负责，转到由设备和系统开发者负责。这种由人履行相应的职责以及由设备和仪器、系统及其过程执行功能完成的状态，就是功能安全。

7.1　功能安全

7.1.1　基本概念

1. 传统的安全性定义与安全观

（1）GJB 1405A—2006 标准 2.34 定义的安全性：不导致人员伤亡、危害健康及环境，不给设备或财产造成破坏或损失的能力。

（2）GJB 900—1990 系统安全性通用大纲的定义：不发生事故的能力。

在这种安全性定义下，体现的是"无危则安，无缺则全"理想：人和设备、财物的安全是一种没有危险的状态；较详细的表述是指受到保护，不受到各种类型的故障、损坏、错误、意外、伤害或是其他不情愿事件的影响。

这是传统安全观的典型表述。按这种安全概念，安全是没有危险，不受威胁，不出事故的状态。这个概念下的安全不可控制，因为这是一个绝对安全的概念，而绝对安全是不存在的。以绝对安全为目标是不现实的，它只是一个美好而绝对的理想境界，表现出人们对这种境界的追求与渴望。

2. 功能安全

（1）IEC 61507.4 和 GB 201437.4 中定义的安全：不存在不可接受的风险。这是一个相对安全的概念，通过这个定义，安全问题就转化为风险问题。这样一来，安全就变得可控制了，因为风险是可控的。实施功能安全本质上就是控制风险。

（2）功能安全：IEC 61507.4 和 GB 201437.4 中定义——与 EUC 和 EUC 控制系统有关的主题安全组成部分，它取决于 E/E/PE 安全相关系统、其他技术安全相关系统和外部风险降低设施功能的正确行使。而 IEC 61511.1 的功能安全定义——与过程和基本过程控制系统 BPCS 有关的整个安全组成部分——它取决于 SIS 和其他保护层的正确观念执行。该术语的定义与 IEC 61507.4 的定义有所差别，反映出过程领域术语的差异。

对于一个系统（设备、仪器、过程或企业、区域、空间），功能安全就是当系统内部出现随机的、公共的故障，或者系统自身出现故障时，该系统不会出现安全功能的丧失或误动作，也不会引发人员伤亡、物料泄漏以致污染环境、损坏设备，这样的故障安全系统就可以称之为功能安全的。

功能安全属于内部安全。

（3）安全状态。

IEC 61507.4 和 GB 201437.4 中定义：达到安全时 EUC 的状态。

功能安全的定义指出，虽然安全不是指的理想状态，但并不意味着放弃安全工作，而是将安全工作的目标确定在一个相对安全的点上，或者在一个可接受的风险发生概率范围内。这个定义有两个划时代的意义：

① 把安全从一个绝对的概念转变为一个相对的概念：安全不再是一个高不可攀的绝对目标，而是可接受风险的状态。安全成了有现实目标的工作。

② 把对安全的追求转变为对风险的控制。而且，安全工作产生了两种方式：一是降低伤害的概率；一是降低伤害的严重程度。还有一点也很重要，安全工作的保护对象可以是人、环境或财产；再延伸一下，还可以是动物、植物等。

功能安全所定义的安全指"免除了不可接受的损害风险的状态"（出自 GB/T 280001—2001，但是 GB/T 280001—2011 将该条术语和定义删除了），它是可控的，通过控制特定的、已被识别危害源，降低其产生危害的概率，使风险保持在一定的可接受水平以下，因此减少造成生命、健康危害，设备、财物损伤或经济损失的可能性；安全包括对人或对所有物的保护。

功能安全第一的安全是把人体、财物和环境等从包含有不可接受风险、直接或间接的损害场合中解放或者保护起来。功能安全依靠一个系统或者设备而获得安全。它与系统能否执行其设计功能相关。例如，一个过热保护装置把一个热传感器用在电动机线圈中可以在过热的时候停止电动机运转。但是研究电动机在高热时候还依旧可以正常运转的技术却不是功能安全技术。

总之，功能安全的定义，就是功能的正确行使。它包括三重含义：

① 使产品的功能以一个预定的概率实现，比如一旦要求该功能实现时，其失效的概率要小于 1/10、1/100、1/1 000、1/10 000 等。即以与安全有关的功能能够实现的概率来保证安全的实现。

② 使功能的实现时时处于监视之下，当与安全有关的功能一旦丧失时，可及时获得相应信息。

③ 与安全有关的功能一旦丧失时，使其将会导致的伤害事件不发生，或降低其严重性。

从上述定义可以理解到，安全功能是针对特定的危险事件，为达到和保持过程的安全状态，由安全仪表系统 SIS、其他技术安全相关系统或外部设施实现的功能。对功能安全的要求在诸多工业自动化领域中越来越重要，因而对安全仪表的需求也日益增长，要求也会越来越高、越来越严格。其原因包括：

① 技术性原因，如系统设计越复杂，故障的几率也越高；

② 诉讼风险，如事故所能导致的赔偿超过预防措施的费用；

③ 政府部门和监管团体的积极介入，如各种安规及其强制认证体系的要求。

3. 相关术语

1）风险（Risk）

出现伤害的概率及该伤害的严重性的组合。

风险指伤害发生的可能性和严重性，是某种不安全因素可能导致的伤害和伤害的严重程度。

允许风险：根据当今社会的水准，在给定的范围内能够接受的风险。

必要的风险降低（necessary risk reduction）：为保证不超过允许风险，由 E/E/PE 安全相关系统、其他技术安全相关系统和外部风险降低设施达到的风险降低。

残余风险（residual risk）：采取防护措施之后仍然存在的风险。

2）伤害（Harm）

对环境、财产或者人员的健康造成的物理性伤害或者损毁，是指问题发生以后对环境、财产和人员造成的伤害。

伤害事件（harmful event）：导致伤害的危险事件或危险情况的发生。

3）危险（Hazard）

即潜在的伤害源，是指一个可以导致伤害发生的潜在危险源，如果触及那个区域，或者对其防护或控制失效，即可导致伤害发生。

危险情况：人、财产或者环境暴露于一个或多个危险中的情况。

危险事件（hazardous event）：导致伤害的情况。

4）受控设备（equipment under control，EUC）

用于制造、加工、运输、制药或其他活动的设备、机器、器械或成套装置。

EUC 风险（EUC risk）是指由 EUC 或由 EUC 与 EUC 控制系统相互作用而产生的风险。

5）EUC 控制系统（EUC control system）

对来自过程和（或）操作者的输入信号起反应，产生能使 EUC 按要求方式工作的输出信号的系统。EUC 控制系统包括输入装置和最终元件。

6）功能单元

是指能够完成规定目标的软件实体、硬件实体，或两者相结合的实体。

7）错　误

是指计算、观测或测量到的值或条件与真值、规定的或理论上正确的值或条件的差异。包括人为错误，也可称为失误：人的动作或不动作引发的非期望结果的错误，是计算、观测和测量到的值或条件与真值、规定的或理论上正确的值或条件的差异。人为错误是引起失效的另一重要原因。在 IEC 61508 中，为说明原因，有时将故障和人为错误都作为故障，但在处理这两类问题时，方法是完全不同的。

8）故　障

可能导致功能单元执行要求功能的能力降低，或丧失其能力的异常状况。

故障避免：在安全相关系统安全生命周期的任何一个阶段为避免故障发生而采取的技术和规程。

故障裕度：在出现故障或错误的情况下，功能单元继续执行一个功能要求的能力。

对于故障有两点要特别注意：一是故障会导致功能的丧失，也可能仅导致功能的能力降低。功能的完全丧失意味着失效，功能的能力降低但未失效即是故障，这是控制失效的有效缓冲地带。二是故障表现为无能力，一般来说故障的起因是自身问题。故障的起因如是外部问题，或故障的起因是人使用的错误，传统观念认为是外部保障问题，不看作故障。但在功能安全领域，无论什么起因，无能力都是必须控制的，都作为故障。所以对于故障的控制，不仅是对内部的控制，也包括对外部保障的控制，以及对人的各种有可能的错误的控制。

9）失　效

功能单元丧失了其执行所要求功能的能力；和/或功能单元虽提供某项功能，但不是所要求的功能，也就是提供了错误的功能。其中后一项是与其他失效定义的主要区别。设立功能单元的目的，是让其执行要求的功能；安全相关系统作为一个功能单元，其目的是排除特定的行为，或避免某个特定的行为，这些行为的出现就是失效。简言之，失效即功能单元执行一个要求功能的能力的终止，或功能单元不按要求起作用。

失效由故障和（或）错误（主要是人的失误）引起的。IEC 61508 在基于 IEV 191-04-01 的定义上，增加了由于软件或规范等的不足而导致的系统性失效。这样失效被分为两类：随机的（在硬件中），称作随机硬件失效；系统的（在硬件或软件中），叫系统性失效。安全相关产品在下列阶段必须考虑避免系统失效：设计需求规范；计和开发；集成；运行和维护；确认。

失效的主体是一个功能单元。

危险失效：使安全相关系统处于潜在的危险或丧失功能状态的失效。

安全失效：不可能是安全相关系统处于潜在危险或丧失功能状态的失效。

相关失效：其概率不能表示为引起其他独立事件的无条件概率的简单乘积的失效。

功能安全是用提高系统能够正确实现其功能的概率来保障安全的。保障功能的正确实现就要严格控制安全相关系统的失效，使其失效率低到一个可接受的值以下的一个范围内。而控制安全相关系统的失效就是尽可能减少错误或故障，或增强系统抗故障和错误的能力。

10）安全功能（safety function）

针对特定的危险事件，为达到或保持 EUC 的安全状态，由 E/E/PE 安全相关系统、其他技术安全相关系统或外部风险降低设施实现的功能。

11）安全状态（safe state）

达到安全时，被保护对象的状态。注意，从潜在危险情况到最终安全状态，被保护对象可能经过几个中间的安全状态。有时，当被保护对象处于连续控制下才存在一个安全状态。这样的连续控制可能是短时间的或是不确定的一段时间。

12）安全相关系统（safety-related system）

所指的系统，必须能实现要求的安全功能以达到或保持 EUC 的安全状态；自身或与其他 E/E/PE 安全相关系统、其他技术安全相关系统或外部风险降低设施一道，能够达到要求的安全功能所需的安全完整性。

理解这个定义的要点：安全相关系统是达成功能安全的手段。安全相关系统的作用是降低风险并达到必要的风险降低量，它将现有风险降低到可容忍风险以下。每个安全相关系统都应是一道独立的安全防线。安全相关系统的失效必须被包括在导致危害的事件中。安全相关系统的存在方式，一是安全相关系统与被保护对象是完全独立的；二是被保护对象本身就是安全相关系统；三是安全相关系统与被保护对象虽然是分开的，但它们共用一个或一些组件。推荐第一种。安全相关系统一般被分为安全相关控制系统和安全相关防护系统。安全相关系统可基于广泛的技术基础。安全相关系统包括执行规定安全功能所需的全部硬件、软件以及支持服务。

安全相关系统要满足两项要求：执行要求的安全功能，足以达到或保持被保护对象的安全状态；自身或与其他 E/E/PE 安全相关系统、其他风险降低措施一道，足以达到要求的安全功能所需的安全完整性。这是安全相关系统的规定动作和基本要求。

安全相关系统自身是由各部件（要素）构成的。每个要素都存在失效率，尽管可控制在很小值，但仍有失效可能。另一方面，有些难以抗拒的外部因素也会造成安全相关系统的失效。所以安全相关系统一定要设计成在自身出现失效时，被保护对象能按预定的顺序达到安全状态。有了这样的机制，从理论上讲，安全相关系统就可将被保护对象置于全闭环的保护之中。

安全相关系统覆盖的范围很广，适用于所有工业系统，它包含了影响安全的各种因素，如仪表组成的保护系统，工艺设备的安全措施以及管理和人员的操作和规章制度等各方面。安全相关系统有三大支柱：

（1）安全功能，它针对特定的危险事件，为达到或保持被保护对象的安全状态，由 E/E/PE 安全相关系统或其他风险降低措施实现的功能；安全状态是指达到安全时被保护对象的状态。

（2）安全完整性：在规定的时间段内，在规定的条件下，安全相关系统成功执行所规定安全功能的概率。当安全相关系统失效时，被保护的对象应按预定顺序达到安全状态。安全相关系统有两种操作模式，要求模式（低要求模式）和连续模式（高要求模式）。低要求模式将被保护对象导入规定的安全状态的安全功能，仅当要求时才执行。高要求模式下，功能相关系统安全功能将被保护对象保持在安全状态是其正常操作的一部分。

（3）故障安全原则，其定义为：组成安全相关系统的各环节自身出现故障的概率不可能为零，且外部环境的变化（如供电、供气中断，地震导致的损坏、雷击导致的损坏等）也可能发生。当内部或外部原因使安全相关系统失效时，被保护的对象应按预定的顺序达到安全状态，这就是故障安全原则。

基本过程控制系统（Basic Process Control System，BPCS）：是一种监测、监控系统，有基于 DCS、PLC、SCADA、现场总线、工业以太网总线的，也有基于常规仪表控制系统的监控系统。基本过程控制系统是活动的、动态的，需要人工频繁的干预。使生产过程的温度、压力、液位、流量等工艺参数维持在规定的范围之内，以保证产品的产量与质量。

13）电气/电子/可编程电子（E/E/PE）系统（electrical/electronic/programmable electronic）

基于电气（E）和（或）电子（E）和（或）可编程电子（PE）的装置或技术，如图 7.1 所示。

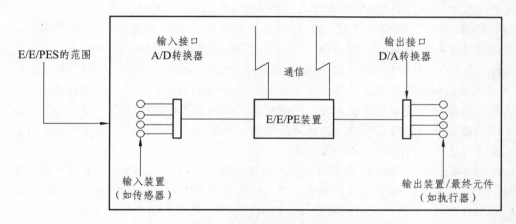

图 7.1　电气/电子/可编程电子（E/E/PE）系统的结构

14）其他技术安全相关系统（other technology safety-related system）

基于电气/电子/可编程电子技术之外的安全相关系统。例如安全阀就是一种其他技术安全相关系统。

15）外部风险降低设施（external risk reduction facility）

不使用 E/E/PE 安全相关系统或其他技术安全相关系统，且与上述系统分开并不同的降低或减轻风险的手段。例如排放系统、防火墙和堤都是外部风险降低设施。

16）安全生命周期

安全生命周期：安全相关系统实现过程中所必需的生命活动过程，这些活动发生在从一个工程的概念阶段开始，直至所有的 E/E/PE 安全相关系统，其他技术安全相关系统，以及外部风险降低设施完全停用为止的一段时间之内。

软件生命周期：从软件开始构思到软件永久停用期间的活动过程。

7.1.2　功能安全标准体系

1. 标准的起源和派生

功能安全概念的形成起源于 20 世纪 70 年代到 80 年代。在世界范围内，尤其是石油化工领域中一些大型项目的生产过程中，多次发生爆炸事故或者严重的污染物泄漏事件。当时业内专家通过系统的分析手段，明确了事故发生的主要原因是因为相关安全控制系统安全功能失效导致的，而造成这些失效的直接原因中，由于电子、电气、可编程逻辑控制器产品自身安全功能不完善导致系统失效的比重是非常大的。为了提高电子、电气、可编程逻辑控制器产品的安全性能，从 1989 年开始，世界范围内的政府和业内专家对产品安全性设计技术非常重视，并且计划将电子、电气及可编程电子安全控制系统相关的技术发展为一套成熟的安全设计技术标准。1990 年，经过南德意志集团（简称 TUV SUD）认证检测技术专家的专家技术团队的不断努力，推出了 DIN V VDE 0801 标准。1996 年，美国国家标准化组织（American National Standards Institute，ANSI）和美国仪表学会（ISA）专门成立的功能安全标准工作组 ISA SP84 提出了 ANSI/ISA S84.01（该标准被我国石化行业标准等同采用为 SY/T 10045 2003 工业生产过程中安全仪表系统的应用）并且由 ANSI 颁布执行。随着更多国家政府、国际组织和业内专家的参与，国际电工委员会在 1998 年正式颁布了 IEC 61508（功能安全基础标准）标准系列的第 1 版部分标准，到 2000 年该标准系列 1～7 颁布完毕，其中前 4 个分标准是规范性文件，后 3 个是信息性文件。2005 年颁布 IEC 61507.0 标准，是关于 7 个标准的技术报告。2010 年该标准系列的第 2 版正式颁布。由于 IEC 61508 系列标准提炼了不同行业安全工作的经验，并总结出一套基本的思想方法，因此在实践中得到了很好的应用。目前国际上已基本形成了以功能安全为思路基础的，包括风险分析、基础安全产品生产、安全产品认证、安全集成、安全评估等在内的安全保障产业链。

IEC 61508 已经在 2010 年发布第 2 版，它是功能安全的基础标准，由它派生出两个大类的标准：子标准和产品标准；行业领域标准。这些功能安全标准，包括道路车辆领域的功能安全标准 ISO 26262、过程控制领域的 IEC 61511 标准、工业自动化机械领域的 IEC 62061 和 ISO 13849-1 标准、铁路信号控制领域的 EN 50126 系列标准、核电领域的 IEC 61513 标准、医疗器械功能安全 IEC 60601、高炉用电子控制设备 IEC 50156、电子驱动系统 IEC 61800-5-2 等，形成一个较为完善的认证标准体系。以 IEC 61508 为基础标准的功能安全标准体系如图 7.2 所示。IEC 61508 标准体系为功能安全的确认提供了一个基本框架，并且指导功能安全认证机构进行以下服务：

（1）功能安全管理审核；

（2）失效率计算（PFH/PFD）；

（3）失效模式及效应分析（FMEA）；

（4）安全完整性等级判定（SIL）；

（5）软件评估，环境测试（含 EMC）；

（6）故障插入测试；

（7）文档评审，包括用户说明书和安全手册。

我国在 2006 年等同采用 IEC 61508 的国家标准 GB/T 20438.X 标准如表 7.1 所示。在 2007 年等同采用 IEC 61511 标准的系列标准 GB/T 21109 如表 7.2 所示。

表 7.1　GB/T20348 标准系列：电气电子可编程电子安全相关系统的功能安全

标准号	标准名称=电气电子可编程电子安全相关系统的功能安全
GB/T 20438.1	第 1 部分　一般要求
GB/T 20438.2	第 2 部分　电气电子可编程电子安全相关系统的要求
GB/T 20438.3	第 3 部分　软件要求

续表 7.1

标准号	标准名称=电气电子可编程电子安全相关系统的功能安全
GB/T 20438.4	第 4 部分 定义和缩略语
GB/T 20438.5	第 5 部分 确定安全完整性等级的方法示例
GB/T 20438.6	第 6 部分 应用指南
GB/T 20438.7	第 7 部分 技术和措施概述

表 7.2　GB/T 21109 标准系列：过程工业领域安全仪表系统的功能安全

标准代号	标准名称=过程工业领域安全仪表系统的功能安全
GB/T 21109.1	第 1 部分 框架、定义、系统、硬件和软件要求
GB/T 21109.2	第 2 部分 GB/T 21109.1 的应用指南
GB/T 21109.3	第 3 部分 确定要求的安全完整性等级的指南

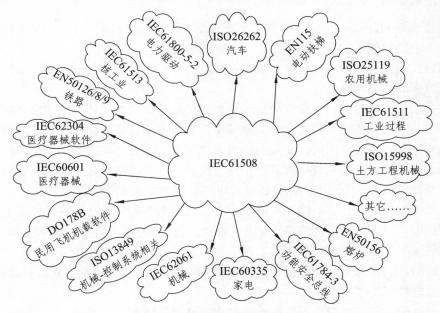

图 7.2　功能安全标准体系

2. 标准体系中的主要和重要缩略语

（1）BPCS　　　　基本过程控制系统

（2）IPL　　　　　独立保护层

（3）PCDA　　　　过程控制和数据采集

（4）PFD　　　　　事故概率

（5）PFD$_{avg}$　　　平均事故概率

（6）PLC　　　　　可编程逻辑控制器

（7）SIF　　　　　安全检测功能

（8）SIL　　　　　安全完整性等级

（9）SIS　　　　　安全仪表系统

（10）SRS　　　　　安全要求规范（Safety Requirement Specification）

（11）SRS　　　　　安全相关系统（Safety Related System）

（12）SIRS　　　　安全完整性要求规范

（13）SRFS　　　　安全功能要求规范

（14）FSA　　　　　功能安全评估（Functional Safety Assessment）

（15）FSA　　　　　功能安全审核（Functional Safety Audit）

掌握上述缩略语及其在标准中的定义对于理解功能安全，以及学习本节后面的内容是极其有帮助的。

7.1.3　安全完整性

1. 安全完整性

安全完整性（safety integrity）：在规定的条件下、规定的时间内，安全相关系统成功实现所要求的安全功能的概率。

安全完整性的实现主体是安全仪表系统等。

有三个方面的安全完整性：

（1）硬件安全完整性：在危险失效模式中与随机硬件失效有关的安全相关系统安全完整性的一部分。与本术语相关的两个参量是整体危险失效率和在要求操作时失效的概率，当为保持安全而必须保持连续控制时，使用前一可靠性参数，在安全防护系统范围内使用后一个可靠性参数。它是安全相关系统的部分安全完整性，与硬件随机失效的危险失效相关。衡量硬件安全完整性等级的一个重要因素是通过对定量参数的计算来评判。

（2）系统安全完整性：在危险失效模式中与系统失效有关的安全相关系统安全完整性的一部分。它仍旧是安全相关系统的部分安全完整性，它与属于危险失效的系统失效相关。

（3）软件安全完整性：在所有规定条件下和规定时间内表示软件在可编程电子系统中执行其安全功能的可能性的量值。它也是安全相关系统的部分安全完整性，其与由软件引起的、属于危险失效的系统失效相关。

安全完整性包含硬件安全完整性和系统安全完整性。因为，由系统失效包含软件失效的定义中可以看到，系统安全完整性包含软件安全完整性。

2. 安全完整性等级

安全完整性等级（Safety Integrity Level，SIL）是指分配给 E/E/PE 安全相关系统的安全完整性定量指标，也即 SIL 等级。安全等级水平（safety integrity level，SIL）是每年平均事故概率（Probability of Failure on Demand Per Year）的负对数。

（1）IEC-61508 将过程安全所需要的安全完整性度等级划分为 4 级，即 SIL1/2/3/4，其中 SIL1 等级最低，SIL4 最高；而且区分为两种模式，高要求模式或连续模式和低要求模式，两种模式的差别在于给定的目标失效量不同：低要求模式的目标失效量是指按要求执行设计功能的平均失效率，而高要求模式的目标失效量是指每小时危险失效的概率。低要求模式的安全完整性等级如表 7.3 所示，高要求模式的 SIL 如表 7.4 所示。

表 7.3　低要求模式安全完整性等级

安全完整性等级水平	事故概率	风险降低因子	可用度
SIL1	0.01 ~ 0.1	100 ~ 10	0.9 ~ 0.99
SIL2	0.001 ~ 0.01	1 000 ~ 100	0.9 ~ 0.99
SIL3	0.000 1 ~ 0.001	10 000 ~ 1 000	0.9 ~ 0.99
SIL4	0.000 01 ~ 0.000 1	100 000 ~ 10 000	0.9 ~ 0.99

表 7.4　高要求模式安全完整性等级

安全完整性等级水平	事故概率
SIL1	$10^{-6} \sim 10^{-5}$
SIL2	$10^{-6} \sim 10^{-7}$
SIL3	$10^{-7} \sim 10^{-8}$
SIL4	$10^{-8} \sim 10^{-9}$

（2）IEC 61511-1（ISA-S84.00.01 修改采用）按照不响应要求联锁系统的概率将安全度等级划分为 3 级（SIL1-SIL3）。

（3）我国 GB/T 20438 系列标准等同采用 IEC 61508 系列，其安全完整性等级与 IEC 61508 相同；而 GB/T 21109 系列标准等同采用 IEC 61511 系列标准，所以其安全完整性等级与 IEC 61511 的规定相同。

安全相关系统的安全完整性等级越高，安全相关系统不能实现所要求的安全功能的概率就越低。在确定安全完整性的过程中，应包括导致非安全状态的所有失效（随机硬件失效和系统失效）的起因，例如硬件失效、软件导致的失效以及由电气干扰引起的失效。其中有些类型的失效，尤其是随机硬件失效，在其危险失效模式中，可用失效率来量化；对一个安全防护系统，可以用有要求时不能工作的概率来量化。但是，系统的安全完整性也取决于许多因素，这些因素无法精确定量，仅可定性考虑。安全完整性由硬件安全完整性和系统安全完整性构成这一表述着重于安全相关系统执行安全功能的可靠性。

7.2　安全仪表及其设计

7.2.1　功能安全仪表

1. 定　义

安全仪表系统（Safety instrumentation System），简称 SIS，又称为安全联锁系统（Safety interlocking System）。主要是工厂控制系统中报警和联锁部分，对控制系统中检测的结果实施报警动作或调节或停机控制，是工厂、企业自动控制系统或过程中的重要组成部分。

按照 IEC 61511 中的定义：SIS 由传感器、逻辑控制器和执行机构组成的、能够行使一项或多项安全仪表功能的仪表系统。

在大多数情况下，安全仪表系统中的每一功能由三个部分组成：

（1）传感器，用于检测过程扰动或异常情况。

（2）逻辑运算装置，用于接收来自传感器的信号，判断是否处于危险状况，如果是，它将发出动作信号。

（3）执行机构，用于接收来自逻辑运算装置的信号执行相应的动作。

安全仪表系统的范围及可能包括在系统中的设备在如图 7.3 所示的双线范围内：安全仪表系统包括从传感器到终端元件的所有元件，如输入、输出、电源、逻辑控制器；安全仪表系统用户接口可以包括在安全仪表系统中；其他与安全仪表系统的接口，如果可能影响其安全功能，则认为是在安全仪表系统的范围内。

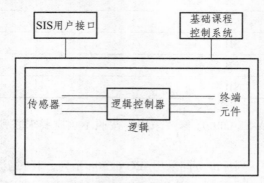

图 7.3　安全仪表系统（SIS）定义

传统的安全保护指的是额外的新系统或设备用于保护在危险生产区域的工作人员免受伤害或者死亡。今天的安全已经不仅仅只是保障人身安全，而且还需要不断提升生产装置、设施的安全运行性能，以及周围环境的安全性，以最大限度地保证公司、企业效益及其稳步增长。生产商已经意识到智能集成的安全解决方案和措施能够直接影响他们金库的大小。随着 IEC61508、IEC61511 等标准的正式发布实施，生产商必然也必须深切关注功能安全要求，必然对其企业生产过程的风险、故障、危害进行严格的分析，并且开发、使用已经通过功能安全认证的安保系统，这种系统能够对石油化工、核电生产装置可能发生的危险或不采取措施将继续恶化的风险状态进行及时响应和保护，使生产装置进入一个预定的安全停车工况，从而使危险降低到可以接受的程度，以保证人员、设备乃至环境的安全。安全仪表系统 SIS，主要包括紧急停车系统（ESD）、火/气保护系统（F&G）、安全联锁系统（SIS）、燃烧炉控制系统（BMS）、高压保护系统（HIPPS）等。

安全仪表系统是静态的、被动的，不需要人为干预。在危险情况出现时必须能够由静变动，正确完成其功能。

2. 安全仪表在功能安全保护层的位置

安全仪表的作用就是监视生产过程的状态，在出现危险的状况时，自动执行其规定的安全仪表功能，防止危险事件发生，或减轻危险事件造成的影响。它处于功能安全保护层中的一个重要层次。

功能安全保护层结构如图 7.4 所示，有人称之为洋葱模型。保护层模型层次还可以如表 7.5 所示。

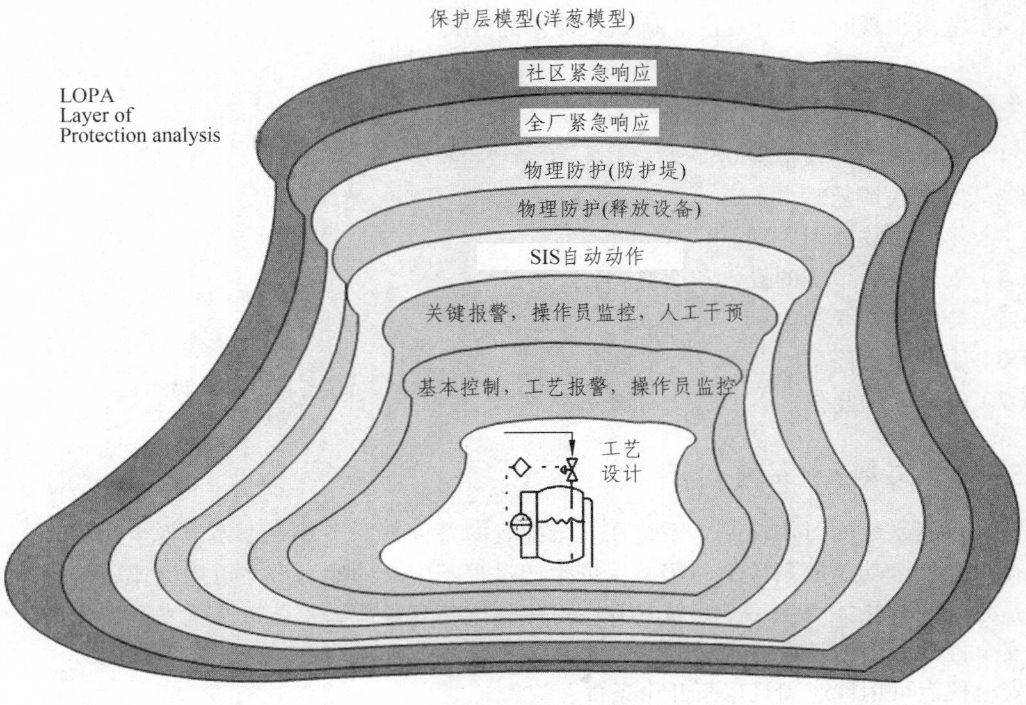

保护层模型(洋葱模型)

图 7.4　功能安全保护层模型

表 7.5　功能安全保护层说明

层次	名称	说明
第一层	过程设计	过程设计中实现本质安全工厂
第二层	基本过程控制系统（BPCS）	如 DCS，以正常运行的监控为目的
第三层	区别于 BPCS 的重要报警	操作员介入需要有一定的必要余度时间
第四层	安全仪表系统（SIS）	系统自动地使工厂安全停车
第五层	物理防护层（一）	安全阀泄压、过压保护系统
第六层	物理防护层（二）	将泄漏液体局限在局部区域的防护堤
第七层	工厂内部紧急应对计划	工厂内部的应急计划
第八层	周边区域防灾计划	周边居民、公共设施的应急计划

3. 安全仪表系统（Safety Instrumented Function，SIF）的基本功能目标和要求

1）基本功能目标

（1）保证生产的正常运转、事故安全联锁。

（2）安全联锁报警。

（3）联锁动作和投运显示。

2）基本功能要求

（1）每个 SIF 针对特定的风险。

（2）每套 SIS 可以执行多个 SIF。

（3）安全功能和安全仪表功能。

（4）危险出现时，要求 SIS 正确执行对应的 SIF。

4. 安全联锁系统的附加功能

（1）安全联锁的预报警功能。
（2）安全联锁延时。
（3）第一事故原因区别。
（4）安全联锁系统的投入和切换。
（5）分级安全联锁。
（6）手动紧急停车。
（7）安全联锁复位。

5. 安全仪表系统的可用性

安全仪表系统的可用性是指系统在冗余配置的条件下，当某一个系统发生故障时，冗余系统在保证安全功能的条件下，仍能保证生产过程不中断的能力。与可用性比较接近的一个概念是系统的容错能力。一个系统具有高可用性或高容错能力不能以降低安全性作为代价，丧失安全性的可用性是没有意义的。

安全仪表可用性应满足以下几个条件：
（1）系统是冗余的。
（2）系统产生故障时，不丧失其预先定义的功能。
（3）系统产生故障时，不影响正常的工艺过程。

6. 安全仪表系统的分级

按照安全完整性等级来分。安全完整性水平越高，实现符合规定的安全仪表功能的概率越高。

IEC 61508/IEC 61511 以及以 IEC 61508 为基础标准的功能安全标准体系的发布，对安全仪表系统在过程工业等领域的应用具有划时代的意义。

（1）将仪表系统的各个特定应用都统一到了 SIS 的概念下；其次，提出了以 SIL 为指针，基于绩效的可靠性评估标准。

（2）以安全生命周期的架构，规定了各阶段的技术活动和功能安全管理活动。这使得 SIS 的应用形成了一套完整的体系，包括：设计理念和设计方法、仪表设备选型准入原则、系统硬件配置和软件组态编程规则、系统集成、安装和调试、运营和维护，以及功能安全评估与审计等。

7. SIS 系统故障率计算公式

安全仪表系统包括传感单元、逻辑控制单元和最终执行单元。

SIS 系统故障失效率的计算公式如下：

$$PFD_{SYS} = PFD_S + PFD_L + PFD_{FE}$$

式中　　PFD_{SYS}——E/E/PE 安全相关系统的安全功能在要求时的平均失效概率；

　　PFD_S——传感器子系统要求的平均失效概率;

　　PFD_L——逻辑子系统要求的平均失效概率;

　　PFD_{FE}——最终元件子系统要求的平均失效概率。

　　理解这个公式有助于理解减少中间环节的回路原则。也有助于分配系统安全完整性要求。

7.2.2　功能安全仪表设计

1. 安全仪表系统设计的基本原则

1) SIS 设计的基本原则

(1) 确定安全生命周期各个阶段及其主要工作。

　　安全生命周期过程如图 7.5 所示。在这个过程中,必须注意研究方法的系统化,各门学科理论技术和工程方法协调化,管理体系和责任科学化,模型、结构与功能、风险的数学关系明确化、数量化,安全及其解决方案的现代化、相对化、灵活化与低成本化。

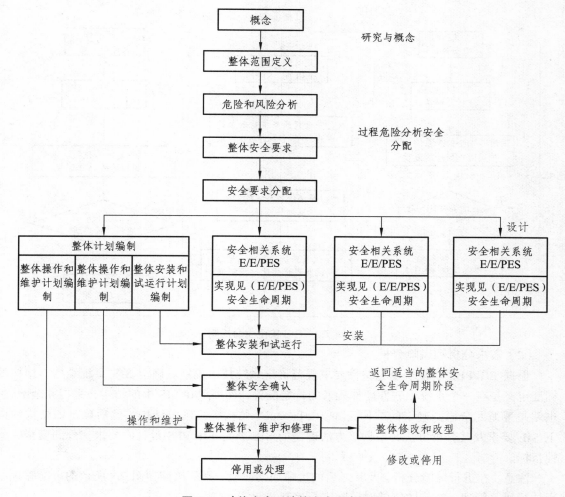

图 7.5　功能安全系统的安全生命周期

一个安全相关产品的实现过程如图 7.6 所示。

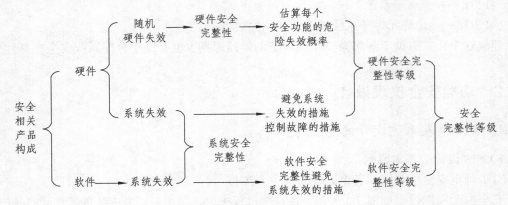

图 7.6　安全相关产品实现过程

对于一个 SIS，其生命周期可以如图 7.7 所示。

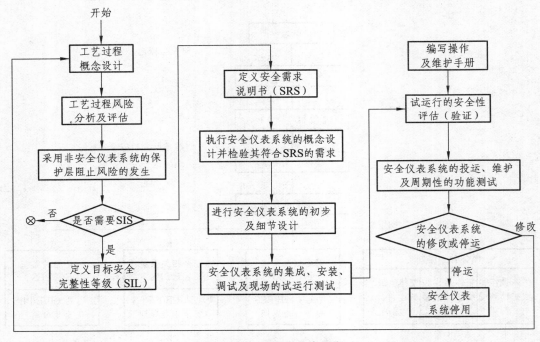

图 7.7　SIS 安全生命周期

（2）需求分析和风险分析。

根据 E/E/PES 功能安全完整性要求规范确定系统技术规格。确定 SIS 系统结构，结构的标准定义是在一个系统中软件硬件元素的特定配置，而一般在 SIS 中的结构，是指冗余配置，也就是遵循冗余原则确定的结构，如 1oo1、2oo2 结构等。确定结构，然后确定该结构约束下 SIL 要求及其分析方法，根据该方法确定的 SIL 就是 E/E/PES 设计时要求实现的安全完整性目标。

注意，在进行风险分析，及其之后的生命周期阶段，必须按照如图 7.8 所示的风险管理原理执行风险管理，这样才能够对风险进行控制。

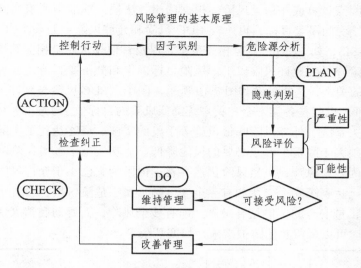

图 7.8　风险管理原理图

（3）确定 SIS 存在方式。

安全相关系统有 3 种存在方式：第一种是安全相关系统与被保护对象是完全独立存在的，安全相关系统随时监测被保护对象，一旦发现问题，就立即实施保护。第二种是被保护对象本身就是安全相关系统，它能达到必要的风险降低的目的，并满足对安全相关系统的所有要求。第三种是安全相关系统虽然与被保护对象是分开的，但它们共用一个或一些组件，两者既相互独立又不充分独立。这三种方式都是在现实中存在的，也是允许的。

（4）确定风险评估可接受准则。

这些准则中，被普遍采用的是最低合理可行原则（As Low As Reasonably Practicable，ALARP），其含义是：任何工业活动都具有风险，不可能通过预防措施来彻底消除风险，所以必须在系统的风险水平和成本之间做出平衡，在不同的风险水平采取不同的风险决策，且风险等级的划分和风险对策的制定应尽可能合理可行，风险成本尽可能低。ALARP 原则原理如图 7.9 所示。

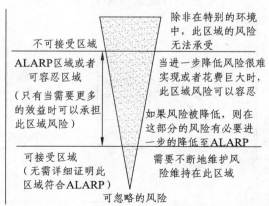

图 7.9　ALARP 原则原理图

设计 SIS 的目的是用来达到安全目标，因此要确定受控设备 EUC 的范围以及 EUC 与外部环境的相互影响，然后找出 EUC 与内部和外部环境相互作用可能存在的危险点及其影响因素，针对每个危险点计算或评估其风险。根据法律、法规、标准中要求达到的风险目标或社会有关方面可以接受的风险目标，再比较 EUC 风险和允许风险：如果 EUC 风险大于允许风险，则必须使用 SIS，如 E/E/PE 安全相关系统，以及其他技术安全相关系统、外部风险降低设施等手段将风险降低到允许风险以下。风险目标确定和分析要弄清楚各种风险以及降低风险的措施、过程的关系，这些关系如图 7.10 所示。图中，EUC 风险与允许风险之间的差距就是必要的风险降低，也就是各类安全相关系统降低风险的目标值。通过 E/E/PE 安全相关系统、其他技术安全相关系统、外部风险降低设施等手段的实施，最终达到了实际的风险降低。实际的风险降低必须大于或至少等于必要的风险降低。成功实施了各类风险降低措施后仍然存在的风险被称之为残余风险，虽然风险仍然存在，但因为它已小于允许风险，按照功能安全的定义，认为它已达到了安全。比如有一个变电站，属于危险区域，设置了安全防护栏，你站在防护栏之外，是安全的，但是有噪声，即有残余风险，而要彻底消除这些噪音，所花的成本远大于效益。可以采用其他防护措施，如塞耳朵等。

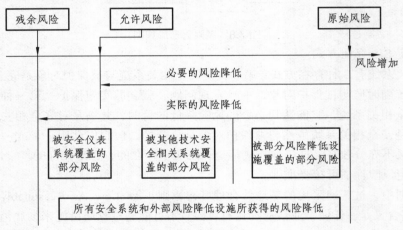

图 7.10　各种风险之间的关系

此外，还要明白图 7.11 所示的风险和安全完整性的关系。正确区分并理解风险和安全完整性的关系非常重要。风险是对一个特定危险事件出现的概率和结果的估量，以对不同

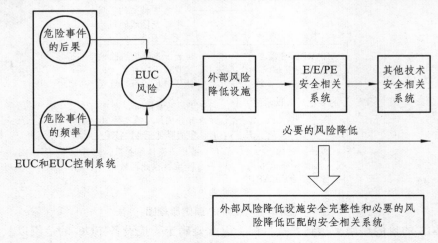

图 7.11　风险与 SIL 的关系

情况的风险进行评价（EUC 风险、要求满足的允许风险、实际风险，见图 7.8）。允许风险是根据社会基础和有关社会和政治因素的考虑来确定。安全完整性只应用于 E/E/PE 安全相关系统、其他技术安全相关系统和外部风险降低设施，并作为这些系统/功能在规定安全功能方面取得必要风险降低的概率的措施。一旦确定了允许风险，并估计了必要的风险降低，就可分配安全相关系统的安全完整性要求，为系统详细设计打下坚实的基础。

SIS 的 SIL 等级确定流程图如图 7.12 所示。

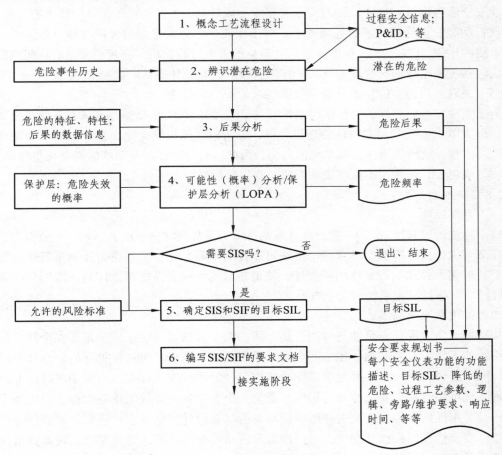

图 7.12　SIL 确定流程图

必须指出的是，要遵守功能安全标准规定的端到端、全系统、全生命周期三个基本方法，以便安全相关系统与设备的用户、系统集成商和供应商了解在实际工作中各自的任务与 SIL 设计的方法步骤。其中，端到端的方法，是将受控设备或系统的风险控制要求与安全相关系统的设计要求直接对接，是安全相关系统实现风险控制的关键步骤，也是实现功能安全的重要方法。而功能安全的全系统方法能够有效避免随机失效，它要求在设计和开发过程中采取有效措施避免和控制失效，严格满足结构约束条件与诊断覆盖率要求，用可靠性模型技术研究危险失效概率，采取措施在应用软件设计和开发过程中避免控制失效。全生命周期方法，就是要考虑系统整个生命周期的功能安全。之所以要规定这三种方法，是因为在进行风险和失效、故障分析时，无论 FME（D）A，故障树 FTA，事件树 ETA，保护层分析 LOPA，还是

HAZOP 等分析方法，它们都有自身的特点和局限性，都需要经验丰富的技术团队和可靠的数据来源，才能使得风险分析达到预期的目的。前期的风险分析工作系统化的被完成之后，才可能导出比较切合实际的 SIL 等级和安全功能，进而才能为后期的详细系统设计提供有效的指导。

功能安全技术除强调严格的风险分析过程之外，还要求其他常见的硬性要求，如硬件可靠性、软件可靠性等技术。所以 IEC 61508 标准定义了一套完整并系统的开发流程管理方法，即功能安全管理体系（FSM）。针对安全完整度等级较高，并包含软件或固件技术的安全产品，全面执行功能安全管理体系的各项要求，对于保证整体开发流程的可控性和可追溯性，起着至关重要的作用。IEC 61508 标准还对产品整体的开发过程提出了系统性要求，这些重要的支持方法包括完整生命周期管理、开发工作的阶段验证与总体确认、文档管理等。

（5）采取一切必要的技术与措施保证要求的安全完整性。

为了实现安全完整性，必须同时满足 E/E/PES 的随机安全完整性要求与系统安全完整性要求。因为随机失效主要是硬件的随机失效，分析时，随机安全完整性可以简化为硬件安全完整性。注意，故障检测会影响系统的行为，因此，它与硬件以及系统的安全完整性都相关。

（6）确定 SIL 评估、确认准则和方法。要根据标准要求进行。

2）逻辑原则

（1）靠性原则。

整个系统的可靠度 $R_0(t)$ 是组成系统的各单元可靠度 $R_1(t)$，$R_2(t)$，…的乘积，任何一个环节可靠性的下降都会导致整个系统可靠性的下降。既要重视逻辑控制系统的可靠性，也要重视检测元件和执行元件的可靠性，使得整套安全仪表系统可靠性达到降低受控设备风险的要求。可靠性决定系统的安全性。

（2）可用性原则。

从某种意义上说，安全性与可用性是矛盾的两个方面。某些措施会提高安全性，但会导致可用性的下降，反之亦然。比如冗余设计采用二取二逻辑，可用性提高而安全性下降；若采用二取一逻辑，则相反。采用故障安全原则设计的系统安全性高，而采用非故障安全原则设计的系统可用性好。安全性与可用性是衡量一个安全仪表系统的重要指标，无论是安全性低、还是可用性低，都会使损失的概率提高。所以在设计安全仪表系统时，要兼顾安全性和可用性。安全性是前提也是纲领，可用性必须服从安全性；可用性是基础，没有高可用性的安全性是没有现实意义的。

可用性不影响系统的安全性，但系统的可用性低可能会导致装置或工厂无法进行正常的生产。

（3）故障安全原则。

故障安全原则要求，当 SIS 安全仪表系统的元件、环节、设备，或能源发生故障（失效）时，所设计的安全仪表系统应当使工业过程能够趋向安全运行或者安全状态。即能否实现故障安全取决于过程的状态及安全仪表系统的设计。安全仪表系统，包括现场仪表和执行器，都应设计成绝对安全形式。第一，现场触点应开路报警，正常操作条件下闭合；第二，现场执行机构联锁时不带电，正常操作条件下带电。

（4）过程适应原则。

安全仪表系统的设置必须根据过程的运行规律，为过程在正常运行和非正常运行时服务。

正常时安全仪表系统不能影响过程运行，在过程发生危险情况时安全仪表系统要发挥作用，保证装置的安全。这就是系统设计的过程适应原则。

（5）工艺原则。

包括信号报警、联锁点的设置，动作设定值及调整范围必须符合生产工艺的要求；在满足安全生产的前提下，应当尽量选择线路简单、元器件数量少的方案；信号报警、安全联锁设备应当安装在震动小、灰尘少、无腐蚀气体、无电磁干扰的场所；信号报警、安全联锁系统可采用有触点的继电器线路，也可采用无触点式晶体管电路、DCS、PLC 来构造信号报警、安全联锁系统；信号报警、安全联锁系统中安装在现场的检出装置和执行器应当符合所在场所的防爆、防火要求；信号报警系统供点要求与一般仪表供电等级相同；等。

3）回路配置原则

为保证系统的安全性和可靠性，以下 2 个原则在回路配置时应当加以注意。

（1）独立原则。

独立原则是指安全仪表系统各个组件（部件），包括传感器、执行部件、逻辑控制部件、通信接口部件等的设计，要遵循独立原则。独立原则的要求是减小或消除部件之间危险、风险的耦合与传递，其中执行元件的设计还要注意电磁控制配合、控制驱动器（如电动机）的启动配合。

SIS 安全仪表系统独立原则要求 SIS 独立于基本过程控制系统（BPCS，如 DCS、FCS、CCS、PLC 等），独立完成安全保护功能。安全仪表系统的检测元件，控制单元和执行机构应单独设置。如果工艺要求同时进行联锁和控制的情况下，安全仪表系统和 BPCS 应各自设置独立的检测元件和取源点（个别特殊情况除外，如配置三取二检测元件，进 DCS 信号三取中，进安全仪表系统三取二，经过信号分配器公用检测元件）。如需要，SIS 安全仪表系统（ESD 紧急停车系统）系统应能通过数据通信连接以只读方式与 DCS 通信，但禁止 DCS 通过该通信连接向安全仪表系统写信息。安全仪表系统应配置独立的通信网络，包括独立的网络交换机，服务器，工程师站等。SIS 安全仪表系统（ESD 紧急停车系统）应采用冗余电源，由独立的双路配电回路供电。应避免安全仪表系统和 BPCS 的信号接线出现在同一接线箱、中间接线柜和控制柜内。

（2）中间环节最少原则。

一个回路中仪表越多可靠性越差，典型情况是本安回路的应用。在石化装置中，防爆区域在 0 区的情况很少，所以应该尽量采用隔爆型仪表，减少由于设置安全栅而产生的故障源，减少误停车的概率。完整的安全仪表回路设计在系统设计选型时，不能只要求控制器部分的安全性，而忽略现场仪表的安全要求，所以应该尽可能减少中间环节。

（3）冗余原则。

冗余原则的基本思想就是冗余设计。

2. SIS 设计一般流程

按照安全生命周期的内容，一套完整的 SIS 设计主要包含以下步骤：

（1）系统定义、系统描述和总体目标确认。

（2）执行过程系统危险分析和风险评价程序。

（3）论证采用非安全控制保护方案能否防止识别出的危险或降低风险，判断是否需要设计安全控制系统 SIS，如果需要则转第（4）步，否则按常规控制系统设计。

（4）依据 IEC 61508 确定对象的安全度等级 SIL。

（5）确定安全要求技术规范 SRS。

（6）完成 SIS 初步设计并检验是否符合 SRS。

（7）完成 SIS 详细设计。

（8）SIS 组装、授权、预开车及可行性试验。

（9）在建立操作和维护规程的基础上，完成预开车安全评价。

（10）SIS 正式投用，操作、维护及定期进行功能测试。

（11）当原工艺流程被改造或在生产实践中发现安全控制系统不完善时，判断安全控制系统是否停用或需改进。

（12）如果需要改进，则转至第（2）步进入新的过程安全生命周期设计。

SIS 设计一般流程如图 7.13 所示。

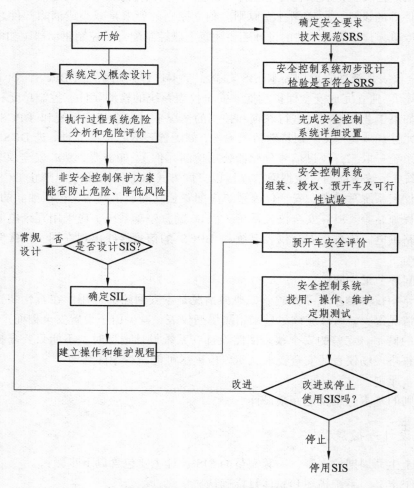

图 7.13　SIS 设计一般流程图

注意，图 7.10 是考虑了系统安全生命周期的。

3. 安全仪表系统软件安全生命周期

安全相关软件的 SIL（安全完整性等级）是无法用要求时的失效率（PFD）或者每小时失效概率（PFH）量化的，但在设计、集成、使用维护时，也同样必须明确软件执行的安全功能以及 SIL 要求。同硬件一样，软件 SIL 也分为 4 个等级。SIL 等级越高，软件的质量管理体系与安全生命周期的严格程度要求就越高；软件功能安全评估的独立性要求也越高，评估活动的深度与广度要求也越高。

安全相关软件的开发必须纳入到规定的各阶段活动中，软件也有安全生命周期，如图 7.14 所示是应用软件生命周期与 SIS 生命周期的关系（GB/T 21109.1），图 7.15 所示是其实现阶段的框架。它也分为几个阶段。每一个阶段都要确定安全要求或功能。

（1）软件安全需求设计阶段需要确定软件的安全功能要求和安全完整性等级要求，包括的技术有半形式化方法、形式化方法等，具体包括：软件安全功能要求、安全完整性要求和软件安全规范等。其中软件安全功能的要求又包括：

① 使（受控设备 EUC）获得或维持安全状态的功能。

② 与可编程电子硬件中故障的探测、通告和管理有关的功能。

③ 与传感器和执行器故障的探测、通告和管理有关的功能。

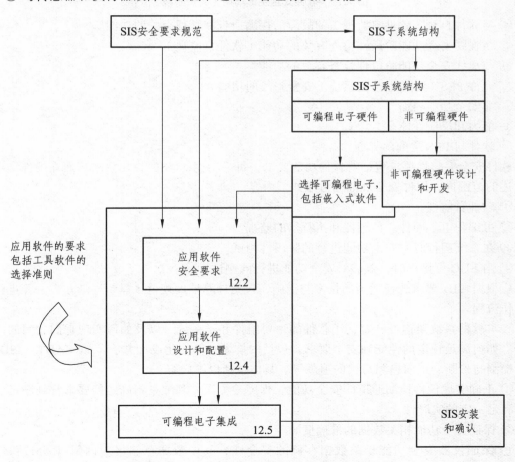

图 7.14　应用软件生命周期与 SIS 生命周期的关系

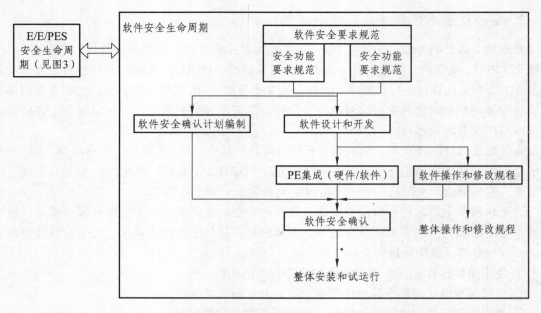

图 7.15　软件安全生命周期（实现阶段）

④ 与软件自身（软件自监视）的故障的探测通告和管理有关的功能。

⑤ 与在线安全功能阶段性检查有关的功能（软件自监视）。

⑥ 与离线安全功能阶段性检查有关的功能。

⑦ 允许 PES（可编程控制系统）安全修改的功能。

⑧ 非安全功能界面。

⑨ 能力和反应性能。

⑩ 软件与 PES 之间的界面。

软件安全完整性要求包括对软件功能要求中每一功能的 SIL 提出要求。而在硬件结构设计描述的范围内，软件安全规范应考虑如下内容：

① 软件自监视。

② 可编程电子硬件、传感器和执行器的监视。

③ 在系统运行时对安全功能进行的阶段性测试。

④ 当 EUC 可操作时，能够对安全功能进行的测试。

应根据 SIL 要求选择适当的技术与措施，包括计算辅助规范工具、半形式方法等进行上述工作流程。

（2）软件系统架构设计定义了软件的主要组件和子系统，以及如何实现它们之间的内部链接、如何满足预定的性能和安全要求，包括的技术有结构化设计方法（如 SADT、JSD）、故障探测与诊断、正向追溯与反向追溯等。具体包括以下内容：

① 正确实现仪器检测通道的安全功能，保障检测误差和测量不确定的要求得到满足。输出需满足一定的实时性。

② 保证安全功能相关数据的准确度。

③ 保证仪器安全功能相关数据存储的安全性，其中数据存储区为内部 RAM 和外部 EEPROM。

---

④ 其他非安全功能不能影响到检测功能的实现。

（3）模块详细设计包括防御性编程、模块化方法和结构化编程等技术，其流程图如图 7.16 所示，这是 IEC 61508-3 要求的确保软件安全质量的流程。

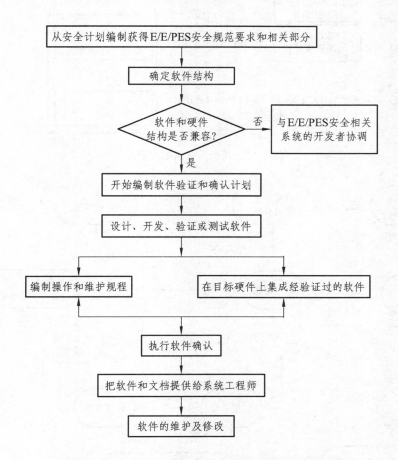

图 7.16　按照 IEC61508-3 要求的确保软件质量的流程

（4）编码实现主要为确定编码标准、限制非安全语言的特性及规定好的编程习惯，遵循 GB/T 28169—2011《嵌入式软件 C 语言编码规范》等标准的要求。功能安全用编程语言构成如图 7.17 所示。

（5）模块和集成测试验证软件模块能否正确满足要求，包括代码复审、结构测试和黑盒测试等。

（6）软件确认保证软件符合在预定安全完整性等级上对软件安全的规定要求，包括概率测试、黑盒测试等。

（7）结合 V 模式等，与硬件在回路测试综合进行软件基础测试。软件功能安全的安全生命周期过程的开发模式，主要有 V 模式、H 模式和 X 模式等。这些开发模式尤其广泛应用于嵌入式系统的开发中，比如汽车电子系统。其中 V 模式是基础。图 7.18 为标准的 V 模式过程实例。在 V 模式等开发过程中，还要注意结合能力成熟度模型（CMMI），统一建模语言的应用，以及硬件在回路（HIL）仿真与测试技术的合理、正确运用。

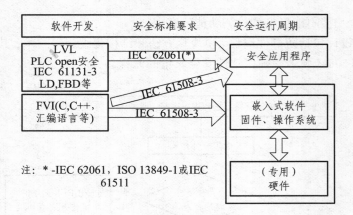

图 7.17   功能安全用编程语言

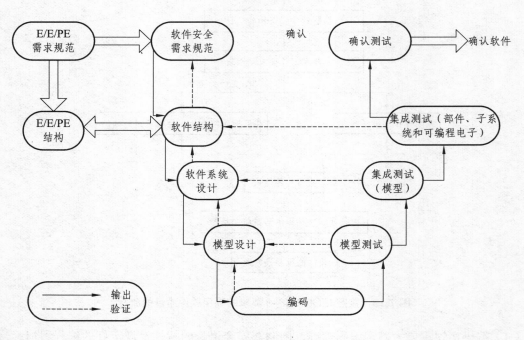

图 7.18   标准 V 模式结构

在安全仪表系统软件开发中，所使用的平台有通用平台和专用平台两种。其中，TI 公司的 IAR Embedded Workbench ®MISRA C 是一个不错的选择。使用 MSP430 系列单片机开发时，TI 公司的 EW430 很不错，注意其嵌入式系统特点，结合各个标准相关要求进行开发，参见第 5 章智能仪器可靠性设计一节。此外，创立于 2002 年的 ExpertControl GmbH 公司为具有高科技需求的复杂工程提供了软件解决方案，其产品主要应用于汽车、航空航天、机器人、过程控制等领域，为产品设计工程师和测试工程师提供方便快速、基于测试数据的控制器设计解决方案，为使用 MATLAB/Simulink 的研发人员提供了强大的控制系统模型开发和质量保障工具，实现电控系统协同开发过程。ExpertControl 系列工具包括反馈控制设计（Feedback Control Design，FCD）和仿真数据管理（Simulation Data Management，SDM）两个系列，在 V 模式开发流程中广泛应用。而 Kubler 公司的 Safe PLC 安全 PLC 软件具有编程简单、参数简单、确认简便等优势，适合于利用 PLC 的人员选择使用。在功能安全软件方面，TI 的 SafeTI™是一款很好的同时支持 IEC60730 和 IEC60335 标准的软件套件；西门子公司的 Safety Evaluation Tool（SET）是免费软件，可以用来评估安全相关系统 SIL 等级，通过该功能安全评估软件可以实现两个目标：更加简单的对未知安全区域进行安全完整性等级的评估；检查系统配置是否可以达到预先要求的安全完整性等级。

4. 安全仪表系统开发其他注意事项

（1）特别注意元器件和材料选择，因为元器件和材料影响硬件失效率，所以必须慎重选择，同可靠性元器件清单一样，要建立安全性元器件清单。注意微处理器、放大器、传感器、执行器、电线电缆、连接器、开关、按钮等生产厂家的产品，注意符合功能安全要求的产品与普通产品的性能区别和价格差别。注意这些有功能安全要求的元器件的相关标准要求，如 JBT 8223 系列对电工仪表零部件的要求、JBT 9472 对仪器仪表用电连接器通用技术条件的要求等。

目前，TI、飞思卡尔、西门子、赛普拉斯、瑞萨、ABB 等公司均提供功能安全方面的产品支持，包括元器件、连接器、开关、继电器、电线电缆等，诸多专业生产商都纷纷提供相关功能安全产品，尤其在电子器件方面，不仅提供硬件，还提供相应的开发平台，比如 SafeTI™等。在平时和工作中都要注意收集相关信息和资料，以便扩充自己的知识库、数据库、工具库等。

（2）注意对相关测试标准要求中条款的理解，如 GB/T 22264—2008 系列对安装式数字显示电测量仪表的各项要求，JBT 6239 系列对工业自动化仪表通用试验方法的要求等。当然，更加要注意 IEC 6150 标准系列及其在我国、其他国家的对应标准系列的要求。因为我国仪器行业的主要目标是出口占据国际市场。

（3）注意结合可靠性等性能设计，要与质量管理体系、信息安全管理体系、环境管理体系筹兼顾，一体化规划、设计。

（4）注意人机界面、铭牌、标识的设计和应用。遵照相关标准执行，如 GBT 4025—2010《人机界面标志标识的基本和安全规则》的指示器和操作器件的编码规则，GB 7947—2010《人机界面标志标识的基本和安全规则》的导体颜色或字母数字标识等。

（5）注意结合第 8 章，做好安全仪表的结构设计。特别注意机械功能安全标准的相关要求。

7.3　安规和本质安全

7.3.1　安　规

1. 什么是安规

安规没有标准的定义。安规本质上是安全规范+执行+认证。其含义一是对产品、零部件和元器件的安全性规范、标准、条例乃至法律要求，二是必须依照这些要求执行，产品的设计、开发，生产、检验和测试以及相关管理制度都要依据这些标准进行。三是根据这些要求进行产品的安全符合性认证。安规是我国相关行业的称谓，国外一般叫 regulatory，可以翻译成管控，就是对产品的安全符合性管理和控制。安规的要求包含产品零件的安全要求、组成成品后的安全要求等。

安规最佳的英文解释是 Production Compliance，指产品从设计、生产、检验到终端用户使用的整个寿命周期，符合销售地的法律、法规、标准和规范的产品安全符合性。这种产品安全符合性不仅仅包含了普通意义上的产品安全，同时还包括产品的电磁兼容与辐射、节能环保、食品卫生等方面的要求。它不仅仅是一种要求、一本标准、一张证书、一份测试报告所能取代或能说明的，更应该是贯穿产品生命周期的一种产品安全责任和活动。

2. 安规的目的

安规控制产品安全的目的，是防止人体受到伤害或危害，提供对人体的保护和对设备周围的保护。目前，安规主要是指电子产品在设计和生产过程中必须遵守的规范。

安规的实施是为了避免下列可能会造成人身伤害和财产损失的危险。包括以下几个方面的内容：

（1）电击的危险，高于 60 V DC 或 42.4 V AC 的电压或高于 0.5 mA 电流被认为具有电击的危险，对于危险电压或电流应进行隔离保护，通常需要两级保护，即设备在正常工作条件下和单一故障（包括随之引起的其他故障）状态下运行都不会引起电击的危险。

（2）热的危险，操作者接触烫热的可触及部件而引起烫伤；因热的影响，绝缘物质的绝缘等级下降或安全元器件性能降低；可燃液体、气体被引燃等。

（3）着火的危险。

（4）能量危险，当电容存储着能量时，可能会有电击和着火的危险。

（5）机械危险，尖锐的棱缘和拐角、运动的零部件、不稳定的设备、内爆的阴极射线管、高压灯的爆裂等可能会引起机械危险。

（6）化学危险。

（7）辐射危险，设备产生的某种形式的辐射可能会对使用人员和维修人员造成危害。

电子产品设计者不仅应考虑产品的正常工作条件，还应考虑可能的故障条件、可预见的误用的影响（如输入接反、输出短接等），以保证产品的安全符合性。

3. 安规的特点

安规的特点是安规强调对使用和维护人员的保护，是保障人在方便使用电子产品的同时，不让电子产品给我们带来危险，同时允许设备部分或全部功能丧失。虽然设备部分或全部功能丧失，但是不会对使用人员带来危险，此时安全设计则是合格的——尽管设备不能使用或变成一堆废物。与电子产品功能设计考虑不同，常规电子产品设计主要考虑怎样实现功能和保持功能的完好，以及产品对环境的适应。安规的要求则是使用安全规范来考虑电子产品，使产品更加安全。

4. 安规标准与认证机构

安全标准是以保障使用者的生命财产安全为出发点，对电子电器产品在原材料的绝缘、阻燃等方面作出了严格的规定。符合安全规格的产品，不仅要求产品本身符合安全标准，也要求生产厂商有完善的安全生产、质量保证体系。

电子产品安规国际标准主要有 IEC 60335、IEC 60950 等，标准非常多。我国已经转化、等同采用的标准是 GB 4706 家用电器及类似电器的安全系列标准和 GB 4943 信息技术设备安全系列标准等，对于有些国际标准，我国不予以转化。

许多国家有相应的安规机构或实验室来受理安规认证：

美国	UL，CSA（NRTL/C），ETL，TuV USA
加拿大	CSA，UL（cUL）
德国	TuV Rheinland，TuV Product Service，VDE
英国	BSI
日本	MITI
中国	CCIB

5. 主要和重要的安规认证测试项目

安全认证主要包括安全距离、抗电强度、漏电流、温度和电磁兼容等多方面的测试要求。

1）安全距离

包括电气间隙、爬电距离、隔离距离和绝缘穿透距离四个方面。

（1）爬电距离：也叫沿面距离，不同电位的两个导电部件之间沿绝缘材料表面的最短距离。指两相邻导体或一个导体与相邻电气机壳表面的沿绝表面测量的最短距离。强调爬电距离是为了防止器件间或器件与地之间发生电弧打火威胁人身安全。

（2）电气间隙：不同电位的两个导电部件间最短的空间直线距离，指两相邻导体或一个导体与相邻电机壳表面的沿空气测量的最短距离。

（3）隔离距离：指机械式开关电器一个极，满足对隔离器的安全要求所规定的断开触头间的电气间隙。

电气间隙目的是保证两导电部件之间出现瞬态过电压或峰值电压时不发生击穿现象。爬电距离目的是保证在一定工作电压和污染等级下不会发生击穿现象，考核的是绝缘及其材料在给定工作电压和污染等级下的耐受能力。爬电距离和电气间隙的关系如图 7.19 所示。

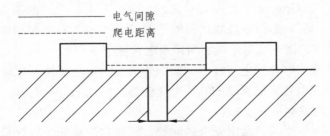

图 7.19　电气间隙与爬电距离的关系

设计时，考虑电气间隙和爬电距离要结合材料介电性能、防护等级、泄漏电流和耐电痕化指数等相关因素。特别注意影响爬电距离的因素：电压、污染等级、爬电距离的方向和位置、绝缘表面的形状等。此外，特别注意 PCB 板边沿走线与机壳，金属封装器件和屏蔽器件、模块与 PCB 走线之间的爬电距离。

2）抗电强度

指在交流输入线之间或交流输入与机壳之间将零电压增加到 1 500 V 交流或 2 200 V 直流时，不击穿或拉电弧。本质上就是一种耐压测试，所施加的测试电源电压称为试验电压。

3）泄漏电流

泄漏电流测试是对人员触及电气设备上可触及部件后，流经测量网络（代表人体阻抗）的电流测试。这是电气设备安全运行，防止人员触电危险的重要测试项目。目前，随着大量新国际标准的出版，如 IEC 60598-1：2008，泄漏电流的概念逐渐被接触电流和保护导体电流及电灼伤分别取代，以区分不同情况下泄漏电流的本质。在 IEC 60990：1999 中，接触电流的定义是当人体或动物接触一个或多个装置设备的可触及零部件时，流过他们身体的电流。在我国，不同行业国标对泄漏电流有不同的称呼，GB 9706.1 仍旧称漏电流；GB 12113 和 GB4 943 称接触电流；GB 7000.1 和 GB 3883.1 称泄漏电流。而 GB 7000.1 中的泄漏电流实际就是指接触电流。这是设计和测试时需要加以注意的。

不同设备不同情况下，泄漏电流的具体要求不同，比如通过隔离变压器在电源的火线或零线与易触及的金属之间串接电流表，开关电源的漏电流在 260 V 交流输入下不应超过 3.5 mA。

4）温　度

安全标准对电子电器的求很严，并要求材料有阻燃性，开关电源的内部温升不应超过 65℃。比如环境温度是 25℃，电源元器件的温度应小于 90℃。

5）电磁兼容性

电磁兼容性测试认证相关标准很多，如 JBT 6239《工业自动化仪表通用试验方法》系列标准，医疗仪器方面的 YY 0505—2012《医用电气设备 第 1-2 部分：安全通用要求 并列标准：电磁兼容 要求和试验》等。每一种标准要求的测试项目也多，设计、生产时，必须引起高度重视。

6. 安规电容

安规对很多种类的元器件都做了详细的要求，并且把这类元器件称作关键件。其中典型的就是安规电容。

安规电容分为 X 型和 Y 型。由于交流电源输入分为 3 个端子：火线 L、零线 N 和地线 G（L=Line，N=Neutral，G=Ground）。跨在 L-N 之间，即火线-零线之间的是 X 电容；跨接在 L-G 或 N-G 之间，即火线-地线或零线-地线之间的是 Y 电容。这个称呼很形象，因为火线与零线之间接个电容就像是 X，而火线与地线之间接个电容像个 Y。

由于火线与零线跨接电容受电压峰值的影响较大，为避免短路，比较注重的参数就是耐压等级。所以 X 型安规电容按能承受的脉冲电压分为 X1、X2、X3 电容。对 X 电容没有具体的容量规定。X 电容的差别见表 7.6。

火线与地线跨接电容要涉及漏电安全的问题，因此它注重的参数就是绝缘等级，太大的容值电容会在电源断电后对人和器件产生影响。所以 Y 型安规电容按绝缘等级分为 Y1、Y2、Y3、Y4 电容。在电容值上，有的规定了具体规定限制值，如 GJB 151A 规定海军舰船上电子设备的 Y 电容容量不大于 0.1 μF。Y 电容的差别见表 7.7。各安全等级的 Y 电容应用中的允许电压见表 7.8。

表 7.6　X1、X2、X3 型安规电容的主要差别

安规电容安全等级	应用中允许的峰值脉冲电压	过电压等级（IEC 664）
X1	>2.5 kV、≤4.0 kV	Ⅲ
X2	≤2.5 kV	Ⅱ
X3	≤1.2 kV	—

表 7.7　Y1、Y2、Y3、Y4 型安规电容的主要差别

安规电容安全等级	绝缘类型	额定电压范围
Y1	双重绝缘或加强绝缘	≥250 V
Y2	基本绝缘或附加绝缘	≥150 V、≤250 V
Y3	基本绝缘或附加绝缘	≥150 V、≤250 V
Y4	基本绝缘或附加绝缘	<150 V

表 7.8　Y 电容允许电压

安规电容安全等级	应用中允许的峰值脉冲电压
Y1	>8 kV
Y2	>5 kV
Y3	Y3 耐高压 n/a
Y4	>2.5 kV

7. 安规产品与非安规产品的区别

（1）经安规认证的产品在元件、材料的绝缘、阻燃等方面进行了严格的规定，但产品符合安规并不代表性能的好坏。

（2）由于安全认证的申请时间较长，还有严格的限制和要求，比如我国的 CCC 认证，不仅送检产品本身要符合相关标准，同时要求工厂有相对完善（类似 ISO 9000 审核）的品质保证体系，以保证大批量生产时，每一个产品都是符合 CCC 的要求。不仅如此，还要接受 CCC 认证机构定期和不定期的质量监督及检查。由于这些原因，在申请安全认证时，厂家都会考虑产品本身的完善性和实用性。因为安全认证申请后，不得随意作任何变更、替代或修改，所以相对的讲，安规产品的起点会较非安规产品高出许多。而非安规产品，如作为仪器中一种的稳定电源，如果是非安规的，在积尘、潮湿、高温、雷电、震动等情况下，容易出现短路现象，极易引起火灾，严重影响用户的生命财产安全，所以世界各国对安规标准执行得非常严格。

8. 选用安规产品元器件和材料特别注意事项

需要特别注意的是欧盟的 ROHS 指令强制要求和 IEC62321 的规定。其中 ROHS 指令的全称是《关于限制在电子电器设备中使用某些有害成分的指令》（Restriction of Hazardous Substances），于 2006 年 7 月 1 日开始正式实施，主要用于规范电子电气产品的材料及工艺标准，使之更加有利于人体健康及环境保护。该标准的目的在于消除电机电子产品中的铅、汞、镉、六价铬、多溴联苯和多溴联苯醚共 6 项物质，并重点规定了铅的含量不能超过 1%。IEC 62321 对上述 6 种有害物质浓度的测定要求及方法进行规定。我国以《电子信息产品污染控制管理办法》以及 GB/T 26125—2011 作为应对 ROHS 指令和 IEC 62321：2008 的对策，设计智能仪器时应该遵照执行。

7.3.2 本质安全仪表

随着我国煤矿、电力等领域自动化程度的提高，越来越多的机电设备需要微机对其实现控制和保护，但是，这些领域的特殊工作环境对微机系统提出了严格的要求。比如煤矿井下最大的特点就是存在瓦斯和煤尘，而微机系统在发生故障时所产生的电火花或电弧是煤矿井下点燃瓦斯、煤尘的火源之一，因此对于井下电气设备及其控制系统必须采取严格的防爆措施以防止瓦斯和煤尘爆炸。通常采用的防爆途径有三种，即隔离外壳、安全火花电路、超前切断电源。隔爆外壳已广泛应用于电动机电器及动力设备的防爆上，它将爆炸的危险限制在壳内。安全火花电路是将电路的电气参数选择在安全火花允许值以下，保证电路在正常接通和断开以及事故（如短路、接地等）时，所产生的电火花或高温，都不会点燃可燃性混合物。超前切断电源是在设备可能出现故障之前自行切断电源，使热源不致与瓦斯、煤尘接触，从而达到防爆目的。对于煤矿井下信号通信、遥控和电气设备的自动控制系统必须采用本质安全型火花电路，其中测量仪表，包括电源等，是本质安全的主要设备。

1. 本质安全的概念

本质安全的概念是从具体的电路技术中发源的。本质安全电路的雏形是由英国学者 R. V. Wheeler 在 1914 年提出的用于煤矿井下的电铃信号线路，他首先对电铃信号电路中产生的电火花点燃瓦斯的特性进行了研究，并设计出火花试验装置。1915 年，W. M. Thronton 参与了该项工作，并于 1916 年给出了本质安全电路设计方法的理论描述。其后本质安全技术发展较快，到了 50 年代，英国、西德、苏联等国对于本安防爆理论和实际应用方面的研究进展显著。60 年代末，几乎所有的发达国家都在进行本质安全方面的研究，并积极寻求制订统一的国际标准。60 年代后期，70 年代初，IEC 79-11 国际标准发布，西德的火花试验装置被推荐为 IEC 标准火花试验装置。国外对本质安全理论方面早期研究主要集中于电极的电弧放电，火花试验装置的设计与评价，最小点燃能量的确定和点燃曲线的绘制，电路设计及评价电路各元件对性能的影响等方面。后来进一步深化，包括电感-电容复合电路，减小火花能量，提高电路功率，火花试验装置的改进，本质安全系统与应用、本质安全管理体系等方面。

本质安全一词的提出源于 20 世纪 50 年代世界宇航技术的发展，这一概念的广泛接受是和人类科学技术的进步以及对安全文化的认识密切相连的，是人类在生产、生活实践的发展过程中，对事故由被动接受到积极事先预防，以实现从源头杜绝事故和人类自身安全保护需要，在安全认识上取得的一大进步。

2. 本质安全的定义

设备、设施或生产技术工艺内在的能够从根本上防止事故发生的功能。

本质安全一般包括两种安全功能：

（1）失误——安全功能：操作者即使操作失误，也不会受到伤害或发生其他事故。

（2）故障——安全功能：设备、设施或生产技术工艺发生故障时，能暂时维持正常工作或自动转变为安全状态。

这两种安全功能均是设备、设施和生产技术工艺本身固有的，即在它们的设计阶段就被完整考虑并且实现了的。

根据上述定义，本质安全狭义的概念是指通过设计手段使生产过程和产品性能本身具有防止危险发生的功能，即使在误操作的情况下也不会发生事故。广义地说就是通过各种措施（包括教育、设计、优化环境等）从源头上堵住事故发生的可能性，即利用科学技术手段使人们生产活动全过程实现安全无危害化，即使出现人为失误或环境恶化也能有效阻止事故发生，使人的安全健康状态得到有效保障。

3. 本质安全设备分类

本质安全电路是指：在特定标准（如 GB 3836）规定的条件（包括正常工作和规定的故障条件等）下，产生的任何电火花或任何热效应均不能点燃规定的爆炸性气体环境的电路。

本质安全设备是指所有电路为本质安全电路的电气设备。其中，包括本质安全仪器，智能仪器自然也在其列。

根据电气设备的防爆形式，爆炸性环境用电气设备分为Ⅰ类、Ⅱ类、Ⅲ类。

1）Ⅰ类

Ⅰ类电气设备用于煤矿瓦斯气体环境。它将设备内部和暴露于潜在爆炸性环境的连接导线可能产生的电火花或热效应能量限制在不能产生点燃的水平。

2）Ⅱ类

Ⅱ类电气设备用于除煤矿瓦斯气体之外的其他爆炸性气体环境。

Ⅱ类电气设备按照其拟使用的爆炸性环境的种类可进一步再分类为：

（1）ⅡA 类：代表性气体是丙烷。

（2）ⅡB 类：代表性气体是乙烯。

（3）ⅡC 类：代表性气体是氢气。

3）Ⅲ类

Ⅲ类电气设备用于除煤矿以外的爆炸性粉尘环境。

Ⅲ类电气设备按照其拟使用的爆炸性环境的种类可进一步再分类为：

（1）ⅢA 类：可燃性废墟。

（2）ⅢB 类：非导电性粉尘。

（3）ⅢC 类：导电性粉尘。

4. 本质安全智能仪器设计准则

本质安全智能仪器的设计主要包括硬件、软件和结构设计，这是实现仪表本安防爆性能不可分割的两个方面。本安仪表应满足三个基本要求：

（1）必须把本安与非本安电路完全、可靠地隔离。可通过加大电气间隙和爬电距离、加强电气绝缘等方法来实现电路隔离，防止本安与非本安电路间的击穿，确保本安电路的防爆性能。

（2）本安电路中所有元器件或导线的最高表面温度须不大于所规定的组别温度要求，以避免热效应点燃爆炸性气体混合物。根据热效应原理，限制元器件或导线的最高表面温度和通过限制相应故障条件下加到元件上的最大功率的办法来实现。同安规与国内安全一样，必须建立安全元器件、部件和材料清单。

（3）电路在规定等级、级别相对应的试验条件下进行试验评定时，不得点燃相应的爆炸性气体混合物。通过控制电路的电参数（如减小电感和电容等储能元件参数），或降低电路电流和电压，使电路达到本安防爆要求。电路中元器件要有足够的功率，连接导线应具有足够截面，以使电路在各种故障条件下可能产生的高电压和大电流作用下不会破坏元件性能，通过元件的可靠性来保证电路的可靠性。

（4）本质安全智能仪器的软件应该是可靠的而且安全的。不会因为自身的漏洞、缺陷而导致故障，尤其是在外界干扰的情况下，仪器软件不会发生误动作，不会发出不应有的指令或者错误时序而造成仪器功能紊乱，以及导致测控仪器的执行机构误动作，造成事故。因此，仪器软件安全性设计应该参照功能安全标准体系对于软件的要求进行。此外仪器软件的安全性设计还要遵照嵌入式 C 语言规范，注意仪器应用软件与嵌入式操作系统的接口，软件架构、程序模块、代码实现等方面严格控制，加强排错、除虫（Debug）技术措施，并且按照 V 模式过程进行严格的测试，充分保障其可靠性、健壮性和安全性。

（5）本质安全仪器软件还参照 IEC 61508、IEC60335-1：2010（GB 4706.1—2011）以及 IEC 60730-1：2010（我国标准还只有 GB 14536.1—2008 IDT IEC60730-1：2003）的相关要求要求执行。开发平台方面，专业软件优选诸如 TI 的用于多功能安全的 SafeTI™系统设计套件等。这些软件本身是经过认证的，而且提供了很多符合相关标准要求的软件库，使用它们能够更快、更轻松地实现设计目标和保障产品通过认证。

7.3.3 功能安全、本质安全与安规的联系和区别

功能安全、本质安全和安规三者均是讲安全，但是它们是不同的。虽然它们都是内部安全，及从设备自身的安全性来保证安全功能和目标的实现，在技术上也有共同之处，比如安规和本质安全都要求安全距离等，都有各自的标准及其体系，有些标准还是同一的。它们主要的区别在于：

（1）应用领域和行业不同：功能安全是针对工业工艺过程、运动（如汽车、飞机、列车等）的，本质安全是应用于煤矿、电力系统等易燃易爆场合的，二者不仅包括电子，还包括电气设备。而安规主要应用于电子设备领域。

（2）具体保护目标和对象不同：功能安全通过其执行固有的功能保障的是人、设备和环境的安全，安规主要研究对人的伤害的免除，而本质安全是预防造成燃烧和爆炸事故的发生。

（3）具体仪器产品及其工作方式不同：功能安全仪表是静态的、被动的，只有在有要求时它才被唤醒执行其功能达到保障安全的目标，而且，它们不一定必需；而本质安全仪器是必须要有的，比如矿井中的电源，而且它们是动态的、主动的，处于运行状态；安规仪器是在相关认证机构中配置，而且在需要对相关产品进行认证时才使用的。

尽管有上述不同，以及没有列出的其他不同，但是随着理论技术的融合与交叉发展，安全理念的交融与集成，在不久的将来，三者必然从三国鼎立的局面趋于天下一统。比如，IEC 60335-1 V5.0 2010 中，就在软件相关要求方面引进了 IEC 61508 标准的思想和方法和要求。因为，它们的终极目标是相同的：都是提高人类社会的生活品质；根本的理论技术基础也是相同的：信息技术、材料技术、控制技术等。

7.4　FSM 与 QMS、ISMS、OMS、EMS

1. 五个缩略语的含义

（1）FSM——功能安全管理体系。
（2）QMS——质量管理体系。
（3）ISMS——信息安全管理体系。
（4）OMS——职业健康安全管理体系。
（5）EMS——质量管理体系。

2. 信息安全管理体系（ISMS）

信息安全管理体系（Information Security Management System，ISMS）的概念最初来源于英国标准学会制定的 BS 7799 标准，并伴随着其作为国际标准的发布和普及而被广泛地接受。ISO/IEC JTC1 SC27/WG1（国际标准化组织/国际电工委员会信息技术委员会安全技术分委员会/第一工作组）是制定和修订 ISMS 标准的国际组织。主要标准有 ISO 27000 系列等，目前该标准已经发布 2013 版本。我国 GB/T 22080—2008《信息技术安全技术信息安全管理体系要求》等同采用 ISO/IEC 27001：2005，而 GB/T 22081—2008《信息技术安全技术信息安全管理实用规则》等同采用 ISO/IEC 27002：2005。

智能仪器是信息设备，因此存在信息安全问题。所以智能仪器的设计，必须考虑信息安全，遵照信息安全管理标准体系进行。信息安全管理体系也遵循 PDCA 过程，如图 7.20 所示。

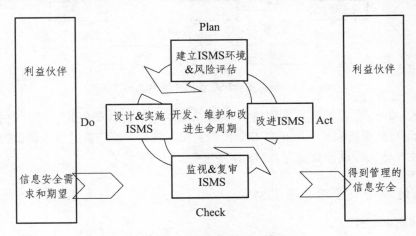

图 7.20　信息安全 PDCA 过程图

智能仪器之所以要强调信息安全，是因为在工业控制系统的安全漏洞，主要有以下方面：

（1）网络协议的漏洞。

（2）网络操作系统的漏洞。

（3）应用系统设计的漏洞。

（4）网络系统设计的缺陷。

（5）恶意攻击、黑客入侵。

（6）来自合法用户的攻击。

（7）互联网的开放性。

（8）物理安全。

（9）管理安全：安全策略和管理流程漏洞。

（10）杀毒软件漏洞。

国际行业标准 ANSI/ISA-99 明确指出目前工业控制领域普遍认可的安全防御措施要求如表 7.9 所示：将具有相同功能和安全要求的控制设备划分到同一区域，区域之间执行管道通信，通过控制区域间管道中的通信内容来确保工业控制系统信息安全。

"纵深防御"策略严格遵循 ANSI/ISA-99 标准，是提高工业控制系统信息安全的最佳选择。建立"纵深防御"的最有效方法是采用 ANSI/ISA-99.02.01 和 IEC-63443 标准的区级防护，将网络划分为不同的安全区，如表 7.9 所示，要求在安全区之间按照一定规则安装防火墙。

表 7.9　网络安全区

名称	要点描述	达到目标
区域划分	将具备相同功能和安全要求的设备划分到同一区域	安全等级划分
管道建立	实现区域间执行管道通信	易于控制
通信管控	通过在控制区域间管道中通信管理控制来实现设备保护	数据通信可控

信息安全管理体系也要对各种风险进行管理，风险管理个要素之间的关系如图 7.21 所示。

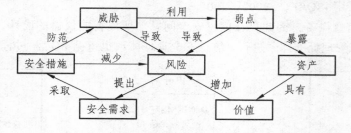

图 7.21　信息安全风险管理个要素之间的关系

ISO27002：2013 信息管理实施细则从 14 个方面，包括信息安全策略、组织信息安全和密码学等定义了 113 项措施，可供信息安全管理实施人员参考使用，这些人员就包括智能仪器设计者。因此智能仪器设计要结合 ISMS 体系进行。

3. 职业健康安全管理体系 OMS

（1）标准产生背景。

据国际劳工组织统计，每年生产伤亡事故大约为 2.5 亿起，每天 67.5 万起，每分钟 475.6

起；全球每年死于工伤事故和职业病人数约为 110 万（职业病占 1/4）。初步估算每天有 3 000人死于工作。在过去的 10 余年中，我国因安全事故造成的死亡人数每年以 6.3%的速度增加，如果按照这个增速的话，到 2020 年，我国每年因生产事故造成的死亡人数将增加到 30 余万人。

随着职业健康安全管理体系标准的不断发展，世界各国及区域性职业健康安全管理体系标准不断出现，国际标准化组织（ISO）、国际劳工组织（ILO）也在积极准备制定国际性标准。目前 OHSAH 18000 标准是欧洲十几个著名认证机构及欧、亚、太一些国家共同参与制定的系列标准，许多国家及认证机构将其作为实施认证的标准。我国于 2001 年发布了 GB/T 28001—2001《职业健康安全管理体系》标准，于 2002 年 1 月 1 日实施，并且于 2011 年颁布了修订版。

（2）职业健康安全管理体系同样关注风险，而且其中 ISO 28002 是风险分析的一个很好的指导文件。所以，对于智能仪器设计者，有必要而且必须结合该标准的要求和方法进行一体化设计。

4. 环境管理体系 EMS

GB/T 24001—2004 IDT ISO14001：2004《环境管理体系要求》。

标准产生的历史背景：人类在创造越来越繁荣的经济条件、享受越来越丰富的物质文明的同时，也付出了沉重的代价，人类赖以生存的环境受到越来越严重的破坏，反过来又严重地制约了经济的进一步发展和物质文明的进一步提高，人类已尝到了破坏环境的恶果。因此，各国政府在发展经济的同时也越来越重视保护环境。为更有效地预防和控制污染并提高资源与能源的利用效率，我国制定了 GB/T 24001—2004 标准，等同采用 ISO14001：2004《环境管理体系要求》。本标准的主要特点是以市场驱动为前提的自愿性标准，强调对有关法律、法规的持续符合性，没有绝对环境行为的要求，强调污染预防和持续改进。

通过执行该标准，提高组织的环境意识和管理水平；推行清洁生产，实现污染预防；开展企业节能降耗和降低成本；减少污染物排放和降低环境事故风险；保证组织符合法规、法律要求，避免环境刑事责任；树立企业形象，提高市场份额。

5. FSM 与上述四个管理体系一体化同步实施的意义

（1）为组织提高绩效提供了科学有效的管理手段；

（2）有助于推动法律法规的贯彻执行；

（3）使组织的管理活动由被动强制行为转变为主动自愿行为，提高管理水平；

（4）对企业产生直接或间接的经济效益；

（5）为组织在社会上树立良好的品质和形象；

（6）设计和生产各种符合安全性标准要求的产品，尤其是智能仪器。

习题与思考七

1. 安全的定义，功能安全的定义和特点分别是什么？

16

2. 安全仪表的作用是什么？

3. 安全仪表的设计原则有哪些？

4. 安规、本质安全与国内安全的联系与区别有哪些？

5. 举例说明爬电距离、电气间隙的设计理由和相关数据。

6. 举例说明安规电容的选择理由和应用。

第 8 章　智能仪器机械结构设计

　　智能仪器结构设计是应用机械原理和方法开发仪器外壳，以及满足智能仪器某些特定功能需要的机械零部件及其组合、连接、联动方式的创造性过程。机械结构设计是影响智能仪器性能、质量、成本和企业经济效益的一项重要工作。智能仪器结构设计的具体内容是实现系统功能的外壳、零部件所需要的尺寸、形状、结构及各个零部件间连接关系的设计。其中，智能仪器系统外壳，以形状尺寸来分，大致有三种基本类型：机柜（架）、机箱和机壳。

　　智能仪器结构设计，属于顶层设计的范畴。第一，许多仪器规范、标准对仪器的结构、尺寸进行了详细规定，比如 VXI/PXI 仪器。同样，对仪器模块的结构、尺寸也进行了详细规定。第二，诸多仪器的具体应用场合、环境空间限制了仪器的结构和尺寸，比如汽车仪表、飞机和舰船仪器或仪表。第三，结构尺寸不同，电气特性要受到限制或影响，比如设计了一个无线具有收发功能的仪器机箱，掌中宝大小，但是要用来进行长波收发，显然是不可能的。上述种种原因，都要求八个字：仪器（一切设备都如此）设计，结构先行。假使设计一台超高水平的汽车仪表，技术绝对领先，但是尺寸有高速公路边高高架起的 LED 显示屏那么大，则没有任何使用价值。另外一方面，经过数月乃至经年的努力，设计了一块高性价比、技术无比先进的 PXI 模块电路板，但是最后发现不能够插入 PXI 机箱内，该作何感想？所以，结构设计一定要在硬件电路原理和电路板设计之前规划、进行。为什么说结构影响电路原理设计呢？因为结构空间、尺寸限制元器件的选择，有些元器件，块头大，个儿高，性能好，比如大电解电容器，实际也需要，但是结构不允许，因为没有安装空间，所以只好另辟他途进行设计。这是结构规定的空间限制了电路选择余地的情况。另外一种情况是结构（比如提供的空间）足够大，但未能进行系统顶层设计，以至于留下诸多隐患。一个典型的过程实例是，某公司设计生产的某型设备，机箱尺寸为 360 mm×248 mm×80 mm，结构设计时，只在四角设计了安装固定螺钉，因此电路板设计成一整块，板子尺寸是它四周均贴近机箱内壁。电路板设计过程中，设计工程师还庆幸有这么大的版面来进行设计。结果该产品批量生产时，在做完高、低温试验和振动试验之后，全部报废。原因在于未能考虑电路板的强度和应力水平，那么巨大的电路板，上面安装了多个 DSP/FPGA 芯片，还有变压器和 DC/DC 模块，在高低温和振动试验之后，电路板及其面安装器件 DSP/FPGA 等均有裂纹。这是设计时违背了下文将要介绍的合理布置隔板与肋板、合理布置支撑原则的结果。这个看起来不大实际上不小的设计疏忽，导致 1 800 多万元的直接经济损失，而且还面临未能如期交货的法律诉讼，教训惨痛。诸如此类的例子不胜枚举。所以，本书在硬件系统设计之前先讲解结构设计。

　　由于结构设计的内容很多，涉及的影响因素、学科领域较广，不可能在一章中介绍完全，所以本章只重点介绍结构设计的一般准则、结构设计的人机工效学原理等内容。

8.1 智能仪器结构设计概述

8.1.1 智能仪器结构发展史

研究发展变化的历史是为了通过初始简单状态掌握现代或未来的复杂状态。由于各个发展阶段的智能仪器具有各自的特点和功能要求，所以不同阶段的智能仪器结构形式也各不相同。在二十世纪六十年代前普遍采用的分立式智能仪器结构中，各功能部件相互独立，在结构上采用点对点互联。这种智能仪器的部件结构专用性强，机械电子零件互不兼容，系统部件的互换性和维修性较差。任何产品改进或任务的变更都必须通过更改硬件来实现。机箱只是对内部的电子功能单元提供了简单的安装和保护。

七十年代出现的联合式智能仪器中，各部件通过系统总线互联，由计算机统一管理和调度。该系统中的每个部件都是单独的外场可更换单元（LRU），具有标准的外形尺寸和机械电子接口，部件出故障后，可在工作现场（或外场）从系统或装置上快速的拆卸或更换。同分立式系统结构中的部件相比，LRU 在电磁兼容性要求、热控制、故障定位和维护性方面有着更加明确和严格的要求，使智能仪器结构朝着标准化、系列化的方向更加前进了一步。这种体系结构目前广泛应用在 F-15、F-16、F/A-18 等各国现役第三代主战飞机中。

基于 LRU（现场可更换单元）的电子设备系统结构复杂、研发周期长、成本高、系统可靠性差和维护复杂。为了解决这一系列问题，必须综合化、模块化，并采用开放式系统和 COTS 技术，以提高可靠性和维修性。美国在上世纪末开始推出第三代和第四代综合式电子系统，其直接成果应用于 F-22、F-35 等新一代战机上。综合式电子系统开放性好、全寿命成本低、具有良好的可靠性和兼容性特点。这一切优点的硬件基础就是 LRM（现场可更换模块）。LRM模块具有以下特点：自带的 B IT 能力将传统的三级维护体制简化为二级维护体制，具有标准的尺寸、接口，互换性好，缩短产品研制周期、降低全寿命费用。

COTS 是 commercial off the shelf 的缩写，意为商品化的产品和技术。当前对于应用在某一特定环境的测控系统，人们已很少像过去那样开发研制专用的软硬件设备，而是利用市场上的各类产品和技术（COTS）去集成所需的测控系统。毫无疑问，与开发专用系统相比，采用 COTS 组件的系统集成是既省力又省钱的方法，这对于批量少、专用于某一场合的测控系统来说尤为如此。

综合化就是由通用的模块和标准的数据总线，通用的操作系统构成一个实现信息交换和处理的整体架构，综合模块化安装架结构组成如图 8.1 所示。综合化电子设备结构是以安装架为安装平台，各模块通过背板总线完成信号交联，而安装架内的电源、冷却系统等资源为各模块所共用，从而在缩小体积和重量的前提下用简化的结构来实现更多的功能和更大的计算容量。机械结构的模块化就是用一系列具有标准接口和外形尺寸的通用模块或专用模块通过不同的组合来构成各种功能的电子分系统，每个标准模块都有自己独立的锁紧装置、电连接器、冷却接口等，在安装架上同规格的位置上可以实现快速插拔。结构的模块化不仅减少了功能模块的种类和数量，而且跨越了机型的限制，使模块的通用化水平提高到了 70% ~ 80%。此外，采用开放式系统（OSA）结构和最大限度使用不同厂家生产的满足军用环境的商用货架产品（Commercial Off The Sholf-COTS）也是实现综合化智能仪器不可或缺的一环，包括按

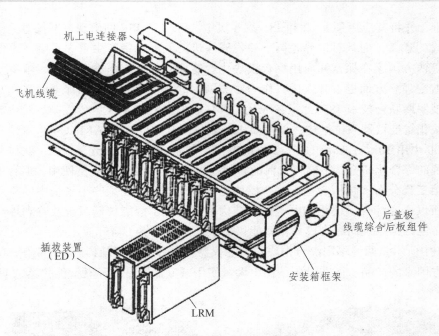

图 8.1　综合模块化安装架结构组成

照相同标准或规范制造的电连接器、锁紧装置、机箱等的使用大大降低了采购成本和维护费用。而且，综合化、模块化的智能仪器使原来需要专门设备和技术支持的传统三级维护变为只需简单更换插拔的二级维护，加上 LRM 机箱优良的热控制能力和电磁兼容性能，使新一代智能仪器的可靠性和维修性空前提高。另一方面，由于综合模块化智能仪器以高速数据总线（HSDB）、超高速集成电路（VHSIC）等高速电路技术为基础，用系统共享的综合核心处理器（ICP）来完成几乎全部的信号与数据处理，所以模块的体积热密度急剧增加，这对模块的冷却技术提出了更高的要求。

8.1.2　智能仪器结构现状与未来

　　二十世纪中叶以来，随着智能仪器系统的迅速发展，智能仪器的结构设计开始引起世界各工业国的重视。智能仪器结构设计的范畴：重量和体积、运转可靠性、环境适应性、电磁兼容性及热控制等。结构设计是以机械学、力学、材料学、工艺学、传热学、电磁学、技术美学、人机工程学和环境科学等多学科为基础的综合性学科。日新月异的电子技术使智能仪器的设计不仅仅是实现产品技术指标的重要保证，而且逐步成为一项复杂的系统工程，传统的结构设计方法也同样面临着新的变革。

　　机械结构设计是应用各种先进机械技术创造性地满足特定功能需求和其他技术性要求以及经济性、艺术性的综合要求的技术活动过程。

1. 智能仪器结构的现状

　　继波音公司对 ARINC650 规范的成功实践之后，美国军方也参照 ARINC650 规范，将商用规范向军用标准移植，在 MIL-STD-1389D 的基础上重新制定了用于军用综合化智能仪器的规范和标准，并将其应用到 F-22 和 JSF 战斗机中。F-22 和 JSF 的出现，不仅对美国航空界具有里程碑式的意义，而且对世界各国下一代战斗机的发展也将产生重大影响。不但美国、英国和法国等西方国家在探索和应用综合模块化智能仪器系统方面不遗余力，俄罗斯在赶超和实施先进航空理念方面也不甘人后，作为对美国意欲在未来半个世纪称霸航空武器作战平台的回应，俄罗斯联合技术 JSC 公司在 MIG-29M 飞机的 SDU-915 电传控制系统中成功地运用了综合模块化智能仪器系统结构；俄罗斯飞行装备研究所也依据 ARINC650 规范在水陆两栖飞机 Be-200 中用 10 个 LRM 组成了该机的电传控制系统。从"九五"开始，我国开始着手智能仪器系统的综合化研究，虽然在目前的智能仪器系统中 LRU 被广泛使用，但智能仪器系统结构仍以第三代分布式结构为主，综合模块化智能仪器系统在某些小系统中的应用研究才刚刚起步，所以研究综合模块化的电子设备结构不仅适应了智能仪器系统改善和提高的要求，而且为分布式结构系统向综合模块化智能仪器系统过渡提供了研究应用平台。

　　图 8.2 中所示是两种军用综合模块化智能仪器模块和安装架结构。其中带有杠闸式锁紧装置的是西方国家的产品，而在设备结构中大量使用减振器则是前苏联智能仪器的明显特征。

图 8.2　军用综合模块化航空电子设备结构

2. 智能仪器结构的未来

　　开放式智能仪器：智能仪器将采用位数和频率更高的微处理器，如用 64 位的 CPU，以提高系统的基本运算速度。为适应现代工业的发展要求，人们提出了新一代智能仪器——开放式 CNC 系统。

　　开放式 CNC 系统就是要求能够在普及型个人计算机的操作系统上轻松的使用系统所配置的控制卡插件、软件模块和硬件。智能仪器制造商和用户能够方便地进行软件开发，能够追加功能和实现功能的个性化。从使用角度看，新型的智能仪器应能运用各种计算机软硬件平台，并提供统一风格的用户交互环境，以便于用户的操作、维护和更新换代。

　　开放式智能仪器应实现下列要求：

　　（1）开放性。把现成的硬件部件集成到实际的标准控制环境中实现模块化，允许部件"即插即用"，最大限度满足特殊应用控制要求。有开放式软件接口，可根据需要增添程序模块。

　　（2）可塑性。当要求控制器变化时，能方便而有效地进行再组合。

　　（3）可维修性。支持最长的平均无故障时间（MTBF）和最短的平均修复时间（MTFR），易于维修。

8.2　智能仪器结构设计一般准则

8.2.1　结构设计总体要求

一般说来，智能仪器与机器没有本质的区别，但作为一种工具，具有一些特点：精度高，重量轻，体积小，结构紧凑，工作灵便。不同用途和不同使用条件的仪器，对结构设计的要求也不完全相同，概括起来主要有以下几方面：

1. 功能要求

机械设计的目的就是要实现预期的功能。分析预期的功能，虽然包括环境适应性、电磁兼容性及热传导特性等，但是，最终将其转化为对零件的形状、强度、刚度和装配关系等机械特性。设计者必须正确地选择机械的工作原理，合理地设计出满足功能要求的机械特性的方案，确定合适的机构和零部件类型，使其满足智能仪器在运动特性和动力特性等诸方面的要求。

2. 可靠性要求

在满足功能要求的前提下，机械应能在预定的使用期限内安全可靠地工作，即机械在使用中不发生破坏、不致因零件的过度磨损或变形而导致失效、不能产生强烈的振动和冲击而影响机器的工作性能，更不能因某些零部件的破坏而引起人身和财产安全事故。为满足可靠性要求，必须正确地进行机械的整体设计及零部件的强度计算。

3. 经济性要求

机械产品的经济性体现在设计、制造、销售和使用的全过程中，产品的成本在很大程度上取决于设计。在保证质量的前提下，机械设计应该尽可能地选用价格低廉的材料，尽可能地降低原材料消耗、尽量采用标准零部件，尽可能地提高零部件的结构工艺性以减少加工装配成本。

4. 标准化要求

标准化程度是衡量一个国家生产技术水平和管理水平的尺度之一。标准化工作是我国现行的很重要的一项技术政策，设计工作中的全部行为都要满足标准化的要求。因此，从事机械设计时，除应尽量采用标准件外，自制件的某些尺寸、参数也应参照相关标准、规范正确选取。

机械设计的过程是一个复杂、细致的工作过程，不可能有固定不变的程序，设计步骤须视具体情况而定，大致上可分为三个主要阶段：产品规划阶段、方案设计阶段和技术设计阶段。

产品规划阶段包括：进行市场调查、研究市场需求、提出开发计划并确定设计任务书。

方案设计阶段包括：确定机械的功能、寻求合适的解决方法、初步拟订总体布局、提出原理方案。

技术设计阶段包括：选择材料、计算关键零部件的主要参数、进行总体结构设计、零部件结构设计，得出装配图、零件图和其他一些技术文档。

值得注意的是：结构设计的过程是一个从抽象概念到具体产品的演化过程，设计者在设计过程中不断丰富和完善产品的设计信息，直至完成整个产品的设计。设计过程是一个逐步求精和细化的过程，设计初期，设计者对设计对象的结构关系和参数表达往往是模糊的，许多细节在一开始并不是很清楚，随着设计过程的深入，这些关系才逐渐清晰起来。所以结构设计过程是一个不断完善的过程，各个设计阶段并非简单地按顺序进行，为了改进设计结果，经常需要在各步骤之间反复、交叉进行，直至获得满意的结果为止。

8.2.2　结构设计可靠性要求

结构零部件可能的失效形式很多，归纳起来主要是这样几个方面的问题：强度问题（如断裂、点蚀、塑性变形等）、刚度问题（弹性变形）、耐磨性问题（磨损）和振动稳定性问题。根据具体情况认真分析，找出主要的失效原因，进行结构可靠性设计。

结构可靠性设计要根据第 5 章的要求和方法进行。结构的功能安全设计要根据第 7 章的要求和方法进行。

机械零件在不发生失效的前提下的安全工作限度，称为零件的工作能力。若这个安全工作限度是用零件所能承受的载荷大小来表示的，则称为承载能力。为保证零件在预定的期间内正常工作，设计时应针对可能出现的失效形式相应地确定工作能力判定条件。这些判定条件也就是机械零件的设计准则，如果所设计的零件满足这些判定条件，则说明它们在工作中是安全的。主要的工作能力判定条件如下：

1. 强度条件

强度表明了零件抵抗断裂、点蚀及塑性变形等失效的能力。具备足够的强度是保证机械零件工作能力的最基本要求。零件的强度分为体积强度和表面接触强度。零件在载荷作用下，如果产生的应力在较大的体积内，则这种状态下的强度称为体积强度（简称强度）。若两零件的工作表面在载荷作用前是点接触或线接触，载荷作用以后，由于材料的弹性变形，接触处变成狭小的面接触，从而产生很大的局部应力——表面接触应力，这时零件的强度称为表面接触强度，简称接触强度。强度条件：应力≤强度。

在强度计算中引入安全系数，是为了考虑设计中的一些不定因素的影响，从而提高零件的可靠性，这些因素主要有：载荷或应力计算的准确性、零件的重要程度、材料性能参数的准确性、计算方法的合理性等。所以，如何合理地选择安全系数（S）是强度计算时应认真考虑的一个问题。若 S 取得过大，会使机器笨重；S 取得过小，又不安全。经过长期的生产实践，各机械制造部门都制定有适合本部门的安全系数选取原则或规范，设计时应根据具体要求酌情选取。当零件的重要程度高，破坏后会引起严重的人身安全事故或设备事故时，S 应取大值。比如，飞机起落架的受力零件、起重机的承重零件、汽车转向器拉杆等；反之，S 可适当取小些，以尽量减小机器的体积和质量。

2. 刚度条件

刚度反映了零件在外载作用下抵抗弹性变形的能力。确定刚度条件的目的就是防止零件发生过大的弹性变形，即：

$$实际变形量 \leqslant 许用变形量$$

提高零件刚度的有效措施是：适当增大剖面尺寸或改变剖面形状；减小支承间的跨距；改变外载荷的作用位置；在适当的位置设置加强肋等。由于合金钢与碳素钢的弹性模量相差无几，所以，试图用合金钢替代碳素钢以提高零件刚度的办法是行不通的。对于其他的失效形式，还可以确定相应的工作能力判定条件，如耐磨性条件、振动稳定性条件等，在此不赘述。

设计机械零件时，并不是用到所有的判定条件，而是针对零件可能发生的主要失效形式，选用一个或几个相应的判定条件，据此确定零件的主要尺寸或参数。比如轴的设计，当它的主要失效形式是断裂时，则采用强度条件；主要失效形式是弹性变形时，则采用刚度条件。强度条件是机械设计中经常遇到问题，下面将进一步讨论。

3. 功能安全

智能仪器结构功能安全性完整性除了功能安全基础标准 IEC 61508 系列外，设计应该遵照以下标准：

GB/T 15706—2007《机械安全　基本概念与设计通则》系列；

GB 28526—2012《机械电气安全　安全相关电气、电子和可编程电子控制系统的功能安全》；

GB/T 16855—2008《机械安全　控制系统有关安全部件》系列；

GB 5226—2008《机械电气安全　机械电气设备》系列；

……

在防爆等要求本质安全的环境中，应该根据 GB 3836 爆炸性环境用防爆电气设备标准系列。

此外，还有重要的一点是要遵照安规标准和规范进行设计，特别是安全距离，如空间距离、爬电距离等的设计要求，必须要满足。而且，还要满足泄漏电流、接触电流的限定要求。

智能仪器结构功能安全设计主要考虑可能产生的相关危险和重大危险，以及与机器的预定使用环境有关的危险，主要有：

（1）机械危险。包括由仪器零部件或其表面、工具、附件造成的挤压、刺穿、摩擦磨损、冲击；仪器零部件（包括加工材料夹紧机构）、附件或载荷产生的机械危险，如弹性元件（弹簧）的位能或在压力或真空下的液体或气体的势能等。

（2）电气危险。这类危险是由造成伤害或死亡的电击或灼伤引起的，产生原因包括人体与带电部件的接触，例如在正常操作状态下用于传导的导线或导电零件（直接接触）；在故障条件下变为带电的零件，尤其是绝缘失效而导致的带电部件（间接接触）；人体接近带电部件，尤其在高压范围内；绝缘不适用于可合理预见的使用条件；静电现象，例如人体与带电荷的零件接触；热辐射；由于短路或过载而产生的诸如熔化颗粒喷射或化学作用等引起的现象；电击的惊吓造成人员的跌倒（或由人员造成的物品掉落）。

（3）热危险。热危险可以导致：由于与超高温的物体或材料、火焰或爆炸物及热源辐射接触造成的烧伤或烫伤；炎热或寒冷的工作环境对健康的损害。

（4）噪声危险。噪声可以导致：永久性听力丧失、耳鸣、疲劳、压力，其他影响如失去平衡、失去知觉、干扰语言通信或对听觉信号的接受。

（5）振动危险。振动可能传至全身（使用移动设备），尤其是手和臂（使用手持式和手导式机器）。最剧烈的振动（或长时间不太剧烈的振动）可能产生严重的人体机能紊乱（腰背疾病和脊柱损伤）。全身振动和血脉失调会引起严重不适，如因手臂振动引起的白指病、神经和骨关节失调。

（6）辐射危险。此类危险具有即刻影响（如灼伤）或者长期影响（如基因突变），由各种辐射源产生，可由非离子辐射或离子辐射产生：电磁场（例如低频、无线电频率、微波范围等）；红外线、可见光和紫外线；激光；X 射线和 γ 射线；α、β 射线，电子束或离子束，中子。

（7）材料和物质产生的危险。由机械所加工、使用、产生或排出的各种材料和物质及用于构成机械的各种材料可能产生不同危险：由摄入、皮肤接触、经眼睛和黏膜吸入的，有害、有毒、有腐蚀性、致畸、致癌、诱变、刺激或过敏的液体、气体、雾气、烟雾、纤维、粉尘或悬浮物所导致的危险；火灾与爆炸危险；生物（如霉菌）和微生物（病毒或细菌）危险。

（8）机械设计时忽略人类工效学原则产生的危险。机械与人的特征和能力不协调，表现为：生理影响（如肌肉-骨骼的紊乱），由于不健康的姿势、过度或重复用力等所致；心理-生理影响，由于在机器的预定使用限制内对其进行操作、监视或维护而造成的心理负担过重，或准备不足、压力等所致；人的各种差错。

（9）综合危险。看似微不足道的危险，其组合相当于重大危险。

（10）与仪器使用环境有关的危险。若所设计的仪器用于会导致各种危险的环境（如温度、风、雪、闪电），则应考虑这些危险。

4. 电磁兼容性

智能仪器机箱、机壳、机柜等，都要留有诸多空缝，比如显示器、电源插孔，风扇通风散热孔以及电线电缆连接器等，因此必须注意电磁兼容性设计，采取可行、可靠、安全的电磁密封措施，保证以下几点：

（1）防止机内电磁信号的辐射发射。

（2）防止外部电磁辐射干扰、传到干扰的进入，留有足够的空间，安装电源 EMI 滤波器，以及必要的防浪涌器件或组件。

（3）防静电。

（4）留有足够的设计裕量，以便电磁兼容性整改。

8.2.3 设计原则

智能仪器结构设计上，遵循"适用、可靠、先进、经济"的设计原则；贯彻和推行通用化、系列化、模块化设计，同时积极开发利用新材料、新结构和新技术；贯彻国家标准、国家军用标准、行业标准；利用 CAD、CAE、CAT 等先进的设计和试验手段，提高设计质量；采用快锁装置和快速插拔方式，使设备的更换与装拆方便、迅速；使设备具有良好的可维护性，需要经常维护的单元必须具有良好的可达性；在保证设计要求的前提下，必须进行减重设计。

智能仪器结构设计原则，有三个层次：总体原则、技术原则和工艺原则。

1. 结构设计总体原则

智能仪器结构设计总体原则实质上是对设计要求的分类分解后从设计体系、设计方法等方面提出的总体要求，包括：

（1）顶层设计原则：一方面从概念设计开始就要进行结构设计总体规划，即要遵循仪器整机的全寿命周期过程规律；另外一方面结构设计本身遵照自顶向下原则。

（2）设计思想和理念开放化原则：以应对不断变化和提高的来自内部和外部的主客观需求；设计方法标准化、组合化、最优化、体系化原则，保证结构设计方法的继承性、通用性、重用性和扩展性。

（3）变形最小原则：保证仪器受到力、重力、热应力、电应力、震动（振动）等作用时形变最小。

（4）测量链最短原则：在结构上保证仪器在组建测量系统时需要的连接部件、附件等最少，电线电缆最短，以及结构内部各个组件、模块、元器件和连接器、连接线缆构成的测量路径最短等。

1890 年，阿贝（Abbe）提出关于量仪设计的原则："欲使量仪给出正确的测量结果，必须将仪器的读数线尺安放在被测尺寸的延长线上。"测量链路最短原则是阿贝原则的一个延伸。

测量链路最短原则本质上还是简单原则，即最高效、最优化保证仪器原理实现原则。在结构设计中，在同样可以完成功能要求的条件下，应优先选用结构较简单的方案。结构简单体现为结构中包含的零部件数量较少，专用零部件数量较少，零部件的种类较少，零件的形状简单，需加工面数量较少，所需加工工序较少，结构的装配关系较简单。结构简单通常有利于加工和装配，缩短制造周期，降低制造与运行成本。简单的结构还有利于提高装置的可靠性，有利于提高结构精度和测量准确度。

（5）结构设计产品（包括部件、零件、机箱、连接器等）通用化、标准化、系列化原则

（6）仪器可靠性、维修性、可扩展性原则。

（7）功能安全原则：满足实际应用需求和相关标准要求，如 GBT 16855.1—2008《机械安全 控制系统有关安全部件 第 1 部分：设计通则》等；具体要求包括安全距离、结构件尖、刺、拐角，防接触电流、电击等电气安全，操作、联锁和执行机构等活动部件的机械功能安全等，以及红信号泄漏等信息安全等。

（8）电磁兼容性原则：满足安规、本质安全和功能安全标准相关要求。

（9）绿色设计原则：结构部件、零件所用材料以及粘接、密封用胶（剂）、防可调节元件松动用胶（剂）、电磁兼容性用导电胶（剂）等符合 ROHS 指令等要求。

（10）人因工程原则：结合运动学设计原理原则，空间具有六自由度，根据仪器总体需求，以及要求的运动方式，优化确定自由度数及相应的设计约束条件数；兼顾人体尺寸、工作环境空间，保障仪器易操作性、安装使用和携带移动方便性与舒适性，特别是软硬件人机接口、界面的方便性、友好性和舒适性，以及造型美观、色彩搭配宜人、适宜使用环境等。

（11）工艺性原则：保证易于加工、制造，满足设计需求。

（12）价值系数（功能与产品成本之比）、性价比（产品综合性能和效益与价格之比）最优原则。

2．技术原则

智能仪器设计技术原则就是在其总体原则指导下的技术实现途径。包括的内容很多，本节主要介绍以下几种：

1）实现功能的原则

产品的设计主要目的是为了实现预定的功能要求，因此实现预期功能的设计准则是结构设计首先考虑的问题。包括以下几点：

（1）明确部件功能：即根据其在仪器的功能以及与其他零部件相互的连接关系，确定参数尺寸和结构形状。零部件主要的功能有承受载荷、传递运动和动力，以及保证或保持有关零件或部件之间的相对位置或运动轨迹等。设计的结构应能满足从机器整体考虑对它的功能要求。

（2）功能合理分配：据具体情况，将一个功能分解为多个分功能。每个分功能都要由确定的结构承担，各部分结构之间应具有合理、协调的联系，以达到总功能的实现。

（3）功能集中：为了简化机械产品的结构，降低加工成本，便于安装，在某些情况下，可由一个零件或部件承担多个功能。功能集中会使零件的形状更加复杂，但要有度，否则反而影响加工工艺、增加加工成本，设计时应根据具体情况而定。

2）力与变形原则

包括：

（1）等强度准则。

（2）力流平缓原则。

（3）减小应力集中准则。

（4）载荷平衡准则。

（5）传力简捷原则。

（6）变形协调原则。

（7）力补偿原则。

（8）材料物性原则。

（9）合理布置支撑原则。

（10）合理布置隔板与肋板原则。

3）自助原则

包括：

（1）自加强原则。

（2）自补偿原则。

（3）自保护原则。

4）构形变换原则

根据已知条件构思组合体的形状、大小并表达成图的过程称为构形设计。而构形变换是通过改变构形参量的变化来满足原定要求，以形成一系列的相似形体。主要包括：

（1）尺寸变换原则。

（2）形状变换原则。

（3）数量变换原则。

（4）位置变换原则。

（5）顺序变换或排列变换原则。

5）材料选择原则

对于从事机械设计与制造的工程技术人员，在材料工程方面的基本要求是能够掌握各种工程材料的特性，正确选择和使用材料，并能初步分析在机器及零件使用过程中出现的各种有关材料的问题。

针对具体的应用条件选择合适的机械零件材料时，需要考虑的主要问题有三个：

（1）所选材料的特性和在承载或温度或其他环境因素变化条件下的行为，能否满足零件在工作时所遇到的各种情况下的要求，包括使用寿命方面的要求，这是材料的工作能力，常常表现为承载能力的问题。

（2）所选材料是否容易加工，是否适合所设计零件可能的加工条件，这是材料的加工工艺性能问题。

（3）用所选材料制成的零件，其材料费和由材料引出的加工费是否较低而在零件成本中占的百分数比较合理，这是材料的经济性问题。

6）CAD/CAE/CAM 设计、仿真原则

现代设计基本基于计算机平台进行。要充分利用 CAD/CAE/CAM 软件进行仿真、优化，提高设计的可行性，缩短开发周期，降低开发成本，提高设计的复用性、可扩展性等。

3. 工艺原则

结构工艺性就是要求产品的零件和组合结构在一定的生产规模和生产条件下，能采用最合理的肌直和装配方法，多、快、好、省地生产出来。就是能以最少的生产准备、辅助时间和加工工时，最少量的复杂专用设备，最低的材料和辅助材料消耗和不要求高度熟练的技术工人的条件下，满足规定的加工和装配技术要求，生产出足够数量的合格产品。

所谓一定的生产规模，就是指产品的数量，所谓一定的生产条件，就是指生产能力，亦即负担该产品生产的部门现行的生产设备和技术力量。

由于结构工艺性体现了产品设计的经济原则，因此，它是产品设计质量的通用标志之一。包括加工、制造工艺，装配工艺和现场安装工艺（如安装式仪表、插卡式仪器模块）三个方面。

1）加工工艺

结构设计完成的零部件需要通过工艺加工、制造实现，结构设计必须考虑工艺过程的可能性和方便性、经济性，降低工艺过程的难度和成本。必须考虑铸造、焊接、冲压、铆接、粘接、注塑、切削、扣位、联锁等不同加工工艺，以及机床、设备和工具、模具等条件。此外，还有非常重要的一条是就地加工优先原则。具体有：

（1）仪器整体结构应该容易分成若干组件，各组件之间的联系和相互装配应能保证相对位置精度，拆装方便，易于调整。尽量能做到装调时互不影响。

（2）尽量采用标准件、通用件和借用其他产品的零件和部件。以及采用比较成熟的典型结构。

（3）尽量使结构中的零件和部件具有互换性，保证装配和修理方便，对于精度要求较高的仪器，结构上应具备调整的可能性。

（4）尽量缩减和适当统一产品中部件、零件和材料的品种。尽量减少产品中零件的数量，力求结构简单、制造方便、生产周期短。

（5）零件的形状应尽量简单，最好由平面、圆柱面或圆弧面等简单形状所组成。且力求相互垂直，并应与加工方法相适应。

（6）零件材料的选择不仅考虑材料的机械物理性能，还应注意到材料的加工性能，零件的材料同加工方法及技术要求相适应。

（7）零件毛坯的选择应考虑到零件的生产数量，并应尽量减少零件的机加工作量。还应适当减少零件或毛坯的精加工面。

（8）零件的工作图上应具有合理的尺寸基准和尺寸注法。使零件的设计基准与工艺基准尽量重合。零件的尺寸标注法同加工方法相适应。

（9）零件的孔、槽等尺寸，应尽可能根据标准刀具的尺寸来确定。如无特殊需要，零件的形状和尺寸应尽量避免加工时调整和更换刀具。

（10）零件应保证必要的刚度。不仅避免工作时产生过大的变形，也避免加工时产生的变形影响加工精度。同时还可选择较大的切削用量。

上述各点仅仅是一些基本原则，结构工艺性是一个复杂而现实的问题，需要设计者深入生产现场，与工人紧密结合，在不断的实践和总结下逐步解决。一次安装定位完成多工序加工，避免了因多次安装造成的误差，减少机床台数，提高了生产效率和加工自动化程度。

2）装　配

装配是产品制造过程中的重要工序，零部件的结构对装配的质量、成本有直接的影响。有关装配的结构设计准则简述如下：

（1）合理划分装配单元：整机应能分解成若干可单独装配的单元（部件或组件），以实现平行且专业化的装配作业，缩短装配周期，并且便于逐级技术检验和维修。

（2）使零部件得到正确安装保证零件准确的定位：避免双重配合。防止装配错误。

（3）使零部件便于装配和拆卸：结构设计中，应保证有足够的装配空间，如扳手空间；避免过长配合以免增加装配难度，使配合面擦伤，如有些阶梯轴的设计；为便于拆卸零件，应给出安放拆卸工具的位置，如轴承的拆卸。

3）现场安装原则

指仪器结构设计应该保证仪器产品在现场安装的易操作性，对环境的适应性。

8.3　仪器机箱设计

8.3.1　机箱设计要求

1. 确保设备技术指标的实现

设计机箱时，应根据设备的使用环境，综合考虑设备内部的电磁干扰和热问题，以及外部的机械、电磁、电气和气候等因素的影响，以确保设备电性能的稳定性，并使机箱具有足够的强度、刚度，以确保设备机电连接的可靠性以及设备的防振能力，同时采取相应措施，确保设备各项技术指标的实现和可靠性要求。

2. 具有良好的结构工艺性

所谓结构工艺性好就是能优质、高产、低成本地进行设备的生产，包括加工、装配、调试、维修等。结构与工艺密切相关，结构不同则所采用的工艺也不相同。设计机箱时，应根据设备的使用要求综合考虑当时的生产水平，包括加工设备、人员、工艺方法以及检验手段、方法等，使设计的机箱符合当时的生产实际，并具有良好的装配工艺，从而确保设备质量。

3. 便于装配、操作、维修

为了充分发挥电子设备的效能，设计的机箱应便于操作使用，并符合使用者的心理和生理特点，同时结构上力求最简，便于装配、拆卸，使设备可达性、维修性好，另外，设计的机箱应确保操作人员的使用安全，如避免锐边、棱角、采用漏电保护装置等。

4. 标准化、模块化

机箱设计时，应尽可能地满足标准化、模块化要求，并采用模块化设计方法，所有尺寸均采用标准尺寸系列，并符合公差配合标准及有关通用标准，以确保设备机箱的互换性，这样，在研制类似设备或设备改型时，可以少改动甚至不改动设备的机箱尺寸即可完成新研或改型设备的机箱设计。

5. 小型化

所谓小型化就是尽可能地减小设备体积和重量。机箱的小型化不仅在设备的使用性能上有重大意义，在经济上也具有重要价值，因而在设计机箱时应予以重视。

6. 外形美观

设备的外形不仅关系到操作者的感官要求，而且关系到设备的销售。设计机箱时，应将工程设计与造型设计相结合，充分利用造型设计的手法，对机箱外形精心设计，以使设备外形美观。

综上所述，确保设备技术指标的实现和便于装配、操作、维修的准则体现了机箱设计的实用性要求，具有良好的结构工艺性体现了机箱设计的经济性要求，标准化、模块化和小型化既体现了机箱设计的创新要求又体现了经济性要求，造型设计则体现了机箱设计的美观要求。

8.3.2　机箱结构设计

电子设备的机箱种类很多，其结构形式取决于设备用途、使用环境和复杂程度。目前，常用的有钣金结构机箱、铝型材结构机箱、铸造结构机箱、焊接结构机箱、塑料机箱等 5 种。

下面以钣金结构机箱为例介绍：

钣金结构主要利用弯曲工艺，将型材、板材弯曲成一定角度形成一定形状而成。弯曲是利用材料的可塑性进行加工的一种工艺方法。设计钣金结构机箱时，要注意以下几个问题：

（1）弯曲圆角半径，这里的圆角半径是指内缘半径。圆角半径过小容易引发裂纹，圆角半径过大容易引起回弹现象，而使设计的弯曲圆角和半径尺寸得不到保证。不同的材料有不同的最小弯曲半径，设计的半径要以此为依据。对形状近于对称的机箱，两边的圆角半径尽量一致，以免弯曲时板料因受力不均而滑动。有时为了装配需要，机箱会带有翻边，此时，应采用具有一定半径的弯边代替过急的折角。

（2）根据先进的 LRM 标准设计。

以 LRM（外场可更换模块）为基本组成单元的综合模块化航空电子设备已成为现代军用

飞机航电设备的发展趋势，作为航电系统中的一个重要设备。LRM 模块是第四代综合式航电系统的硬件基础，具有标准化程度高，便于维护的特点，可以将三级维护简化为二级维护，缩短研制周期，减少全寿命成本。括美国在内的各国都大力发展基于 LRM 模块的航电系统。LRM 模块在结构设计方面，包括模块体积（重量）要求、印制电路板尺寸要求、锁紧（插拔）要求、环境试验要求等。

　　LRM 模块插拔装置由两部分组成：锁紧机构和锁定器。锁紧机构安装在 LRM 模块的前面板上，锁定器安装在模块安装箱上，通过锁紧机构和锁定器之间的压接和分离实现 LRM 模块在安装箱上的快速安装和拆卸。LRM 模块插拔装置整体使用安装示意如图 8.3 所示。

　　锁紧机构主体为一杠杆联动机构，其组成结构及外形如图 8.4 所示。锁紧机构通过其支座安装在 LRM 模块前面板上，并通过两端的长圆槽和转轴 11、转轴 5 分别与内、外支架形成转动副和移动副连接，内、外支架之间通过转轴 7 形成转动副连接。通过内、外支架间转动和内外支架在支座的移动推进和拉出外支架实现模块在安装箱上锁紧和拆卸。

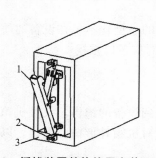

图 8.3　插拔装置整体使用安装示意图

1—锁紧机构；2—锁定器；3—模块安装箱

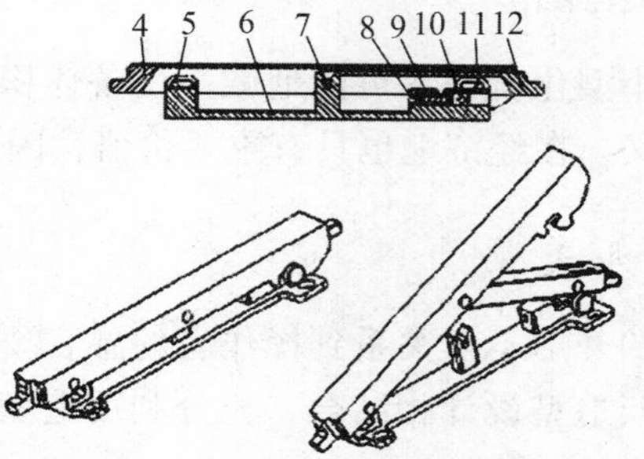

图 8.4　锁紧机构组成结构及外形

4—外支架；5—转轴；6—支座；7—转轴；8—导向轴；9—复位弹簧；10—锁紧销轴；11—转轴；12—内支架

　　锁定器为一可沿 LRM 模块插拔方向伸缩的叉形机构，其组成结构及外形如图 8.5 所示。锁定器为 LRM 模块的锁紧提供锁紧力，锁紧力来源于压缩弹簧的压缩力。压缩弹簧套在一根滑动轴上。压缩弹簧在锁定器安装完成后处于预压缩状态，压缩弹簧在提供一定的预紧力的同时，使得锁定器具有一定的可伸缩性。当锁定器处于锁紧工作状态时，压缩弹簧会进一步压缩。

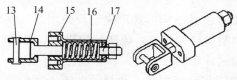

图 8.5　锁定器组成结构及外形

13—销轴；14—叉形体；15—轴套；16—压缩弹簧；17—滑动轴

　　LRM 模块在插入安装结构前锁紧机构呈打开状态，锁定器内弹簧处于预压缩状态，沿安装箱上导轨推进模块，当锁紧机构上内、外支架端部接近锁定器上销轴时，内、外支架端部钩住锁定器上的销轴，用力按压锁紧机构外支架，模块将沿着安装箱导轨向里移动内、外支架沿各自的转轴转动，在内、外支架接近平行时，外支架端部斜面开始与锁紧销轴接触，并且在斜面的挤压作用下使锁紧销轴沿斜面滑动，直到内、外支架平行，锁紧机构上锁紧销轴在复位弹簧的作用下卡入外支架上槽内根部，LRM 模块安装到位。

拔出 LRM 模块的过程与插入过程相反，手动将锁紧机构上的可移动销轴沿外支架上的槽口向下拨动，待可移动销轴完全从外支架上锁紧槽内脱出，将外支架向外拉，使外支架和内支架沿各自的转轴转动，直到锁紧机构与锁定器完全分离，拉住锁紧机构，将 LRM 模块沿安装结构导轨拔出，即可拆下 LRM 模块。

LRM 模块插拔装置插拔原理及过程如图 8.6 所示。

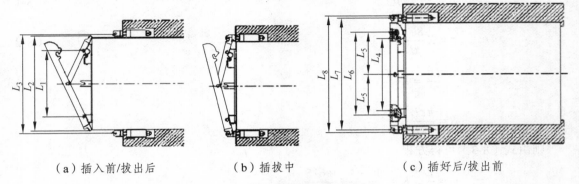

（a）插入前/拔出后　　　　（b）插拔中　　　　（c）插好后/拔出前

图 8.6　插拔装置插拔原理及过程

8.3.3　设计计算

1. 确定锁紧机构和锁定器的外形尺寸

插拔装置是安装在宽×高=49 mm×160 mm 的模块上，承受过载加速度为 13.5 g 的机载使用环境，模块重量 4 kg，要求拆装模块的时间不大于 5 s。

参考图 8.6，根据 LRM 模块安装到位时的状态，为保证锁紧机构内、外支架端部能与锁定器销轴压接，需保证尺寸 $L_7 \leqslant L_8$；为保证内、外支架能转至平行位置，需保证尺寸 $2L_5+d \leqslant L_6$。然后，为保证 LRM 模块在插拔过程中，锁紧机构内、外支架端部不与锁定器销轴相干涉，需保证尺寸 $L_2 \leqslant L_3$、$L_1-d \geqslant L_4$。其中，d 为锁紧机构上转轴 1 与转轴 3 的直径。

根据以上考虑，设计的锁紧机构主要的几个尺寸：

$L_3=174$ mm，$L_8=182$ mm，宽 18 mm；锁定器销轴直径为 3 mm。

2. 锁定器弹簧设计计算

LRM 插拔装置对模块的锁紧力是由锁定器里压缩弹簧提供的，锁紧力等于压缩弹簧的压缩力，所以锁定器弹簧设计非常关键。

首先根据模块重量及使用环境要求（振动、冲击、加速度等）计算压缩弹簧在工作状态时的压缩力，然后根据压缩力设计弹簧的各参数（高度、直径、圈数、节距等）并选取合适材料。

设计的锁定器中的弹簧选用圆截面材料等节距圆柱压缩螺旋弹簧，对于此类弹簧，在进行设计时，当材料选定后，共有 5 个基本参数：载荷 P、变形量 F、弹簧中径 D、材料直径 d 以及工作圈数 n。如果知道上述五个基本参数中的三个，即可根据公式计算出另外两个基本参数。

根据使用要求，载荷 P、变形量 F 和弹簧中径 D 为给定值：

$$P = 250 \text{ N}; \quad D = 8 \text{ mm}; \quad F = 6 \text{ mm}$$

弹簧材料选用 70 钢丝（C 级），弹簧承受静载荷，按 Ó 类载荷弹簧考虑，其许用切应力 $[S]$=830 MPa，切变模量 G=79 000 N/mm^2。

弹簧变形量 F 和切应力 S 的计算公式：

$$F = \frac{8C^4 n}{GD} p \tag{8-1}$$

$$\tau = K \frac{8C^3}{\pi D} p \tag{8-2}$$

$$\frac{\pi \tau D^2}{8P} = KC^3 \tag{8-3}$$

$$S = \frac{\pi \tau D^2}{8P}$$

则由式（8-3）可得方程：

$$C = \frac{D}{d}, \quad K = \frac{4C-1}{4C-4} + \frac{0.615}{C}$$

$$C^4 + 0.365C^3 - 0.615C^2 - SC + S = 0 \tag{8-4}$$

由式（8-4）可解出 C_1=3.89 和 C_2=1.01，另外还有两个复数解，取 C=3.89。

则 $d \geqslant d/c$=2.06

取 d=2.2 mm；实际 C=3.63。

$$n = \frac{GDF}{8PC^4} = 11$$

进而可计算出下列弹簧结构尺寸，节距：

$$t = d + \frac{F}{n} + \delta_1 = 3.5 \text{ mm}$$

F 为最大工作载荷下的变形量，余隙 $\delta_1 \geqslant 0.1d$；

总圈数 n_1=n+n_2=13 弹簧两端面磨平并紧，取 n_2=2；

自由高度 H_0=nt+1.5d=41.8 mm。

弹簧设计完成后，按式（8-2）进行强度校核：

工作时切应力 τ=690 MPa，弹簧满足使用要求。

3. 试验验证

根据上述设计原理、计算设计投产的插拔装置在不需要任何工具手动拆装一次 LRM 模块的时间小于 5 s，达到了设计要求，大大缩短了雷达维护时间，并已成功运用到某雷达产品上，随雷达整机通过了装机试飞前的各项环境试验。

8.3.4 机箱模块化、小型化造型设计

模块化设计作为一种新的设计理论、方法，在国外已广泛应用于各类电子设备的研制与

生产中。电子设备机械结构的模块化首先是设备机箱的模块化，设计机箱时应认真贯彻并执行模块化设计的有关准则、要求和步骤，加强对机箱模块的研究设计工作，使电子设备的机箱标准化、模块化、系列化。采用模块化机箱能大大缩短研制周期，提高设计质量，从而为电子设备的新研及改型研制创造有利条件。电子设备的小型化、轻型化、薄型化、迷你化一直是人们追求的目标，对于军用电子设备来说，其体积越小、重量越轻，其机动作战的能力越强，战场生存能力也就越强，而且设备的小型化极有利于设备的现场级维修、基层级维修。电子设备的小型化首先要解决机箱的小型化问题。设计机箱时，把小型化设计与结构设计、模块化设计结合起来，并贯彻于整个设计的全过程，使设计的机箱既满足整机要求，又满足模块化和小型化要求。

随着时代的进步，人们对电子设备的质量要求已不仅是内在质量，现在又提出外观质量（包括产品的形态、色彩、装饰等）和使用质量（即产品的显示、操作的宜人性）要求，外观质量和使用质量就是造型设计需要解决的课题，造型设计可提高现代电子设备美学质量和市场竞争力，从而增加设备的附加值。电子设备造型设计的核心是设备机箱的造型设计，设计机箱时，充分利用美学原理和造型设计的手法，将造型设计融合到机箱结构设计中，使设计的机箱在满足整机要求的同时，其外形线条流畅，表面色彩柔和，机箱各尺寸比例协调，具有时代感，而且面板布局合理，美观大方，操作方便、舒服。

8.4　仪器结构人类工效学设计

人类工效学是根据人的心理、生理和身体结构等因素，研究人、机械、环境相互间的合理关系，以保证人们安全、健康、舒适地工作，并取得满意的工作效果的机械工程学科。人类工效学的别名很多，比如：人体工程学、人因工程学、人机工程学、工程心理学等。人类工效学是一门新兴的边缘学科，包括管理工效学、人机工程学、环境与安全工效学、认知工效学、交通工效学、生物医学工效学、工效学标准化以及应用人类工效学等分支。

人类工效学产生于第二次世界大战期间。因为各种新式武器的产生，设计人员必须认真考虑操作人员的生理和心理特点，研究如何使机器与人的能力限度和特性相适应。随后，工效学在各国工业生产中也得到广泛应用和发展。

国际工效学会给人类工效学下的定义为："研究人在某种工作环境中的解剖学，生理学和心理学等方面的各种因素，研究人和机器及环境的相互作用条件下，在工作中，家庭中和休假时，怎样统一考虑工作效率，人的健康，安全和舒适等达到最优化的问题。"

人类工效学的主要内容有三方面：

（1）人的能力。

包括人的基本尺寸，人的作业能力，各种器官功能的限度及影响因素等。对人的能力有了了解，才可能在系统的设计中考虑这些因素，使人所承受的负荷在可接受的范围之内。

（2）人机交互。

机：不仅仅代表机器，仪器、设备，而且代表人所在的物理系统，包括各种机器，计算机，办公场地、设备，各种工作现场、自动化系统等；不仅包括硬件，还包括软件。人类工效学的座右铭是"使机器适合于人"。

（3）环境对人的影响。

人所在的物理环境对人的工作和生活有非常大的影响作用，因此环境对人的影响是人类工效学的一个重点内容。这方面的内容包括：照明对人的工作效率的影响，噪音对人的危害及其防治办法，音乐，颜色，空气污染对人的影响等。

人类工效学的目的也有三个：

（1）使人工作得更有效。

（2）使人工作得更安全。

（3）使人工作得更舒适。

8.4.1　智能仪器人类工效学结构设计原则

人们在现代工业化社会中享受物质生活的同时，更加注重产品的方便、舒适、可靠、价值、安全、效率等，也就是在产品设计中常提到的人类工效学设计问题。比如，当代汽车追求人车合一，即现代汽车的目标是以人为本，围绕人的需求设计和制造，使人乘驾汽车感到舒适、方便和不易疲劳。汽车设计师们逐渐将更多的精力投入到新车型内饰方面的设计上，尤其是汽车仪表系统的人类工效学设计。人们更多地关注仪表板的设计，这是因为仪表板受人们注视的时间远远多于车辆的其他部分。人类工效学设计的目的在于满足人自身的生理和心理需要。设计师通过对设计形式和功能等方面的人性化因素的注入，赋予所设计的产品以人性化品格，使其具有情感、个性、情趣和生命。

在智能仪器结构人机工程学设计中，应该遵循以下主要原则：

（1）合理选定操作姿势。

（2）设备的工作台高度与人体尺寸比例应采用合理数值。

（3）合理安置调整环节以加强设备的适用性。

（4）仪器的操纵、控制与显示装置应安排在操作者面前最合理的位置。

（5）显示装置采用合理的形式。

（6）仪表盘上的字符等应清楚易读。

（7）旋钮大小、形状要合理。

（8）按键应便于操作。

（9）操作手柄所需的力和手的活动范围不宜过大；柄形状便于操作与发力。

（10）合理设计软件界面，包括窗口、菜单栏、工具栏等。

（11）仪器不得在工作环境产生过大的噪声、过高的热量。

（12）仪器应该具有针对工作场地光照度太低的防范措施。

8.4.2　设计应该遵照的主要标准

GB/T 21051—2007《人-系统交互工效学　支持以人为中心设计的可用性方法》；

GB/T 23701—2009《人-系统交互人类工效学　人-系统事宜的过程评估规范》；

GB/T 23700—2009《人-系统交互人类工效学　以人为中心的生命周期过程描》；

GB/T 23702—2010《人类工效学　计算机人体模型和人体模板标准》系列；

GB/T 16251—2008《工作系统设计的人类工效学原则》；

GB/T 14776—1993《人类工效学　工作岗位尺寸设计原则及其数值》；

GB/T 20528—2006《使用基于平板视觉显示器工作的人类工效学要求》系列；

GB/T 20527—2006《多媒体用户界面的软件人类工效学》系列；

GB/T 18048—2008《热环境人类工效学　代谢率的测定》；

GB/T 1251—2008-T《人类工效学　公共场所和工作区域的险情信号弹险情听觉信号》系列；

GB/T 18977—2003《热环境人类工效学　使用主观判定量表评价热环境的影响》；

GB/T 18717—2002《用于机械安全的人类工效学设计》系列；

……

习题与思考八

1. 智能仪器结构设计的内容、作用，特点和目标是什么？
2. 智能仪器结构设计的原则有哪些？
3. 简述智能仪器结构功能安全完整性应该考虑的主要危险。
4. 简述智能仪器结构设计功能安全的主要标准，以及标准的主要内容和宗旨。
5. 试述智能仪器结构设计的人机工程学要求。
6. 智能仪器结构设计的人机工程学标准有哪些？试举例一个标准说明其主要内容。

第 9 章　智能仪器硬件系统设计

　　前面章节为智能仪器设计从系统、体系框架要求、方法论、性能要求、功能安全和环境、职业健康安全要求以及信息安全要求，总线体系与技术等方面为其软硬件详细设计提供了规范和指南。本章和第 10 章将介绍智能仪器的硬件和软件设计。

　　智能仪器是含有计算机系统的仪器，而计算机有五大硬件组成部分：运算器、控制器，二者合称 CPU；存储器，输入和输出。智能仪器系统中，除了计算机及其外围电路外，还有诸多电路，比如输入输出通道、传感器、执行器以及相应的接口电路等，元器件种类多，涉及学科领域很广，技术较为复杂。本章主要介绍智能仪器中的计算机系统硬件，兼顾其他电路。同时，简要介绍硬件原理图设计和电路板设计的基本要求。

9.1　智能仪器中的微处理器

　　微处理器是智能仪器设计的核心部件，根据工程需求合理选择微处理器是进行设计的重要环节之一。微处理器的内部存储器容量、数据总线宽度、处理速度、控制和通信能力影响和确定数据采集、人机接口、通信系统等的功能与性能。

　　按照智能仪器采用嵌入式系统与否，可以把智能仪器分为基于嵌入式系统的智能仪器和其他类型的智能仪器两种。嵌入式系统是指以应用为中心、以计算机技术为基础，软硬件可以裁剪，能满足应用系统对功能、可靠性、成本、体积、功耗等指标的严格要求的专用计算机系统。而在嵌入式系统中，使用的嵌入式处理器主要有下面几类：

（1）嵌入式微处理器（MPU，Micro Processor Unit）。

（2）嵌入式微控制器（MCU，Micro Controller Unit）。

（3）嵌入式 DSP 处理器（EDSP，Embedded Digital Signal Processor）。

（4）嵌入式片上系统（System On Chip）。

其中嵌入式微处理按体系结构的不同可分为五大类：

（1）ARM。

（2）MIPS。

（3）POWER PC。

（4）X86。

（5）SH 系列。

由此可见 ARM 的重要地位。下面主要介绍 ARM。

9.1.1 ARM 处理器原理

1. 简 介

1990 年 11 月 ARM 公司成立于英国，全名 Advanced RISC Machine 有限公司，是一家微处理器技术知识产权供应商，它既不生产芯片、也不销售芯片，只设计 RISC（精简指令系统）微处理器，通过转让设计知识产权，由合作伙伴生产出各具特色的芯片。ARM 公司利用这种双赢的伙伴关系迅速成为了全球性 RISC 微处理器标准的缔造者。这种模式也给用户带来巨大的好处，因为用户只需掌握了一种 ARM 内核结构及其开发手段，就能够使用多家公司相同 ARM 内核的芯片。目前基于 ARM 技术的微处理器占据 32 位 RISC 芯片 75%的市场份额。ARM 既是一个公司的名字，也是对一类微处理器的通称，还可以认为是一种技术的名字。

ARM 处理器在耗电、数据传送、数据处理速度以及带 DSP 功能方面具有比较优异的性能。采用 RISC 体系结构的 ARM 具有如下特点：

（1）采用固定长度的指令格式。

（2）使用单周期指令，便于流水线操作执行。

（3）大量使用寄存器，数据处理指令只对寄存器进行操作，只有加载/存储指令可以访问存储器，以提高指令的执行效率。

（4）一般支持 THUMB/ARM 双指令集，能兼容 8 B/16 B 器件。

（5）体积小、功耗低、成本低、性能高。

ARM 处理器核主要有 6 个系列：ARM7、ARM9、ARM9E、ARM10E、SecurCore 、ARM11 系列。另外 Intel 也推出两个 ARM 处理器系列：XScale 和 StrongARM。ARM7 采用 ARMV4T 体系结构，分为三级流水，空间统一的指令与数据 Cache，平均功耗为 0.6 mW/MHz，时钟速度为 66 MHz，每条指令平均执行 1.9 个时钟周期。其中 ARM7TMDI 是一种常用的 32 位嵌入式 RISC 处理器，属低端 ARM 处理器核，TDMI 的含义是：

T=支持 16 为压缩指令集 Thumb；

D=支持片上 Debug；

M=内嵌硬件乘法器（Multiplier）；

I=嵌入式 ICE，支持片上断点和调试点。

2. 在 ARM 芯片的过程实际应用中需考虑的几个特点

1）指令流水线

ARM7TDMI-S 处理器使用流水线来增加处理器指令流的速度这样可使几个操作同时进行并使处理和存储器系统连续操作。指令分取指、译码、执行 3 个阶段执行。指令流水线如图 9.1 所示。

执行过程中，程序计数器（PC）指向被取指的指令而不是指向正在执行的指令。在正常操作过程中在执行一条指令的同时对下一条指令进行译码并将第三条指令从存储器中取出。

2）处理器工作的 7 种模式

ARM7TMDI 处理器支持 7 种处理器模式如表 9.1 所示。

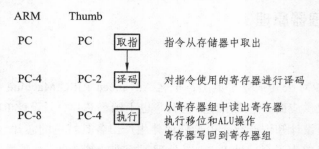

图 9.1　指令流水线简介

表 9.1　ARM 处理器处理器模式

处理器模式	描述
User	普通程序执行模式
FRQ	用于高速数据传输或通道处理
IRQ	用于通用中断处理
Supervisor	操作系统的保护模式
Abort	用于实现虚拟或存储保护
Undefined	支持软件模拟或硬件协处理器
System	运行特权操作系统任务

在每一种处理器模式下均有一组相应的寄存器与之对应，即在任意一种处理器模式下，可访问的寄存器包括：15 个通用寄存器（R0 ~ R14）、1 ~ 2 个状态寄存器和程序计数器。在所有的寄存器中，有些是在 7 种处理器模式下公用的同一个物理寄存器，而有些寄存器则是在不同的处理器模式下有不同的物理寄存器。

当正常的程序执行流程发生暂时的停止时，称之为异常，例如处理一个外部的中断请求。在处理异常之前，当前处理器的状态必须保留，这样当异常处理完成之后，当前程序可以继续执行。处理器允许多个异常同时发生，它们将会按固定的优先级进行处理。

3）指令系统

ARM 指令集有两种：32 位 ARM 指令集和 16 位 Thumb 指令集。它们既有本质区别又有共同点。

自从诞生以来，ARM 指令集体系结构发生了巨大的改变，还在不断地完善和发展。为了清楚地表达每个 ARM 应用实例所使用的指令集，ARM 公司定义了 8 种主要的 ARM 指令集体系结构版本，称为 ARM 架构以版本号 V1 ~ V8 表示。其中，V8 架构是在 32 位 ARM 架构上进行开发的，将被首先用于对扩展虚拟地址和 64 位数据处理技术有更高要求的产品领域，如企业应用、高档消费电子产品。ARMV8 架构包含两个执行状态：AArch64 和 AArch32。AArch64 执行状态针对 64 位处理技术，引入了一个全新指令集 A64；而 AArch32 执行状态将支持现有的 ARM 指令集。目前的 ARMV7 架构的主要特性都将在 ARMV8 架构中得以保留或进一步拓展，如 TrustZone 技术、虚拟化技术及 NEON advanced SIMD 技术等。

支持前 7 种版本的芯片如表 9.2 所示。

表 9.2　ARM 架构前 7 种版本典型芯片

ARM 核心	体系结构
ARM1	V1
ARM2	V2
ARM2As，ARM3	V2a
ARM6，ARM600，ARM610，ARM7，ARM700，ARM710	V3
StrongARM，ARM8，ARM810	V4
ARM7TDMI，ARM710T，ARM720T，ARM740T，ARM9TDMI ARM920T，ARM940T	V5T
ARM9E-S，ARM10TDMI，ARM1020E	V5TE
ARM1136J（F）-S，ARM1176JZ（F）-S，ARM11，MPcore	V6
ARM1156T2（F）-S	V6T2
ARM cortex-M，ARM Cortex-R，ARM Cortex-A	V7

　　ARM 微处理器的指令是加载/存储型的，即仅能处理寄存器中的数据，处理结果都要放回寄存器，对系统存储器的访问则需要通过专门的加载/存储指令来完成。ARM 微处理器的指令集可以分为跳转指令、数据处理指令、程序状态寄存器（PSR，Program Status Register）处理指令、加载/存储指令、协处理器指令和异常产生指令 6 类。常见指令如表 9.3 所示。

表 9.3　ARM 常见指令

助记符	指令功能描述	助记符	指令功能描述
ADC	带进位加法指令	EOR	异或指令
ADD	加法指令	LDC	存储器到协处理器的数据传输指令
AND	逻辑与指令	LDM	加载多个寄存器指令
B	跳转指令	LDR	存储器到寄存器的数据传输指令
BIC	位清零指令	MCR	从 ARM 寄存器到协处理数据传输指令
BL	带返回的跳转指令	MLA	乘加传送指令
BLX	带返回和状态切换的跳转指令	MO	数据传送指令
BX	带状态切换的中转指令	MRC	从协处理器寄存器到 ARM 寄存器的数据传输指令
CDP	协处理器数据操作指令	MRS	传送 CPSR 或 SPSR 的内容到通用寄存器指令
CMN	比较反值指令	MSR	传送通用寄存器到 CPSR 或 SPSR 的指令
CMP	比较指令	MUL	32 位乘法指令
MLA	32 位乘加指令	STM	批量内存字写入指令
MVN	数据取反传送指令	STR	寄存器到存储器的数据传输指令
ORR	逻辑或指令	SUB	减法指令

续表 9.3

助记符	指令功能描述	助记符	指令功能描述
RSB	逆向减法指令	SWI	软件中断指令
RSC	带借位减法指令	SWP	交换指令
SBC	带借位减法指令	TEQ	相等测试指令
STC	协处理寄存器写入存储器指令	TST	位测试指令

3. ARM9 简介

ARM9 采用 ARMV4T 结构，五级流水处理以及分离的指令 Cache 和数据 Cache，平均功耗为 0.7 mW/MHz。时钟速度为 120～200 MHz，每条指令平均执行 1.5 个时钟周期。ARM9 系列包括 ARM920T、ARM922T 和 ARM940T3 种类型，在中低档的智能仪器已经有所应用。

9.1.2　可编程芯片与 FPGA

20 世纪 70 年出现了可编程逻辑阵列器件 ROM 和 PLA，此后陆续诞生了 PAL、GAL、EPLD、CPLD、ASIC、FPGA 等，统称为可编程逻辑芯片。早期的可编程逻辑器件只有可编程只读存储器（PROM）、紫外线可擦除只读存储器（EPROM）和电可擦除只读存储器（EEPROM）三种。由于结构的限制，它们只能完成简单的数字逻辑功能。CPLD 和 FPGA 的出现增强了可编程器件的能力。如图 9.2 所示。

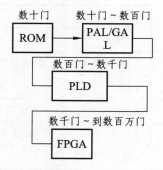

图 9.2　可编程器件的发展情况

可编程芯片的发展改变了传统硬件模块的设计方法，产生了"可重构计算"的概念。可重构计算是通过可编程逻辑器件实现的，它允许在不改变硬件电路板的情况下，实现不同的控制接口和控制功能。可重构计算结合了通用微处理器和 ASIC 的特点。图 9.3 所示为基于不同处理器的三种智能仪器形式。

1. CPLD

复杂可编程逻辑器件 CPLD 采用电可擦除，无需编程器，它的结构与 GAL 类似，但有所改进，包括：

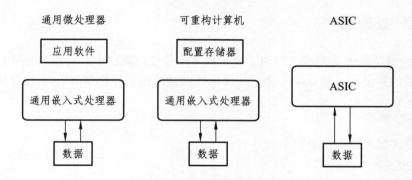

图 9.3　基于不同处理器的智能仪器形式

（1）输入/输出单元（IOC）。

（2）通用逻辑模块（GLB）。

（3）可编程布线区：全局布线区（GRP）。

（4）输出布线区（ORP），GLB 结构及功能：与 GAL 类似。

（5）IOC 结构及功能：8 种工作方式。

从原理上，CPLD 可分为三块结构：宏单元（Marocell）、可编程连线（PIA）、I/O 控制块。

2. FPG

FPGA 的工艺采用 CMOS-SRAM 工艺，它的擦除方式与 SRAM 相同，它的基本结构是逻辑单元阵列结构（可编程），它的特点是功耗低，集成度高（3 万门/片），信号传输时间不可预知。

FPGA 结构特点如图 9.4 所示，包括：

（1）输入/输出模块（IOB）：输入或输出可设置。

（2）可编程逻辑模块（CLB）：含组合逻辑和触发器。

（3）互连资源（IR）：金属线，可编程接点/开关。

（4）利用 EPROM 存放编程数据。

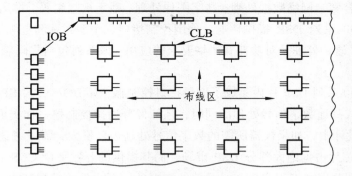

图 9.4　FPGA 的结构示意

目前在功能强大的中高档智能仪器设计中，基于 ARM、FPGA 结合使用的处理器框架应用较多。使用 ARM 处理器，要注意不仅选择芯片，还要结合其开发平台来进行。使用 FPGA 芯片开发智能仪器，目前主流芯片厂商有 Altera 和 Xilinx。对于前者，需要熟练掌握 QUARTUS，对后者，需要掌握 ISE。

9.1.3 DSP 处理器

DSP 是一种特殊的处理器，是为了满足数字信号处理算法中的一些高速计算要求而专门设计的。典型的是设计一些专用指令，并优化处理器结构来优化乘法、乘-加计算等。

1. DSP 的特点

与普通处理器相比，DSP 具有以下特点：

1）支持密集的乘法运算

DSP 使用专门的硬件来实现单周期乘法，"乘-加"计算。

2）采用哈佛结构

普通处理器采用冯·诺依曼存储器结构，程序指令和数据共用一个存储器空间，不能同时寻址。大多数 DSP 采用了哈佛结构，程序指令和数据分开存储，并且可以通过彼此独立的不同总线同时寻址。

3）支持零开销循环

零开销循环是指处理器在执行循环时，不用花时间去检查循环计数器的值，条件转移到循环的顶部将循环计数器减 1。DSP 支持零开销循环。

4）支持特殊的寻址方式

为了适应实现数字信号处理算法的需要，DSP 处理器往往支持一些普通处理器没有的特殊寻址模式，如循环寻址、位倒序寻址等。

2. TMS320 系列 DSP 处理器

TI 公司是世界上最大的 DSP 芯片供应商，其 DSP 市场份额占全世界份额近 50%。其 DSP 产品主要分为三大系列，即 TMS320C2000 系列、TMS320C5000 系列和 TMS320C6000 系列。

TMS320C6000 系列 DSP 具有高性能，最高主频超过 1 GHz，包含定点 C62x 和 C64x 以及浮点 C67x，适合宽带网络数据处理、数字图像处理、数字视频编码、雷达信号处理等应用。

TMS320C5000 系列 DSP 提供性能、外围控制接口、小型封装和电源效率的优化组合，适合便携式上网、语音处理及对功耗有严格要求的应用。该系列包括代码兼容的定点 C54x 和 C55x。

TMS320C2000 系列 DSP 片内集成了大量接口控制器，如 I/O、SCI、SPI、CAN、A/D 等，所以 C2000 在完成高速数字信号处理的同时，还能像普通微控制器一样实现系统控制功能。

在智能仪器设计中，如果仪器所需的数字信号处理运算量大，需考虑选用 DSP 处理器。目前，TI 公司的芯片占据绝大部分 DSP 市场，而其提供的开发平台 CCS 也是一款不错的开发软件平台，这是要求在工程实际中必须熟练掌握的。至少熟练掌握其中一种芯片和平台，并对其他芯片和平台有所了解。

9.1.4 SOPC

SOPC（System On Programmable Chip，可编程片上系统）是一种可编程系统的片上系统

SOC；它由单个芯片完成整个系统的主要逻辑功能，并且具有灵活的设计方式，可裁减、可扩充、可升级，具备软硬件在系统可编程的功能。

SOPC 结合了 SOC 和 PLD、FPGA 各自的优点，具备以下基本特征：

（1）至少包含一个嵌入式处理器内核。

（2）具有小容量片内高速 RAM 资源。

（3）丰富的 IP Core 资源可供选择。

（4）足够的片上可编程逻辑资源。

（5）处理器调试接口和 FPGA 编程接口。

（6）可能包含部分可编程模拟电路。

（7）单芯片、低功耗、微封装 SOC 将一个嵌入式系统需要的大多数核心功能集成在一个芯片上。

例 9.1　假设某计算机的主频为 8 MHz，每个总线周期平均包含两个时钟周期，而每条指令平均有 4 个总线周期，那么该计算机的平均指令则行速度应该是多少 MIPS？

答　主频即时钟频率，它是指 CPU 内部晶振的频率，常用单位为 MHz，它反映了 CPU 的基本工作节拍；

时钟周期 $t = 1/f$；主频的倒数；$t = 0.125$；

机器周期 $= m \times t$；一个机器周期包含若干个时钟周期 $= 2 \times t = 0.25$；

指令周期 $= m \times t \times n$；执行一条指令所需要的时间，一般包含若干个机器周期 $= 0.25 \times 4 = 1$

$CPI = m \times n$；平均每条指令的平均时钟周期个数 $= 2 \times 4 = 8$；

平均速度为：$f/(CPI \times 10^6) = (8 \times 10^6)/(8 \times 10^6) = 8/8 = 1$ MIPS。

例 9.2　智能仪器需要使用一些算法，如何估算一个算法的 MIPS？

答　算法的运行时间是指一个算法在处理器上运算所花费的时间。它大致等于处理器执行简单操作（如赋值操作，比较操作等）所需要的时间与算法中进行简单操作次数的乘积。通常把算法中包含简单操作次数的多少叫做算法的时间复杂性。它是一个算法运行时间的相对量度，一般用数量级的形式给出。

度量一个程序的执行时间需考虑以下因素：

（1）依据的算法选用何种策略。

（2）问题的规模。

（3）书写程序的语言。对于同一个算法，实现语言的级别越高，执行效率就越低。

（4）编译程序所产生的机器代码的质量。这个跟编译器有关。

（5）机器执行指令的速度。

9.2　智能仪器硬件系统的开发平台

智能仪器系统的开发要按照产品质量管理体系、安全管理体系、可靠性管理体系的过程方法进行。智能仪器硬件设计属于上述体系中的设计开发过程，是详细设计阶段。包括以下步骤：

（1）确定设计任务。

（2）设计任务分析。

（3）需求分析。

（4）总体方案设计。

（5）技术设计。

（6）制造样机。

（7）产品鉴定或验收。

（8）设计定型后进行小批量生产等。

电子线路 EDA 软件平台很多，著名的有 CADENCE、PROTEL DXP（现在已经发布 Altisim Designer 2013）、Power Designer 等，有数十种之多。国内常用的是 Protel 和 CADENCE。本节介绍电路设计工具 Protel DXP。

所有基于 Windows 框架的 EDA 软件，其界面都相似。

下面以 PCB 设计为例，介绍创建一个项目文件，绘制原理图和 PCB；并将它们添加到项目中。

1. 创建一个新的 PCB 项目

（1）在设计窗口的 Pick a Task 区中点击 Create a new Board Level Design Project。或在 Files 面板中的 New 区点击 Blank Project（PCB）。

（2）出现 Projects 面板和新的项目文件 PCB Project1.PrjPCB。

（3）通过选择 File→Save Project As 来将新项目重命名（扩展名为*.PrjPCB）。保存到硬盘上的合适位置，如在文件名栏里键入文件名 Multivibrator.PrjPCB 并点击 Save。

2. 创建一个新的原理图图纸

创建一个新的原理图图纸按照以下步骤来完成：

（1）在 Files 面板的 New 单元选择 File→New 并点击 Schematic Sheet。Sheet1.SchDoc 的原理图图纸出现在设计窗口中，并且原理图文件夹也自动地添加（连接）到项目。

（2）通过选择 File→Save As 来将新原理图文件重命名（扩展名为*.SchDoc）。指定你要把这个原理图保存在你的硬盘中的位置，并点击 Save。

（3）将原理图图纸添加到项目中。在 Projects 面板的 Free Documents 单元 schematic document 文件夹上右击，并选择 Add to Project。

3. 绘制原理图

（1）定位元件和加载元件库。

① 点击 Libraries 标签显示库工作区面板。

② 在库面板中按下 Search 按钮，或选择 Tools→Find Component。这将打开查找库对话框。

③ 确认 Scope 被设置为 Libraries on Path，并且 Path 区含有指向所需库的正确路径。

④ 选择库，如 Miscellaneous Devices.IntLib 库。

⑤ 点击 Install Library 按钮使这个库在你的原理图中可用。

添加的库将显示在库面板的顶总。如果你点击上面列表中的库名，库中的元件会在下面列表。面板中的元件过滤器可以用来在一个库内快速定位一个元件。

（2）在原理图中放置元件并且进行原理图布局。

（3）连接和标记。

（4）DRC 校验。

（5）生成网络表。

4. 进行 PCB 设计

（1）调出有电路图生成的网络表。

（2）检查有没有缺少封装，如果有，就需要手动添加，库里没有，还可能需要自行制作封装添加进去。

（3）布局。

（4）布线。

（5）DRC 检查。

注：电路图和 PCB 设计都有工程规范，可参照华为、中兴以及其他公司的企业规范进行，这样会少走很多弯路。因为电路设计会遇到许多棘手问题，特别是电磁兼容性、信号完整性、电源完整性、地平面完整性、安全完整性等，很多时候各种问题交织在一起，令人头疼，如果不积累相当的理论基础，不借鉴他人成功的经验，要想成为一个合格的电子设计工程师，是很困难的。

9.3　智能仪器的控制器系统设计

1. 智能仪器的控制和处理器单元电路的设计要求

（1）时钟电路，包括高、低电平是否等宽，在规定的负载条件下允许的最大升、降时间短。如一般选用专用时钟电路。

（2）复位电路，通过硬件或软件实现 CPU 及其他逻辑芯片与电路的初始化处理。可选择集成电源管理与复位芯片，有时需考虑掉电保护电路。

2. 处理器系统电路

下面以 LPC2103 为例，介绍其处理器系统部分电路。

（1）电源电路：LPC2103 使用 3.3 V 提供外设和芯片端口电平，使用 1.8 V 为其内核供电。电容使用的目的是滤波（包括低频时电容——10 μF，和高频时电容——0.1 μF），如图 9.5 所示。

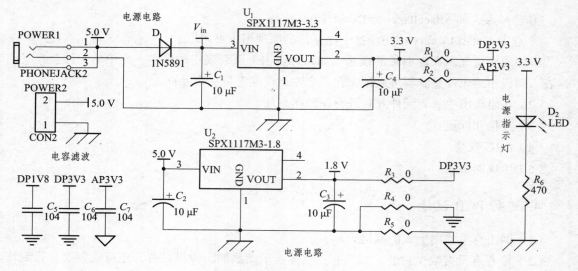

图 9.5　LPC2103 的电源电路

（2）复位电路：在智能仪器中的复位电路，也称为看门狗电路，通常是与电源监测电路一体化进行设计的。有些还具有 I²C 的通信功能，如 CAT1025。如图 9.6 所示。

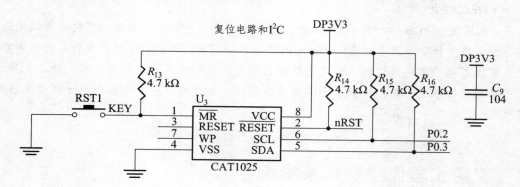

图 9.6　LPC2103 的复位电路

（3）时钟电路：在智能仪器中如果需要实时时钟，一般采用 32.768 k 的实时时钟来实现。系统工作时钟根据处理器不同，可以选择不同晶振。如图 9.7 所示。

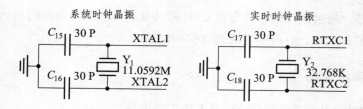

图 9.7　LPC2103 的时钟电路

（4）JTAG 电路：一般的智能仪器硬件设计需采用 JTAG 接口进行调试，有些处理器有 ISP 下载，或串口 DOWNLOAD 的功能，需要在上电时对其工作进行设计。如图 9.8 所示。

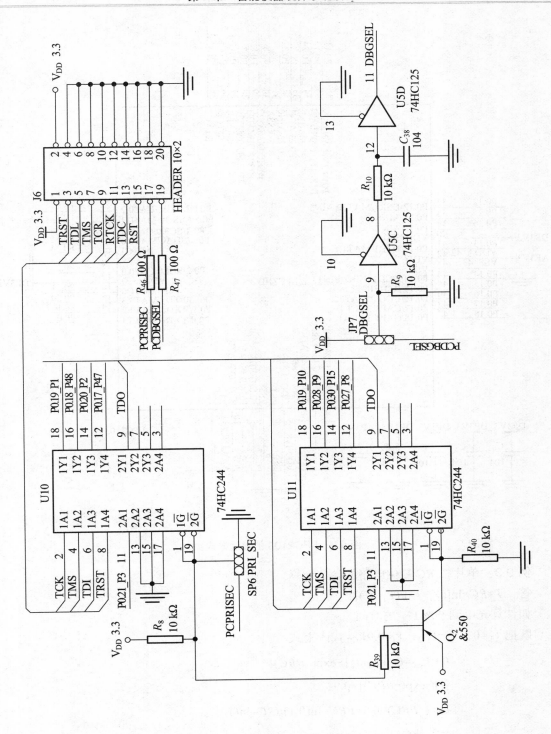

图 9.8　LPC2103 的 JTAG 与上电控制电路

（5）处理器电路：对于 ARM 的工作，除了电源（DV_{DD}、AV_{DD}、AD 参考电平、地）、复位（系统，JTAG 复位）、晶振、JTAG 调试以外，还需要注意其工作模式的设定。如图 9.9 所示。

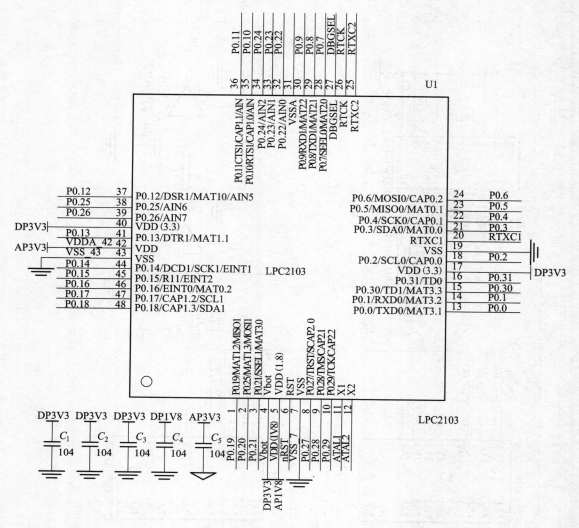

图 9.9　LPC2103 的处理器电路

例 9.3　单片机 RC 复位电路的参数计算。

答　$T=RC×\ln[(V_1-V_0)/(V_1-V_t)]$，

如计算充电到 $90\%V_{CC}$ 的时间。

既把 $V_0=0$，$V_1=V_{CC}$，$V_t=0.9V_{CC}$ 代入上式：

$$0.9V_{CC}=0+V_{CC}×[[1-\exp(-t/RC)]$$

$$[[1-\exp(-t/RC)]=0.9；$$

$$\exp(-t/RC)=0.1-t/RC=\ln(0.1)t/RC=\ln(10)，$$

$$t=2.3RC。$$

如选用 $R=10\ \mathrm{k\Omega}$，$C=10\ \mathrm{\mu F}$。$t=2.3×10\ \mathrm{k\Omega}×10\ \mathrm{\mu F}=230\ \mathrm{ms}$

例 9.4　硬件看门狗电路的作用。

答　硬件看门狗的主体是一个定时电路，并由被监控 CPU 提供周期性"喂狗"信号，对定时器清零（俗称"清狗"）。CPU 正常工作时，由于能定时"清狗"，看门狗内的定时器不会溢出。当 CPU 出现故障，则不能继续提供"清狗"信号，使得看门狗内定时器不断累加而溢出，从而触发一个复位信号对 CPU 进行复位，使 CPU 重新工作。

9.4　智能仪器的存储器系统设计

智能仪器处理的数据量一般较大，程序代码行数多，占用存储器空间大。单片机和其他微处理器内部的存储器很多情况下都不够用，需要外部进行扩展。所以必须进行数据存储器、程序存储器系统扩展设计。

1. 外部数据存储器的扩展与读写时序介绍

扩展外部并行接口的 RAM 典型电路的原理图如图 9.10 所示。读写 RAM 的时序如图 9.11 和图 9.12 所示。

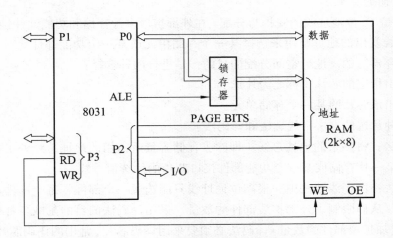

图 9.10　基于单片机的通用存储器扩展电路

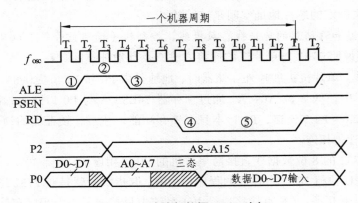

图 9.11　读外部数据 RAM 时序

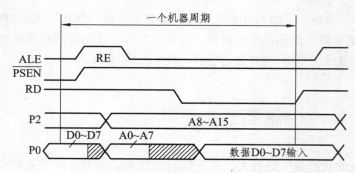

图 9.12 写外部数据 RAM 时序

2. 扩展设计方法和步骤

1）计算所需扩展的存储器芯片数目

计算依据：所需存储器容量及数据宽度；所选择的存储器芯片容量及数据宽度。

计算方法：所需芯片数目=所需存储器容量×位数/（存储器芯片容量×位数）。

2）地址空间的分配

51 单片机是 16 位地址线的安排与分配。在外部扩展多片存储和功能部件接口芯片时，主机通过地址总线发出的地址是用来选择某一个存储单元或某一个功能部件接口芯片（或芯片中的某一个寄存器）的。地址空间分配的目的，是进行两种选择：

（1）选择出指定的芯片（称之为片选）。

（2）选择出该芯片的某一个存储单元。

通常有两种片选的方法：线选法和译码法。

（1）线选法：将多余的地址总线（即除去存储容量所占用的地址总线外）中的某一根地址线作为选择某一片存储或某一个功能部件接口芯片的片选信号线。

（2）译码法：由于线选法中一根高位地址线只能选通一个部件，每个部件占用了很多重复的地址空间，从而限制了外部扩展部件的数量。采用译码法的目的是减少各部件所占用的地址空间，以增加扩展部件的数量。译码法必须要采用译码芯片，常用的译码芯片有 74LS138、74LS139 等。又有部分译码法和全译码法两种。前者是将没有用的高位地址线的部分用来译码；后者是将没有用的所有高位地址线全部用来进行译码。部分译码法确定的芯片地址空间不连续，全译码法确定的芯片地址空间是连续的。

3）连接处理器和存储器的地址线、数据线、控制线（读写信号等）以及片选线

例 9.5 举例说明 2732 与单片机的连接方法，及其地址空间。

答 A 地址线。单片机扩展片外存储器时，地址是由 P0 和 P2 口提供的。2732 的 12 条地址线（A0 ~ A11）中，低 8 位 A0 ~ A7 通过锁存器 74LS373 与 P0 口连接，高 4 位 A8 ~ A11 直接与 P2 口的 P2.0 ~ P2.3 连接，P2 口本身有锁存功能。注意，锁存器的锁存使能端 G 必须和单片机的 ALE 管脚相连。

B 数据线。2732 的 8 位数据线直接与单片机的 P0 口相连。

C 控制线。CPU 执行 2732 中存放的程序指令时，取指阶段就是对 2732 进行读操作。2732 控制线的连接有以下几条：CE 直接接地。由于系统中只扩展了一个程序存储器芯片，因此，

2732 的片选端直接接地,表示 2732 一直被选中。若同时扩展多片,需通过译码器来完成片选工作。OE 接 8031 的读选通信号端。在访问片外程序存储器时,只要端出现负脉冲,即可从 2732 中读出程序。

由于 2732 的片选端直接接地,它的地址范围为 0000H ~ 0FFFH。

9.5　智能仪器的通信、网络及其接口

现代智能仪器的一个特点是多台智能仪器之间、智能仪器与个人计算机之间、智能仪器与其他设备之间可以不断地交换传输信息,相互协调工作。这就离不开通信。

智能仪器通信是指它与外部世界的数据、信息传递与交换。一般有两种方式:总线方式和无线方式。其中总线方式所用的总线有串行总线、仪用/测控总线、现场总线和工业以太网总线等。而无线通信方式一般是近距离/短距离通信,包括蓝牙、红外、NFC 等。

智能仪器通信硬件设计,主要就是结合各种特定通信方式的标准、协议,以及软件设计通信接口电路。

9.5.1　智能仪器中的通信接口电路

1. 串行通信接口

串行通信是指通过一根通信线逐位传输数据。当需要远距离通信时,通常采用串行数据传送方式,常用的串行数据接口标准是 RS-232、RS-422 和 RS-485,USB、I^2C、SPI、1-Wire等。这些标准对接口的电气特性作出详细规定,使用时可以根据需要编程建立高层通信协议。

串行传输方式及规程包括:异步传送规程、同步传送规程、基带传输、调制/解调。图 9.13所示是串行通信的异步模式的示意图。

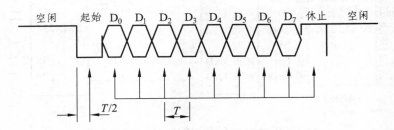

图 9.13　串行通信异步模式示意图

2. 串行通信在异步模式下的数据格式

其数据格式可能有以下几部分:

(1)波特率,数据传送速率 Bps,即“位/每秒”。

(2)空闲,高电平,宽度不限。

(3)起始位,低电平,1 位。

（4）停止位：高电平，1 或 2 位。

（5）数据帧，通常是 8 位，还可设为：6 位、7 位和 9 位等。

（6）数据顺序，低位先发或者高位先发先发。

（7）数据逻辑，正逻辑或负逻辑的。

3. 串行通信的同步模式（位同步）（见图 9.14）

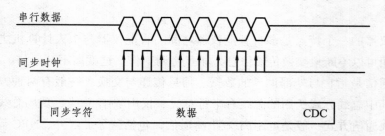

图 9.14　串行通信同步模式示意图

4. RS-232 接口电路与连接方法

RS-232 标准采用负逻辑，即逻辑 1 电平为−5 ～ −15 V，逻辑 0 电平为+5 ～ +15 V，与一般单片机的 TTL 电平，CMOS 电平不兼容，所以不能直接相连接，在设计智能仪器时都需要通过专门的接口芯片实现电平转换。接口电路如图 9.15 所示。

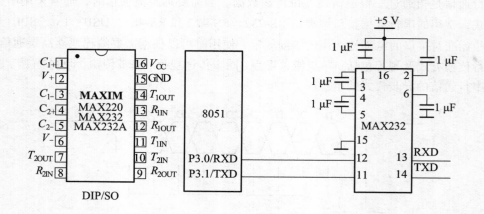

图 9.15　RS232C 串行通信电路接口示意图

用 RS-232 连接设备的方法：在近距离通信场合，采用全双工通信，可以只用三根线构成两个设备之间的通信联系，这三根线是"信号地"、"接收数据"、"发送数据"，如鼠标与主机的通信，单片机系统与个人微机系统的通信等。而一般的终端设备如个人计算机，打印机等，都采用 DTE 接口。

51 单片机之间进行互连时，注意 TXD 和 RXD 要交错连接，如图 9.16 所示。这种连接方法的通信距离一般小于 15 m。

TXD
DTE
RXD
GND
TXD
DTE
RXD
GND

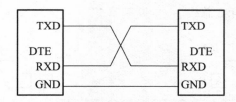

图 9.16　51 单片机 RS232C 串行通信连接示意图

5. RS-422/RS-485 标准

（1）RS-422 定义了一种平衡通信接口，将传输速率提高到 10 Mb/s，传输距离延长到 1 219 m（速率低于 100 kb/s 时），并允许在一条平衡总线上连接最多 10 个接收器，抗干扰能力加强。RS-422 是一种单机发送、多机接收的单向、平衡传输规范，被命名为 TIA/EIA-422-A 标准。

RS-422 四线接口由于采用单独的发送和接收通道，因此不必控制数据方向，各装置之间任何必需的信号交换均可以按软件方式（XON/XOFF 握手）或硬件方式（一对单独的双绞线）实现。

图 9.17 所示是 RS-422 通信电路接口扩展示意图。

双绞线传输
TX A
TX B
RXA
RXB
信号地
RXA
RXB
TX A
TX B
信号地

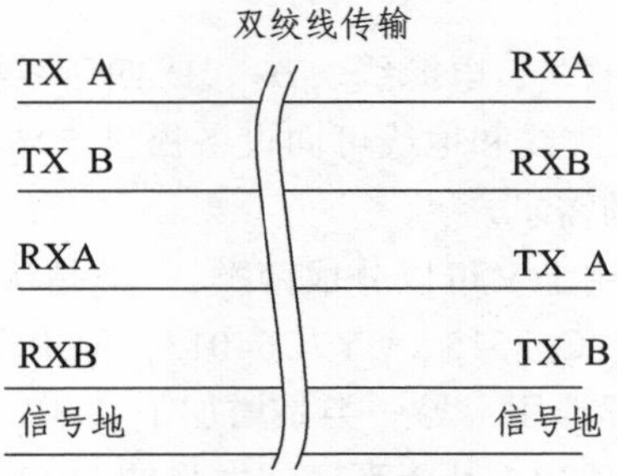

图 9.17　RS-422 通信电路接口扩展示意图

RS-422 标准给出最大传输距离约为 1 219 m，最大传输速率为 10 Mb/s。但使用中要注意平衡双绞线的长度与传输速率成反比，一般 100 m 长双绞线最大传输速率仅为 1 Mb/s。

RS-422 标准常用的接口芯片有 MC3487 和 MC3486，其中 MC3487 为发送器，含有四个发送电平转换接口电路，将 TTL 电平转换成+VT 和-VT 信号输出，当 1，2EN=1 时，这两个发送端口工作，当 1，2EN=0 时，这两个发送端口处于三态（高阻状态）。

（2）EIA 于 1983 年在 RS-422 基础上制定了 RS-485 标准，增加了多点、双向通信能力，即允许多个发送器连接到同一条总线上，同时增加了发送器的驱动能力和冲突保护特性，扩展了总线共模范围，后命名为 TIA/EIA-485-A 标准。RS-485 可以采用二线方式，二线制可实现多点双向通信。但它比 RS-422 有改进，最多可接到 32 个设备（后期推出的版本则可多达 64/128/256 点）。RS-485 接口器件集成电路也有多种，例如 MAX481 系列等。

图 9.18 所示为 RS-485 通信示意图。

RS-485 接口器件集成电路也有多种，四线传输的接口器件与 RS-422 标准可以兼容。

因为 RS-485 具有远距离、多节点以及输入线成本低的特性，使之成为工业应用中数据传输的首选标准。许多现场应用的智能仪器采用 RS-485 接口进行通信，有很多自动控制系统中常用的网络也都是基于 RS-485 总线。

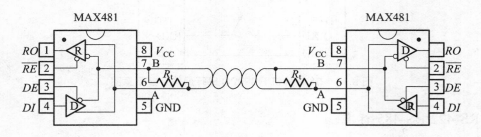

图 9.18　RS–485 通信示意图

RS-485 使用注意事项：

传输线的选择和阻抗匹配（120 Ω，防止高次谐波可能通过传输线向外辐射形成电磁干扰），隔离（带高速光耦、隔离 DC/DC 如 MAX1480B），抗静电放电冲击（MAX1487 等），传输线的铺设及屏蔽（带屏蔽的双绞线，并使屏蔽层接地）。

（3）USB 通用串行总线。

USB 的全称是通用串行总线（Universal Serial Bus），它是现在广泛应用在 PC 领域的一种新颖接口技术。

USB 接口的传输线分别由地线、电源线、D+、D-四条线构成，D+ 和 D-是差分输入线，它使用的是 3.3 V 的电压，而电源线和地线可向设备提供 5 V 电压，最大电流为 500 mA。可以满足一些耗电量较少的设备的需求。

带 USB 接口的单片机从应用上又可以分成两类，一类是从底层设计专用于 USB 控制的单片机，比如 Cypress 公司的 CY7C63513、CY7C64013，但由于价格、开发工具以及单片机性能有限等问题，所以一般不推荐选用。另一类是增加了 USB 接口的普通单片机，例如 Intel 公司的 8X931（基于 8051）、8X930（基于高速、增强的 8051）、Cypress 公司的 EZ-USB（基于 8051），选择这类 USB 控制器的最大好处在于开发者对系统结构和指令集非常熟悉，开发工具简单，但对于简单或低成本系统，价格高昂将会是最大的障碍。

纯粹的 USB 接口芯片仅处理 USB 通信，必须有一个外部微处理器来进行协议处理和数据交换。典型产品有 Philips 公司的 PDIUSBD11（I^2C 接口）、PDIUSBD12（并行接口），NS 公司的 USBN9603/9604（并行接口），NetChip 公司的 NET2888 等。

以南京沁恒电子有限公司的产品 CH375 为例：

内部集成了 PLL 倍频器、主从 USB 接口 SIE、数据缓冲区、被动并行接口、异步串行接口、指令解释器、控制传输的协议处理器、通用的固件程序等。

CH375 内置了 USB 通信中的底层协议，具有简单的内置固件模式和灵活的外置固件模式。

在内置固件模式下，CH375 自动处理默认端点 0 的所有事务，本地端单片机只要负责数据交换，所以单片机编程十分容易。

在外置固件模式下，由外部单片机根据需要自行处理各种 USB 请求，从而可以实现符合各种 USB 类规范的设备。

例 9.6　51 单片机自适应波特率设计的基础。

答　单片机的串行口有 4 种工作方式，方式 1、3 最常用。T2 的波特率发生方式类似于常数自动重装入方式。用 X16 代替（RCAP2H，RCAP2L），则串行口方式 1、3 的波特率公式为：

$$波特率=fosc/[32x(65536-X16)]$$

由上式可得，单片机每接收 1 bit 需要的时间=[32x(65536-X16)]/fosc。

51 单片机如为 12 分频指令系统，所以其机器周期为：机器周期=12/fosc。

由此可得 51 单片机接收 1 bit 所需要的机器周期 NUM：

$$NUM\ x\ 12/fosc=[32x(65536-X16)]/fosc$$

而波特率定时时间常数为：X16=NUM x 3/8。

如果能探测到 1 bit 的机器周期数 NUM 就可以进行单片机自适应波特率设计。

例 9.7　如果 RS232C 发送器的驱动电容负载的最大能力是 2 500 pF。如果采用 100 pF，150PF 的电缆，其最大通信距离是多少？

答　当 100 PF 时，距离是 2 500/100=25 m；

当 150 PF 时，距离是 2 500/150=15 m。

例 9.8　USB 的传输类型。

答　包括控制传输、中断传输、批量传输、等时传输。

控制传输用来提供介于主机与设备之间的配置、命令、状态的通信协议。

中断传输是低速设备可以传输数据的唯一方法，以 PC 主机周期性轮询方式进行。

批量传输是传输大量数据。

等时传输用于那些必须维持一个常数速率传输的设备。

9.5.2　EPA 工业以太网总线总线

1. 基于 EPA 的仪器仪表

为了推进 EPA 的工业应用进程，我国开发了适用于工业现场的 EPA 压力变送器，EPA 仪器仪结构常采用了通用变送器与标准的 EPA 通信卡组合的形式，内部采用双 CPU 来实现整个现场数据和 EPA 数据的处理。如图 9.19 所示。

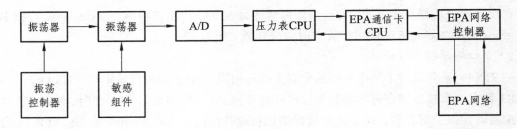

图 9.19　基于 EPA 的压力变送器原理

2. 实现过程

常用的 EPA 压力变送器主要有两种，四联公司的压力表和伟岸公司的压力表。两种表在通信卡这部分有一些异同之处：

1）AT91R40008 串口简介

AT91X40008 系列提供了两条同样的，全双工的通用同步/异步接收传输（USART）。每个 USART 有自己的波特率和两个专用的外部数据控制通道。数据格式为：1 个起始位，8 个数据位，1 个可选择的可编程奇偶位和 1 个停止位。USART 有一个接受暂停寄存器，当它与 PDC 一起工作时，支持可变长帧。它有一个时钟保护寄存器，用于连接缓慢的远程设备使用。

（1）串口寄存器。

CPU 对串口的控制方式有几种：程序查询方式、中断处理方式和 DMA（直接存储器存取）传送方式。串行接口包括 4 个主要的寄存器，即控制寄存器、状态寄存器、数据输入寄存器及数据输出寄存器。

控制寄存器用来接收 CPU 送给此接口的各种控制信息，而控制信息决定接口的工作方式。状态寄存器的各位为状态位，每一个状态位都可以用来指示传输过程中的某一种错误或者当前传输状态。数据输入寄存器总是和串行输入并行输出移位寄存器配对使用。在输入过程中，数据一位一位地从外部设备进入接口的移位寄存器，当接收完 1 个字符以后，数据就从移位寄存器送到数据输入寄存器，再等待 CPU 来取走。输出的情况和输入过程类似，在输出过程中，数据输出寄存器和并行输入串行输出移位寄存器配对使用。当 CPU 向数据输出寄存器中输出 1 个数据后，数据便传输到移位寄存器，然后一位一位地通过输出线送到外设。

（2）波特率发生器。

波特率发生器提供了位周期时期（波特率时钟）给接收器和传输器。波特率发生器能在外部和内部时钟脉冲源之间选择。外部时钟脉冲源是 SCK。内部的时钟脉冲源可能是主时钟（MCK）或者主时钟 8（MCK/8）。

当 USART 被编程在异步方式运作的时候（SYNC=0 在模式寄存器 US_MR），被选择的时钟除以 16 为实际时钟，再除以 US_BRGR（波特率发生器寄存器）CD 的值。如果 US_BRGR 被调整到 0，波特率时钟无效。

当 USART 被编程在同步方式（SYNC=1）时，选择的是内部时钟（USCLKS[1]=0 在模式寄存器 US_MR 中），实际时钟为所选时钟除以 CD，用 US_BRGR 写入来选择波特率时钟。如果 US_BRGR 被调整到 0，波特率钟禁止。同步 Baud Rate =Selected Clock/CD 外部时钟选择同步方式（USCLKS [1]=1），在 SCK PIN 上信号直接提供时钟。

在设计中可选择异步方式，如选用外部时钟为 50 M，设定波特率为 9 600 bps，根据 Baud Rate =Selected Clock/(16×CD)可以算出时钟分频数 CD 为 325。

2）串口驱动程序设计

AT91X40 系列提供了两个相同的全双工的通用同步/异步接收传输串口（USART），每个 USART 都有一个接收缓存寄存器和发送缓存寄存器，当它与 PDC 一起工作时，支持可变帧长。同时配备时钟保护寄存器，用于连接缓慢的远程设备使用。PDC 通道使用 US_TPR（传送指针）和 US_TCR（传送计数器）作为传输器，使用 US_RPR（接收指针）和 US_RCR（接收计数器）作为接收器。PDC 的状态由传输器的 ENDTX 位和接收器的 ENDRX 位决定。指针寄存器（US_TPR 和 US_RPR）用于储存传送的地址或接收缓冲区，计数器寄存器（US_TCR 和 US_RCR）用来储存这些缓冲区的大小。接收器数据传输由 RXRDY 位触发，传输器数据传输由 TXRDY 引起。

　　当一个传输执行的时候，计数器递减同时指针增加。当计数器减至 0 的时候，能给编程产生一个中断。如果状态位被置位（ENDRX 对于接收器，ENDTX 对于 US_CSR 的传输器），则接收器无效，直到一个新的非零值写入计数器。

　　3）通过串口读出仪表数据（如四联和伟岸）传送至 EPA 总线，进行通信

　　图 9.20 所示为 EPA 通信常用硬件结构及接口原理图。

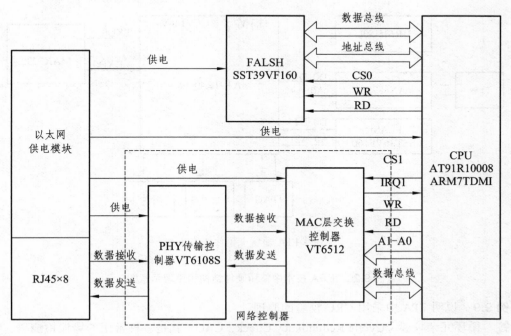

（a）EPA 交换器硬件框图

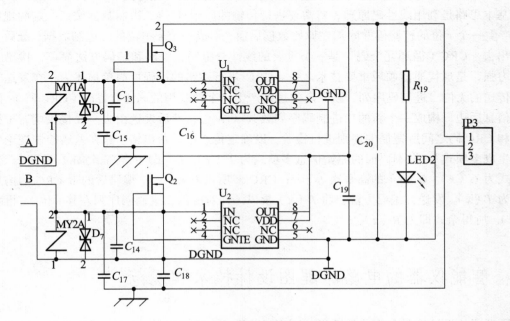

（b）冗余电源实现的电路原理图

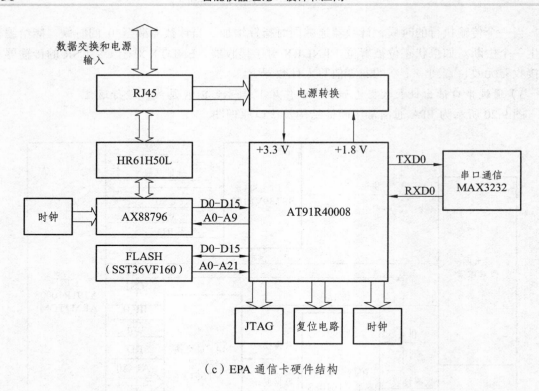

（c）EPA 通信卡硬件结构

图 9.20　EPA 技术中常用硬件结构和原理示意图

例 9.9　说明 EPA 中采用 CRC 校验的原理。

答　循环冗余校验（Cyclic Redundancy Check，CRC）就是一种常用的错误检测码，它可以发现并纠正数据存储或传输过程中连续出现的多位错误，因此得到了广泛的应用。 CRC 校验的基本思路是利用线性码原理，对需要进行传输的原始 k 位二进制数据按照一定的规则处理，产生一个 r 位的校验码并附加在原始数据后面，形成一个 $k+r$ 位的二进制数据，最后一起发送出去。CRC（循环冗余码）是一类重要的线性分组码，编码和解码方法简单，检错和纠错能力强，是现代通信领域重要技术之一。CRC 进行检错的过程可简单描述为：在发送端根据要传送的 k 位二进制码序列，以一定的规则产生一个校验用的 r 位监督码（CRC 码），附在原始信息后边，构成一个新的二进制码序列数共 $k+r$ 位，然后发送出去。在接收端，根据信息码和 CRC 码之间所遵循的规则进行检验，以确定传送中是否出错。这在差错控制理论中称为"生成多项式"。设编码前的原始信息多项式为 $P(x)$，$P(x)$ 的高幂次加 1 等于 k；生成多项式为 $G(x)$，$G(x)$ 的高幂次等于 r；CRC 多项式为 $R(x)$；编码后的带 CRC 的信息多项式为 $T(x)$。发送方编码方法：将 $P(x)$ 乘以 （即对应的二进制码序列左移 r 位），再除以 $G(x)$，所得余式即为 $R(x)$。

9.6　智能仪器的电路原理图设计技术和规范

原理图的设计流程分为器件选择，原理封装设计，原理设计，PCB 封装指定，原理图整理，原理图检查。

1. 器件选型

在进行器件选型时，应依据以下原则选定器件：

（1）功能适合性。

（2）开发延续性。

（3）焊接可靠性。

（4）布线方便性。

（5）器件通用性。

（6）采购便捷性。

（7）性价比的考虑等。

2. 原理图封装设计注意事项

（1）管脚指定。

进行新封装设计时，必须把管脚归类放置，电源放在顶部，地放置在底部，输入放在左边，输出放置在右边。同一接口的各个管脚要放在一起，方便绘图和检查。如单片机的 PA 口、PB 口、PCI 总线、RAM 接口等。

（2）管脚命名规范。

（3）封装设计。

原理封装应该保持器件尺寸的合理性，便于原理图设计。管脚过多的芯片，应按照功能模块分成若干部分进行设计。

（4）PCB 封装。

PCB 封装必须根据原理图封装及器件手册具体尺寸设计；命名最好以 datasheet 规定的标准来命名。

（5）器件属性。芯片型号的尾缀必须写全，对于阻容器件需要标明耐压值、精度等。

3. 原理图设计

1）功能模块的划分

在确定方案后，首先划分功能模块。相同模块放置在同一页内，页面大小最好不要超过 A3（最大为 A4）型。各功能块布局要合理，页面布局均衡，避免有些地方很挤，而有些地方很松。同一页面有两个以上模块时，应用虚线框区分。

2）信息标注

对于跳线开关或跳线电阻等，必须进行文本功能原理标识。对于接口，应该提供接口信号定义说明。

对于应用上下拉电阻选择不同功能时，应该提供功能说明，例如 IIC 地址的选择，应该提供选择后的 IIC 地址。

3）符号的使用

数字地使用 DGND 网络名，并使用 ▽ 符号表示，其他数字地网络均使用此符号。模拟地使用 AGND 网络名，并使用 ⊥ 符号表示，其他模拟地网络均使用此符号。机壳地使用 EARTH 网络名，并使用 ／ㄇ 符号表示。

数字电源必须以 VCC 开始，使用 ⊤ 符号表示。例如 VCC_3V3、VCC_5V 等。模拟电源必须以 VA 开始，并使用 △ 符号表示。例如 VA_5V 等。

分页设计时，使用 ——《 表示输入管脚、——》 表示输出管脚、——◇ 表示双向管脚。

4）命名规则

在分页设计时，网络的输入输出标识名优先网络名，所以最好保持输入输出标识名与网络名一致。网络名以字母数字和下划线命名。

关键信号必须增加网络名，最好指定每一条信号线的网络名以便于布线。

网络名以信号源端为命名标准。

器件名应如下：芯片 U；电阻 R；电容 C；过孔接插件 JP；表贴接插件 JS；有源时钟 OSC；无源时钟 CRY；测试点 TP；电感 L；二极管、LEDD；其他根据实际情况选择第一个英文首字母。

IC 类器件，如果需要增加插座，应在标准名称后增加 "Socket" 标识，方便工艺人员进行整理。

标称值：对于电容 3.3 μF，33 pF。第一个字母小写，第二个字母大写，如对于电阻 33R 表示 33 Ω，4.7 k1% 表示精度为 1% 的 4.7 kΩ 电阻，对于不安装器件 33R N/A 表示不安装器件等。

5）电容器的使用规则

对于滤波电容，应该文字标识使用目标，和放置定义。并遵守就近放置原则，便于布线时滤波电容的放置。高频区的退耦电容要选低 ESR（等效串连电阻）的电解电容或钽电容；退耦电容容值确定时在满足纹波要求的条件下选择更小容值的电容，以提高其谐振频率点。各芯片的电源都要加退耦电容，同一芯片中各模块的电源要分别加退耦电容；如为高频则须在靠电源端加磁珠/电感。

如在原理图中使用直插电解电容要尽量统一容值和耐压值。

若使用在继电器时，最好在其接点两端并接 *RC* 火花抑制电路，减小电火花影响，如图9.21 所示。

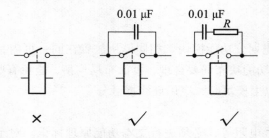

图 9.21　保护器件的使用

对输入输出的信号要加相应的滤波/吸收器件；必要时加硅瞬变电压吸收二极管、压敏电阻 SVC 或者 TVS 管（推荐 TVS 管）等。所有的对外接口都需要加入 ESD 元件，例如 VGA，BNC，RS485，RS232，NET 等。电源部分需要加入不同截止频率的电容，加入 EMI 和 ESD 元件。

CAN 通信接口最好使用高速光耦隔离。

在继电器线圈两端增加续流二极管，消除断开线圈时产生的反电动势干扰，如图 9.22 所示。

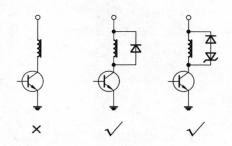

图 9.22　电源，地的分割

对于 A/D，D/A 等混合信号芯片，一般使用磁珠进行电源或地的隔离，并说明芯片底部电源层分割说明，以便于 PCB 布线时的分割。

要注意机壳地与数字地要分开，不能连接在一起。

6）高速信号设计

在高频信号输出端串入端接电阻。对于端接电阻，原理图应该反映布线位置，例如串行端接，应该就近放置在信号的源端，并行端接应该放置在信号的终端。将所有芯片的电源和地引脚全部利用。

在一些高速时钟/数据部分要注明等长，数据和时钟在传输过程中出现完整性问题。长距离的数字信号线要加入串行端接电阻，阻值根据实际情况决定，一般取值为 33 Ω。

标识关键网络，如线宽，最短、最长长度等。对于差分信号应该说明差分信号的间距要求，对于 SDRAM 应该说明布线规则。

7）接插件

在设计接插件接口的时候电源和 GND 之间至少要有一个 pin 的间隔，避免短路；对于大电流最好多用几个引脚。

8）时钟信号

有源晶振的去耦电容使用 0.1μF 和 1 nF 的并联，并且靠近晶振的电源 pin。

可动元件（如继电器）工作状态，原则上处于开断，不加电的工作位置。

9）输入输出

芯片的 I/O 端口不可以直接接入 GND，需要串接一个 2 kΩ 的电阻。上拉电阻的一般值为 4.7 kΩ，下拉电阻的一般取值为 2 kΩ。未使用的 input 接口（门电路等）需要通过上拉电阻或者下拉电阻固定电平。CPLD 的 I/O 的输出需要增加端接电阻，端接电阻取值一般为 33 R。

10）电源设计

输出电流小于 1 A 的，可以使用 LDO 作为电压转换器件。输出电流大于 1 A，必须使用 DC/DC，推荐使用公司的 DC/DC 模块电源。

11）其　他

在进行原理图设计是要注意 IC 的上电顺序，一般为 core 先上电，I/O 后上电；若使用按键，按键的接触 pin 要并联 0.01 μF 的电容（防静电）。

4. PCB 封装指定

必须为每个器件指定封装。对于同一封装器件进行器件区分。例如 0805，使用 R0805，C0805，D0805 来区别电阻，电容和二极管。相应的库最好是 R0805 使用全包围矩形，C0805 使用椭圆短边，D0805 使用一边粗线，三边细线的封装，便于检查。

5. 原理图整理

原理图中的字符要求如下：

1）元器件标识

所有器件标识必须统一、整洁，字体按软件默认设置即可。

2）网络名称

所有网络名称必须统一、整洁，字体按软件默认设置即可。

3）说明文字

所有说明文字必须统一、整洁，字体按软件默认设置即可。

4）器件属性

原理图上的任何一个器件，必须指定 Part Reference、Value 和 PCB Footprint 这三个属性。

5）页面信息

填写好页面效果信息，以便于归档、分类识读等。

6）网格要求

对准网格，一般按软件设置的默认网格即可。

6. 原理图检查

1）原理检查

完成原理图设计后，如果不需要复用以前的布线资源，首先应该重新命名器件标号，先"复位标号"，然后"静态注释"（或者按模块标注）。

主要检查有无网络重名，总线网络标识是否正确，有无错误的节点，全局网络名称是否正确，电源和地的名称是否正确等。

2）BOM 检查

统一表示原理图中器件的标称值，47 μF 和 47 UF，在 BOM 中，会被当成不同的器件。器件标称值接近的器件，是否可以合并为同一种标称值的器件。尤其是上拉电阻。有源器件的名称要标准，根据数据手册进行核对，保证可以通过器件名称直接进行采购。生成 BOM 表时，需要把附加的器件信息增加到 BOM 表。

9.7　智能仪器的 PCB 板图设计技术和规范

在整个硬设计中，PCB 设计起着关键的连接作用，既要考虑电原理功能上的实现，也要考虑后续生产、测试、使用、维修、归档继承等方面的因素。同时，有些电原理的功能只能在 PCB 的布局阶段才能实现，如电源滤波、传输线阻抗匹配设计等。

1. 基本工艺要求

1）组装形式

PCB 的设计首先应该确定 SMD（贴装）与 THC（插装）在 PCB 正反两面上的布局。应优选表 9.4 所列形式之一。

表 9.4　PCB 组装形式

组装形式	示意图	PCB 设计特征
1. 单面全 SMD		单面装有 SMD
2. 双面全 SMD		双面装有 SMD
3. 单面混装		单面既有 SMD 又有 THC
4. A 面混装 B 面仅贴简单 SMD		一面混装，另一面仅装简单 SMD
5. A 面插件 B 面仅贴简单 SMD		一面装 TH，另一面仅装简单 SMD

注 1：简单 SMD 是指管脚间距或引线中心距大于 1 mm 的 SMD。

注 2：在波峰焊的板面上（4、5 组装方式）避免出现仅几个 SMD 的现象，它增加了组装流程。

2）PCB 尺寸

（1）尺寸范围要适中。

（2）PCB 厚度：常采用以下几种：0.5 mm，0.8 mm，1.0 mm，1.5 mm，1.6 mm，2.0 mm，2.4 mm，3.0 mm，3.2 mm，6.4 mm。

其中，0.5 mm 和 1.5 mm 板厚的 PCB 用于带金手指板的设计。

（3）PCB 铜箔厚度。

PCB 铜箔厚度有 18 μm，35 μm，70 μm，105 μm，也可用 oz/Ft2 表示，对应为 0.5 oz/Ft2，1 oz/Ft2，2 oz/Ft2，3 oz/Ft2。一般表层铜箔选 0.5 oz，内层铜箔选 1 oz。

3）布　局

（1）布局总原则。

① 高速信号与低速信号分开。

② 数字信号与模拟信号分开。

③ 电源和地平面尽可能完整。

④ 发热元件与热应力水平低的元器件隔开。

⑤ 注意电气间隙、爬电距离和贯通绝缘距离。

⑥ 合理分布元器件的重量，一般尽可能重心在板心，在有固定支撑位置安排重量大的元器件。

⑦ 美观。

⑧ 便于板子安装。

（2）元件尽可能有规则地均匀分布排列。有规则地排列方便检查、利于提高贴片/插件速度；均匀分布利于焊接工艺的优化。元件排列更不允许相碰、叠放。布局后应对照元件库检查是否有元件叠置现象，以确保所使用的封装尺寸符合实际元件的尺寸，元件叠置会导致生产困难甚至无法安装。

（3）对于贴片元件，考虑到元器件制造误差、贴装误差以及检查和返修之需，相邻元器件焊盘之间间隔不能太近，建议按照以下原则设计。如图 9.23 所示。

① PLCC、QFP、SOP 各自之间和相互之间间隙≥2.5 mm；

② PLCC、QFP、SOP 与 Chip、SOT 之间间隙≥1.5 mm；

③ Chip、SOT 各自之间和相互之间间隙≥0.7 mm；

④ BGA 与其他元件的间隙≥5 mm。

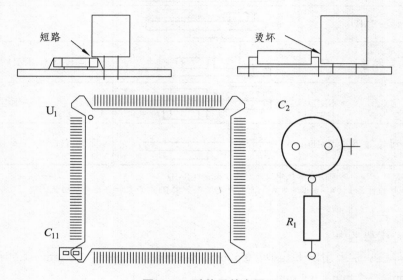

图 9.23　贴片元件布局

（4）元器件在 PCB 上应均匀分布，大质量器件和大功率器件分散布置，大功率元件周围不应布置热敏元件，要留有足够的距离。对大功率发热元器件，一般不应贴板安装，其周围不能布设热敏元器件，以免产生的热量影响热敏元器件正常工作

（5）各单盘端子连线的隔离驱动 IC 的位置必须尽量放置在离端子最近的地方，保证输入输出连线最近。

（6）需要安装较重的元件时，应安排在靠近印制板支承点的地方，使印制板的翘曲度减少最小。还应计算引脚单位面积所承受的力，当该值≥0.22 N/mm^2 时，必须对该模块采取固定措施，不能仅仅靠引脚焊接来固定。

（7）元件排列的方向和疏密程度应有利于空气的对流。元件通常按向左、向上方向放置，如果布线困难，也可以向下、向右放置。元件标志的放置位置以能够明确判定标志与元件的对应关系为准。

（8）对于有结构尺寸要求的单板：

① 元器件的允许最大高度=结构允许尺寸-印制板厚度-4.5 mm；

② 超高的应采用卧式安装。

（9）石英谐振器一般考虑卧放，其金属壳下面应敷设绝缘双面胶；立放应加绝缘垫。

（10）金属壳体的元件，注意不要与别的元件或印制导线相碰。

（11）较大器件的布置要注意装配时的方便。

（12）面板指示灯、复位开关、印制插头、转接插座、针床定位孔按结构要求位置设计。外部操作的开关、指示灯应方便使用，接插头位置应方便装卸。

2. 布　线

1）布线的基本原则

布线是印制板设计图形化的关键阶段，设计中考虑的许多因素都应在布线中体现，合理的布线有可能使电路获得最佳性能。

布线时应考虑如下原则：

（1）布线面的选择顺序应是单面、双面和多层，布线密度应综合结构要求、加工条件限制和电性能要求等各项因素合理选区。在布线密度允许的条件下，应适当放宽导线宽度和间距。

（2）两相邻面的印制导线应采取相互垂直、斜交、或弯曲走线，避免互相平行，以减小寄生耦合。在同一面布设高频电路的印制导线，也应避免相邻导线平行段过长，以免发生信号反馈或串扰。

（3）外拐角应成圆形或圆弧形，以免在高频电路中造成辐射干扰和衰减。避免使用直角拐角或 45°拐角，推荐使用 135°拐角和圆弧形拐角。

2）布线密度设计

在组装密度许可的情况下，选用较低密度布线设计，以提高无缺陷和可靠性的制造能力，常用布线密度设计参考表 9.5。

表 9.5　布线密度　　　　　　　　　　　　　　（单位：mm）

布线密度	一般	较密	高密度	甚高密
2.54 mm网格通孔间布线示意图				
线　　宽	0.3	0.25	0.2	0.15
线　间　隔	0.3	0.25	0.2	0.15
焊盘外径	1.78	1.67	1.54	1.5

3）焊盘与印制线的连接

焊盘与印制线的连接特殊设计主要是针对再流焊时元件处于浮动状态，为防止元件位置变动、每个焊盘上焊膏不同时熔化的情况而考虑的，对波峰焊面上所布元件可以不考虑。

（1）对于两个焊盘安装的元件，如电阻、电容，与其焊盘连接的印制线最好从焊盘中心位置对称引出，且与焊盘连接的印制线必须具有一样宽度，如图 9.24 所示。

（2）与较宽印制线连接的焊盘，中间最好通过一段窄的印制线过渡，这一段窄的印制线通常被称为"隔热路径"，否则，对 2125（英制即 0805）及其以下 CHIP 类 SMD，焊接时极易出现"立片"缺陷。

（3）对焊盘、过孔与连线的连接，采用水珠连接方式，可有效解决连线与焊盘、过孔的连接牢固问题。

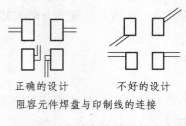

正确的设计   不好的设计

阻容元件焊盘与印制线的连接

图 9.24   焊盘与布线连接方式

4）过孔位置的设计

过孔的位置主要与再流焊工艺有关，过孔不能设计在焊盘上，更不允许直接将过孔作为 BGA 器件的焊盘来用，应该通过一小段印制线连接，否则容易产生"立片"、"焊料不足"等缺陷。

如果过孔焊盘涂敷有阻焊剂，图 9.25 中距离可以小至 0.1 mm。而对波峰焊一般希望过孔与焊盘靠得近些，以利于排气。

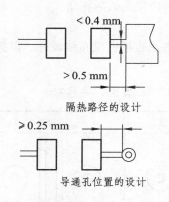

隔热路径的设计

导通孔位置的设计

图 9.25   隔热和导通孔位置设计

5）大面积电源区和接地区的设计

（1）直径 ϕ 超过 25 mm 的大面积电源区和接地区，如果无特殊需要，一般都应该开设窗口，以免其在焊接时间过长时，产生铜箔膨胀、脱落现象，如图 9.26 所示。

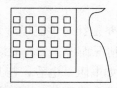

图 9.26   大面积电源区和接地区的设计

（2）覆铜面及电源、地层与焊盘相连时应以 Thermal relief 的方式连接，如图 9.27 所示，以免大面积铜箔传热过快，影响元件的焊接质量，或造成虚焊，对于有电流要求的特殊情况允许使用阻焊膜定义的焊盘。

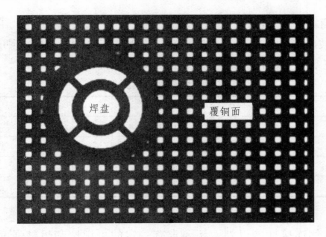

图 9.27　花焊盘的设计

3. 基本参数

1）最小线宽与最小线距

对于一般数字电路来说，最小线宽和线距受生产工艺条件限制。太细易断路、太密易短路、太宽则无法布通。布线完成后，必须进行 DRC 检查。推荐最小线宽最小线距参数见表 9.6。

表 9.6　推荐最小线宽最小线距参数

布线密度	最小线宽、线距/mm
一般	0.3
较密	0.25
高密度	0.2
甚高密度（一般不用）	0.15

2）孔　径

焊盘和过孔的孔径均是指喷锡以后的孔径。生产厂家会自动加大钻孔尺寸，以保证喷锡后的孔径等于钻孔图中标示的孔径。推荐孔径系列见表 9.7。

表 9.7　推荐孔径系列

公制/mm	公制/mm
0.25	0.9
0.4	1.0
0.5	1.3
0.6	1.6
0.7	2.0
0.8	

3）过　孔

目前采用贯通式过孔（through hole），如果因为布线密度问题需要采用埋孔（blind/buried

via）应先与厂商协商。

如果 PCB 要过波峰焊，过孔不应覆盖绿油。如果都是 SMT 器件，则过孔应该覆盖绿油，否则在线测试的真空泵无法工作。推荐过孔系列尺寸见表 9.8。

表 9.8　推荐过孔系列尺寸

	外径/mm	内径/mm
过孔 1	0.66	0.25
过孔 2	1.0	0.5
过孔 3	1.27	0.71
最小过孔	0.61	0.25

4）焊　盘

焊盘除了要求电气连接性能以外，还要求有一定的可焊性和机械强度。一般焊盘应留有足够的焊环宽度，以保证焊接的可靠性，焊环宽度受布线密度影响。通常越大的焊盘焊环宽度越大。对于常用的 IC 和接插件，焊环宽度可选 0.33 ~ 0.41 mm 之间。对于压接式焊盘，焊环允许减小。允许的最小焊环宽度为 0.20 mm。推荐过孔（焊盘）系列尺寸见表 9.9。

表 9.9　推荐过孔（焊盘）系列尺寸

公制/mm	公制/mm
0.66	1.50
0.75	1.55
0.90	1.80
1.00	2.00
1.25	2.50

9.8　智能仪器设计仿真技术

EDA 电路仿真软件、电磁仿真软件很多，本节介绍国内常用的 Multisim。

9.8.1　电路仿真工具 Multisim

NI Multisim 是美国国家仪器公司（NI, National Instruments）电路仿真设计软件。Multisim 的常见的元器件库如下。

1. 电源/信号源库

电源/信号源库包含有接地端、直流电压源（电池）、正弦交流电压源、方波（时钟）电压源、压控方波电压源等多种电源与信号源。

2. 基本器件库

基本器件库包含有电阻、电容等多种元件。基本器件库中的虚拟元器件的参数是可以任意设置的,非虚拟元器件的参数是固定的,但是可以选择的。

3. 指示器件库

指示器件库包含有电压表、电流表、七段数码管等多种器件。

4. 其他器件库

其他器件库包含有晶体、滤波器等多种器件。

使用 Multisim 进行仿真包括以下步骤:

1)创建仿真电路

(1)元器件的选用。

(2)元器件的放置。

(3)原理图绘制与连线。

(4)检查。

2)添加仿真源与仪表

在 Multisim 中,可以选用的仪表包括:数字多用表、函数信号发生器、瓦特表、示波器、波特图仪、字信号发生器、逻辑分析仪、逻辑转换仪、失真分析仪、频谱分析仪、网络分析仪等。

Multisim 具有强大的电路分析能力,有时域和频域分析、离散傅里叶分析、电路零极点分析、交直流灵敏度分析等电路分析能力。

例 9.10　为什么要对电路进行仿真?

答　为了确保电路设计的成功,消除代价昂贵并且存在潜在危险的设计缺陷,就必须在设计流程的每个阶段进行周密的计划与评价。电路仿真给出了一个成本低、效率高的方法,能够在进入更为昂贵费时的原型开发阶段之前,找出问题所在。因此最佳的设计流程需要将仿真与原型开发混合进行。

(1)仿真的主要目的是预测并理解电子线路的行为。如符合行业标准的 SPICE 仿真,提供理解给定电路行为和特性的基本方法。

(2)对假设情形进行实验,以允许对元件与电路拓扑结构进行快速修改、定制以及交换。

(3)优化关键子电路。

(4)简化困难的测量,它能够使设计者深入了解难以测量或无法测量的电路特性。举例而言,蒙特卡罗分析通过用随机改变的元件参数运行数十次、数百次迭代分析,使设计者能够深入了解元件公差对电路或设计整体工作方式的影响。

Mulitsim 能做的技术分析如下:直流工作点分析、交流分析、暂态分析、傅里叶分析、噪声分析、失真分析、直流扫描、灵敏度分析、参数扫描、温度扫描、零-极点分析、传输函数分析、最坏情况分析。

9.8.2　Multisim 电路仿真实例

1. 直流电路

例 9.11　求戴维宁等效电路。

解　基本操作：

（1）利用数字万用表测量电路端口的开路电压和短路电流。

（2）求解出该二端网络的等效电阻。

（3）绘制戴维宁等效模型。

（4）选择直流分析。

如图 9.28 所示。

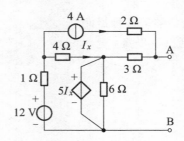

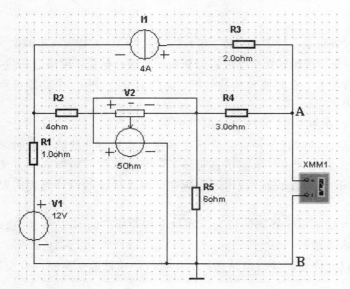

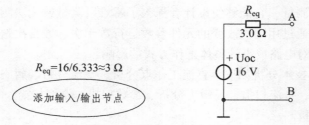

$R_{eq}=16/6.333\approx3\ \Omega$

添加输入/输出节点

图 9.28　戴维宁等效电路仿真图

2. 动态电路分析（见图 9.29）

主要方法：

（1）利用"瞬态分析（Transient Analysis）"。

（2）利用示波器。

```
Transient Analysis                                                    [x]
 ┌──────────────────────────────────────────────────────────────────┐
 │ Analysis Parameters │ Output variables │ Miscellaneous Options │ Summary │
 ┌─ Initial Conditions ───────────────────────────────────────────┐
 │ User-defined                                                ▼  │
 └────────────────────────────────────────────────────────────────┘
 ┌─ Parameters ──────────────────────────────────┐  ┌──────────────┐
 │ Start time        │ 0            │ sec         │  │ Reset to default │
 │                                                │  └──────────────┘
 │ End time          │ 0.05         │ sec         │
 │
 │ ☑ Maximum time step settings (T
 │    ○ Minimum number of time poin  100
 │    ○ Maximum time step (TMAX)     1e-005      sec
 │    ◉ Generate time steps automat
 └────────────────────────────────────────────────┘
 [ More >> ]  [ Simulate ]  [ Accept ]  [ Cancel ]  [ Help ]
```

图 9.29　瞬态分析图

例 9.12　在 RLC 串联电路中，已知 $L=10\text{ mH}$，$R=51\ \Omega$，$C=2\ \mu\text{F}$，信号源输出频率为 100 Hz、幅值为 5 V 的方波信号，利用示波器观察同时观察输入信号和电容电压的波形，此时电路处于何种状态？当 R 为多少时，电路处于临界阻尼状态？

解　（1）示波器与电路的连接。

（2）设置示波器连线的颜色。

（3）设置示波器面板的各刻度。

（4）响应波形中有振荡现象，电路处于欠阻尼状态。

求出临界电阻：

$$R_0 = 2\sqrt{\frac{10\times10^{-3}}{2\times10^{-6}}} = 141\ \Omega$$

结果如图 9.30 所示。

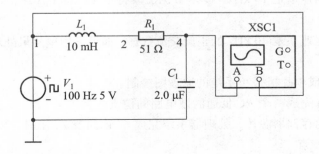

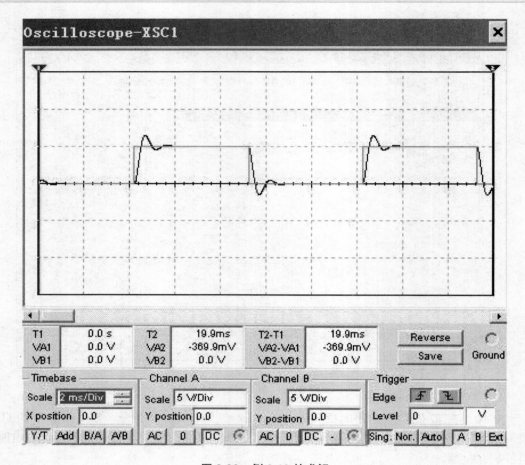

图 9.30　例 9.12 的求解

习题与思考九

1. 用 C 和汇编语言编写在 100 个整数值中求最大值，最小值的程序，比较 8051，AVR，PIC 的运行时间，内存需求。

2. 用 C 和汇编语言编写在采集的交流电压 100 个浮点数值中求最大值，频率的程序，比较 8051，AVR，PIC 的运行时间，内存需求。做出选择的标准。

3. 如果采集数据速率是 10 kHz，要求数据能波特率 19 200 bps 速率传出来，请提出解决方案。

4. 如果采集数据速率是 40 kHz 的正旋交流数据，如果采用单片机处理出波形数据，请提出解决方案。

5. 请用 DXP 完成单片机最小系统的原理图绘制。

6. 请用 Multisim 完成一个 RC 低通滤波电路的仿真。

7. 请选择合适的存储器芯片、处理器系统完成 64 k，128 k，1 M，200 M 的存储器扩展。

8. 说明 EPA 的特点。

9. 举例说明 EPA 的硬件设计。

10. 设计 EPA 温度变送器。

11. 用 RS-485 构建一个压力测量现场通信网络，画出系统结构图。

12. 用 RS-232 构建 1 发多收的系统，并现场测试其运行可行性。

第 10 章　智能仪器软件系统设计

智能仪器是含有计算机的系统。只有硬件没有软件的计算机称为裸机，计算机硬件相当于人体，软件相当于衣服。正如人类不能不穿衣服裸奔一样，计算机没有软件根本就奔腾不起来。而人的衣服有内衣、外套等层次；计算机的软件系统也有操作系统、编译器、数据库和应用软件等层次。计算机操作系统相当于人的内衣，而由于软件相当于外套。也正如人追求强健的体魄、华贵的衣装一样，智能仪器既要有安全可靠、可用性高的硬件，还要有完善的软件系统，这样它才能够做到高端、大气、上档次。

本章介绍智能仪器软件系统设计。内容有软件框架结构、编程语言和开发平台、嵌入式操作系统简介、开发实例等。

10.1　智能仪器的软件框架设计

智能仪器的软件开发，要遵循前面章节介绍的质量管理体系、可靠性设计管理体系和安全设计管理体系的要求进行，严格按照所规定的生命过程的进度来设计。当然，对具体的仪器，其具体需求不同，所用的开发平台不同，在其全寿命周期过程中的内容是有所不同的。

总的说来，智能仪器软件设计，要按照从需求分析开始，自顶向下的方法合理规划，首先进行软件架构设计，然后完成架构中的每一个阶段。而在软件实现阶段，必然形成一个从需求规格、系统设计、程序设计、模块设计、代码实现，直到软件测试、运行、维护，形成一个全寿命周期的 V 模式。

1. 智能仪器软件架构设计

在智能仪器软件项目开发过程中，一般也遵循常见的软件开发过程，它大致分 5~6 个阶段：概念化阶段、分析阶段、架构阶段、详细设计阶段（一般情况下特别是结合敏捷模式时该阶段都会被裁剪掉）、并行开发与测试阶段、验收与运维阶段。如图 10.1 所示。

其中，软件架构设计阶段依赖于分析阶段并以分析得到的软件需求规格说明书为主要输入。因此，软件架构设计过程的第一步是全面认识需求。在需求分析与领域建模阶段，软件架构工程师与软件需求人员一起将所有需求从不同的级别（组织级、用户级、开发级）分层梳理列表归纳总结建立跟踪矩阵，并划分为不同的类型（功能需求或用例、质量属性、约束与限制）进行梳理列表归纳总结建立影响分析表，找出不同需求类型之间相互支持、相互制约关系的影响。

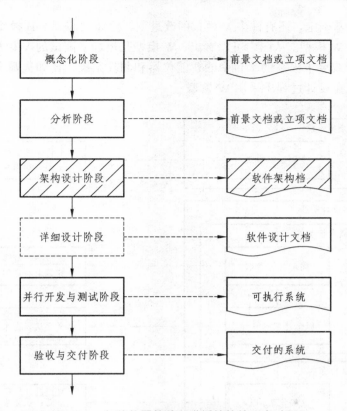

图 10.1　智能仪器软件所遵循的软件开发过程

　　软件架构设计的第二步是确定对架构关键的需求。软件架构工程师将所有需求进行合理筛选，做出合适的需求权衡和取舍，最终确定对软件架构起关键作用的需求子集，控制架构设计时需要详细分析的用例个数，找到影响架构的重点非功能需求。

　　软件架构设计的第三步是进行概念性架构设计。又分为几个步骤：第一步是分析关键用例有用例规格，运用鲁棒图等方法构造系统理想化的职责模型（如分层）。第二步是明确架构模式（如 MVC），确定交互机制，形成初步的概念性架构。第三步，通过质量属性分析，制定出满足非功能需求的高层设计决策，并根据这些决策对之前的工作成果进行增强、调整，以保证概念性架构体现这些设计决策。

　　软件架构设计的第四步是细化软件架构，考虑具体技术的运用，设计出实际架构。概念性架构所关注的关键设计要素、交互机制、高层设计决策与具体技术无关，而最终的软件架构设计方案必须和具体技术结合，为开发人员提供足够的指导和限制。为此必须从系统如何规划、如何开发、如何运行等角度揭示软件系统的结构和机制。一般分别从逻辑架构、开发架构、运行架构、物理架构、数据架构等不同架构视图进行设计。

　　软件架构设计第五步是进行软件架构验证。软件架构设计过程如图 10.2 所示。

2. 软件开发 V 模式

　　智能仪器软件开发的实现阶段，要依照当今广为使用的模式进行。如图 10.3 所示的 V 模式是这些模式的基本模型。V 模型是对软件工程早期的瀑布模型的改进，可以说是一个里程碑式的突破。在此基础上，还有许多 V 模式的改进型，比如 X 模型、H 模型。而图 10.4 所示是另外一种，叫做 W 模型。从图中可以看出，W 模型是增加了测试的 V 模型。对于一些应用在重要、关键场合或要求极高的平台中的智能仪器和测控系统，比如火箭发射、飞机仪表、汽车仪表等，建议在设计过程中采用 W 模型。

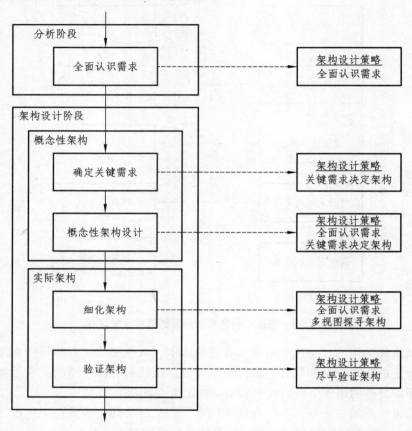

图 10.2   软件架构各个阶段

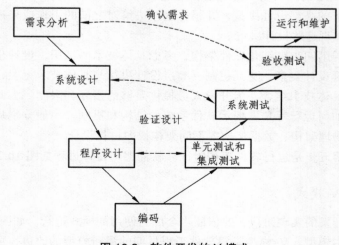

图 10.3   软件开发的 V 模式

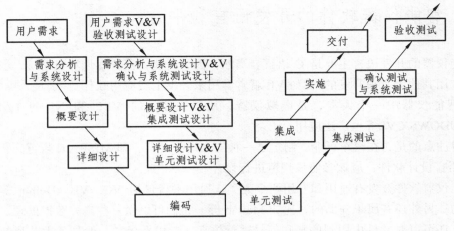

图 10.4　软件开发的 W 模型

3. 要进行架构设计的原图

可以从图 10.5 所示的参考系统中理解。这是一个具体的工业测控系统体系图。系统中，既有工业以太网总线，又有现场总线，以及多种不同功能和性能的多个智能仪器。这里有三个层次，每一个层次都需要相应的软件及其接口进行控制。第一，它是很庞大的体系；第二，它的构成很复杂；第三，要完成和实现它所需的人力和工作量极大，周期可能较长。试想，如果不应用自顶向下开始的架构设计，如何完成这个项目？

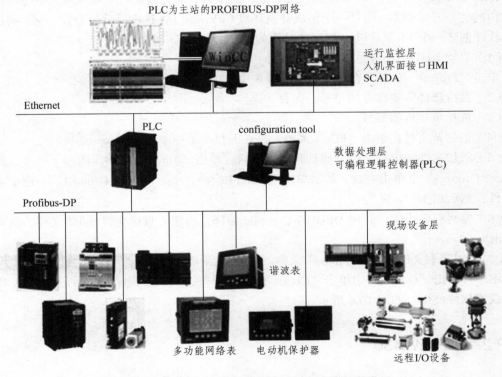

图 10.5　一个具体的工业过程测控系统构成图

10.2　智能仪器软件的开发语言和平台

　　智能仪器的开发语言主要是 C 语言。当然，因为智能仪器含有计算机系统，也有很多工程实例应用其他语言来开发的，比如 VB 就常常用来开发上层应用软件，特别是人机界面设计。此外，智能仪器中一个大类，是虚拟仪器，所以安捷伦的 VEE 和 NI 的 LABVIEW，LABWINDOWS/CVI 等也广泛应用。

　　值得注意的是，在汽车行业，制定了一种安全语言规范，即 MISRA C 规范，智能仪器设计用 C 语言设计软件，应该参照该规范进行设计。

　　智能仪器软件开发有通用和专用两个大类。通用平台包括 VC、VB、Delphi 等，它们都是专业的；另外还有属于辅助的，比如 Matlab 等，它们可以做一些诸如数据处理、分析之类的工作，还可以对软件中用到的某些信号进行仿真。专用平台，一般是各大芯片制造商为自己的芯片定制的软件开发平台，或者是第三方软件平台。比如 IAR 的 EW430、TI 的 CCS 等。此外，还有一类是介于通用和专用之间的，比如 KEIL C，最早是为 51 单片机开发的，后来扩展为多个单片机种类使用的嵌入式 C 编译器，广泛应用于 AVR 等单片机的软件设计。现在，KEIL C 也应用于 ARM 的开发。而 IAR 的 EW 8051 也是属于这一类。

10.2.1　Keil C

　　Keil C51 提供了包括 C 编译器、宏汇编、连接器、库管理和一个功能强大的仿真调试器等在内的完整开发方案，通过一个集成开发环境（uVision）将这些部分组合在一起。利用 Keil C51 软件创建一个 51 单片机 C 程序的过程如下：

　　（1）启动 Keil C51，建立一个新工程。

　　单击"Project"菜单，在弹出的下拉菜单中选中 New Project 选项。

　　（2）然后选择你要保存的路径，保存。

　　（3）选择单片机的型号。

　　（4）创建新文件，单击"File"菜单，再在下拉菜单中单击"New"选项。

　　（5）添加文件到工程文件。回到编辑界面后，单击"Target 1"前面的"+"号，然后在"Source Group 1"上单击右键，然后单击"Add File to Group 'Source Group 1'"，选中刚保存的文件，然后单击"Add"。

　　（6）编写程序代码，并用 DEBUG-Compile 编译，再建立目标文件 build 文件，就可以仿真（debug）运行。

　　（7）生成下载文件，单击"Project"菜单，再在下拉菜单中单击 `Options for Target 'Target 1'`在下图中，单击"Output"中单击"Create HEX File"选项，使程序编译后产生 HEX 代码，供下载器软件使用。如图 10.6 所示。

10.2.2　IAR EW430

　　MSP430 单片机的开发软件较常用的是 IAR 公司的 IAR Embedded Workbench 集成开发环

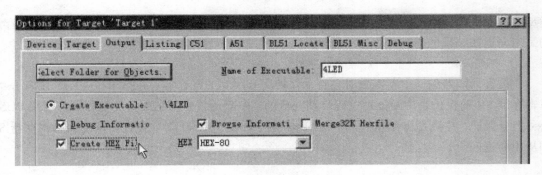

图 10.6　生成 HEX 文件

境，它可以编辑、汇编和编译汇编语言和 C 语言源文件，并且其 C 语言和汇编语言具有相同格式的头文件，给开发带来了灵活性。C 语言具有编程简单，可以移植等优点，但是产生代码较长，对硬件的直接控制能力相对较弱；汇编语言产生的代码较小，控制硬件灵活，但是可读性差，移植困难，因此为了发挥各自优点，产生高速度、高效率的代码混合编程是最好的选择。

1. IAR C 语言编译器的参数传递规则

1）寄存器应用

C 语言编译器把单片机的寄存器分成两组来使用：

（1）高速暂存器（R12-R15），这组寄存器专门用作参数传递，因此调用时不需要保护。

（2）其他普通寄存器（R4-R11），这组寄存器主要用作寄存器变量和保存中间结果，因此调用时必须保护，这一点 C 语言编译器是自动处理的。

2）堆栈结构和参数传递

每一次函数调用会创建一个如图 10.7 所示的堆栈结构。

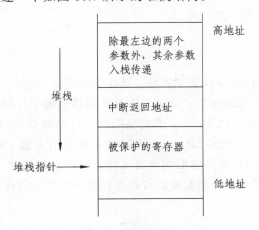

图 10.7　堆栈结构

一个调用者函数传递给被调用函数的参数是按照从右到左的顺序传递的，换句话说就是除了最左边的两个参数用寄存器传递外，其余参数用堆栈传递，并按从右到左的顺序入栈。若最左边的两个参数属于结构或联合类型，那么它们也用堆栈传递。函数的返回结果根据其类型存放在 R12 或 R13：R12 寄存器对，若返回结果属于结构或联合类型，那么 R12 中存放的是指向返回结果的指针。

3）中断函数

C 语言编译器编译中断函数时会自动保护所有用到的寄存器（包括 R12～R15 在内），状态寄存器 SR 的保护是中断处理过程自动完成的。中断函数中用到的任何寄存器都会用 PUSH Rxx 指令保护，中断服务结束后用 POP Rxx 指令恢复；RETI 指令会自动恢复状态寄存器 SR 和从中断返回。

2. 对汇编语言函数的约定

一个能被 C 语言函数调用的汇编语言函数必须做到以下几点：

（1）符合 C 语言编译器的参数传递规则。

（2）具有 PUBLIC 入口标号。

（3）对 C 语言调用者函数声明为外部函数，并且允许参数类型检查和提升（可选）。

1）局部存储分配

如果汇编语言函数需要局部存储空间，有两种分配方法：

（1）分配在硬件堆栈。

（2）分配在静态空间，但是函数不能重入。

2）中断函数

因为中断可能发生在程序执行的任何期间，所以调用约定并不适用于中断函数。因此必须注意以下几点：

（1）必须保护所有用到的寄存器。

（2）必须用 RETI 返回。

（3）把 SR 中各标志位当做未定义来使用。

（4）中断向量定义在 INTVEC 段。

3. 混合编程

明确了以上约定，混合编程就非常容易。基本做法是：

（1）C 语言源文件用 "extern" 关键字导入被汇编语言源文件导出的标号。

（2）汇编语言源文件用 "PUBLIC" 关键字把标号导出给 C 语言源文件。

（3）汇编语言源文件用 "EXTERN" 关键字导入被 C 语言源文件导出的标号。

（4）C 语言源文件把标号导出给汇编语言文件，则不需要关键字。

（5）把写好的 C 语言源文件和汇编语言源文件加入工程，并用各自调用函数的指令调用即可。

4. 应用实例

1）C 语言函数和汇编语言函数相互调用

在这个示例中 C 语言函数 main（）调用汇编语言函数 get_rand（）以得到一个随机数。汇编语言函数 get_rand（）首先调用 C 语言的标准库函数 rand（）得到一个整型随机值，然后用调用 C 语言函数 mult（ ）的方法把这个随机值乘以 main（ ）函数传递给自己的实参，并把乘积值返回给 main（ ）函数。

（1）C 语言源文件。

```
/***************************************************/
/* 文件名：c_source.c                    2003-01-05 */
/* C 语言和汇编语言混合编程，C 源程序                   */
/* 这段源程序调用汇编语言函数 get_rand（ ）               */
/* 注意工程必须包含汇编语言源文件 "asm_source.s43"        */
/***************************************************/
#include <MSP430x14x.h>        /*头文件*/


extern unsigned long get_rand（ unsigned char seed）;      /*汇编语言函数原型声明*/


/***************************************************/
/* 主函数                                          */
/***************************************************/
void main（ void ）
{
    unsigned char seed; /*局部变量定义*/
    unsigned long value;

// === 系统初始化 ========================================
    IFG1 = 0;        /*清除中断标志 1*/
    WDTCTL = WDTPW+WDTHOLD; /*停止看门狗*/
    P1DIR = 0xff;
// === 系统初始化结束========================================

    seed = 0x55;
    value = get_rand（ seed ）; /*调用汇编语言函数 get_rand（ ）得到一个随机数*/
    while（ 1 ）; /*程序结束*/
}
// === 主程序结束 ============================================


/***************************************************/
/* 乘法子程序，供汇编语言函数调用 */
/***************************************************/
unsigned long mult（ int x，int y ）
{
    return（ x *y ）;        /*x 乘 y */
```

```
}
// === 乘法子程序结束 =====================================================
```

（2）汇编语言源程序。

```
; ****************************************************************
; 文件名：asm_source.s43
; C 语言和汇编语言混合编程，汇编语言源程序
; 这段源程序调用两个 C 语言函数，标准库函数 rand（）和用户自定义函数 mult（）
; ****************************************************************
        #include "msp430x14x.h"      ; 头文件
        NAME asmfile

        EXTERN rand                  ; C 语言标准库函数 rand（）
        EXTERN mult                  ; c_source.c 中用户自定义函数
;
; =====================================================
; get_rand
;
; =====================================================
        PUBLIC get_rand              ; 导出函数名给 C 语言函数
        RSEG CODE
get_rand;
        push R11                     ; 普通寄存器入栈保护
        mov.b R12，R11                ; C 函数传递的实参在 R12 中，送入 R16 暂存

        Call #rand                   ; 调用 C 函数 rand（）
                                     ; 函数值为整型返回在 R12 中

                                     ; rand（）函数值作为 mult（）函数的第一实参
                                     ; 送入 R12 进行参数传递
        mov R11，R14                  ; C 函数传递的实参作为 mult（）函数的第二实参
                                     ; 送入 R14 进行参数传递
        Call #mult                   ; mult（）值返回在 R12/R13 寄存器对
        pop R11                      ; 出栈恢复寄存器内容
        ret
END
```

2）汇编语言编写中断服务程序

　　为了提高整个系统响应速度，要求中断服务程序的执行时间较短，执行速度较快，因此最好的方法就是用汇编语言编写中断服务程序。但要注意：① 中断服务程序不能有参数传递

和返回值。② 中断服务程序中所有被用到的寄存器都需要保护。本示例用汇编语言编写了看门狗定时器的中断服务程序，用 C 语言编写了主程序。

（1）C 语言主程序。

```
/*****************************************************************/
/* 文件名：c_main.c                                2003-01-08*/
/* C 语言和汇编语言混合编程，C 源程序                            */
/* 这段源程序被看门狗定时器中断后执行汇编语言函数编写的中断服务程序 */
/* 注意工程必须包含汇编语言源文件 "wdt_int.s43"                  */
/*****************************************************************/
#include <MSP430x14x.h> /*  头文件   */


/*****************************************************************/
/*主函数                                                        */
/*****************************************************************/
void main（void）
{
// === 系统初始化 ================================================
    IFG1=0;       /* 清除中断标志 1 */
    WDTCTL=WDT_MDLY_32;         /* 看门狗的定时间隔为 32ms */
    P1DIR = 0x01;     /* P1.0 设置为输出 */
    IFG1 &= ~ WDTIFG;  /* 清除已挂起的看门狗定时器中断 */
    IE1 |= WDTIE;      /* 允许看门狗定时器中断 */
    _EINT（）;
// === 系统初始化结束==============================================
    while（1）;      /* 主程序是一段死循环 */
}
// === 主函数结束 ================================================


（2）汇编语言中断服务程序。
; *************************************************************
; 文件名：wdt_int.s43
; C 语言和汇编语言混合编程，汇编语言源程序
; 看门狗定时器中断服务程序
; *************************************************************
    NAME WDT_ISR

    #include "msp430x14x.h"       ; 头文件

; ===========================================================
; 看门狗定时器中断服务程序
```

```
;    ============================================================
        PUBLIC wdt_isr                    ; 导出函数名给 C 语言函数
        RSEG CODE
        wdt_isr
        xor.b #001h，&P1OUT                ; 触发 P1.0，led 亮灭转换
        reti                              ; 中断返回
;    ============================================================
        COMMON INTVEC（1）                 ; 中断向量段
;    ============================================================
        ORG WDT_VECTOR
        DW wdt_isr
    END
```

10.3　智能仪器的控制系统软件

在智能仪器设计中，多任务系统的设计已经越来越受到重视。特别是基于嵌入式系统的智能仪器设计。本节主要介绍两种常用的实时操作系统 RTS51 和 UCOS II。

从设计的角度来看，使用嵌入式 RTOS 的优点：

（1）将复杂的系统分解为多个相对独立的任务，有效降低系统的复杂度。

（2）应用程序的设计和扩展变得容易，无须较大的改动就可以增加和删除功能，便于各层次人员开发。

（3）综合性能得到提高，资源得到更好地利用。

而使用嵌入式 RTOS 的缺点：

（1）需要内存和代码构建 RTOS。

（2）编写驱动程序略困难。

（3）系统设计要求较高。

10.3.1　µC/OSII 应用

1. 概　述

µC/OSII 是一个完整的、可移植的、可固化的、可裁减的抢占式实时多任务操作系统内核。主要用 ANSI 的 C 语言编写，少部分代码是汇编语言。µC/OSII 主要有以下特点：

（1）可移植性，可以移植到目前大部分嵌入式处理器；

（2）可固化，可以固化到嵌入式系统中；

（3）可裁减，定制 µC/OS，使用少量的系统服务，减小开销；

（4）可剥夺性，µC/OS 是完全可剥夺的实时内核，µC/OS 总是运行优先级最高的就绪任务；

（5）多任务运行，µC/OS 最多可以管理 64 个任务，不支持时间片轮转调度法，所以要求

每个任务的优先级不一样；

（6）可确定性，μC/OS 的函数调用和系统服务的执行时间可以确定；

（7）任务栈，每个任务都有自己单独的栈，而且每个任务栈空间的大小可以不一样；

（8）系统服务，μC/OS 有很多系统服务，如信号量、时间标志、消息邮箱、消息队列、时间管理等。

2. μC/OSⅡ的内核结构

μC/OSⅡ是以源代码形式提供的实时操作系统内核，其包含的文件结构如图 10.8 所示。

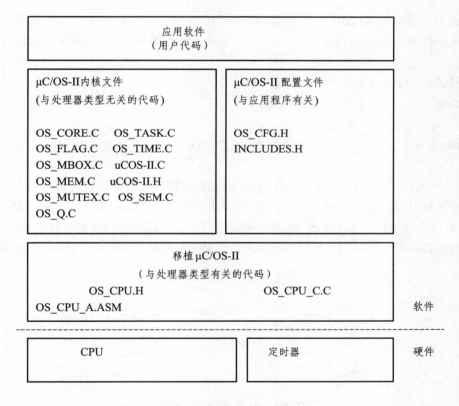

图 10.8 μC/OSII 的文件结构

3. μC/OSⅡ的应用程序设计

基于 μC/OSⅡ操作系统进行应用程序设计时，设计的主要任务是将系统合理划分成多个任务，定义优先级，设计各任务的子程序，集成 μC/OSⅡ内核文件等过程。

系统需有一个 main 主函数，主要实现 μC/OSⅡ的初始化 OSInit（），任务创建、一些任务通信方法的创建 μC/OSⅡ的多任务启动 OSStart（），应用程序相关的初始化操作等。在使用 μC/OSⅡ提供的任何功能之前，必须先调用 OSInit（）函数进行初始化。

在 main 主函数中调用 OSStart（）启动多任务之前，至少要先建立一个任务。否则应用程序会崩溃。OSInit（）初始化 μC/OSⅡ所有的变量和数据结构，并建立一个常用的任务：空闲任务 OS_TaskIdle（），这个任务总是处于就绪态。

例 10.1　一个典型的应用程序 main 主函数如下：

void main（void）

　｛

/*-----硬件初始化，等用户代码初始化-----*/

init_mcu（）;

OSInit（）;　　　　　　　　　　　　/* 初始化 μC/OSII　*/

…

/*通过调用 OSTaskCreate（）　或 OSTaskCreateExt（）创建至少一个任务；*/

OSTaskCreate（sample_Task，（void*）0，&sample_TaskStk[TASK_STK_SIZE - 1]，2 ）;

…

/*通过调用 OSSemCreate（）　创建信号量等任务通信方式；*/

CalcSem　　　　　　　= OSSemCreate（0）;

…

OSStart（）;　　　　　　　/* 开始多任务调度！OSStart（）永远不会返回　*/

　｝

调用 OSStart（）后，μC/OSII 就运行 main 函数所创建任务中优先级最高的一个就绪任务。在 main 函数调用 OSStart（）后，操作系统就启动了多任务调度，接管了 CPU 和其他资源的使用权，负责为每个任务分配 CPU 使用权和使用时间，同时对共享资源进行管理。从宏观上看，整个系统就像有多个执行的程序并行运行，每个程序都是无限循环的 main 函数，如图 10.9 所示。

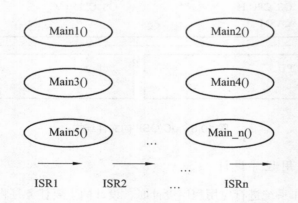

图 10.9　多个任务和多个中断组成的实时多任务系统

10.3.2　RTX51Tiny

RTX51Tiny 是一个用于 8051 系列处理器的多任务实时操作系统，RTX51Tiny 可以简化那些复杂而且对时间要求严格的工程软件设计工作。表 10.1 所列是 RTXTiny 运行所要求的资源。

表 10.1　RTX 运行所需的资源

文字说明	RTX51 FU11	RTX51 Tiny
任务的数量	256；最多 19 个任务处于激活状态	16
RAM 需求	40···46 bytesDATA 20···200 bytes IDATA（用户堆栈） min. 650 bytes XDATA	7 bytes DATA 3*<任务计数>idata
程序存储器需求	6KB···8KB	900 bytes
硬件要求	timer 0 or timer1	timer0
系统时钟	1000···40000 cycles	1000...65535 cycles
中断等待	<50 cycles	<20 cycles
切换时间	70···100 cycles（快速任务） 180···700cycles（标准任务） 依靠堆栈加载	100...700 cycles 依靠堆栈加载
邮箱系统	8 个邮箱每个邮箱 8 个入口	不可用
存储器池系统	最多可到 16 个存储器池	不可用
旗标	8*1bit	不可用

1. 建立 RTX51 Tiny 应用程序

编写 RTX51 Tiny 程序要求在 C 语言程序的\c51\inc\子目录下包含 rtx51tny.h 头标文件，而且使用_task_函数属性声明任务，RTX51 Tiny 程序不需要一个 C 语言主函数（main），连接过程将包含首先执行任务 0 的程序代码。

2. 修改 RTX51 Tiny 配置

你可以修改在\c51\lib\子目录的 RTX51 TINY 配置文件 conf_tny.a51，改变在这个配置文件中的下列参数：
（1）用于系统时钟报时中断的寄存器组；
（2）系统计时器的间隔时间；
（3）时间片轮转超时值；
（4）内部数据存储器容量；
（5）RTX51 Tiny 运行之后释放的堆栈大小。

3. 基本函数（见表 10.2）

表 10.2　RTX51 基本函数

子程序	文字说明
isr_send_signal	从一个中断发送一个信号到一个任务
os_clear_signal	删除一个发送的信号
os_create_signal	移动一个任务到运行队列

续表 10.2

子程序	文字说明
os_delete_signal	从运行队列中删除一个任务
os_running_task_id	返回当前运行的任务的任务标识符（task ID）
os_send_signal	从一个任务发送一个信号到另一个任务
os_wait	等待一个事件
os_wait1	等待一个事件
os_wait1 os_wait2	等待一个事件

例 10.2   程序 RTX_EX1 示范了如何使用 RTX51 Tiny 的时间片轮转调度多重任务。这程序仅由一个源文件 rtx_ex1.c 组成，位于\C51V4\RTX_TINY\RTX_EX1 或\CDEMO\51\RTX_TINY\RTX_EX1 目录 RTX_EX1.C 的内容列在下面。

```
/*****************************************************************/
/* RTX_EX1.C：   The first RTX51 Program */
/*****************************************************************/
#pragma CODE DEBUG OBJECTEXTEND
#include <rtx51tny.h> /* RTX51 Tiny functions & defines */
int counter0;   /* counter for task 0 */
int counter1;   /* counter for task 1 */
int counter2;   /* counter for task 2 */
/*****************************************************************/
/* Task 0 'job0'：   RTX51 Tiny starts execution with task 0 */
/*****************************************************************/
job0  ( )  _task_ 0 {
os_create_task  （1）;  /* start task 1 */
os_create_task  （2）;   /* start task 2 */
while  （1）  { /* endless loop */
counter0++;   /* increment counter 0 */
}
}
/*****************************************************************/
/* Task 1 'job1'：   RTX51 Tiny starts this task with os_create_task  （1）  */
/*****************************************************************/
job1  ( )  _task_ 1 {
while  （1）  { /* endless loop */
counter1++;   /* increment counter 1 */
}
}
/*****************************************************************/
```

```
/* Task 2 'job2'：RTX51 Tiny starts this task with os_create_task（2）*/
/*****************************************************************/
job2（）_task_ 2 {
while（1）{ /* endless loop */
counter2++；/* increment counter 2 */
}
}
```

10.4　智能仪器的存储器软件设计

10.4.1　基于单片机的 RAM 软件设计

设计一个简单的 RAM 扩展，使 LED 灯变换显示。其仿真原理图如图 10.10 所示。

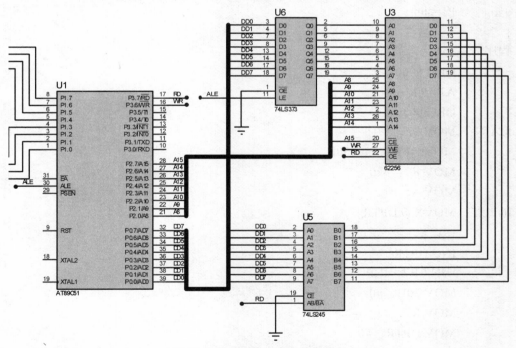

图 10.10　扩展 RAM 仿真原理图

实现过程，是访问外部 RAM，取值实现，C 程序代码如下：

```
#include <reg51.h>
#include <absacc.h>
#define ramaddress    XBYTE[0X0000]
unsigned char sum；
void main（）
{
```

```
unsigned char xdata *pt;
unsigned char i, sumtemp;
pt=&ramaddress;
P1=0x0f;
for (i=0; i<20; i++)
{
        * (pt+i) =i+1;
}
sum=0;
for (i=0; i<20; i++)
{
        sumtemp=* (pt+i);
        sum=sum+sumtemp;
}
P1=sum;
}
```

程序的 ASM 代码如下:

```
        ORG 0000H
        AJMP MAIN
        ORG 0030H
MAIN:   MOV SP, #7H
        MOV DPTR, #0000H
        MOV R7, #20
        MOV A, #1
INPUT:  MOVX @DPTR, A
        INC A
        INC DPTR
        DJNZ R7, INPUT
        MOV 20H, #0
        MOV R7, #20
        MOV DPTR, #0
OUTPUT: MOVX A, @DPTR
        ADD A, 20H
        MOV 20H, A
        INC DPTR
        DJNZ R7, OUTPUT
        MOV P1, 20H
LOOP:   SJMP LOOP
        END
```

10.4.2　基于单片机的 EEPROM 程序设计

在智能仪器仪表中，经常要使用 EEPROM 扩展现场数据存储器，一般都使用具有 IIC 或 SPI 接口的 EEPROM 设计。其仿真原理图如图 10.11 所示。

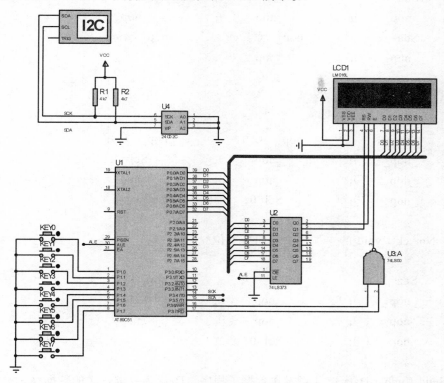

图 10.11　扩展 EEPROM 仿真原理图

功能实现的 IIC 的 C 语言代码如下：

```
//////////////////////////////start of IIC //////////////////////////
#define uchar unsigned char
#define uint unsigned int
#include "reg51.h"
#include "intrins.h"
sbit      Scl=P3^4;   //串行时钟
sbit      Sda=P3^5;   //串行数据
/*发送起始条件*/
void Start（void）              /*起始条件*/
{
        Sda=1;          Scl=1;          _nop_（）;
        _nop_（）;        _nop_（）;        _nop_（）;
        Sda=0;          _nop_（）;        _nop_（）;
        _nop_（）;        _nop_（）;
```

```
}
void Stop（void） /*停止条件*/
{
        Sda=0;          Scl=1;          _nop_（）;
        _nop_（）;       _nop_（）;       _nop_（）;
        Sda=1;          _nop_（）;       _nop_（）;
        _nop_（）;       _nop_（）;
}
void Ack（void）    /*应答位*/
{
        Sda=0;          _nop_（）;       _nop_（）;
        _nop_（）;       _nop_（）;       Scl=1;
        _nop_（）;       _nop_（）;       _nop_（）;
        _nop_（）;       Scl=0;
}
void   NoAck（void）              /*反向应答位*/
{
        Sda=1;          _nop_（）;       _nop_（）;
        _nop_（）;       _nop_（）;       Scl=1;
        _nop_（）;       _nop_（）;       _nop_（）;
        _nop_（）;       Scl=0;
}
void Send（uchar Data）        /*发送数据子程序，Data 为要求发送的数据*/
{
        uchar BitCounter=8;            /*位数控制*/
        uchar temp;          /*中间变量控制*/
        do
        {
            temp=Data;              Scl=0;              _nop_（）;
            _nop_（）;              _nop_（）;              _nop_（）;
            if（（temp&0x80）==0x80）/*  如果最高位是 1*/
                    Sda=1;
            else
                    Sda=0;
            Scl=1;
            temp=Data<<1;              /*RLC*/
            Data=temp;
            BitCounter--;
        }while（BitCounter）;
```

```
            Scl=0；
}
uchar Read（void）  /*读一个字节的数据，并返回该字节值*/

{
        uchar temp=0；
        uchar temp1=0；
        uchar BitCounter=8；
        Sda=1；
        do{            Scl=0；            _nop_（）；            _nop_（）；
         _nop_（）；            _nop_（）；            Scl=1；
         _nop_（）；            _nop_（）；            _nop_（）；
         _nop_（）；            if（Sda）            /*如果 Sda=1；*/
                temp=temp|0x01；    /*temp 的最低位置 1*/
            else
                temp=temp&0xfe；     /*否则 temp 的最低位清 0*/
            if（BitCounter-1）
            {   temp1=temp<<1；
                temp=temp1；
            }
            BitCounter--；
        }while（BitCounter）；
        return（temp）；
}
void WrToROM（uchar Data[]，uchar Address，uchar Num）//写入一组数据到 AT24C02 中
    {     //参数为数组的首地址，数据在 AT24C02 中的开始地址，数据个数
        uchar i=0；
        uchar *PData；
        PData=Data；
        Start（）；
        Send（0xa0）；        //A0、A1、A2 接地，固 AT24C02 的写地址为 0XA0
        Ack（）；
        Send（Address）；
        Ack（）；
        for（i=0；i<Num；i++）
        {
            Send（*（PData+i））；
            Ack（）；
        }
        Stop（）；
```

```
    }
void RdFromROM（uchar Data[]，uchar Address，uchar Num）//读出一组数据到 AT24C02 中
        //参数为数组的首地址，数据在 AT24C02 中的开始地址，数据个数
    {
        uchar i=0；
        uchar *PData；
        PData=Data；
        for（i=0；i<Num；i++）
        {
            Start（ ）；
            Send（0xa0）；//A0、A1、A2 接地，固 AT24C02 的写地址为 0XA0
            Ack（ ）；
            Send（Address+i）；
            Ack（ ）；
            Start（ ）；
            Send（0xa1）；//A0、A1、A2 接地，固 AT24C02 读地址为 0XA1
            Ack（ ）；
            *（PData+i）=Read（ ）；
            Scl=0；
            NoAck（ ）；
            Stop（ ）；
        }
    }
```

10.5 智能仪器通信与网络软件设计

10.5.1 51 单片机串行通信

1. 有关与串口通信相关的特殊功能寄存器

（1）串行口通信有关的 SFR。

（2）串行口控制寄存器 SCON。

SCON 是串行口控制和状态寄存器，其格式如下：

D7	D6	D5	D4	D3	D2	D1	D0
SM0	SM1	SM2	REN	TB8	RB8	TI	RI

① SM0，SM1：串行口工作方式控制位。具体工作方式见表 10.3。f_{osc} 为单片机外接晶体的振荡频率。

表 10.3　串行口工作方式控制

SM0	SM1	工作方式	应用	波特率
0	0	方式 0	同步移位寄存器	$f_{osc}/12$
0	1	方式 1	10 位异步收发	由定时器控制
1	0	方式 2	11 位异步收发	$f_{osc}/32$ 或 $f_{osc}/64$
1	1	方式 3	11 位异步收发	由定时器控制

②SM2：多机通信控制位。用于工作方式 2、3。SM2 = 1 时，只有接收到第九位（RB8）为 1 时，RI 才置位；SM2 = 0 时，只要接收到数据，RI 就置位。

③REN：串行口接收允许位。REN = 1，允许串行口接收数据；REN = 0，禁止串行口接收数据。

④TB8：工作在方式 2、3 时，为发送数据的第九位，也可以作奇偶校验位。

⑤RB8：工作在方式 2、3 时，为接收数据的第九位；工作在方式 1 时，为接收数据的停止位。

⑥TI：发送中断标志位，当数据向外发送（SBUF = DATE，数据写入 SBUF）后，TI 自动置位，必须软件清零。

⑦RI：接收中断标志位，当数据向外发送（a = SBUF，数据从 SBUF 读出，a 为变量）后，RI 自动置位，必须软件清零。

（3）电源控制寄存器 PCON，其格式如下：

D7	D6	D5	D4	D3	D2	D1	D0
SMOD				GF1	GF0	PD	IDL

这里只用到了 PCON 的第七位 SMOD，它与串行通信波特率设置有关，SMOD 也叫串行口通信波特率的加倍位。当 SMOD = 1 时，工作方式 1、3 时的波特率为定时器 1 溢出率/16；工作方式 2 时的波特率为 $f_{osc}/32$。当 SMOD = 0 时，工作方式 1、3 时的波特率为定时器 1 溢出率/32；工作方式 2 时的波特率为 $f_{osc}/64$。

GF0、GF1：通用标志位，PD、IDL：CHMOS 器件类型的单片机的低功耗控制位。

2. 串行口的工作方式

1）方式 0

方式 0 为移位寄存器输入/输出方式。串行数据通过 RXD 端输入输出，TXD 则用于输出移位同步脉冲。此时收发的数据为 8 位，低位在前，且波特率为 $f_{osc}/12$，数据发送以写入 SBUF 指令开始，8 位数据输出结束后，TI 置位。数据接收是在 REN=1、RI=0 同时满足时开始，接收的数据从 SBUF 读出结束后，RI 置位。

2）方式 1

方式 1 为 10 位异步通信方式，由 1 位起始位（第 0 位，默认为 0）、8 位数据位和 1 位停止位（第 9 位，由 TB8 决定，默认为 1）组成，起始位和停止位在发送数据（数据写入 SBUF）时自动插入。任何 1 条写入 SBUF 指令都启动 1 次发送中断，发送的前提是寄存器 SCON 中的 TI=0，发送结束后 TI 置位。

方式 1 接收数据的前提是 REN=1，同时 RI=0 且 SM2=0 或接收停止位为 1。如果接收有效，将接收数据装入 SBUF 和寄存器 SCON 的 RB8（接收数据的第 9 位），否则舍弃接收结果。

方式 1 的波特率由以下公式计算得到，即

$$方式 1 波特率= 2^{SMOD} \cdot (定时器溢出率)/32$$

其中，SMOD 是 PCON 的第 7 位，定时器的溢出率为定时器定时时间的倒数，定时器工作模式 0、1 和 2 都可以使用。

3）方式 2 和方式 3

这两种方式都是 11 位异步接收/发送方式，操作方式完全一样，只是波特率有所区别，方式 3 波特率同方式 1，方式 2 波特率为

$$方式 2 波特率= 2^{SMOD} \cdot (定时器溢出率)/64$$

方式 2 和方式 3 的发送起始于数据写入 SBUF 指令，当第 9 位数据 TB8 输出之后，TI 置位。

方式 2 和方式 3 接收数据的前提也是 REN=1，在第 9 位数据接收到之后，如果下列提条件满足，即 RI=0 且 SM2=0 或接收到的第 9 位数据为 1，则将已经接受的数据装入 SBUF 和 RB8，并置位 RI，如果条件不满足，则接收无效。

3. 串行口通信初始化

1）串行口的波特率与定时器设置

单片机的晶体振荡频率比较固定，常用的有 6 MHz、12 MHz、11.0592 MHz，单片机串行口用于和计算机通信，选用的波特率也相对固定，可以通过查表获得相应设置，表 10.4 所列为单片机常用的波特率与定时器设置。

2）初始化步骤

下面以波特率为 9 600 bps，串口工作方式 3，允许发送/接收数据的初始化步骤程序举例：

```
/*********************************/
TMOD = 0x20;              //第一步，编程 TMOD
TL1 = 0xfd;               //第二步，装载定时器 1 的初值
TH1 = 0xfd;
TR1 = 1;                  //第三步，启动定时器 1，  TR1 = 1
SCON = 0xd8;              //第四步，编程 SCON，确定串行口工作方式 3
//SM2、TB8 = 1，TI、RI = 0
PCON = 0x00;              //第五步，编程 PCON，SMOD = 0
SBUF = date1;            //发送 1 字节数据 date1，进入串行中断
while（TI == 0）;          //等待发送，发送完毕后 TI 自动置位
TI = 0;                  // TI 软件清零
date2 = SBUF;            //接收 1 字节数据并保存在 date2，进入串行中断
while（RI == 0）;          //等待接收，接收完毕后 RI 自动置位
RI = 0;                  // RI 软件清零
/*********************************/
```

表 10.4 单片机常用的波特率与定时设置

串行口工作方式	波特率/bps	f_{osc}=6 MHz			f_{osc}=12 MHz			f_{osc}=11.059 2 MHz		
		SMOD	TMOD	TH1	SMOD	TMOD	TH1	SMOD	TMOD	TH1
0	1 M	—	—	—	×	×	×	—	—	—
2	375 k	—	—	—	1	×	×	—	—	—
	187.5 k	1	×	×	0	×	×	—	—	—
1 或 3	62.5 k	—	—	—	1	0x20	0xff	—	—	—
	19.2 k	—	—	—	—	—	—	1	0x20	0xfd
	9.6 k	—	—	—	—	—	—	0	0x20	0xfd
	4.8	—	—	—	1	0x20	0xf3	0	0x20	0xfa
	2.4	1	20	0xf3	0	0x20	0xf3	0	0x20	0xf4
	1.2	1	20	0xe6	0	0x20	0xe6	0	0x20	0xe8
	600	1	20	0xcc	0	0x20	0xcc	0	0x20	0xd0

4. 单片机与计算机之间的通信实例

本例实现计算机键盘输入的字符通过计算机的 COM1 向单片机发送，单片机接收后随即把这个字符再向计算机发送，并在计算机的屏幕上显示出来。

1）程序设计

由于计算机作为上位机控制，因此本案例程序包括计算机的发送/接收程序和单片机的数据接收/发送程序。上位机程序采用 BASIC 编写，编写文件后保存为 RS232.BAS。单片机串口通信采用同样的参数设置。

（1）上位机程序。

```
/********************************************************************/
0 OPEN" COM1：9600，N，8，1，CS，DS，CD" AS#1
20 IF LOC（1）>0 THEN GOSUB 1000
30 A$ = INKEY$：IF A$<>"" THEN GOSUB 2000
40 GOTO 20
1000 A$ = INPUT$（LOC（1），#1）
1010 PRINT A$；
1020 RETURN
2000 PRINT #1，A$
2010 RETURN
/********************************************************************/
```

（2）单片机通信程序。

```
/********************************************************************/
#include<reg51.h>
void main（void）
{    unsigned char date；
```

```
TMOD = 0x20;
TL0 = 0xfd; TL1 = 0xfd;
SCON = 0xd8; PCON = 0x00;
TR1 = 1;
While（1）
{    while（RI == 0）;                    //等待接收
RI = 0;
date = SBUF;                          //接收数据保存在 date 中
SBUF = date;                          //再保存在 date 的数据向外发送
while（TI == 0）;                     //等待发送
TI = 0;
}
}
```

10.5.2　EPA 通信

1. EPA 通信软件结构

EPA 系统采用 ISO/OSI 开放系统互连模型（ISO 7498）的第一、二、三、四和七层，并增加用户层。系统中除了采用普通以太网协议组件外，有些层增加了部分实体，以适应 EPA 通信的需求。

增加的用户层包含 EPA 功能块应用进程与非实时应用进程。应用层增加了由 EPA 系统管理实体、EPA 应用访问实体和 EPA 套接字映射实体组成的 EPA 协议，三个实体分别实现 EPA 设备管理、应用通信服务、应用层与 UDP/IP 软件实体之间的映射接口和报文优先发送管理、报文封装、响应信息返回、链路状况监视等功能。在 MAC 层和 IP 层之间增加 EPA 通信调度管理实体，对 EPA 设备向网络上发送的报文进行调度管理。调度策略采用分时发送机制，将报文分为周期报文和非周期报文，按预先组态的调度方案，在相应的时间段内发送，以避免碰撞。各设备网络时间由时间同步组件维护其一致性。EPA 管理信息库为各层协议实体提供操作所需信息，包括设备描述对象，链接对象等。

按照 EPA 通信协议，每个 EPA 设备由至少一个功能块实例、EPA 应用访问实体、EPA 系统管理实体、EPA 套接字映射实体、EPA 链接对象、通信调度管理实体以及 UDP/IP 协议等几个部分组成。各个实体和对象通过互相调用，协同完成设备间通信过程，如图 10.12 所示。

从数据处理角度上看，EPA 设备通信是对控制过程所需要数据进行处理和通过 EPA 网络传输的过程，发送方从上到下各层依次对应用进程或者管理服务数据进行处理和封装，接收方则进行解包和处理，将服务数据交给应用进程。因此，协议软件设计主要是系统各模块对服务数据的处理程序的设计。EPA 通信卡的功能主要包含系统管理、应用服务、时钟同步、实时调度等。需要编写的功能模块有 EPA 服务栈模块、套接字映射模块、时间同步模块、通信调度模块。

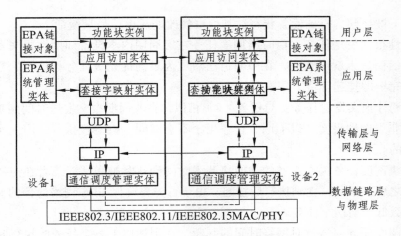

图 10.12　EPA 设备间通信过程

（1）EPA 服务栈模块：系统管理服务包括设备查询、设备声明等服务，应用访问服务包括域操作服务、事件操作服务、变量操作服务，各种服务对相应的服务报文进行处理。

（2）EPA 套接字映射模块：对服务栈数据进行封装，并作为与 UDP 层之间的数据接口，其接口函数包括创建与关闭 EPA 套接字函数、发送应用服务报文与响应报文函数，发送系统管理报文与响应报文函数，从 UDP 层接收应用服务与系统管理报文函数等。EPA 套接字开 UDP 套接字的实现语句如下：

    if（!udp_open（&gEPA_AP_Sock，EPA_AP_PORT，-1，EPA_AP_PORT，NULL））
    SockErr=1；
    else SockErr=0；

（3）时钟同步服务的实现采用 IEEE 1588 精确时钟同步协议，该协议用于分布式系统中的设备，通过以太网的亚微秒级时钟同步。设备与主时钟通过交换同步报文而实现同步，同步报文分为同步信息（Sync）、附加信息（Follow_Up）、延时请求（Delay_Req）、延时响应（Delay_Rsp）四种报文。同步过程分两个阶段，第一阶段通过 Sync 和 Follow_Up 报文测量时间偏差，第二个阶段通过 Delay_Req 和 Delay_Rsp 测量延迟（网络延迟和协议栈延迟），进一步校正偏差。为了进一步减少协议栈带来的延迟，可以让时间同步服务尽量接近物理层，这里通过修改 TCP/IP 库文件实现

（4）实时调度的实现，包括时间中断调度函数——判断是否到达本设备的周期报文发送时间或非周期报文发送开始时间，以及报文发送函数——实现对几个优先级的数据队列报文发送等。

2. 在 μC/OS-II 中的实现

在完成各个模块的编写之后，通信协议在 μC/OS-II 系统中的实现主要是根据应用要求进行任务的创建、划分以及任务间通信与调度的设计。模块与任务之间非一一对应关系，因为模块是基于功能进行划分的，而任务是基于时间优先级进行划分的。划分任务优先级就是确定任务实时性要求的过程。实时性要求越高，则任务优先级越高，反之，其对应的优先级号越低。按照优先级由高到低次序的任务划分与调度方案如下：

（1）设备管理任务：完成设备的上电与初始化组态，之后根据设备状态机，在设备为正

常可操作状态下被挂起，直到设备状态被其他事件改变后由信号量激活。

（2）周期性报文发送任务：由时间调度任务在宏周期内本设备周期性报文发送时间到达时产生中断激活而进入就绪状态，在中断退出后成为最高优先级任务被执行，立即发送周期性报文，发送完毕即挂起等待下一次激活。

（3）非周期性报文发送任务：与任务（2）相似，在非周期报文发送时间到被激活，通过调度算法发送非周期性报文。以上两个任务由于不会在同一时间段执行，因此实际运行时的优先级是等同的。

（4）功能块调度任务：在组态的功能块调度时间到达时被激活，或者在控制回路中上一个功能块执行之后被激活，立刻执行后挂起。由于首先要确保 EPA 网络通信的确定性，所以此任务的优先级低于前两个任务。

（5）时间调度任务：通过对网络时间的判断，在到达以上三个任务的执行时间时进入时间中断函数，给相应的任务发送信号量，使任务进入就绪状态，中断退出即可以执行就绪的高优先级任务。根据时间精度的要求设置内核调用 OSTimeTick 的频率，可以通过#define OS_TICKS_PER_SEC 256，实现每秒 256 次的 Tick 频率。

（6）普通报文接收任务：套接字映射实体侦听来自 EPA 网络的报文并根据需要调用相应的应用层服务处理报文，设为每 100 ms 执行一次。

（7）时钟同步任务：独立接收与发送时间同步报文，以确保设备时间与网络时间的同步。由于主时钟发送 Sync 报文周期为 2 s 一次，所以其优先级可以低于时间调度任务，设为每 2 s 执行一次。

（8）串口通信任务：与电动执行器进行周期性的串口通信，根据电动执行器的物理特性，通信频率设为每秒 2 次，其通信方法在后文中介绍。

（9）帧格式与通信各模块关系示意

帧格式和报文标示如图 10.13 所示。各通信部分的关系如图 10.14 所示。

3. EPA 电磁流量计的实现

电磁流量计中的现场 CPU 主要负责工业现场流量数据的采集、流量计系统的自检、环境温度检测和异常的处理。电磁流量计与通信卡通过串口进行通信。电磁流量计通信卡主要实现两部分功能：

（1）电磁流量计通信卡按照约定的通信协议规范与电磁流量计进行串口通信，实现对电磁流量计的数据读取以及对电磁流量计参数的写入。

（2）通信卡将读取的数据通过 EPA 服务由网口转发到 EPA 网络，或者接受 EPA 网络的组态和控制。

电磁流量计采用了双 CPU 方案，以保证整个设备的工作性能和指标。电磁流量计中的现场 CPU 主要负责工业现场流量数据的采集、流量计系统的自检、环境温度检测和异常的处理。EPA 的结构如图 10.15 所示。

EPA 通信卡中的通信 CPU 负责与现场 CPU 进行数据交换、EPA 数据打包、解包、EPA 数据传输、与 EPA 主时钟进行时间同步等。在现场 CPU 和通信 CPU 之间通过串口协议进行数据交换，协议实现以可靠的数据传输为基础，采用请求—应答—发送—应答的方式来进行设计。

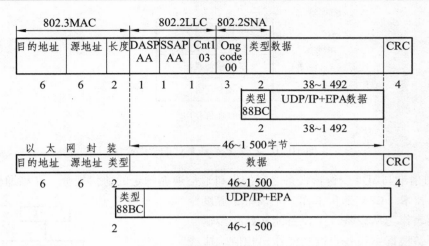

图 10.13　EPA 的报文标识

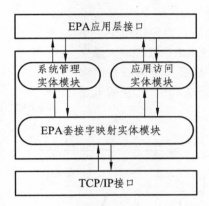

图 10.14　EPA 模块各子模块的关系

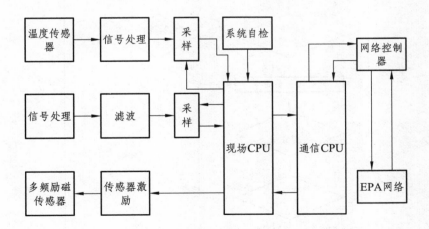

图 10.15　EPA 电磁流量计的结构图

　　电磁流量计主要通过串口和通信卡通信,串口通信程序如图 10.16 所示,主要包括:串口收发程序、串口驱动程序。

图 10.16　EPA 电磁流量计的软件流程

　　EPA 通信卡与温度变送器设备之间的串口通信遵循约定的通信规范，在该通信规范中采用主从通信技术，EPA 通信卡作为主设备，温度变送器智能仪表作为从设备；主设备能初始化传输、查询，从设备根据主设备查询功能作出相应响应或执行相应的动作。主设备查询的格式包括：功能代码（1 Byte）、所有要发送的数据（0～64 Byte）、CRC 校验域（2 Byte）；从设备回应消息也包括相应的功能代码、任何要返回的数据、和 CRC 校验域。如果在消息接收过程中发生错误，从设备将构造一错误帧并将其作为应答回应。图 10.17～图 10.19 所示是相关的流程图。

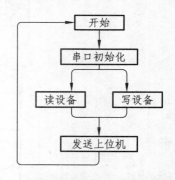

图 10.17　EPA 电磁流量计的串口收发流程

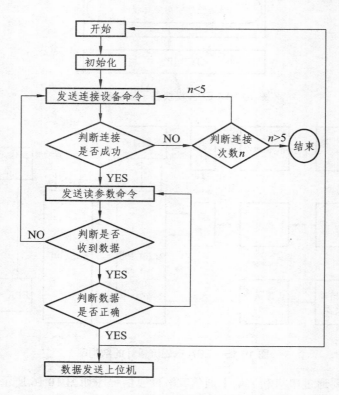

图 10.18　EPA 电磁流量计的读设备流程

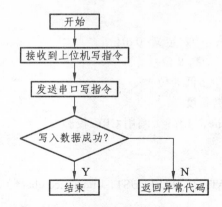

图 10.19　EPA 电磁流量计的写设备流程

设备初始化程序如下：

```
void DeviceInit（void）
{ uint16 i;
  for（i=0;  i<5;  i++）
  { send_link_cmd（ ）;
  delay（ ）;
  if（0x03 == Fardatabuff[0]）
    {
    DEVICE_LINK_OK = 1;  break;
    }
  }
}
```

发送连接命令如下：

```
void send_link_cmd（void）
{
uint16 crc;
Linkfarmen[0]=LINK_CMD;
  Linkfarmen[1]=0x01;
  crc=CRC_Check（Linkfarmen，2）;
  Linkfarmen[2] = crc>>8;
Linkfarmen[3] = crc;
  AT91F_US_SendFrame（AT91C_BASE_US0，Linkfarmen，LINK_CMD_LEN）;
AT91F_US_ReceiveFrame（AT91C_BASE_US0，（unsigned char*）Fardatabuff，5）;
  }
```

读设备函数代码如下：

```
void read_device（uint16 addr，int len） //读设备函数
  {
```

```
uint16 crc;
  RDframe[0] = RD_CMD;   //宏定义  0x01
  RDframe[1] = addr>>8;   //高 8 位
RDframe[2] = addr&0xff;   //低 8 位
RDframe[3] = len;   //数据长度
crc=CRC_Check（RDframe，4）;   //调用 CRC 校验
RDframe[4] = crc>>8;
RDframe[5] = crc;
AT91F_US_SendFrame（AT91C_BASE_US1,（unsigned char*）RDframe，RD_CMD_LEN）;
  }
```

写设备功能代码如下

```
void write_device（uint16 addr）
  {
uint16 crc;
char *pdata;
WRframe[0] = WR_CMD;   //宏定义  写设备功能代码 0x02
WRframe[1] = addr>>8;
WRframe[2] = addr&0xff;
WRframe[3] = WR_VAR_LEN;
pdata =（char *）&data;
WRframe[4] = *（pdata++）;
WRframe[5] = *（pdata++）;
WRframe[6] = *（pdata++）;
WRframe[7] = *（pdata++）;
crc=CRC_Check（WRframe，8）;
WRframe[4] = crc>>8;
WRframe[5] = crc;
AT91F_US_SendFrame( AT91C_BASE_US1,（unsignedchar*）WRframe，WR_CMD_LEN）;
//从串口 1 发送到流量计
  }
```

例 10.3 串口通信协议中 CRC 程序的编写。
答 例程如下：

```
unsigned short CRC16（puchMsg，usDataLen）unsigned char *puchMsg；   //要进行 CRC
校验的消息
  unsigned short usDataLen；   // 消息中字节数
  {
  unsigned char uchCRCHi = 0xFF；   // 高 CRC 字节初始化
  unsigned char uchCRCLo = 0xFF；   // 低 CRC 字节初始化
```

```
unsigned uIndex ； // CRC 循环中的索引
while （ usDataLen-- ） // 传输消息缓冲区
{ uIndex = uchCRCHi ^ *puchMsgg++ ； // 计算 CRC
uchCRCHi = uchCRCLo ^ auchCRCHi[uIndex} ；
uchCRCLo = auchCRCLo[uIndex] ； }
return （ uchCRCHi << 8 | uchCRCLo ） ；
}
```

CRC 高位字节值表：static unsigned char auchCRCHi[] = {

0x00，0xC1，0x81，0x40，0x01，0xC0，0x80，0x41，0x01，0xC0，0x80，0x41，0x00，
0xC1，0x81，0x40，0x01，0xC0，0x80，0x41，0x00，0xC1，0x81，0x40，0x00，0xC1，
0x81，0x40，0x01，0xC0，0x80，0x41，0x01，0xC0，0x80，0x41，0x00，0xC1，0x81，
0x40，0x00，0xC1，0x81，0x40，0x01，0xC0，0x80，0x41，0x00，0xC1，0x81，0x40，
0x01，0xC0，0x80，0x41，0x01，0xC0，0x80，0x41，0x00，0xC1，0x81，0x40，0x01，
0xC0，0x80，0x41，0x00，0xC1，0x81，0x40，0x00，0xC1，0x81，0x40，0x01，0xC0，
0x80，0x41，0x00，0xC1，0x81，0x40，0x01，0xC0，0x80，0x41，0x01，0xC0，0x80，
0x41，0x00，0xC1，0x81，0x40，0x00，0xC1，0x81，0x40，0x01，0xC0，0x80，0x41，
0x01，0xC0，0x80，0x41，0x00，0xC1，0x81，0x40，0x01，0xC0，0x80，0x41，0x00，
0xC1，0x81，0x40，0x00，0xC1，0x81，0x40，0x01，0xC0，0x80，0x41，0x01，0xC0，
0x80，0x41，0x00，0xC1，0x81，0x40，0x00，0xC1，0x81，0x40，0x01，0xC0，0x80，
0x41，0x00，0xC1，0x81，0x40，0x01，0xC0，0x80，0x41，0x01，0xC0，0x80，0x41，
0x00，0xC1，0x81，0x40，0x00，0xC1，0x81，0x40，0x01，0xC0，0x80，0x41，0x01，
0xC0，0x80，0x41，0x00，0xC1，0x81，0x40，0x01，0xC0，0x80，0x41，0x00，0xC1，
0x81，0x40，0x00，0xC1，0x81，0x40，0x01，0xC0，0x80，0x41，0x00，0xC1，0x81，
0x40，0x01，0xC0，0x80，0x41，0x01，0xC0，0x80，0x41，0x00，0xC1，0x81，0x40，
0x01，0xC0，0x80，0x41，0x00，0xC1，0x81，0x40，0x00，0xC1，0x81，0x40，0x01，
0xC0，0x80，0x41，0x01，0xC0，0x80，0x41，0x00，0xC1，0x81，0x40，0x00，0xC1，
0x81，0x40，0x01，0xC0，0x80，0x41，0x00，0xC1，0x81，0x40，0x01，0xC0，0x80，
0x41，0x01，0xC0，0x80，0x41，0x00，0xC1，0x81，0x40 }

以下是 CRC 循环校验代码用到的 CRC 低位字节值表：static char auchCRCLo[] = { 0x00，
0xC0，0xC1，0x01，0xC3，0x03，0x02，0xC2，0xC6，0x06，0x07，0xC7，0x05，0xC5，
0xC4，0x04，0xCC，0x0C，0x0D，0xCD，0x0F，0xCF，0xCE，0x0E，0x0A，0xCA，
0xCB，0x0B，0xC9，0x09，0x08，0xC8，0xD8，0x18，0x19，0xD9，0x1B，0xDB，0xDA，
0x1A，0x1E，0xDE，0xDF，0x1F，0xDD，0x1D，0x1C，0xDC，0x14，0xD4，0xD5，
0x15，0xD7，0x17，0x16，0xD6，0xD2，0x12，0x13，0xD3，0x11，0xD1，0xD0，0x10，
0xF0，0x30，0x31，0xF1，0x33，0xF3，0xF2，0x32，0x36，0xF6，0xF7，0x37，0xF5，
0x35，0x34，0xF4，0x3C，0xFC，0xFD，0x3D，0xFF，0x3F，0x3E，0xFE，0xFA，0x3A，
0x3B，0xFB，0x39，0xF9，0xF8，0x38，0x28，0xE8，0xE9，0x29，0xEB，0x2B，0x2A，
0xEA，0xEE，0x2E，0x2F，0xEF，0x2D，0xED，0xEC，0x2C，0xE4，0x24，0x25，
0xE5，0x27，0xE7，0xE6，0x26，0x22，0xE2，0xE3，0x23，0xE1，0x21，0x20，0xE0，

0xA0，0x60，0x61，0xA1，0x63，0xA3，0xA2，0x62，0x66，0xA6，0xA7，0x67，0xA5，
0x65，0x64，0xA4，0x6C，0xAC，0xAD，0x6D，0xAF，0x6F，0x6E，0xAE，0xAA，
0x6A，0x6B，0xAB，0x69，0xA9，0xA8，0x68，0x78，0xB8，0xB9，0x79，0xBB，0x7B，
0x7A，0xBA，0xBE，0x7E，0x7F，0xBF，0x7D，0xBD，0xBC，0x7C，0xB4，0x74，
0x75，0xB5，0x77，0xB7，0xB6，0x76，0x72，0xB2，0xB3，0x73，0xB1，0x71，0x70，
0xB0，0x50，0x90，0x91，0x51，0x93，0x53，0x52，0x92，0x96，0x56，0x57，0x97，
0x55，0x95，0x94，0x54，0x9C，0x5C，0x5D，0x9D，0x5F，0x9F，0x9E，0x5E，0x5A，
0x9A，0x9B，0x5B，0x99，0x59，0x58，0x98，0x88，0x48，0x49，0x89，0x4B，0x8B，
0x8A，0x4A，0x4E，0x8E，0x8F，0x4F，0x8D，0x4D，0x4C，0x8C，0x44，0x84，0x85，
0x45，0x87，0x47，0x46，0x86，0x82，0x42，0x43，0x83，0x41，0x81，0x80，0x40};

习题与思考十

1. 用 Keil C 设计与仿真一个 10 个整数值平均的程序。
2. 用 Quartus II 仿真一个全加器。
3. 用 Ucos II 实现一个交通灯的程序，并在 Keil C 上仿真。
4. 用 RTX 51 Ting 实现第 3 题。
5. 设计一个用 SPI 扩展存储器的电路，并写出其程序。
6. 画出 RS485 点对点通信的原理图，并编写接收和发送程序。
7. 通过网上了解 MODBUS-RTU，画出其基本结构。
8. 根据第 5 章相关内容编写一个单片机的 RS232 自适应波特率程序。
9. 编写一个 EPA 的串口初始化程序。
10. 编写一个 EPA 的读设备的程序。
11. 编写一个 EPA 的写设备的程序。
12. 介绍 EPA 设备的编程的基本过程。

第 11 章　生物医学仪器

　　生物医学仪器是一大类非常重要的智能仪器。它们的应用非常广泛。调试它们也是一类重要的产业链。了解和掌握生物医学仪器的相关理论知识、特点和开发过程、开发方法、开发工具等，对于制定自己的职场目标、规划职业生涯是非常有意义的。

11.1　生物医学仪器相关知识

11.1.1　生物医学工程

　　生物医学仪器是用于生物医学工程的仪器。生物医学工程是 20 世纪 50、60 年代产生的：随着微电子学、信息科学、计算机科学、控制工程、工程力学及材料科学等的迅速发展，结合生物、医学等学科自身的需要，导致大量的医疗仪器设备如 X 线机、超声仪、心电图、脑电图及球式机械人工心脏瓣膜等广泛地应用于临床。这些对仪器医学进步，对临床诊疗水平的提高起到了极大的推动作用，产生了巨大的社会效益和经济效益。由此，生物医学工程学因时代发展和各种主客观需要应运而生。生物医学工程既为医学、生物学提供技术与装备，又为医学、生物学的发展开辟新路，它成为变革医学和生物学本身的重要力量。

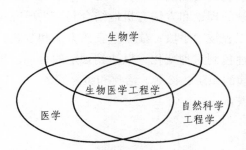

图 11.1　生物医学工程相关学科

　　如图 11.1 所示，生物医学工程（Biomedical Engineering）作为新兴边缘学科，是自然科学和工程技术的原理和方法向生物学、医学渗透并相互作用的结果，涵盖学科领域较为广泛。从应用领域来看，包括医学工程（Medical Engineering）、临床工程（Clinical Engineering）、康复工程（Rehabilitation Engineering）、环卫工程（Environmental Engineering）、中医工程（the Engineering of Chinese Traditional Medicine）；从学科、专业来看，包括医用材料（或生物材料

Biomaterial）、人工器官（Artificial Organs）、生物控制（Biocybernetic），生物效应（理化等）（Bioeffect）、生物反馈（Biofeedback）、生物能量与质量传递（Bioenergy and Mass Transfer）、生物力学（Biomechanics）、医学电子（Medical Electronics）、医学仪器及装备（Medical device & Instrument）、医用激光（Medical Laser）、放射医学（Medical Radiation）、核医学（Nuclear Medicine）、生物控制论、生物技术（Biotechnology）、生物化学、生物物理、生理机能学、生物光子学、生物材料学（Biomaterials）、生物机械学（Biomechanics）、生物微机电学（Bio-Micro-Electron-Mechanical Systems）、临床医学（Clinical Engineering）、生物医学系统建模仿真、生物医学信号检测与处理、生物医学传感器、生物医疗器械（Bio- and Medical instrumentation）、医学影像及成像技术（Medical Imaging and Imaging Processing）、运动医学、生物纳米技术（Bio-nanotechnology）、医用机器人 （Medical Robot）、远程医疗技术（Telemedicine）、生物（基因）芯片、人工器官、生物信息学（Bioinformatics）及生物信息技术（Bioinformatic Technology）、计算生物学、医院（医疗）信息系统、医用计算机以及医学物理（Medical Physics）等。

生物医学工程研究生命体（基本对象是人体）系统状态、过程的变化规律如本构规律等，提出适宜的方法比如建立本构方程数学模型等，制造恰当的仪器、设备、装置、工具、材料等，以最有效的途径，人为地控制这种变化，以达到预定的目标，解决生物学、医学中的有关问题，在疾病的预防、诊断、治疗、康复，以及研究生命体本身的各种现象和客观规律等方面发挥着巨大的作用。

美国国立卫生研究院有关名词命名专家组最近对生物医学工程学的定义："生物医学工程学是结合物理学、化学、数学和计算机科学与工程学原理，从事生物学、医学、行为学或卫生学的研究；提出基本概念，产生从分子水平到器官水平的知识，开发创新的生物学制品、材料、加工方法、植入物、器械和信息学方法，用于疾病预防、诊断和治疗，病人康复，改善卫生状况等目的。"这个定义，说明生物医学工程不只是工程技术在生物学和医学上的应用，而且是以人的生命运动的认识为核心的多学科的综合。有它自己独特的方法学原则；它把人体各个层次上的生命过程（包括病理过程）看作是一个系统的状态变化的过程；把工程学的理论和方法与生物学、医学的理论和方法有机地结合起来去研究这类系统状态变化的规律，并在此基础上，应用各种工程技术手段，建立适宜的方法和装置，以最有效（目标的实现和经济成本）的途径，人为地控制这种变化，以达到预定的目标。生物医学工程学的根本任务在于保障人类健康，为疾病的预防、诊断、治疗和康复服务。

生物医学工程学科特点：

1. 交叉性

它是各种学科知识的高水平交叉、新时代结合的产物；是生命科学（生物学与医学）现代化的迫切需求；是现代科学技术迅速发展的必然结果。

2. 依赖性

它尚未形成自己的独立基础理论与知识体系（与传统学科不同），融合各交叉学科知识为自己的基础；缺乏永恒的研究主题与固有的中心目标，随交叉学科的发展和应用对象的需求而变化。

3. 复杂性

它的知识覆盖面非常广，几乎涉及所有自然科学与技术的基础理论与知识体系；相关的研究机构、专业教育、企业厂家和市场营销只能涉足其部分，而不能包揽全局。

4. 服务性

它以应用基础或直接应用性研究为中心，以最终在生物医学领域应用为目的；为生命科学的创新性发展提供现代化工具，为医疗卫生事业现代化发展提供新装备（支撑生物医学工程产业）。

11.1.2　生物医学信号及其特点

1. 生物医学信号

生命体（人体）每时每刻都存在着大量的生命信息，并且以不同信号表现出来。如组成人体的有机物在发生变化时所呈现的化学信号，人体各器官运动时所产生的物理信号等。生物医学信号包括生物体各层次的生理、生化和生物信号。生物医学信号从性质来分可分为生物电信号、磁信号、化学信号、物理信号（力学信号、声学信号等）、生物（生理）信号、心理信号等。物理信号如血压、体温、呼吸、血流、脉搏等；化学量信号如血液的 pH 值、呼吸气体、尿液、血气、电解质成分或浓度等；生物信号如酶活性、蛋白、抗体、抗原等；电信号如心电、脑电、肌电等生物电信号；磁信号如心磁、脑磁、眼磁等。根据信号的电磁特性，将上述信号归纳为生物电磁信号、非电磁信号两类。非电信号除了上述化学、物理和生物信号外，还可能表现为机械量，如振动（心音、脉搏、心冲击、血管音等）；热学量如体温；光学量如光透射性（光电脉波、血氧饱和度等）；其中心理信号较为特殊，它总是通过生理信号间接表现出来。

从信号来源来分可分为主动信号（直接信号）和被动信号（间接信号）。直接信号由生命体自身产生，如心电图、脑电图等。间接信号是对生命系统施加特定的输入，再接受或测量其输出而得到的信号，根据这类信号可以计算出生命体系统的静态或动态参数。间接信号又分为遥测型和遥感型两种。遥测型发射源在体外，如 B 超、X 射线摄影装置；诱发响应信号等也是一种被动信号。遥感型的发射源在体内，如单光子发射 CT。无论直接信号还是间接信号检测器都在体外。

从测量结果表达形式来看，可以分成一维信号和二维信号，如体温、血压、呼吸、血流量、脉搏、心音等属于一维信号，而脑电图、心电图、肌电图、X 光片、超声图片、CT 图片、核磁共振（MRI）图像等则属于二维信号。

2. 特　点

1）微弱性

生物医学信号一般极其微弱，一般为 μV、mV、PA 量级，如从母体腹部取到的胎儿心电信号仅为 10 ~ 50 μV，脑干听觉诱发响应信号小于 1 μV，自发脑电信号约为 5 ~ 150 μV，体表心电信号相对较大，最大可达 5 mV。见表 11.1。

表 11.1　典型生物医学信号的电量特性（微弱性、低频性）

生理信号	幅度范围	频率范围
心电（ECG）	0.01 ~ 5 mV	0.05 ~ 100 Hz
脑电（EEG）	2 ~ 200 μV	0.1 ~ 100 Hz
肌电（EMG）	0.02 ~ 5 mV	5 ~ 2 000 Hz
胃电（ECG）	0.01 ~ 1 mV	DC ~ 1 Hz
心音（PCG）	0.01 ~ 4 mV	0.05 ~ 2 000 Hz
电图（EOG）	50 ~ 3500 μV	0 ~ 50 Hz
神经电位	0.01 ~ 3 mV	0 ~ 10 000 Hz
血流（主动脉）	1 ~ 300 mL/s	DC ~ 60 Hz
皮肤电反射（GSR）	1k ~ 500 kΩ	DC ~ 20 Hz
心阻抗	15 ~ 500Ω	DC ~ 60 Hz
心磁	10^{-10}T 量级	0.05 ~ 200 Hz
脑磁	10^{-12}T 量级	0.5 ~ 30 Hz
眼磁	10^{-11}T 量级	DC
肺磁	10^{-8}T 量级	DC
诱发磁场	10^{-10}T 量级	DC ~ 60 Hz
肌磁	10^{-11}T 量级	DC ~ 2 000 Hz
视网膜磁场	10^{-13}T 量级	0.1 ~ 30 Hz

2）淹没性

背景噪声大，干扰源多，且干扰信号与有用信号频带重复、交叠；又因为要检测微弱生物医学信号，测量仪器灵敏度高，对噪声也很敏感；生物体是一个电磁良导体，目标很大，难以屏蔽，很容易受到干扰；人体自身各种生物电磁信号相互干扰。这些干扰按照场的性质主要有电场干扰、磁场干扰、电磁场干扰等。电场干扰最常见的是 50 Hz 工频干扰；磁场干扰如变压器、电动机和荧光灯的镇流器周围产生的交流磁场等；电磁场干扰主要是空中的电磁波，通过测量系统与人体连接的导线引入的高频电磁场干扰。从来源分，主要有生命体自身电磁场的干扰，测量系统的内部噪声，外界干扰，其他电子电器、电气设备的干扰，静电、雷电干扰，空间电波辐射干扰等。生物医学信号总是淹没在这些背景噪声中。如电生理信号总是伴随着由于肢体动作、精神紧张等带来的干扰而产生假象，而且常混有较强的工频干扰；诱发脑电信号中总是伴随着较强的自发脑电等伪迹；从母腹取到的胎儿心电信号常被较强的母亲心电所淹没。如心电、肌电信号总是伴随着因肢体动作和精神紧张等带来的且较强的工频干扰；诱发脑电信号总是伴随着较强的自发脑电信号；超声回波信号中往往伴随其他反射杂波。此外，由于某些环境条件变化，如意外机械振动而引起生物体信号突然变化，亦视为检测中的干扰。

3）随机性

生物医学信号随机性强，而且是非线性、非平稳的。具有多变性：同一个人在不同时刻不同环境条件、不同场合、不同状态（心态、情绪等）其信号均可能有很大差异，有着高度的动态性或不可重复性和不稳定性：如心电、血压等由于精神紧张，心电畸变，血压升高。绝大多数信号无法只用几个参数就可描述，具有很大的变化性。如果生产信号的生理过程处于动态，描述该信号的参数也在不断变化。

4）低频性

生物医学直接信号除心音、肌电、神经电位信号频谱成分稍高、频带较宽外，其他电生理信号频率一般较低，且频带较窄，如胃电信号频率一般为 0.05 ~ 1 Hz，心电的频谱为 0.01 ~ 100 Hz，脑电的频谱分布为 1 ~ 30 Hz。生物电磁信号的频率普遍较低，见表 11.1。

但是，生物医学间接信号的工作频率一般处于兆赫兹范围甚至更高，比如超声波诊断仪的工作频率一般为 3 ~ 10 MHz。

5）个体差异性

生物医学信号随着个体不同而不同，有可能呈现出较大的个体差异。

6）分形性和混沌性

分形性是指生物医学信号具有相似性；而混沌性指不能准确预测其未来值的确定性信号。典型的分形信号：心率信号、血管分支信号；生物化学的调控过程、脑电活动、呼吸、从多细胞振荡器到单个神经元等神经生理系统具有混沌特性。

生物医学信号的这些特点使得生物医学信号处理成为当代信号处理技术最能够发挥其巨大作用的一个重要领域。

11.1.3　生物医学信号测量

1. 测量系统

自然界中大量的生物医学信号是连续的模拟量，要对其进行处理，必须首先进行测量以获得这些信号，然后经 A/D 转换，将其转换成数字信号送到计算机中进行处理。生物医学信号测量是对生物体中包含生命现象、状态、性质、变量和成分等信息的信号进行检测和量化的技术。其系统框图如图 11.2 所示，位于图中计算机总线左半部分。人体生物医学测量部位如图 11.3 所示。生物医学信号检测技术是生物医学工程学科研究中的一个前导技术。

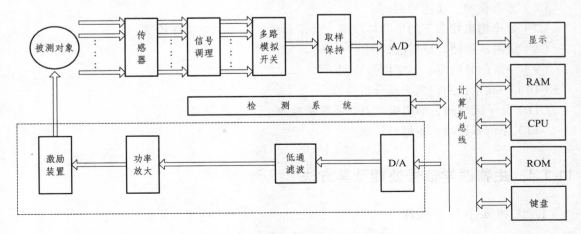

图 11.2　生物医学信号测量系统框图

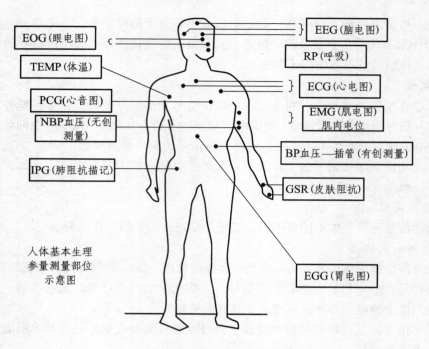

图 11.3   人体生物医学测量部位

2. 分 类

由于研究者所处的角度、目的以及采用的检测方法不同，使生物医学信号的检测技术的分类呈现多样化。

（1）无创检测、微创检测、有创检测。

（2）在体检测、离体检测。

（3）直接检测、间接检测。

（4）非接触检测、体表检测、体内检测。

（5）生物电磁检测、生物非电磁检测。

（6）形态检测、功能检测。

（7）处于拘束状态下的生物体检测、处于自然状态下的生物体检测。

（8）透射法检测、反射法检测。

（9）一维信号检测、多维信号检测。

（10）一次量检测、二次量分析检测。

（11）分子级检测、细胞级检测、系统级检测。

（12）单信号检测、多信号检测。

11.1.4   生物医学信号处理及其方法

1. 生物医学信号处理

生物医学信号处理是对测量所采集到的生物医学信号进行分析、解释、分类、显示、存贮和传输，其目的一是对生物体结构与功能的研究，二是协助对疾病进行诊断和治疗，三是提供制备生物医学产品的科学数据。生物医学信号处理的主要任务是根据生物医学信号的特点，应用信息科学的基本理论和方法，有效地分析被干扰和噪声淹没的来自测量系统各种生物医学信号，去除不需要的信号成分，滤除干扰和噪声，正确地提取特征信息，并对它们进一步分析、解释和分类，用更显著、更有用、更有效的形式表达提取的信息；预期信号源的行为，预测信号的未来值以及变化趋势，研究特征信号在临床上的应用。生物医学信号处理寻求特征信号与系统状态的关系，从分析信号的特性确定系统的状态（正常、病理）以做出准确的医学决策。因此医学信号处理的重点不在于实时传输，而在于时、频域特征提取，以便做出正确的状态辨识（正常、大致正常、异常、严重异常等）。

2. 方法分类

生物医学信号处理方法分类如图 11.4 所示。

其中 AEV（averaged evoked response）方法常用来检测那些肌体对某个外加刺激所产生的诱发反应得到的微弱生物医学信号，如希氏束电图、脑电图、耳蜗电图等。AEV 方法要求噪声是随机的，并且其协方差为零，信号是周期或重复产生的，这样经过 N 平方次叠加，信噪比可提高 N 倍，使用 AEV 方法的关键是寻找叠加的时间基准点。

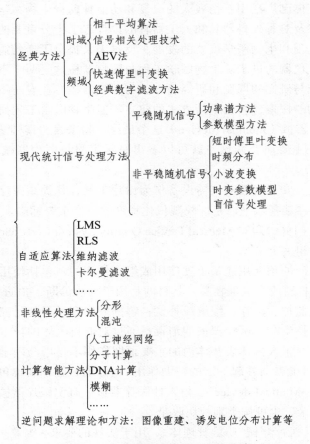

图 11.4 生物医学信号处理方法分类

　　而逆问题求解理论本身不是一种独立的方法，而是一类方法的集合，它需要利用或者结合多种方法来进行处理。其应用实例之一就是在心电和脑电体表标测中采用计算机进行多道信号同步处理并推求原始信号源的活动；此外，医学成像技术一般避免不了逆问题求解。

11.2　生物医学仪器

11.2.1　定　义

　　生物医学工程离不开生物医学仪器：它产生和形成的动因之一是医学仪器的广泛和大量运用，它在发展过程中又反过来推动了新仪器的发明和应用。生物医学工程和生物医学仪器相互推动，相互依赖，你中有我，我中有你，互为因果，共同发展；同时促进了现代医学的巨大进步。四大影像设备、各种生物电子检测、监测、诊断和治疗仪器与设备、各种自动生化分析仪器，成为现代临床诊断的基础。微波射频医学仪器、体外冲击波（如超声波）碎石机治愈了不少患者。除颤器、埋藏式心脏起搏器和人工心瓣膜挽救和维持了全世界数百万心脏病人的生命外，人工肾等血液净化技术，维持着数十万肾衰竭病人的正常生活；人工晶体、人工关节、功能性假体已广泛用于伤残人的康复和功能辅助；生物力学的研究，对动脉粥样硬化的血栓形成认识及对骨外科器具和人工器官的设计起了十分重要的作用。现代医学的进步离不开生物医学工程和生物医学仪器的发展，反过来又提出了新的需求和课题，促进生物医学工程和生物医学仪器的进步。生物医学工程与医疗器械这是两个不同的专业，生物医学工程从它研究的领域与研究的课题和研究的方法与医疗器械专业有所不同，生物医学工程研究比较偏重理论基础的探索，新技术新方法的建立。但生物医学工程研究的目标和成果最终直接或间接要从医疗器械（medical device）这个最终产物来表达其科学价值。根据当前国内外 BME 发展趋势及主要研究领域，就可以看出医学工程与医疗器械两个领域的这种因果关系。

　　提供先进、快捷、安全有效的仪器设备作为诊疗工具，是提高医疗服务质量的物质基础和先决条件；医疗仪器装备水平已是医院现代化程度的一个重要标志。

　　国际标准化组织（ISO 13485 Medical Device Quality System Certification：医疗器械质量体系认证）标准有几个相关定义：

　　医疗器械：制造商的预期用途是单独使用或组合使用的，包括使用所需软件在内的任何仪器、设备、器具、材料或者其他物品。其目的是用于疾病诊断、预防、监督、治疗或缓解；损伤或残疾的诊断、监护、治疗、缓解或补偿；解剖或生理过程的研究，替代或者是调节；妊娠控制。支持或维持生命；医疗器械的消毒；通过对取自人体的样本进行体外检查的方式来提供医疗信息。它对于人体体表及体内的主要预期作用不是用药理学、免疫学或代谢的手段获得，但这些手段可能参与并起一定的辅助作用。医疗器械类别名称包括医疗产品（Medical Product）、医疗器械（Medical device）、植入性医疗器械、有源医疗器械、无源医疗器械等，可将类别名称独立收录，也可按类别板块收录。

　　我国 YY/T 0287《医疗器械　质量管理体系　用于法规的要求》等效采用上述标准，关于医疗器械的定义也是原文的翻译。但是实际上医疗器械不能够仅限于上述定义。我们不能够因为外国人怎么说，我们就怎么说。什么都以外国人的东西为圭臬，拾人牙慧，不思创新，不敢越雷池一步，是极端错误的。我们给出如下定义：

凡是用于生命体（人、动物、家畜业、渔业以及其他养殖业、农作物、植物植被、园艺）测量、检测、诊断、治疗、监护等的仪器，都是医疗器械。其中动物（包括实验动物、野生动物、动物园动物、养殖动物）生长规律研究，疾病诊断、治疗，动物养育、保护，野生动物观察（生活习性、分布、迁徙等）仪器、科学实验用仪器，非常重要。

这个定义一是拓展了医疗器械适用范围，二是扩展了医疗器械种类，三是延拓了医疗器械功能。

与医疗器械相关的术语还有医疗设备、医疗器具、医疗材料、医学实验室等。

医疗设备：对于医疗设备的名称，国内外均未形成统一的分类方法和命名规范，医疗设备名称包括分类名、通用名、专业名和商品名等。医疗设备通常可以分为诊断设备、治疗设备和辅助设备，还可进一步细分为急救设备、电生理及监护设备、生命支持设备、医学影像设备、化验设备、手术室设备、清洗消毒灭菌设备、楼体技术及装备、普通检诊仪器、临床护理设备、理疗康复设备、口腔科设备和眼科设备，每一类又包括若干种医疗设备，是技术术语收录的重点内容之一。

医疗器具：强调医疗器械的工具特性，可以形成一个相对独立的术语板块。常用医疗器具包括基础外科手术器械、显微外科手术器械、神经外科手术器械、眼科手术器械、耳鼻喉科手术器械、口腔科手术器械、胸腔心血管外科手术器械、腹部外科手术器械、泌尿肛肠外科手术器械、矫形外科（骨科）手术器械、妇产科手术器械、计划生育手术器械、注射穿刺器械、烧伤（整形）科手术器械、普通诊察器械、中医器械、医用光学器具（主要用于眼科）、医用射线防护器具、口腔科器具、病房护理器具、消毒和灭菌器具、冷疗低温器具等

医疗耗材：强调医疗器械的材料特性，也可以形成一个相对独立的术语板块。常用医用耗材包括口腔科材料、医用卫生材料及敷料、医用缝合材料及黏合剂、医用高分子材料及制品、介入器材、植入材料、人工器官、体外诊断试剂。

根据 GB/T 22576—2008《医学实验室　质量和能力的专用要求》（等效采用 ISO 15189：2007）标准定义，医学实验室是：以诊断、预防、治疗人体疾病或评估人体健康提供信息为目的，对来自人体的材料进行生物学、微生物学、免疫学、化学、血液免疫学、血液学、生物物理学、细胞学、病理学或其他检验的实验室。实验室可以提供其检查范围内的咨询服务，包括解释结果和为进一步的适当检查提供建议。注：检验亦包括用于确定、测量或描述各种物质或微生物存在与否的操作。仅采集或准备各样品的机构，或仅作为邮寄或分发中心的机构，即使是大型实验室网络或系统的一部分，也不能视为医学或临床实验室。

之所以要提到医学实验室，因为它也离不开医学仪器，它是利用生物医学仪器以及通用仪器和其他仪器进行生物医学科学研究、实验的场地。

11.2.2　生物医学传感器

用于生物医学、把特定的被测量生物医学信息按一定规律转换成某种可用信号输出的器件或装置，就是生物医学传感器。现代精密的医疗仪器，其信号处理，电子化、计算机化、自动化、信息化、智能化程度相当高，硬件软件及控制系统均达到相当高水平，属于高新技

术产品。唯有检测生物信息的传感器是一个薄弱环节，改进生物传感已成为当前生物医学工程领域里的热点。研究生物传感器，首先应了解人体自然感受器的结构和功能，从自然感受器中获得信号，实现人机闭环控制。开发高性能生物传感器，有助于解决实现人机闭环控制。

1. 一个好的生物医学传感器应具备的条件：

（1）高可靠性、高安全性。

（2）少损伤或无损伤。

（3）微型化。

（4）重复性好。

（5）尽可能的转化为数字量信息输出、具有智能性更佳。

（6）组织相容性好。

（7）寿命长。

（8）容易制造。

2. 分 类

按照物理原理，分为物理传感器、化学传感器和生物传感器等。

按照其他不同的分类方法，分类结果如图 11.5 所示。

```
        ┌ 输入物理量：位移、力、温度传感器
        │ 工作方式：接触式、非接触式、微创式
    分   │ 能量关系：能量转换型、能量控制器
    类   ┤ 输入信号性质：模拟式、数字式传感器
    方   │ 构成原理：结构型、物性型传感器
    法   │ 功能材料：半导体传感器、金属传感器、特殊传感器等
        │ 高新技术：集成传感器、智能传感器、仿生传感器等
        └ 识别元件：酶传感器、微生物传感器、细胞传感器等
```

图 11.5　生物医学信号处理方法分类

3. 医用传感器的特性

（1）较高的灵敏度和信噪比，以保证能检测出微小的有用信息。

（2）良好的线性和快速响应，以保证信号变换后不失真并能使输出信号及时跟随输入信号的变化。

（3）良好的稳定性和互换性，以保证输出信号受环境影响小而保持稳定。

（4）极高的安全性，以保障在检测时人体健康不受到影响，安全不受到威胁。

4. 生物医学传感器的要求

（1）传感器必须与生物体内的化学成分相容，要求它既不被腐蚀也不给生物体带来毒性。

（2）传感器的形状、尺寸和结构应和被检测部位的结构相适应，使用时不应损伤组织，不给生理活动带来负担，也不应干扰正常生理功能。

（3）传感器和人要有足够的电绝缘，即使传感器损坏的情况下，人体受到的电压必须低于安全值。

（4）对植入体内长期使用的传感器，不应对体内有不良刺激。

（5）在结构上便于消毒。

（6）安全性要求，保障在检测时人体健康不受到影响，安全不受到威胁。

11.2.3　生物医学仪器分类

1. 分类规则

我国现行的《医疗器械分类规则》是 2000 年 4 月由原国家药品监督管理局发布的第 15 号局令，共包括 10 条和 1 个附件（医疗器械分类判定表）。2013 年 12 月 24 日国家药监总局在其网站上发布《医疗器械分类规则》（修订草案）征求意见稿，着手修订该规则。

2. 分类结果

医疗器械按风险程度由低到高依次分为第一类、第二类和第三类，风险程度根据医疗器械的预期目的、结构特征、使用形式和使用状态等因素，结合医疗器械监管的需要进行综合评价。

医疗器械根据预期目的和结构特征的不同，分为有源医疗器械、无源医疗器械和体外诊断试剂医疗器械。

根据使用中接触人体的部位的不同，分为接触或进入人体器械和非接触人体器械。

其余分类结果参见《医疗器械分类规则》（修订草案）及其附件《医疗器械分类判定表》，以及《医疗器械分类目录》。

通常，将医学仪器按照功能分为：

（1）诊断仪器。

（2）监护仪器。

（3）保健仪器。

（4）治疗仪器。

（5）实验仪器。

（6）检测仪器。

（7）材料制备仪器。

（8）其他仪器。

其中，生物电诊断与监护仪器有心电图机、脑电图机、肌电图机等；生理功能诊断与监护仪器，如血压计、血流图仪、呼吸机及检测脉搏、听力、肺功能参数的仪器等，人体组织成分的电子分析检验仪器有血球计数器、生化分析仪、血液气体分析仪等，人体组织结构形态的影像诊断仪器有超声仪器、X 线计算机层析摄影、核磁共振计算机断层摄影及电子内窥镜等。

另外，生物医学仪器按工作方式分为：

（1）生物医学成像装置类。

（2）生物医学分析仪器类。

（3）生物医学保健仪器类。

（4）生物医学监护仪器类。

（5）生物医学治疗仪器类等。

由此可见，不同分类方法可以得出一些相同的种类。

很重要的一种分类——从安全角度分类。根据《医疗器械监督管理条例》，医疗器械分为三类：

（1）第一类，通过常规管理足以保证其安全性、有效性的医疗器械。

（2）第二类，对其安全性、有效性应当加以控制的医疗器械。

（3）第三类，植入人体；用于支持、维持生命；对人体具有潜在危险，对其安全性、有效性必须严格控制的医疗器械。

11.2.4　生物医学仪器发展趋势

现代电子技术、计算机技术、信号与信息处理技术等各学科的新成果不断融入，已成为现代生物医学工程技术与医疗仪器设备的核心技术，特别是当代生命科学和信息科学两大前沿学科的发展，为生物医学工程和医疗器械的未来展现了更为广阔的前景。当代生物医学工程技术中最具代表性、且最有前景的技术包括数字医学影像技术，物理外科手术技术，电生理参数检测与监护技术，临床检验、分析与分子生物学技术，医学网络与信息系统等。 这将推动生物医学仪器的进一步发展。以医用电子仪器为例，在技术上进一步微电子化、智能化、组合化和遥测化，产品上自动化、小型化和多功能化。如医学影像系统，著名的四大影像（超声、核磁共振、X-CT 和 ECT）系统功能扩展、性能不断提升，而且不断推出新的成像方法，比如超声就有超声弹性成像、全息成像、谐波成像、快速三维重构成像技术等，全数字化多功能彩超融入了宽带、高密度探测、全程动态聚焦等新技术。而新的成像设备或技术也不断涌现，比如，正电子发射断层扫描成像（Positron Emission Tomography，简称 PET），DR（Digital Radiography） 直接数字化 X 射线摄影系统，数字减影（DSA）成像技术、单光子发射计算机断层成像（SPECT）、热成像等；以及更有前景的功能成像比如功能磁共振成像（fMRI）、导电率成像（或称点阻抗成像 EIT）、电磁成像（EMT）等，医学成像技术除了实现与其他成像技术相类似的功能外，还可以得到反映生物组织生理短时变化的状态图像，这在研究人体生理功能和疾病早期预防、诊断方面有重要的临床价值。

此外，医疗信息系统、智能医院、智能医疗、电子健康（ehealth）、介入式医疗、生物医学传感器、心脑血管辅助装置，新型肿瘤检测、治疗装置，医学信息和人工智能，无创或少创诊疗技术，康复医疗装置，意外事故的防护装置，人工环境、微小气候装置，生物材料及其制品等也在迅猛发展。生物材料和生物技术、微电子的研究成为推动 21 世纪生命科学发展的三大动力，为研制新型医疗设备提供新型材料。而方兴未艾的云计算、物联网和各种通信技术的融入与渗透，智慧城市、智慧医疗、社区和家庭医疗、便携式远程医疗等理念的普及、深入和实践，必将带来更多的生物医学仪器、系统的需求和广阔前景。

要想制造出高质量、高水平的医疗仪器来，应重视与医学仪器研制有关的医学工程的基础理论研究。我国应结合与产品开发有关的课题开发，有的放矢的研究，如人体结构、生物力学、功能与信息；人体代谢，质量、能量的传递；生物效应的刺激与控制；生物信号的测量与提取，包括生物电信号，理化参数，生理、病理信息测量，提取与记录等。

上述一切，都将为生物医学工程、医学电子仪器、仪器仪表等专业的学生源源不断地提供诸多学习机会、技术资源，以及就业岗位、创业空间。

11.2.5　生物医学仪器应用的特殊性

生物系统不同于物理系统，比如，人体是一个复杂的自然系统，它由八大系统组成：运动、循环、呼吸、消化、排泄、神经、内分泌和生殖系统。在检测过程中，它不能停止运转，也不能拆卸，因此，人体及生物信息的特殊性构成了医用仪器的特殊性。

1. 噪声特性

生物信号为微弱、低频信号，一般来说，仪器限制噪声比对信号进行放大更有意义。

2. 测量对象个体差异性

个体差异相当大，医用仪器必须适应人体的差异。人体又是一个复杂的系统，测定某部分机能状态时必须考虑相关因素的影响。

3. 生理机能的自然性

在检测时，应防止仪器（探头、传感器）因接触而造成对被测对象生理机能的变化。

4. 接触界面的多样性

由图 11.3 可知，生物医学仪器测量需要接触人体的部位是多样化的，因此应该保证传感器（电极）与被测对象间有合适且接触良好的界面。

5. 操作及安全性

生物医学仪器的检测对象是生命体（人体），操作者是医生或医辅人员，仪器操作必须简单、安全、适用、可靠。应确保电气安全、辐射安全、热安全和机械安全，因操作失误产生的危害也是不允许的。

11.3　生物医学仪器设计开发过程

11.3.1　设计开发

在医疗仪器的设计开发过程中，既要考虑质量体系标准要求，还要考虑风险管理、功能安全、电磁兼容性等影响产品质量的其他标准要求。此外，还要遵照 ISO62366 可用性工程的要求来进行分析和设计。所谓可用性（Usability）是交互式 IT 产品/系统的重要质量指标，指的是产品对用户来说有效、易学、高效、好记、少错和令人满意的程度，即用户能否用产品完成其他的任务，效率如何，主观感受怎样，实际上是从用户角度所看到的产品质量，是产品竞争力的核心。ISO 9241-11 国际标准对可用性作了如下定义：产品在特定使用环境下为特定用户用于特定用途时所具有的有效性（effectiveness）、效率（efficiency）和用户主观满意度（satisfaction）。其中，有效性是指用户完成特定任务和达到特定目标时所具有的正确和完整程度；效率是指用户完成任务的正确和完整程度与所使用资源（如时间）之间的比率；满意度是指用户在使用产品过程中所感受到的主观满意和接受程度。

　　而可用性工程（UsabilityEngineering）是交互式 IT 产品/系统的一种先进开发方法，包括一整套工程过程、方法、工具和国际标准，它应用于产品生命周期的各个阶段，核心是以用户为中心的设计方法论（user-centereddesign-UCD），强调以用户为中心来进行开发，能有效评估和提高产品可用性质量，弥补了常规开发方法无法保证可用性质量的不足，20 世纪 90 年代以来在美、欧、日、印等国 IT 工业界普遍应用；它也适用于医疗器械。这就要求生产单位从分析医疗器械的应用规范开始，对医疗器械人机接口方面的可用性要求建立可用性工程过程，保证设计出的产品易用，操作人员爱用，不易出错，并能预测和防止使用错误带来的风险。

　　可用性工程过程框架如图 11.6 所示。

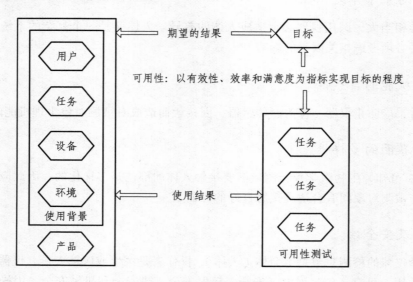

图 11.6　可用性过程框架

　　还有很重要的一点是，必须参照有关标准，针对人因工程或者人类工效学的要求进行设计。对于医疗器械，GB 1251（1，2，3）系列标准《人类工效学 公共场所和工作区域的险情信号》，GB/T 23701—2009《人-系统交互人类工效学 以人为中心的生命周期过程描述》，GB/T 23700—2009《人-系统交互人类工效学 人-系统事宜的过程评估规范》，GB/T 20527.1—2006《多媒体用户界面的软件人类工效学 第 1 部分：设计原则和框架》，GB/T 20528.1—2006《使用基于平板视觉显示器工作的人类工效学要求 第 1 部分：概述》，GB/T 18978.1—2003《使用视觉显示终端（VDTs）办公的人类工效学要求 第 1 部分：概述》，GB/T 18978.2—2004《使用视觉显示终端（VDTs）办公的人类工效学要求 第 2 部分：任务要求指南》，GB/T 18978.12—2009《使用视觉显示终端（VDTs）办公的人类工效学要求 第 12 部分：信息呈现》，以及GB/T 18978 系列其他部分等标准的要求需要考虑。特别说明，这方面的标准以及内容很多，此处只起抛砖引玉的作用，难免挂一漏万。

1. 概　念

生物医学仪器设计和开发是一个广义的大概念，是一个将要求转化为产品、过程和体系的规定的特性或规范的一组过程。根据其转化的内容和性质，设计开发界定为产品设计和开发；过程设计和开发等，其职能示意如图 11.7 所示。

医疗器械制造商将识别和分析后的顾客（包括病人、医生、医院等）的需求和期望，转化为工程和技术上的具体要求，并进一步将要求转化为医疗器械产品的特性和规范，这就是医疗器械的产品设计和开发。医疗器械经营商将顾客购置医疗器械的需求和期望转化为经营销售服务的要求，再将这些要求转化为经营销售的服务特性和服务规范。

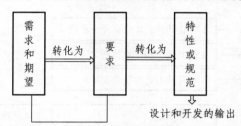

图 11.7　设计开发从需求到规范的转化过程

2. 质量体系

主要是 ISO13485，该标准的全称是 Medical device-Quality management system-requirements for regulatory。我国对应的标准是 YY/T 0287—2003《医疗器械　质量管理体系　用于法规的要求》。该标准由 SCA/TC221 医疗器械质量管理和通用要求标准化技术委员会制定，是以 ISO 9001 为基础的独立标准。标准规定了对相关组织的质量管理体系要求，但并不是 ISO 9001 标准在医疗器械行业中的实施指南。在实际开发过程中，还可以借鉴六西格玛体系方法等其他质量体系，比如 ISO/TS 16949 质量体系，深入了解该质量体系的五大工具和七大手法。

11.3.2　设计开发过程

1. PDCA 方法

设计开发要遵循可适用于所有过程、称为"PDCA"的方法。PDCA 模式可简述如下：

（1）P——策划：根据顾客的要求和组织的方针，为提供结果建立必要的目标和过程。

（2）D——实施：实施过程。

（3）C——检查：根据方针、目标和产品要求，对过程和产品进行监视和测量，并报告结果。

（4）A——处置：采取措施，以持续改进过程绩效。

2. 对产品的影响

产品的设计和开发是形成产品固有质量特性的重要过程。对产品质量的影响可以归纳为以下 4 个方面：

（1）与确定产品需求有关的质量：指对需求和期望的识别。

（2）与产品设计有关的质量：指设计和开发。

（3）与产品设计符合性的质量：按设计要求加工制造。

（4）与产品保障有关的质量：指在使用过程中的技术支持。

产品质量首先是设计进去的，才有可能制造出来，只有精心设计，才能保证精心制造、加工。一个先天不足的设计，精心加工也无济于事。因此对设计和开发的控制成了质量管理体系的重点课题。

3. 设计开发流程

设计开发主要流程内容如图 11.8 所示。

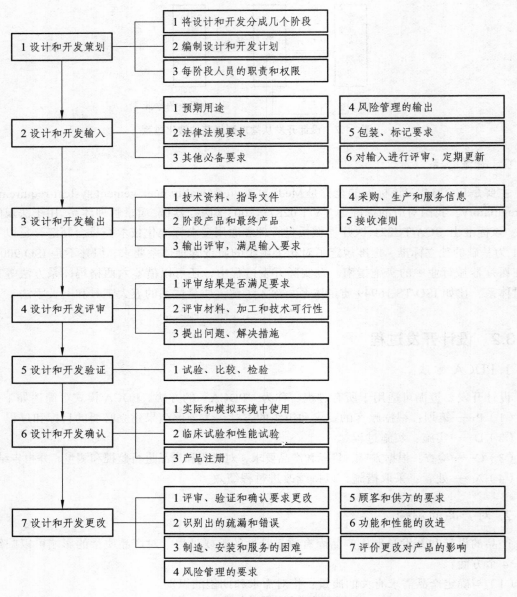

图 11.8　医疗仪器设计开发过程

11.3.3　设计开发策划

设计开发应确定以下内容：

1. 设计开发策划阶段的划分

一个设计过程需要一定的设计周期，为了不使最后算总账，而是分成合乎逻辑的不同阶段，采取步步为营，分段控制的做法。标准将设计和开发的全过程分为设计和开发的输入、输出、评审、验证、确认和更改阶段。

2. 针对每个设计阶段规定相应的评审、验证、确认和设计转换活动

在设计和开发策划阶段，要对设计转换活动做出适当安排和控制。设计和开发过程中设计转换活动可确保设计和开发输出在成为最终产品规范前得以验证，以确保其适于制造。因为医疗器械产品设计和开发多数情况不是一次性的，最终产品规范要成为今后轮番成批生产的依据。因此，它的要求在工艺上是否可行，能否实现，它要求的材料是否可获得，这些问题必须在设计阶段得以验证，也即对其"工艺可行性"在适当阶段予以验证，确保从产品技术规范可以正确地转化为产品生产规范。

3. 规定并明确在设计开发阶段的职责和权限

一项设计可能是由几个人或不同小组共同完成，它们之间的接口管理十分重要，必须分工明确、职责清楚、沟通有效、适度协调。

4. 设计和开发策划应重视的因素

（1）开发项目的目标描述，如：将要设计什么。

（2）市场对该产品的需求情况。

（3）适用于设计和开发过程确保质量的组织职责的描述，包括与供方的接口。

（4）明确划分设计和开发过程的阶段，识别将要承担的主要任务，每一任务或阶段性任务预期的输出（交付和记录），个人或组织的职责（员工和资源）。

（5）主要任务或阶段性任务的安排应满足整个项目的规定时限。

（6）识别产品规范、验证、确认和生产活动所需的现有的或预期的监视和测量装置。

（7）明确规定在每个设计和开发阶段需开展的适当的评审、验证和确认活动，适用于每一任务和每个阶段的评审组的组成及评审人遵循的程序。

5. 设计开发策划还要重点进行风险分析（参见第 11.6 节）

6. 设计开发策划要形成输出文件

这些文件通常表现为某个产品设计开发活动计划，包括应开展的活动，参与的人员、职责、可利用的资源及时间进度要求。由于设计是一种创新活动，有一定的不确定影响因素，因此计划可以随设计的进展，根据情况加以修改和更新。

11.3.4 设计开发输入

（1）设计开发输入是设计和开发的依据，组织必须予以重视。

设计和开发输入主要是体现在产品的规范要求和与产品预期使用用途、构成、包含的要素及其他设计特征的描述。设计和开发输入应规定到必要的程度，以使设计活动能有效地开展，并为设计评审、验证和确认提供统一的基准。设计和开发输入应最大程度描述所有要求，为设计提供统一方法打下基础。

（2）经评审确认、批准的设计和开发输入的记录包括如下内容：

① 器械的预期使用用途；

② 器械的使用说明；

③ 性能和功效的声明；

④ 性能要求（包括正常的使用、贮存、搬运和维护），

⑤ 使用者和患者的要求；

⑥ 物理特性；

⑦ 人机工程因素；

⑧ 安全性和可靠性；

⑨ 毒性和生物相容性；

⑩ 电磁兼容性；

⑪ 极限和公差；

⑫ 监视和测量仪器；

⑬ 风险分析（包括以前设计中实施的 ISO 14971 的资料）和建议采取的风险管理或降低风险的方法；

⑭ 医疗器械的记录/以前产品的抱怨/故障；

⑮ 其他历史资料、以前类似设计的信息；

⑯ 与附属或辅助器械的兼容性；

⑰ 与预期使用环境的相容性；

⑱ 包装和标记（包括防止可预见的错误使用的考虑事项）；

⑲ 潜在市场；

⑳ 法律法规要求；

㉑ 强制性标准和非强制性标准；

㉒ 推荐利用的制造方法和材料；

㉓ 灭菌要求；

㉔ 国内外类似医疗器械的对比；

㉕ 产品的寿命期；

㉕ 需要的服务。

11.3.5 设计开发输出

设计和开发输出应包括：

（1）原材料、组件和部件技术要求；

（2）图纸和部件的清单；

（3）过程和资源的详细说明；

（4）最终产品；

（5）产品和过程的软件；

（6）产品标准或接收准则；

（7）制造和检验程序；

（8）仪器（器械）所需的制造环境要求；

（9）包装和标记要求；

（10）标识和可追溯性要求（必要时包括程序）；

（11）安装、服务程序和资源。

11.3.6　设计开发评审

1. 设计开发各阶段的评审应考虑的内容

（1）设计是否满足所有规定的产品要求？

（2）输入是否足以完成设计和开发的任务？

（3）产品性能的寿命周期数据是什么？

（4）产品设计和过程能力是否适宜？

（5）是否考虑了安全因素？

（6）产品对环境的潜在影响是什么？

（7）设计是否满足功能和操作要求？（如性能和可靠性目标）

（8）是否已选择了适宜材料和（或）设施？

（9）材料、部件和（或）服务要素是否具有充分适宜的兼容性？

（10）设计是否满足所有预期的环境和地点条件？

（11）部件和服务要素是否规范？是否具有可靠性、可获得性和可维护性？

（12）是否具有公差和/或配合，互换性能和替代性能的规定？

（13）设计实施计划技术上是否可行？（如采购、生产、安装、检验和试验）

（14）如果在设计计算、建立模型或分析中使用了计算机软件，在配置文档控制中软件是否得到适宜的确认、批准、验证和在技术状态控制下放置？

（15）这类软件的输入和输出是否得以适宜的验证和形成文件？

（16）对设计和开发程序的设想是否有效？

（17）是否已进行了覆盖安全要素的风险分析，包括对产品使用中潜在的危害评价和故障模式？

（18）标记是否充分适宜？

（19）设计是否合理，并完成预期的医疗用途？

（20）包装是否充分适宜？特别是对无菌医疗器械。

（21）灭菌过程是否充分适宜？

（22）器械和灭菌方法是否相协调？

（23）在设计和开发过程中，更改和其效果控制的如何？

（24）问题是否得以识别并纠正？

（25）产品是否满跳验证和确认目标？

（26）策划的设计和开发过程进展情况如何？

（27）设计和开发过程是否具有改进的机会？

2. 设计开发评审的目的

（1）评价设计和开发的结果满足要求的能力（如顾客要求、法律法规要求和组织的附加要求）；

（2）发现各阶段的问题，提出解决问题的措施。

11.3.7 设计开发验证、确认和更改

1. 设计开发验证、确认、更改等阶段的要求和内容

参见以下标准：

（1）YY/T 0287—2003《医疗器械 质量管理体系 用于法规要求》

（2）YY/T 0595—2006《医疗器械 质量管理体系 YY/T 0287—2003 应用指南》

（3）GB/T 19001—2008《质量管理体系要求》

（4）GB/T 19004—2011《追求组织的持续成功 质量管理方法》

（5）GB/T 19012—2011《质量管理顾客满意组织处理投诉指南》

……

2. 安全方面

在安全与软件方面遵循 GB 9706—2007《医用电气设备》，GB/T 25000《软件工程 软件产品质量要求与评价》等标准。

本节介绍的设计开发过程适用于本书其他各章节仪器设计开发过程。

11.4 项目一：BL-420F 生物信号采集与处理系统改进设计

11.4.1 生理机能实验需求与项目目标

1. 实验需求

生理机能实验包括机能学基础实验、机能学综合实验和学生创新性实验三部分。机能学基础实验是通过经典的生理学、病理生理学及药理学实验，培养学生掌握基本实验技术和方法；机能学综合实验以消化系统、循环系统、呼吸系统和泌尿系统为主线，将每一系统的生

理、药理、病理生理的内容有机融合成为综合性实验，通过观察动物在正常状态下其功能活动规律、复制某些疾病的急性动物模型后，观察其病理状态下功能活动的改变，并探讨分析疾病发生发展过程和机制、自行选择和利用某些药物及手段进行治疗并分析其药物学作用原理及其作用机制等，这是一种为培养和提高学生综合全面分析解决问题能力的、贴近临床和理论联系实际的实验模式。

生理机能实验需要恰当的仪器，以供研究人员、教师和学生通过实验观察到各种生物机体内或离体器官中的生物电信号以及张力、压力、温度等生物非电信号的波形，从而对生物肌体在不同的生理或药理实验条件下所发生的机能变化加以记录与分析。生理机能实验系统的核心是数据采集系统，它的设计成功与否，是决定能否达到上述实验需求和目标的关键。

2. 项　目

生理机能实验数据采集系统已经有成品量产，比如成都泰盟软件公司的 BL-420F 生物信号采集与处理系统就是其中最优质的产品。但是其性能参数仍旧有待提高。本项目即是其性能提升的参考设计。

通过对需求的分析，策划开发 BL-420F 的改进设计方案，转化其设计开发输入之一：系统技术指标。这些指标比有的 BL-420F 提供的要高很多，所以其设计具有极大挑战性。要求学员充分发挥自己的特长，提出不同的方案，采用不同的设计来实现目标。

11.4.2　生理机能实验数据采集系统主要技术指标

1. 硬件指标

（1）交、直流供电。

（2）低噪声：等效输入噪声电压峰峰值＜1.0 μV，信噪比＞80 dB；抗干扰能力强，工作稳定可靠，硬件的全部功能均由软件控制完成。

（3）增益：放大器具有宽输入动态范围：±10 μV ~ ±0.5 V，放大倍数＞100 000 倍，适应各种强弱不同的生物电信号；量程 500 mV、200 mV、100 mV、50 mV、20 mV、10 mV、5 mV、2 mV、1 mV、500 μV、200 μV、100 μV、50 μV、20 μV、10 μV 挡可调；可直接输入 10 V 电信号而放大器不饱和。

（4）时间常数：DC、5 s、0.1 s、0.01 s 及 0.001 s 共 5 挡。

（5）滤波：5 阶贝塞尔低通滤波：30 kHz、15 kHz、10 kHz、5 kHz、2 kHz、1 kHz、500 Hz、200 Hz、100 Hz、50 Hz、20 Hz、10 Hz、5 Hz、2 Hz、1 Hz 挡可调。

时间常数包括：DC、3s、1s、0.3s、0.1s、0.05s、0.02s、0.01s、0.005s、0.002s、0.001s 挡可调。

（6）12 位 A/D 转换器，系统最高采样率 200 kHz；最低采样率≤0.01 Hz；实时采样过程中，可以根据需要随时改变采样率。

（7）双端输入，每端对地阻抗＞100 MΩ。

（8）10 个高性能放大器记录通道，可最大支持 4 台设备级联，以构成多达 40 个采样通道的采集记录仪。

（9）放大器光电隔离，隔离共模抑制比>100 dB。

光电隔离的刺激器，具有恒流、恒压输出两种方式，刺激器输出波形可根据用户需要任意编辑，可同时输出三角波、方波、正负方波、正弦波或自己编辑的任意波形。具有恒流、恒压输出两种方式，内置刺激器幅度：100 V（40 mA），步长：5 mV（1 mA），波宽：2 000 ms，步长：0.05 ms；电流输出（0~10 mA，最小步长 1.0 μA）两种模式。

（10）具有监听和记滴功能。

（11）内置 12 导联标准心电选择电路，1 通道可任意选择 12 导联标准心电波形。

（12）支持 USB2.0 全速传输方式，USB 直接供电。

2. 软件指标

（1）具有中英文双语软件界面，满足国际化教学和科研需要。

（2）预设不少于十大类 55 个生理及大部分药理实验模块和实验教学项目。

（3）实时实验过程中可以任意关闭或打开实验通道。

（4）上下文相关联机及时帮助系统，使用更加方便；软件具有开放性，可根据用户的合理要求随时添加新功能。

（5）左右双视窗设计，使系统具有两套独立的显示系统，可以在实时采样的情况下对不同时间段波形进行比较显示。

（6）10 个通道扫描速度扫描速度：0.2 ms/div ~ 3 200s/div 独立可调，方便实现不同通道波形的同步或非同步显示。

（7）数据处理功能：可实时地对原始生物信号或存贮在磁盘上的反演数据进行积分、微分、频率直方图、频谱分析、序列、非序列密度直方图等运算。

（8）强大的数据测量功能：心电、血压、心室内压、脉搏、呼吸等动态自动测量功能；具备心肌细胞动作电位、LTP、脑电、细胞及神经放电的专用测量分析功能；作定量的呼吸流量测量及呼吸力学指标测定功能；存贮在磁盘上的反演数据进行实时测量、光标测量、选择区域测量及区间测量等，可测量出选择段生物信号的最大值、最小值、平均值、峰峰值、频率、面积、变化率及持续时间等多种指标。包括以下专用实验数据测量功能：血流动力学实验参数的测量，心肌细胞动作电位参数测量，细胞放电数测量，PA2 的计算，使用 Bliss 法完成的 LD50 计算，t 检验计算等。

（9）可以对反演数据进行原始数据导出、数据剪辑及图形剪辑，各种原始数据及测量数据可直接进入到 Excel 或 Word 等 Windows 应用软件中；可以连续打印整个记录文件的数据；具有三维频谱分析功能，可开展胃肠电的研究工作。

（10）自身具有网络控制功能，教师可以在教师计算机上对某一组学生的实验进行监视。

（11）放大器调零：12 位分辨率软件控制，可以在所选量程范围的 5% ~ 100% 之间调节。

（12）可以配套微循环仪使用，同时观察微循环和血压变化，进行急性失血性休克实验的研究。

3. 其他经济技术指标

（1）最终产品成本不能比 BL-420F 高出 10%。

（2）比 BL-420F 更加容易调试、生产。

（3）保护设计更加完善。

（4）安全性更高。

（5）尺寸、体积减小，重量减轻，以便于最终封装模块，可以嵌入在其他实验系统内部。

其他输入略。根据输入要求，进行开发设计，得到开发输出。

11.4.3 生理机能实验数据采集器硬件

1. 在生理机能实验系统中的位置和作用（见图 11.9）

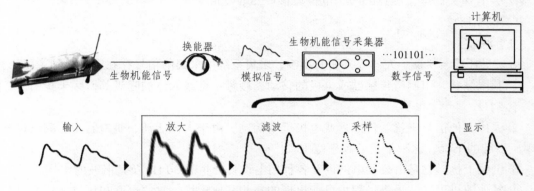

图 11.9 生理机能数据采集器在实验系统中的位置和作用

2. 系统框图

生理机能试验数据采集系统框图如图 11.10 所示。

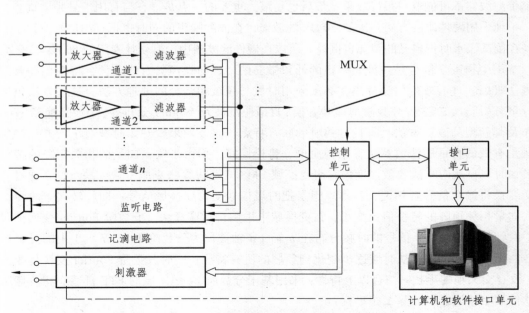

图 11.10 生理机能试验数据采集系统框图

3. 微弱信号检测

采集系统所要获取的生物医学信号非常微弱，比如减压神经放电，其信号为微伏级信号，这给设计带来巨大的挑战。采取如下措施解决：

1）采用高性能传感器

所需血压传感器、肌张力传感器、呼吸换能器、指脉传感器和心音换能器，以及神经放电引导电极、条形电极、一次性心电电极、动脉插管等都采用高性能产品。主要特点有抗干扰性能强、不易极化，交换电流密度大、阻抗低、电极电位恒定（DC 漂移比较小），测量准确度高、噪音小等。主要技术指标（测试环境为：0.9%氯化钠水溶液）为：交流阻抗≤25 Ω/cm²（10 Hz），直流失调电位≤180 μV，电位漂移≤25 μV/h。

2）信号调理

（1）滤波。

由于受环境、仪器、人体等方面的影响，采集系统所采集的信号存在以下几种主要干扰：

① 基线漂移，由测量传感器或电极的移动、接触不良或人体的呼吸等低频干扰引起，频率小于 5 Hz。

② 人体其他信号干扰、传感器或电极运动伪迹。由于人体活动、肌肉紧绷、测量仪器等原因所引起的干扰，这种干扰的频率范围较广。

③ 工频干扰。它是由公共电网以及各种用电设备产生的 50 Hz 及其谐波的干扰。

④ 其他随机干扰，采集过程中可能出现的一些其他干扰，它的幅度和相位在任意时刻都是随机产生的，掩盖了有用信号的有效成分。

其中工频干扰最为棘手，首先干扰源多；其次干扰幅度大；再次它无时不在，而且随着电网负荷变化，50 Hz 交流电在频率及幅度上也要缓慢变化，表现出一种非平稳性态，采用固定窄带滤波器不可能取得很好效果；最后也是最为重要的一点是，它与有用信号频谱重叠。因此，单纯采用硬件滤波方法，比如 50 Hz 滤波器，在滤除噪声的同时也把有用信号滤掉了，等于是在倒洗澡水时把自己的婴儿也倒掉。所以在硬件滤波器中没有设计专门的 50 Hz 滤波器。

有用生物医学信号是一种非平稳的低频微弱信号，与噪声具有时频耦合特性，经典的滤波方法难以实现有效的信噪分离，必须采用时域与频域相结合的处理方法。这些方法包括独立分量分析、小波变换、分数阶傅里叶变换、自适应滤波及 Wigner 分布等。小波变换和 Wigner 分布及其新型的改进方法具有良好的时频联合特点，滤波效果较好。时域最小均方（LMS）算法是有效的自适应滤波算法，结构简单、鲁棒性好，但由于输入向量的相关矩阵的特征值扩散，时域自适应算法收敛速度慢；而变换域 LMS 自适应算法克服了这个缺点，它通过一种正交变换将输入信号解相关，基本思想是把时域信号变为变换域信号，即旋转误差曲面，使输入向量相关矩阵的特征值比变小，在变换域中采用自适应算法。分数阶 Fourier 变换把时间轴逆时针旋转角度 α，信号的时频分布在 u 轴（u 轴被称为分数阶 Fourier 域）上的投影形成旋转曲面，展示出信号从时域逐步变化到频域的所有特征；同时分数阶 Fourier 变换是线性变换，没有交叉项的干扰。结合以上特性，采用基于分数阶 Fourier 域的 FTF 自适应滤波算法进行软件数字滤波，以滤除工频干扰。

⑤ 整机电源输入段设计一个电源 EMI 滤波器。

（2）接地。

① 采用共地模型，如图 11.11 所示。

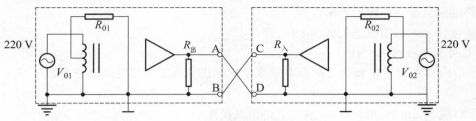

图 11.11　共地模型接地示意图

② 机壳接大地，如图 11.12 所示。

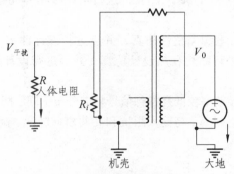

图 11.12　机壳接大地

③ 电路板接地遵照电磁兼容和信号完整性接地规范与要求进行设计，比如就近接地，接地走线尽可能用较粗布线，杜绝较大接地环路等。

④ 根据需要分布进行多点接地、单点接地或混合接地设计。

⑤ 屏蔽接地，且接地端避免猪尾巴，即接地端光滑、焊接良好、接触点小、接触端短。

（3）屏蔽。

① 生物电信号输入线、全导联心电线、USB2.0 信号线、刺激输出线、记滴输入线、肢体导联夹等，均进行高性能屏蔽设计或制作，且与接地相互配合。

② 放大器做成一个单独模块，放置在屏蔽盒内。

③ 在必要地方分别采用屏蔽材料进行静电屏蔽、电场屏蔽、磁场屏蔽和电磁场屏蔽。

（4）隔离。

① 电源隔离：采用集成隔离器件设计，隔离 DC-DC 电路。

② 数字隔离：采用数字隔离器件 ADUM2400 系列设计。

③ 模数隔离：采用智能高性能 DSC 器件进行隔离电路设计，克服了传统模拟隔离器件（光电耦合器）、集成模拟隔离放大器电路的固有缺点，高效切断了系统前后级电气连接，切断了干扰耦合途径，降低了静态工作电流，提高了温度稳定性，缩短了模拟信号传输路径，有效地提高了信噪比；内带高性能 A/D 转换电路；此外，它还能够实现自适应数字滤波，减轻了主控 CPU 的负担。

（5）退耦和旁路。

① 所有器件电源输入端均设计了一个 10 μF 的退耦电容器和 0.1 μF 的旁路电容器。

② 电路板电源输入端设计了一个 470 μF 退耦和 0.47 μF 的旁路电容。

（6）阻抗匹配设计。

① 前后级电路阻抗实现匹配。

② 终端阻抗统一匹配为 50 Ω。

③ 连接线、电缆阻抗选用标准 50 Ω 产品。

3）信号完整性仿真设计

本小节内容需要教师和学员结合本章课堂教学进程在实验室完成（选择以下任一种软件平台）。

（1）利用 Multisim 和 Proteus 进行电路仿真设计。

（2）利用 cadence 软件在电路设计时进行信号完整性仿真设计，并且进行设计评审。

（3）利用 cadence allegro 和 hyperlynx 软件进行电路板信号完整性仿真设计，并且进行设计评审。

（4）利用 hyperlynx 进行电源完整性仿真，并且进行设计评审。

（5）利用 ANSYS 软件进行结构和热设计仿真，并且进行设计评审。

4）放大器设计

（1）为适应生物医学信号频率较低且各种信号频谱分布不同、阻抗较高、信号微弱、信噪比很低的特点，必须设计低截止频率、高输入阻抗和高共模抑制比、高增益且增益稳定的放大器。

（2）主要指标如下：

输入电阻≥100 MΩ。

共模抑制比≥100 dB。

放大倍数＞1 000 000 倍，而且稳定。

噪音（峰峰值）≤±1 μV。

频响：DC ~ 20 kHz。

输入范围：5 μV ~ 500 mV。

调零：12 位分辨率软件控制，可以在所选量程范围的 5% ~ 100% 之间调节。

（3）针对电流型电极设计放大器，采用两级放大器方案，前置放大器采用微弱电流检测放大电路，后级采用锁定放大器电路。

前级电流放大器电路图如图 11.13 所示。

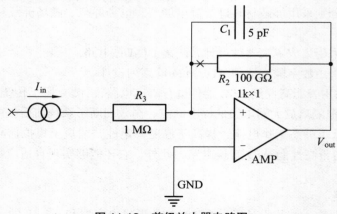

图 11.13　前级放大器电路图

后级采用锁定放大器电路。锁定放大器原理框图如图 11.14 所示。

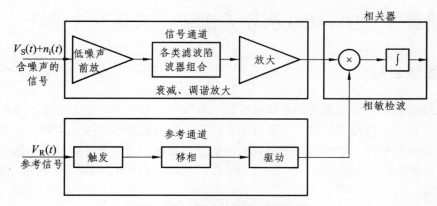

图 11.14　锁定放大器原理框图

锁定放大器电路参考设计如图 11.15 所示。图中 AD542 是一款高性能 BiFET 运算放大器。

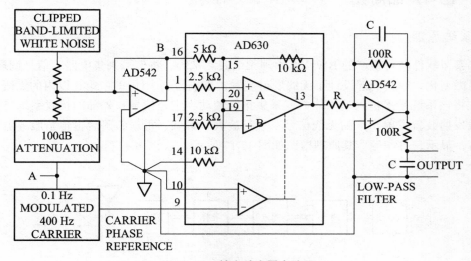

图 11.15　锁定放大器电路图

顺便指出，关于锁定放大器的设计，南京大学唐鸿宾教授从事了几十年这方面的教学和科研工作，理论和技术均较为成熟，而且成立了公司，开发设计了锁定放大器系列模块以及微弱信号实验仪等产品，其中 HB901 锁定放大器模块可以检测 pA 至 fA 级电流。

4. 控制系统

控制系统电路框图如图 11.16 所示。

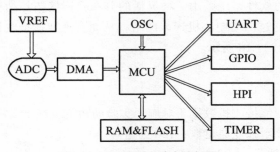

图 11.16　控制系统电路框图

11.5　项目二：BW-200 生理无线遥测系统改进设计

11.5.1　系统目标

生理无线遥测系统要实现无创或微创实验，可以从动物麻醉状态下记录生理指标转到清醒自由状态下记录，以得到更科学、更真实条件下的实验数据。可用于生理、药理、病理生理实验中长期观察清醒、自然状态下的试验动物生理指标，适用的动物包括小鼠、大鼠、豚鼠等；可采集的生理指标包括血压、心电（ECG）、脑电（EEG）、肌电（EMG）、温度、活动度以及呼吸等。

11.5.2　已有产品简介

1. 系统原理

成都泰盟软件公司生产的 BW-200 生理无线遥测系统，将信号采集电路、信号调理电路、编码电路微型化，在其内部设计了无线发射装置，集成为一个体积在 5 ml 以内的无线信号采集系统；将该系统手术植入动物体内，采集指定的动物生理信号，外部的接收系统将接收其内置无线发射装置发射出来的无线信号，进行放大、解调、重新编码后再传给服务器软件存贮，分析，显示，打印等。其原理框图如图 11.17 所示。

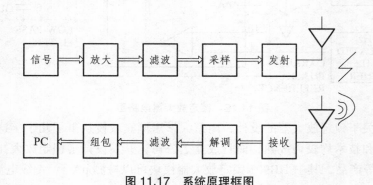

图 11.17　系统原理框图

2. 系统软件拓扑结构

BW-200 遥测系统的软件系统采用一种灵活的分布式连接拓扑结构，该结构以网络为基础，单独的智能接收机通过网络中心机连入网络，从而实现智能接收机（对应于实验动物）的灵活配置和扩展，如图 11.18 所示。

3. 技术指标

（1）最大同时连入智能接收机数量（对应于实验动物）：128 台。
（2）软件最大同时显示独立通道数：128 通道。
（3）软件连续记录时间：>90 天。

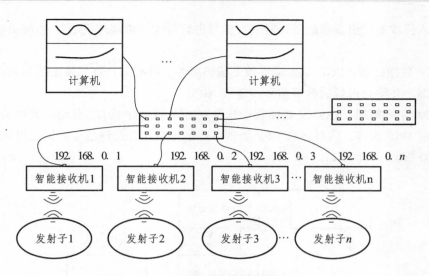

图 11.18 系统拓扑结构示意图

（4）软件实时数据分析：按时间间隔实时分析数据，存贮，列表分析结果。

（5）针对实验动物：大鼠，小鼠，豚鼠。

（6）发射子种类：温度，活动度，血压，呼吸，心电（ECG），脑电（EEG）及肌电（EMG）等。

（7）采样频率（针对信号类型）：1 Hz，2 Hz，5 Hz，10 Hz，20 Hz，50 Hz，100 Hz，200 Hz，500 Hz，1 000 Hz，2 000 Hz。

（8）高通滤波（针对信号类型）：DC，0.01 Hz，0.1 Hz，1 Hz，10 Hz，100 Hz。

（9）低通滤波（针对信号类型）：1 Hz，2 Hz，5 Hz，10 Hz，20 Hz，50 Hz，100 Hz。

（10）发射子不间歇连续工作时间：>90 天（心电）。

（11）发射子体积：<3 ml。

（12）发射子重量：<5 g。

（13）发射子电源：DC，1.5 V。

（14）发射子功率：30 μW。

（15）发射子工作环境：25 °C ~ 45 °C，30% ~ 90%。

（16）发射子外壳材料：聚乙烯，硅胶。

4. 智能体现

系统的智能性在软硬件方面均有其独到特点。

1）硬 件

在硬件方面，系统智能性在发射机和接收机均有实现。以下主要介绍智能接收机。智能接收机内置大气压传感器，血压实验无须外接专用大气压探测设备；智能接收机实现了所有通道数据的自动并行处理，数据无延时，实时性好。智能接收机原理框图如图 11.19 所示，其硬件系统有：

（1）模拟前端：模拟前端通过选频电路接收发射子发出的高频无线信号。并对该信号进行放大，送入检波器检出基带信号。对基带信号进行放大，再调理成 DSP 能够采集的数字编码脉冲。

（2）DSP 数据处理：DSP 负责采集数字编码脉冲，并根据计算机发出的参数进行数字信号的滤波处理。并将处理后的数字信号传递给 ARM。

（3）ARM 编码/解码：ARM 负责接收计算器发出的 TCP/IP 协议，并解码其中的指令数据，将指令发送给 DSP 执行。同时接收 DSP 处理后的信号数据，并将信号数据编码到 TCP/IP 协议发送给计算机。

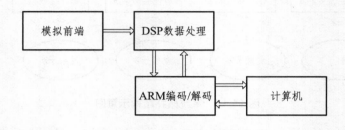

图 11.19　智能接收机原理框图

2）软　件

软件实现了系统自动实时记录和分析处理。其主要特点有：

（1）以网络为基础的多服务器工作模式，多台计算机可同时查看和记录实验数据。

（2）服务器通过网络接收数据，无须数据采集卡，笔记本电脑也可完成实验。

（3）软件支持多通道（128 道）长时程（3 个月）数据连续记录和显示。

（4）软件支持长时间数据分析、存贮及列表显示。

11.5.3　改进课题和任务

（1）搜索、收集和分析各方面的功能和性能需求，以及国内厂家、国际先进国家的同类产品技术现状，国内外最新的研究成果及其发展趋势。

（2）将这些新的功能和性能需求、研究成果等，根据主客观实际情况描述为具体的技术规格说明书：性能指标和技术参数，作为设计输入。主要关注：功能扩展；智能化程度提高。性能提升：包括仪器漂移、噪声水平、信噪比、抗干扰能力、保护设计（静电、浪涌、过压等）、放大器电路优化等。

（3）根据技术规格说明书进行设计，得到设计开发部分输出：电路原理图和 PCB 板布局布线图、结构设计图、软件（程序）以及相关设计文档和资料、数据。

（4）软件方面，根据下列标准的相关要求进行分析设计：

① YY/T 0664—2008/IEC 62304：2006，《医疗器械软件　软件生存周期过程》。

② GB/T 16260.1—2006/ISO/IEC 9126-1：2001，《软件工程　产品质量　第 1 部分：质量模型》。

③ GB/T 20438.4—2006/IEC 61508-4：1998，《电气/电子/可编程电子安全相关系统的功能

安全　第 4 部分：定义和缩略语》。

④ YY/T 0708—2009/IEC 60601-1-4：2000,《医用电气设备　第 1-4 部分：安全通用要求　并列标准：可编程医用电气系统》。

⑤ GB/T 25000.51—2010/ISO/IEC 25051：2006,《软件工程　软件产品质量要求与评价（SQuaRE）商业现货（COTS）软件产品的质量要求和测试细则》。

⑥ GB/T 18905.5—2002/ISO/IEC 14598-5：1998,《软件工程　产品评价，第 5 部分：评价者用的过程》。

⑦ IEC 62366—2007,《医疗设备　可用性工程学对医疗设备的应用》。

⑧ IEC 60601-1-6,《医用电气设备　第 1-6 部分：基本安全和必要性能，通用要求-并列标准：可用性》。

⑨ GB/T 20438.3—2006,《电气/电子/可编程电子安全相关系统的功能安全　第 3 部分　软件要求》。

⑩ GB/T 21109.1—2007,《过程工业领域安全仪表系统的功能安全　第 1 部分：框架、定义、系统、硬件和软件要求》。

（5）对上述设计进行仿真和评审。

（6）按照质量体系要求组织进行实作，以实现最终的产品样机。

（7）对样机进行验证测试。

（8）再次提出改进设计思路和方案。

11.6　项目三：生物医学仪器风险管理、功能安全与电磁兼容性设计相关要求

11.6.1　课题和任务

本项目带有研究性质，不单是纯粹的开发设计课题和任务；因为很多因素是动态变化的，需要用发展的眼光来分析和解决问题；作为具体项目设计，需要与项目一和项目二结合，也可以另外提出新的项目进行设计。主要包括三方面的内容：一是风险管理，二是功能安全设计，三是电磁兼容性设计。三者都应该是仪器质量体系中的内容，但是分属于不同的标准。其中，风险管理既包括组织措施，又包括技术措施；可用性工程即是其有力措施之一，而可用性工程自身也是医疗器械需要满足的要求和实施的技术之一，有单独的标准：IEC62366。而功能安全设计和电磁兼容性设计是风险管理的技术保障，当然，电磁兼容性设计业有其自身的组织管理措施，这里不详述。主要目标是提高设备和仪器的可靠性与有用性及有效性；从设计上为降低医疗不良事件的发生概率提供技术保障、组织保障和仪器保障。所谓医疗器械不良事件，是指获准上市的质量合格的医疗器械在正常使用情况下发生的，导致或者可能导致生命体（人体）伤害的各种有害事件。

由于生物医学仪器应用对象是生命体（人体），所以上述三个方面的内容都有其特殊性，

不同于一般通用仪器。它们直接关系到生命体健康与安全，意义重大，必须要单独进行讨论。教学和实验目标不仅是要学员掌握相关理论和工程技术方法，还要培养相关设计和工程意识，在设计理念上提升一个境界。生物医学仪器设计新理念还要求把设计对象不是单纯当成产品，当做"物"来设计，而是要当做"事"来做、来设计。物是死的东西，而事则是有机的动态的系统，是物与人的关系的结合体。医疗器械是一种充满了人文精神和人本主义价值的产品，它与人的健康和生命密切相关，是人类物质文明，情感、文化精神及伦理道德等精神文明的集中体现。人是其设计的中心和尺度，这种尺度既包括生理尺度又包括心理尺度。这决定了医疗器械产品不能够简单的"造物"，而是必须包含人的丰富情感以及强大文化性、审美性、经济性、安全性、可靠性的和谐整体。要达到医学仪器的上述性能，就必须要从上述三方面，即风险设计、功能安全设计和电磁兼容性设计入手解决问题。

11.6.2　生物医学仪器风险分析与设计要求

1. 风险、风险管理和风险分析

医疗风险无处不在，医疗器械（生产企业）设计开发过程的风险管理是医药行业风险管理的最为重要和关键的组成部分，是医疗风险管理的源头。目前我国医疗器械生产企业风险管理主要存在三方面缺陷：风险管理意识薄弱、风险管理的专业性不强、不注重生产和售后使用过程的信息收集。提高医疗器械的风险设计和管理水平有利于增强生产企业的竞争力，有利于提高社会经济效益，有利于培养相关专业人才队伍。

所谓风险管理是使产品的风险-效益平衡达到最优化的一个反复的过程，包括风险分析、风险评估和风险控制以及产品上市后信息评估。其目标是对医疗器械产品实施全过程的风险管理，及早识别和消除潜在风险，将医疗器械使用风险降到最低，确保公众用械安全有效。

生物医学仪器固有风险主要有：

（1）设计因素：受现在科学技术条件、认知水平、工艺等因素的限制，医疗器械在研发过程中不同程度地存在目的单纯、考虑单一、设计与临床实际不匹配、应用定位模糊等问题，造成难以回避的设计缺陷。

（2）材料因素：医疗器械许多材料的选择源自于工业，经常不可避免地要面临生物相容性、放射性、微生物污染、化学物质残留、降解等实际问题；并且医疗器械无论是材料的选择，还是临床的应用，跨度都非常大；而人体还承受着内、外环境复杂因素的影响，所以一种对于医疗器械本身非常好的材料，不一定就能完全适用于临床。

（3）临床应用：主要是风险性比较大的三类器械，在使用过程中任何外部条件的变化，都可能存在很大的风险。

本质上讲上述三类因素都与设计有关，其中第一因素自不待言；第二个因素涉及设计所选用材料；第三个因素至少涉及三个方面，一是设计时要考虑使用条件的变化，要留有相应的设计裕量，二是发生不良事件后的改进设计，第三是仪器自身智能化设计程度，即它是否有足够的能力进行实时动态监测不良事件的发生以及不良事件发生后的及时妥当处理——这也是智能仪器研究的一个重大方向。所以设计风险不仅存在设计开发过程的各个环节，而且贯穿于医学仪器的整个寿命周期，不能够说我交货了，就万事大吉了，可以甩手不管了。

2. 风险设计流程

（1）YY/T 0287—2003/IDT ISO13485《医疗器械　质量管理体系　用于法规的要求》，以及 YY/T　0316—2008《医疗器械风险管理对医疗器械的应用》，对医疗器械的风险管理均有严格的要求，如图 11.20 所示。

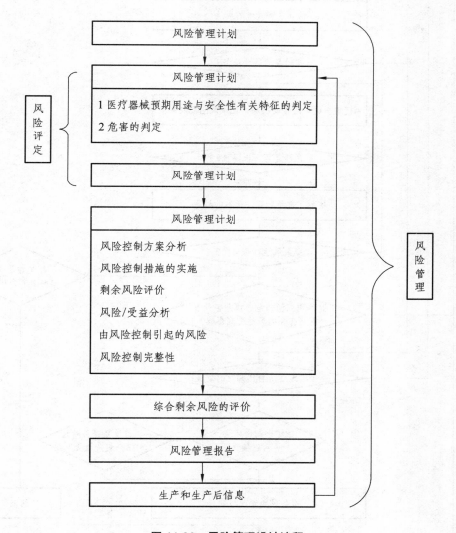

图 11.20　风险管理设计流程

（2）应用于医疗器械的风险管理活动，如图 11.21 所示。而医疗器械设计开发过程风险管理过程如图 11.22 所示。

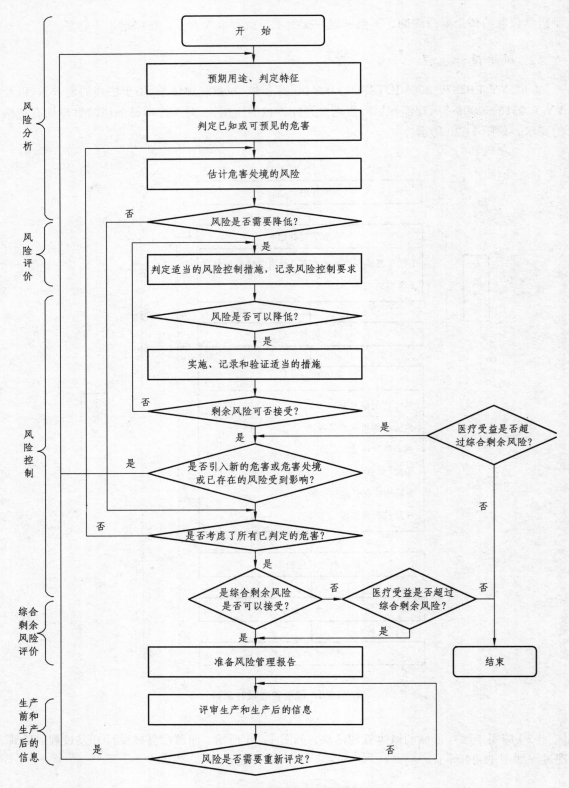

图 11.21 医疗器械的风险管理活动

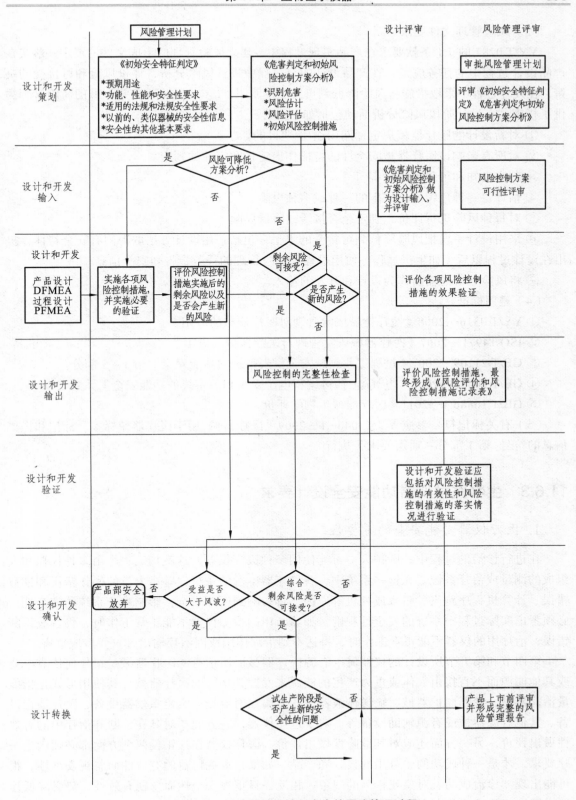

图 11.22　医疗器械设计开发中的风险管理过程

（3）风险管理文件要求。

YY/T 0287 的 7.1 条款要求在产品实现过程中，建立风险管理的形成文件的要求。落实在产品设计过程中的任务应是：在产品设计的全过程中进行风险分析，评价风险和可接受的决策，在设计过程中采取措施将风险降低到可接受的水平。ISO 14971 为医疗器械的风险管理提供了指南。在设计阶段风险分析活动包括如下内容：

① 对新设计的医疗器械规定预期用途/预期目的。

② 对所有影响该医疗器械安全性的特征作出定量和定性的判定。

③ 判定已知和可预见的危害。

④ 估计每一种危害可能产生的一种或多种风险。

⑤ 对每种风险进行评价，判定是否接受或降低风险。

⑥ 采用设计手段把风险降低到可接受的水平，包括：用设计方法取得固有安全特性；提出在设计过程以后（如生产过程，使用过程）风险管理的任务；告知安全信息。

⑦ 将风险分析的输出作为设计和开发的输入。

（4）遵照标准。

① YY/T 0316—2008《医疗器械风险管理对医疗器械的应用》。

② ISO 14971—2007《医疗器械风险管理对医疗器械的应用》。

③ GB/T 21109—2007《过程工业领域安全仪表系统的功能安全》第 1～3 部分。

④ GB/T 20438—2006《电气/电子/可编程电子安全相关系统的功能安全》系列。

⑤ GB/T 16886.1—2011《医疗器械生物学评价》。

（5）有关标记符号参照 YY/T 0466.1—2009《医疗器械 用于医疗器械标签、标记和提供信息的符号 第 1 部分：通用要求》执行。

11.6.3　生物医学仪器功能安全设计要求

1. 医疗仪器功能安全的重要性

在进行诊治的过程中，医护人员可能使用多种医疗仪器，这就构成一个由多种仪器和人组成的测量或治疗系统。在这一系统中，各种仪器本身的系统误差、人员的操作错误和读数错误、计算机程序跑飞、阻塞或死机等原因，将影响到医疗安全，影响整个系统的安全性。必须考虑实际过程中系统的安全性程度，如诊断用的检测仪器不能正常工作时，将造成诊断错误；治疗用的仪器不能正常工作时，将达不到治疗作用或因治疗输出过量而造成危害。

第四节和第五节所设计的仪器属于有源医疗器械。所谓有源医疗器械是指任何依靠电能或其他能源而不直接由人体或重力产生的能源来发挥其功能的医疗器械，其使用形式是指能量治疗器械、诊断监护器械、输送体液器械、电离辐射器械、实验室仪器设备、医疗消毒设备、其他有源器械或有源辅助设备等。对于这类仪器，一方面要对其在诊断和治疗中的有效性做出评价，另一方面还应对其危险性做出评价。医疗仪器在这正反两个方面都必须满足医疗要求，才是一种成功的、可用的设计和产品。如果只重视仪器的有效性而忽视安全性，很可能出现"诊治成功、对象死亡"的现象。相反，只重视安全性而忽视有效性，势必降低诊治水平，不能准确诊断和治疗疾病，当然谈不上救死扶伤。所以必须两手都要抓，而且两手都要硬。哪一方面软了都不行。事实上，安全性也是有效性的必要条件之一，二者是相辅相成的。但是在生产企业的实际设计和生产过程中，往往是只重视有效性而忽视安全性。这是必须要革除的痼疾。所以国际和国家都制定了相关法律和标准来进行规范。医疗器械安全与性能基本要求，或称基本原则，是发达国家对医疗器械实施监督管理的核心内容。美国、欧盟、医疗器械法规全球协调组织等都制定有医疗器械安全与性能基本要求。

2. 适用标准

我国医疗器械安全标准体系中适用于本项目的有：

（1）GB 9706.1—2007《医用电器设备 第 1 部分：安全通用要求》。

（2）GB 4793.1—2007《测量、控制和实验室用电气设备的安全要求 第 1 部分：通用要求》。

（3）GB 9706.15—2008《医用电气设备 第 1-1 部分：通用安全要求+并列标准：医用电气系统安全要求》。

（4）GB 9706.26—2005《医用电气设备 第 2-26 部分 脑电图机安全专用要求》。

（5）GB 9706.29—2006《医用电气设备 第 2 部分：麻醉系统的安全和基本性能专用要求》。

（6）GB/T 17215.911—2011《电测量设备 可信性 第 11 部分：一般概念》。

（7）GB/T17215.921—2012《电测量设备 可信性 第 21 部分：现场仪表可信性数据收集》。

（8）YY 0709—2009《医用电气设备 第 1-8 部分：安全通用要求 并列标准：通用要求，医用电气设备和医用电气系统中报警系统的测试和指南》。

（9）YY/T 0708—2009《医用电气设备 第 1-4 部分 安全通用要求 并列标准 可编程医用电气系统》。

（10）YY/T 0467—2003《医疗器械 保障医疗器械安全和性能公认基本原则的标准选用指南》。

（11）GB 19781—2005《医学试验室 安全要求》。

（12）GB/T 16886.1—2011《医疗器械生物学评价》。

（13）YY T0287—2003《医疗器械 质量管理体系用于法规的要求》。

（14）YY 0667—2008《医用电气设备 第 2-30 部分：自动循环无创血压监护设备的安全和基本性能专用要求》。

（15）YY 0607—2007《医用电气设备 第 2 部分：神经和肌肉刺激器安全专用要求》。

（16）GB/T 12113—2003《接触电流和保护导体电流的测量方法》。

（17）GB/T 15706.1—2007《机械安全 基本概念与设计通则 第 1 部分：基本术语和方法》。

需要特别需要注意的是，我国医疗器械标准与国际接轨问题一直是医疗器械产业的弱项，特别是标准落后于国际，落后于市场，落后于技术发展。如 GB 9706.1 等同采用的 IEC 60601.1，国标还是采用 1988 年版本，而原标准已经是 2012 年版本了，之间换了几代。因此，为了与国际更好地接轨，便于医疗器械出口，最好直接采用原版国际先进标准。

3. 接触电流及其危害与防护设计

由上述所列标准即可以看出，医疗器械安全问题涉及多方面因素。因此不可能在此一一详细讲述。只举二例：接触电流防护设计和元器件失效引起仪器功能异常导致事故。为此先看两个医疗不良事件典型实例。

1）谋　杀

这是发生在美国一家医院重症监护室（ICU）中的事故。患者入睡后，护士小姐像往常一样来到床旁做例行检查，她一手扶正插入患者口腔的导管，一手拧开床边灯开关。但就在她开灯不一会儿，患者呼吸急促，全身震颤，监护仪显示的心电波也成了震颤的高频波形。美国 FDA、警方、院方联合调查结果是：患者尸检——没有任何致命伤害，护士小姐的行为也没有问题；患者睡的电动床没有问题；床边监护仪也正常。那么是什么原因造成事故的呢？科研人员发现了元凶：接触电流，如图 11.23 所示。

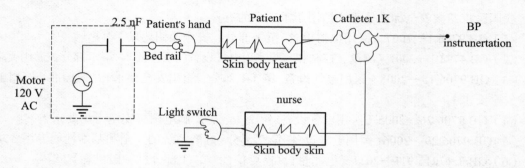

图 11.23　接触电流伤人实例示意图

患者睡的电动床提供了 120 V（美国标准）供电电源，电动床的电机和床之间有 2.5 nF 的分布电容，患者正好手搭在床栏杆上，而患者嘴里插着一根导管，接到床边监护仪，当护士一手扶正导管，一手拧开床边灯时，正好给 2.5 nF 电容器形成一个瞬间充电的回路，造成患者身体流过接触电流导致事故。

2）谋杀未遂，但是造成严重伤害

据报道，延安某医院在用婴儿培养箱为刚出世不久的婴儿治疗黄疸时，婴儿的皮肤被严重烧伤；再加上婴儿出生后的原发性疾病，这名婴儿目前面临着生命危险。

造成事故的直接原因是仪器设计漏洞：一旦婴儿培养箱的温度传感器出现故障，只能任温度随意上升——设计时只考虑了各个部件和环节工作与质量正常的情况，没有考虑可能出现的异常，如器件失效的情况，以及出现异常时的安全措施，如报警、备用部件启用等。此外，医护人员的责任心不强，脱离值守。虽然谋杀未遂，但是其直接伤害非常严重，而且其潜在的伤害——对婴儿及其亲属未来的心理影响也是有严重后果的。至于其他方方面面的影响在此不提也罢。

3）再次分析项目一

既然接触电流会对生命体造成伤害，那么怎么样在设计中采取措施进行有效预防呢？又采取哪些措施进行意外事件的安全有效处理呢？再者，项目一的实验对象是动物，而 GB 4943 等标准中，以及诸多接触电流测试仪内含的接触电流模型都是针对人体的，那么我们怎么样建立相关动物的接触电流模型呢？根据这样的有效模型，才能够进行恰当的设计，选取合适的电路参数，限制接触电流在允许的范围之内，不至于对实验动物造成生理伤害。再进一步，又制定什么样的标准来规范相关动物实验中的接触电流以及相关因素呢？这一切，都有待于进一步进行深入研究。

4）如何思考问题

根据上述分析，我们没有给出具体的设计结果，而是给读者提供一种思维方式，对于目前的理论技术状况，我们应该采取什么样的方法来进行思考，以及处理和解决问题。

11.6.4   生物医学仪器电磁兼容性设计要求

先看看经美国 FDA 认定的疑为因医疗器械受电磁干扰引发的事故：患者植入心脏起搏器，在乘坐救护车急救过程中，因救护人员使用双向无线通信设备导致起搏失效；病人监护仪受电磁干扰影响，致使病人因检测不出心律不齐而死亡；设备的 CRT 显示器上过度干扰，医务人员难以判断心率，致使病人无法复苏。林林总总，都是因为医疗器械电磁兼容性设计缺陷导致。

由于直接关系到生命体（人）的安全，它也是医疗器械功能安全的主要技术保障之一，医疗器械电磁兼容性及其设计的重要性不言而喻。我国《医疗器械科技产业"十二五"专项规划》把电磁兼容列入共性关键技术之一。一方面说明我国政府已经高度重视医疗器械电磁兼容问题；另外一方面也说明我国电磁兼容性技术尤其是医疗器械电磁兼容性问题非常突出，已经到了非要及时解决的迫切程度了。我国是医疗器械生产大国，其市场不能够只在国内，而要走出国门，面向世界。面临欧美各国严格的认证制度、标准要求，国产医疗仪器如何顺利通过欧盟三大指令以及美国 FDA 体系的认证，是一个不仅在组织管理上而且更为基础和关键的是要在技术上解决的问题。其中电磁兼容设计非常关键。首先要树立电磁兼容性意识，从系统方法论的角度来解决电磁兼容性问题，要建立一整套自顶向下设计电磁兼容设计方法和流程。其次，在产品设计过程中，从需求分析开始，仔细认真了解仪器使用环境、条件对电磁兼容性的影响和要求，仪器自身电磁兼容性设计要达到的水平，需要选择参照执行的国际、国家和行业标准，直到产品投入使用，都要严格控制电磁兼容分析、设计技术流程。再次，需要严格的组织和项目管理。最后，严格要求各环节的电磁兼容评审和测试。最后，要预测使用和售后可能发生的电磁兼容状态的变化，并且采取相应的处理和改进措施。总之，要把电磁兼容性思想和工程技术方法贯穿于医疗器械全寿命周期，落实到每一个环节、每一个步骤。而且，要尽可能对设计进行仿真，建立相应的设计和仿真数据库，及信息库。

生物医学仪器对电磁兼容性要求很高。生物医学仪器绝对不容许电磁干扰对仪器测量数据和结果产生影响。然而，医疗仪器在其所处的环境中，所受电磁干扰的可能性是很大的，所以对医学仪器的电磁兼容性设计提出了巨大挑战。环境中医疗仪器受到的电磁干扰示意图如图 11.24 所示。

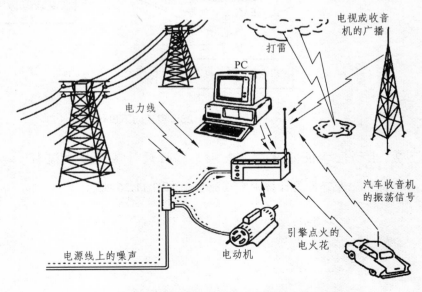

图 11.24   生物医学仪器在环境中可能的主要干扰源

1. 医疗器械电磁兼容自顶向下设计流程

自顶向下方案流程图如图 11.25 所示。

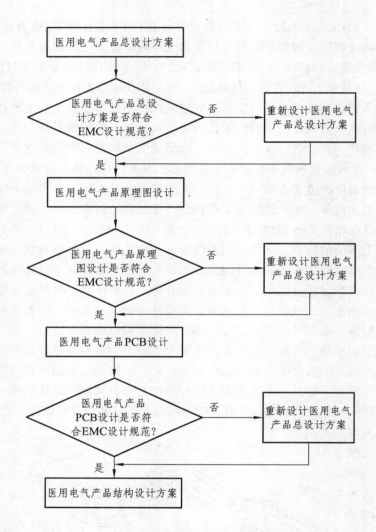

图 11.25 自顶向下设计流程

2. 生物医学仪器产品中电磁兼容性设计实现技术流程

产品电磁兼容性设计技术实现流程图如图 11.26 所示。

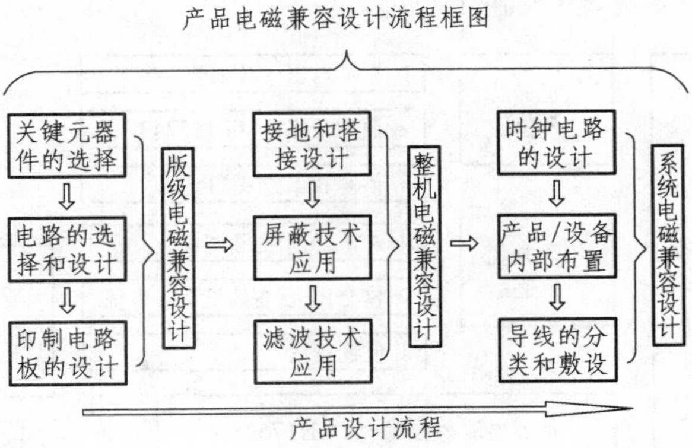

产品电磁兼容设计流程框图

图 11.26　生物医学产品电磁兼容性设计流程

3. 需要参照执行的标准

1）设计参照的主要标准

YY 0505—2012《医用电气设备　第 1-2 部分：安全通用要求　并列标准：电磁兼容　要求和试验》。

GB/T 18268.1—2010《测量、控制和实验室用的电设备电磁兼容性要求　第 1 部分：通用要求》。

GB/T 18268.21—2010《测量、控制和实验室用的电设备　电磁兼容性要求　第 21 部分：特殊要求　无电磁兼容防护场合用敏感性试验和测量设备的试验配置、工作条件和性能判据》。

GB/T 18268.22—2010《测量、控制和实验室用的电设备　电磁兼容性要求　第 22 部分：特殊要求　低压配电系统用便携式试验、测量和监控设备的试验配置、工作条件和性能判据》。

GB/T 18268.26—2010《测量、控制和实验室用的电设备电磁兼容性要求第 26 部分：特殊要求体外诊断（IVD）医疗设备》。

IEC 60601-1-2《Medical electrical equipment-Part 1-2：General requirements for safety-Collateral standard：Electromagnetic compatibility-Requirements and tests》。

ISO/TR 21730—2007《医疗信息　保健设施中移动无线通信和计算技术应用，推荐关于医疗设备电磁兼容性应用（被动电磁兼容性干扰管理）》。

IEEE C 63.18—1997《医疗设备防特定射频发射器电磁辐射干扰评估的现场特别试验方法推荐规程》。

IEC·60601-1-2—2007《医用电气设备　第 1-2 部分：基础安全和基本性能的一般要求　并列标准：电磁兼容性　要求和试验》。

IEC 60601-1-6—2006《医用电气设备　第 1-6 部分：基本安全和实用性能的通用要求》。

IEC 62353—2007《医疗电气设备　医疗电气设备的循环试验和维修后试验》。

IEC 60601-1-8《Medical electrical equipment-Part 1-8：General requirements for basic safety and essential performance-Collateral standard：General requirements，tests and guidance for。alarm systems in medical electrical equipment and medical electrical systems》。

GBZ 18732—2002《工业、科学和医疗设备限值的确定方法》。

2）YY 0505 标准相关条款（见图 11.27）

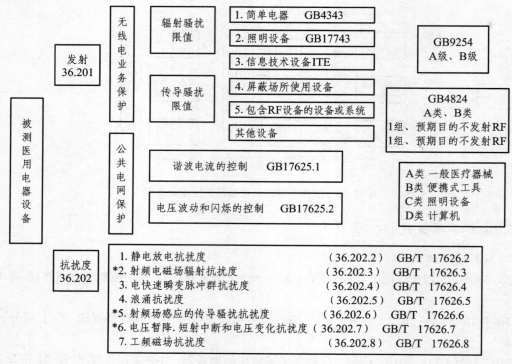

图 11.27　生物医学仪器电磁兼容性标准要求

习题与思考十一

1. 简述生物医学信号特点。
2. 生物医学仪器设计应该特别注意哪些环节和技术？
3. 生物医学仪器有哪些至关重要的认证标准？
4. 生物医学仪器的功能安全设计有哪些要求？
5. 生物医学仪器电磁兼容性设计的要求有哪些？
6. 生物医学仪器怎么样提高智能性？

第 12 章 智能仪器应用

智能仪器以其强大的功能和卓越的性能，广泛应用于人类生活的各个领域。随着人类对节能、环保、健康、舒适、安全等生活品质日益增长的需求，智能仪器具有广阔的发展和应用前景，尤其是在智能电网、智能家居、智能建筑、智能交通、智能社区、智慧城市、智能医疗、智能矿山/井（数字化矿山/井、物联网矿山/井），以及科学实验、国防军事、石油、化工、冶金、纺织、食品、制药、造纸等行业以及环保、市政管理，水利建设与监测、重大工程设施监测等领域，一是会不断产生新的需求，二是应用更加深入和普及，深刻影响人类社会生活。

本章主要介绍广泛用于工业领域、军事装备、汽车、飞机等平台的自动测试系统，用于设备（包括智能仪器自身）、重大工程设施故障监测与健康管理系统、智能交通系统、智能家居的智能监测系统和智能电网中的智能仪器。

12.1 自动测试系统

1. 自动测试系统的概念与发展

自动测试系统（Automatic Test System，ATS）是指能自动完成激励、测量、数据处理并显示或输出测试结果的一类系统的统称，一般是在标准的测控系统总线或仪器总线如 GPIB、VXI、PXI、LXI 的基础上组建而成，具有高速度、高精度、多功能、多参数和宽测量范围等众多特点。在实际过程中，自动测试系统往往针对一定的应用领域和被测对象，并且常以应用对象命名，如飞机自动测试系统，发动机自动测试系统，雷达自动测试系统，印制电路板自动测试系统等，也可以按照应用场合来划分，例如可分为生产过程用自动测试系统，场站维护用自动测试系统等。

自动测试系统由自动测试设备（Automatic Test Equipment，ATE）、测试程序集（Test Program Set，TPS）、测试环境 TE（主要包括测试软件开发平台以及其他工具、文档、数据、资料的集合）等构成。自动测试设备是指用来完成测试任务的全部软硬件集合，通常是一台智能仪器，或多台智能仪器及其附件的集合。测试程序集（TPS）是与被测对象及其测试要求密切相关的。

自动测试系统已经过三代的发展历程：

（1）第一代，专用测试系统，如集成电路测试系统、某型军用装备测试系统等。

（2）第二代，它是在标准的接口总线（主要是 GPIB）的基础上，以积木方式组建的测试系统。

（3）第三代，基于 VXI、PXI 等测试总线，以及现场总线和工业以太网总线，由模块化的仪器/设备所组成的测试系统。

这一代产品最为突出的特点：

① 采用虚拟仪器技术，开发形成和广泛采用 VPP（VXI plug &play）、VISA（virtual instrument software architecture）、IVI（interchangeable virtual instrument）等工业标准。

② 大量采用 COTS（Commercial Off the Shelf）技术，进一步加强系统的互换性和互操作性，确保系统的先进性、成熟性和稳定性。COTS 即商品化的产品和技术。采用 COTS 技术，能够降低军事装备研制、开发、生产和使用维护中所需的各种测试设备的费用，进一步提高系统的标准化程度，保证系统能够实现互换性和互操作性的要求。VXI 总线技术以及 VXI Plug&Play 技术等都采用 COTS 技术。

③ 开发方法和手段、工具标准化。最为显著的体现就是软件框架体系、测试程序语言的标准化。为了在自动测试（ATE）领域形成一套完整的系统集成体系，美军制订并贯彻了一系列的有关技术标准。其中 IEEE1226 系列标准规定的 ABBET（a broad based environment fortest）框架是一个重要标准规范。其主要目标是为伴随产品整个生命周期的测试环境制定标准，规范用于测试的标准信息接口，使从测试信息到测试实现的过渡更为方便。ABBET 是一套适用于从产品设计测试、生产过程测试、使用维护测试的测试环境标准。ABBET 标准被划分成 5 个概念层。它们是：产品描述层、测试策划/需求层、测试程序层、测试资源管理层和仪器控制层。而其中每一层都有相关标准，如图 12.1 所示。完整的 ABBET 基础框架如图 12.2 所示。

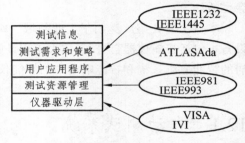

图 12.1　ABBET 框架

美国 TYX 公司研发的商业软件产品 PAWS（professional ATLAS work studio），拥有优秀的自动测试设备（ATE）软件平台。平台可以根据不同的功能需求和应用环境，方便地构造各种不同的测试软件环境。

在测试程序语言方面，几经改进，制定了自动测试领域广泛使用的语言 IEEE ATLAS（Abbreviated Test Language for All Systems）2000，它是一种用来描述独立于任何具体测试系统的测试流程的高级语言，已在多个测试领域内形成测试规范，包括：模拟测试、数据总线测试、数字测试、电光测试、燃气涡轮发动机测试、惯性导航系统测试、导航系统测试、定时和同步、视频测试等多个方面。该语言是基于英语及其缩略语设计的，关键字除了常用英语操作词外，大多是测试领域中常见的词汇，程序可读性很强。主要有适用面广、扩充性强、设备无关性、与其他语言的兼容性强、标准通过非模块的包含语句提供了与非语言的兼容问题等特点。而为了解决 ATLAS 体系过于庞大、编译困难等问题，IEEE 于 2005 年发布的 IEEE 1641 是用于信号与测试定义的标准，专门处理信号和测试（包括信号源、信号调理、基于信号的测量、事件、定时和资源定位）。它保持了 ATLAS 面向 UUT（被测设备）基于信号的原则，但以 API 代替 ATLAS 这一专门的测试语言，实现了在一个标准框架下面向测试信号的建模，为表达测试需求和仪器能力提供了一个共用的描述机制。此外，还制定了 ATML 语言 IEEE1671 Standard for Automatic Test Markup Language（ATML）Instrument Description。

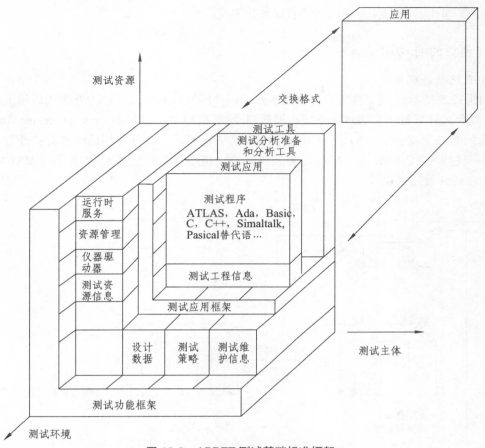

图 12.2　ABBET 测试基础标准框架

④ 在此基础上，ATS 产品向标准化、系列化方向发展，其主要目的是消除对专用 ATS 以及积木块 ATS 的重复投资，降低 ATS 采购费用。例如，美军国防部已形成了 4 种标准 ATS：1990 年的 CASS、1996 年的 IFTE、1998 年的 TETS 及 JSECST。其中 CASS 是美国海军的综合自动支持系统，以洛克希德·马丁公司为主承包商生产，主要用于武器系统的中间级维护，如图 12.3 所示。IFTE 是应用于陆军的集成测试设备系列；JSECST 是用于空军的电子战综合测试系统；TETS 是海军陆战队的第三梯队测试系统，如图 12.4 所示。其中海军 CASS 系统最为成功。

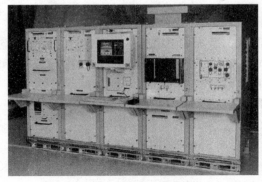

图 12.3　CASS 系统

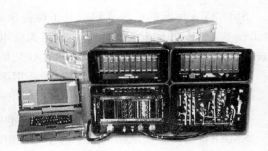

图 12.4　TETS 系统

（4）第四代，以 LXI 总线构成的自动测试系统。

2. 典型的自动测试系统实例

1）系统硬件配置实例

如图 12.5 所示是一个典型的自动测试系统硬件配置。其中控制器为外置式通用工业控制计算机或台式计算机，它通过多系统扩展接口总线 MXI-2（Multi-system eXtension Interface bus）来控制一个或多个 VXI 机箱所拥有的所有 VXI 模块，具体采用的硬件有：外置式计算机中的一块插入 PC-MXI 卡，VXI 机箱及其 0 槽（机箱最左端位置）、插入具有 VXI-MXI 接口功能的 VXI 仪器模块等。

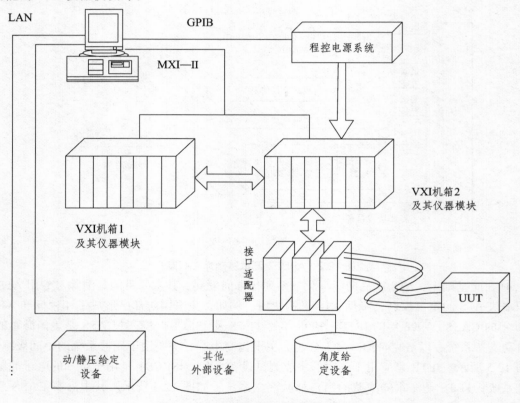

图 12.5 VXI 自动测试设备的硬件配置

2）软件框架实例

SMART（标准的模块式航空电子设备维修与测试）系统是民用航空协会建立的用于航空电子设备 ATE 的标准。该系统由航空无线电公司（ARINC）设计，而由 ARINC、TYX 和 Aerospatiale 三公司共同完成开发。SMART 是一种模块结构，它包含：

（1）一组允许自由选用测试仪器的通用测试系统的标准集。

（2）测试接口适配器（TUA）。

（3）测试控制计算机（Test Control Computer，TCC）。SMART 的软件结构如图 12.6 所示。

SMART 是一个很成功的用于商用飞机电子设备维修的自动测试软件，已用于维修 14 家航空公司的电子设备。飞机机型为 A320/330/340，MD-11 以及 B737/747/757/777。

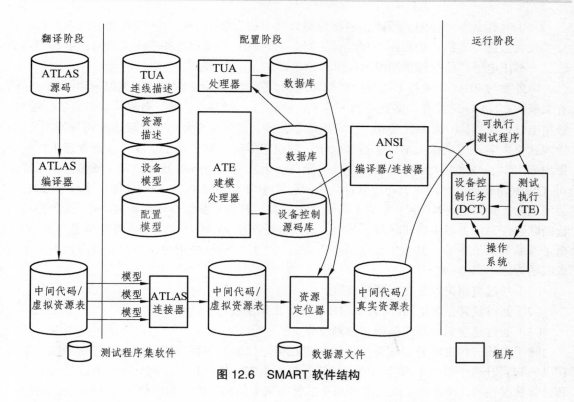

图 12.6　SMART 软件结构

12.2　故障预测与健康管理系统

1. 故障预测与健康管理系统概述

智能仪器应用于故障预测与健康管理，有两个方面的意义：

（1）用于自身，属于仪器系统本身可靠性、稳定性、可用性保障措施之一。

（2）广泛应用于本地其他设备、仪器，工业过程设施，以及重大关键工程施工过程监测和建设结果，及工程设施比如桥梁、水坝、电站、建筑物等的故障预测与健康管理。

（3）远程故障诊断与健康管理，比如电力系统监测仪表，必然而且正在朝这个方向发展。广义地说，远程医疗也属于这个范畴，只不过应该改为远程疾病诊断和病人健康护理。

故障预测与健康管理（PHM）技术作为实现武器装备基于状态的维修（CBM）、自主式保障、感知与响应后勤等新思想、新方案的关键技术，受到美英等军事强国的高度重视和推广应用。PHM 系统正在成为新一代的飞机、舰船和车辆等系统设计和使用中的一个重要组成部分。有两层含义：

（1）故障预测，即预先诊断部件或系统完成其功能的状态，确定部件正常工作的时间长度。

（2）健康管理，即根据诊断/预测信息、可用资源和使用需求对维修活动做出适当决策的能力。实际上，PHM 技术现已广泛应用于机械结构产品中，比如核电站设备、制动装置、发动机、传动装置等。而将 PHM 技术应用于电子产品则是近年来国外科技研发的重要发展趋势之一。

目前国外对电子产品 PHM 技术的研发主要集中于军用电子产品，重点包括：

（1）产品寿命周期原位监测中的传感系统与传感技术。

（2）是残余寿命预测的故障诊断模型与算法。前者集中于开发无线微型传感器，以取代尺寸较大且需要有线传输数据的传统传感器。后者致力于探索各种不同类型的诊断模型与算法，为军用电子产品故障预测能力提供理论基础。

国外参与 PHM 相关技术研发的机构和组织、公司、大学非常多，如美国国防部和三军的有关机构；NASA；波音、洛克希德·马丁、格鲁门、ARINC、霍尼韦尔、罗克韦尔、雷声、通用电气、普惠、BAE 系统公司、史密斯航宇公司、古德里奇公司和泰瑞达公司等跨国公司；康涅狄格大学、田纳西大学、华盛顿大学、加州工学院、麻省理工学院、佐治亚理工学院、斯坦福大学、马里兰大学等著名院校；智能自动化公司、Impact 技术公司、质量技术系统公司（QSI）、Giordano 自动化公司等软件公司；荷兰 PHM 联盟（DPC）、Sandia 国家实验室（SNL）、美国国防工业协会（NDIA）系统工程委员会、美"联合大学综合诊断研究中心"、美测试与诊断联盟（TDC）等协会和联盟。其中，研发电子产品 PHM 技术的单位首推马里兰 CALCE 电子产品和系统中心，其水平处于世界领先地位。目前国外采用的电子产品故障预测方法可以归纳为以下三类：

（1）通过监测失效征兆来预测故障。

（2）通过设置预警电路（Canary Devices）来预测故障。

（3）通过建立累积损伤模型来预测故障。

除了上述三种方法外，国外研发机构也在努力探索使用新方法。比如，史密斯航宇集团在飞机和直升机子系统中综合利用奇异值分解、主成分分析和神经网络进行非线性多元分析和异常状况检测；美国国家航空航天局在航天飞机中使用故障检测算法（包括高斯混合模型、隐马尔可夫模型、卡尔曼滤波、虚拟传感器等）来检测产品异常状态；范德比尔特大学在航宇产品中使用前馈信号（泰勒级数展开）来预测故障。

虽然国外研发机构对军用电子产品 PHM 技术表现出浓厚兴趣，而且发展迅速，但就目前来看，电子产品 PHM 技术还远未成熟，至少在以下方面还面临着巨大挑战：

（1）残余使用寿命预测中的不确定性。

（2）间歇失效的预测。

（3）电子产品寿命周期数据的原位监测。

（4）对 PHM 技术投资回报率的评估。

（5）确定系统性能的门限值。

（6）建立电子产品的基于物理的损伤模型。

（7）PHM 技术与传统电子产品的集成。

在电子产品中实施 PHM 技术的其中一个挑战是将该技术集成到传统电子产品中。传统的电子产品，尽管经常表现为竞争力差，与现代产品的兼容性差，但由于其替代产品没有研发出来，所以很多仍在使用。在传统的电子产品中，比如老龄飞机的航空电子系统等，其失效模式与失效机理往往不清楚。另外，缺乏传统系统的应用分析专家，致使 PHM 算法中的故障预测建模不成熟和不充分。

将 PHM 技术集成到传统系统中的另外一个挑战是，难于用兼容方式综合各种技术。PHM 系统包括传感器、电子设备、计算机和软件，大部分是商业货架产品（COTS）。这些商业货架产品常常对操作环境、输入参数和使用条件具有特殊要求。一个 PHM 系统在综合到电子产品中时，需要首先克服与它自己子系统的集成障碍。

美国国防工业协会（NDIA）2006 年 4 月 13 日公布了 NDIA 电子产品预测技术工作组最终报告草案。该报告针对电子产品 PHM 技术研发现状与问题确定了四个领域的开发需求：

（1）工具-预测系统设计工具、技术评价工具、实施的经济性分析工具以及维修过程集成工具等。

（2）电子预测技术-工作环境传感器、器件操作体制传感器、软件预测等。

（3）模型-失效物理、设计验证、维修过程评价、环境影响、电子预测对系统级功能性能的影响等。

（4）硬件-用于工作环境和事件的检测与记录的硬件，以解决有用寿命的损失测量。PC 板电子预测信号感应、电缆和互联故障检测用的纳米传感器。

最终报告草案最后给出了电子产品预测技术实施路线图计划，即从上述具体开发需求出发，在四个基本领域（工具、预测技术、模型和硬件）实施大量广泛的科研项目。这些电子预测开发项目时间范围从 2 年到 5 年不等，研发内容从基本的科学技术工作到最终的验证与确认。项目每个阶段预期持续 18～24 个月。准备进行验证与确认的技术取该时间范围的下限，而处于科技开发水平的技术取该时间范围的上限。该任务路线图分阶段实施，以适应项目的互相关性。伴随着电子预测部署能力的验证与确认和螺旋式开发，该路线图计划准备用 8 年左右的时间完成。

在军用电子产品领域中，应用 PHM 技术已成为国外科技研发的重要发展趋势。国外工业部门与国防部门对该技术的研发主要应用于飞机/直升机、武器系统、发动机和计算机系统。国外大学和研究机构对 PHM 技术的研发主要集中于对电子产品正常性能偏离的检测上。目前 PHM 技术研发的最大障碍是对于残余寿命周期预测的不确定性的评估，以及对电子产品间歇失效的检测。因此，国外专家建议研发机构将资金投入移向这些领域，以便尽快使 PHM 技术进入实用阶段。

2. 远程故障诊断

1）故障诊断

故障诊断作为设备智能维修的重要一环，属于一门交叉学科，其方法多样且充满活力。表现之一就是故障诊断方法分类描述各异但又有一些共同点。当前故障诊断方法的大体分类如表 12.1 所示。

表 12.1　故障诊断方法分类

故障诊断方法																		
基于模型							非基于模型									协同诊断		
定量模型			定性模型				基于信号处理			基于人工智能								
等价空间	状态估计	参数估计	定性仿真	图模型	结构抽象	功能抽象	时域处理	频域处理	时频域处理	专家系统	神经网	基于案例	基于 AGENT	其他智能技术	基于机理	信息融合	方法集成	协同支持

在故障诊断领域的研究中，对单个系统、零部件或者某个具体的故障现象的研究较多，对整机或涉及多个系统的综合故障的研究较少；对系统可测得定量信息利用的问题研究较多，对定性（不确定）信息利用的研究较少；信息（特别是多源混合信息）的综合利用研究较少；

依靠单一智能技术的诊断系统多，协同智能技术的研究应用少。针对复杂系统（如大型工程机械）一种诊断方法是不可靠和有局限的，复杂系统的结构和功能的分散性、移动性、环境复杂性等则使得远程协同诊断成为必需且可行的。

2）远程诊断定义

远程协同故障诊断（RCFD）是在计算机学、网络通信技术、移动计算技术和 DAI 等学科的综合基础上为在时空二维空间内任务关联的多个领域专家和技术人员提供一个计算机支持的开放协同诊断环境并跟踪诊断过程，同时对诊断结果进行综合，使他们能够针对某项或多项故障任务进行快速有效诊断、指导设备维护和维修的体系模式。

3）远程协同诊断方法的技术路线（诊断流程）

如图 12.7 所示，在被诊断设备现场端，数据层信息融合模块依据诊断中心具体要求，有

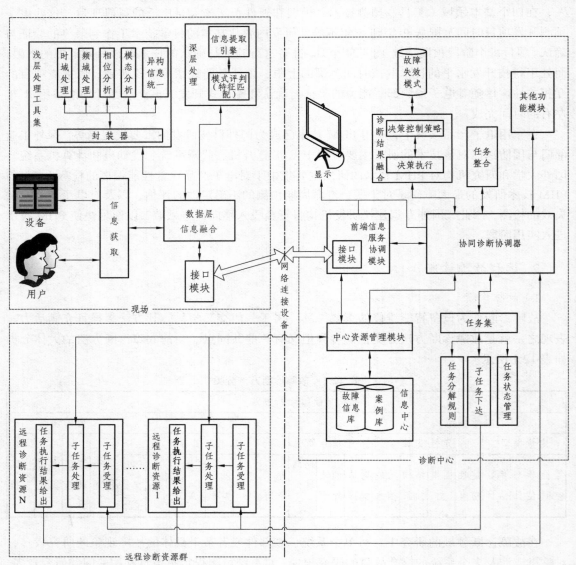

图 12.7　远程协同诊断方法的技术路线（诊断流程）

选择的对现场故障信息进行深、浅两个层次的预处理。其中，深层预处理采用粗集理论实现故障信息的提取，而浅层处理则为各常用信息处理方法的集合。

诊断中心依据现场上传的故障信息类型及远程协同诊断资源信息建立诊断任务集，同时运用层次任务关系图进行任务分解，通过以改进合同网方式与相应诊断资源建立协作关系，在子任务执行过程中，以基于任务的访问控制（TBAC）为策略对其进行监控并提供子任务执行所需服务。当各远程协同诊断资源完成子任务后给出候选诊断结论，诊断中心依据多个诊断指标将所有候选诊断结果进行排序，先对最有可能诊断结果进行模型输入仿真或用替换测试的方法进行假设检验，若该诊断结果不正确则对次最大可能诊断结果进行验证，直至诊断成功。

3. 工程实例：基于 PHM 的装甲装备维修保障系统

基于 PHM 的装甲装备维修保障系统，采用开放式总线体系的分层推理结构，如图 12.8 所示，实现了故障的推理和数据的高速传输、处理及系统功能的不断完善。系统构建分三层，最底层是分布在装备各系统中的硬件监测设备或 BITE，中间层是 PHM 处理中心，顶层是管理层，包括装甲装备维修保障管理平台及后方维修保障机构。

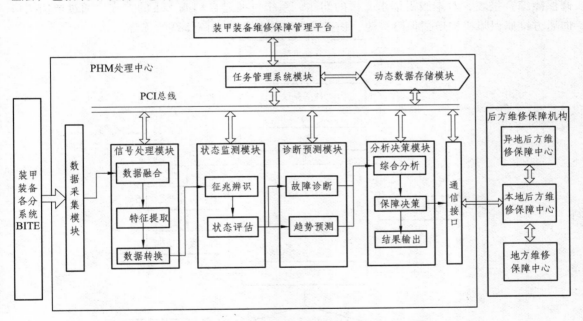

图 12.8 基于 PHM 的装甲装备维修保障系统结构图

PHM 处理中心是整个系统的核心，依据信息流程及功能要求，共有 8 个模块：

（1）数据采集模块。

（2）信号处理模块。

（3）状态监测模块。

（4）诊断预测模块。

（5）分析决策模块。

（6）任务管理系统模块。

（7）动态数据存储模块。

（8）通信接口。

该系统实现的关键技术主要包括：

（1）数据采集和传感器应用技术。

（2）数据挖掘与信息融合技术。

（3）健康评估与故障预测技术。

（4）智能推理与决策支持技术。

系统运行的工作流程如图 12.9 所示。数据采集模块负责从装甲装备各分系统采集所有监测目标的状态参数信息。信号处理模块从装备各分系统 BITE 实时采集各类监测目标的状态参数信息进行数据融合，提取其特征信息。状态监测模块将这些特征信息进行辨识，并与动态数据存储模块中存储的相关信息进行模糊匹配，形成对监测目标的状态评估，将评估结果送往诊断预测模块。诊断预测模块对监测到的异常征兆，结合动态数据存储模块中的专家知识和各类诊断，预测推理模型，对故障进行识别、推理、判断其故障模式、原因和位置，并进行趋势分析，计算故障征兆的发展趋势、影响和估计剩余寿命等。最后，分析决策模块综合分析、评判，根据诊断和预测的结果，进行维修保障决策，实现状态管理，并形成最后的维修保障综合报表，对本级需请求支援的问题，系统可通过自动或人工的方式，通过通信接口向后方维修保障机构申请保障资源，积极发挥一体化维修保障体系的优势。

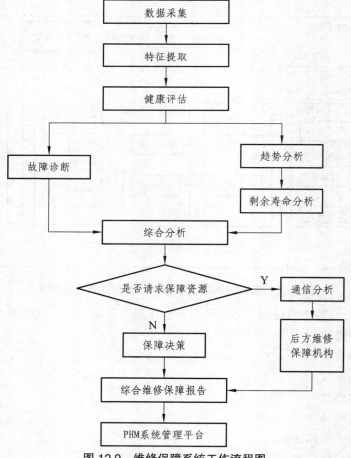

图 12.9　维修保障系统工作流程图

12.3　交通枢纽电子警察系统

1. 简　介

近年来，随着我国经济地不断增长，机动车保有量和出行率均大幅度提高，急剧增长的、多样化的、时变的交通需求，造成交通拥挤程度不断增加和拥挤区域迅速扩大，如图 12.10 所示是这些问题的一个侧面。然而有限的土地资源和其他制约因素使得道路设施的建设无法满足不断增长的交通需求。因此，对交通信号控制的适应性、智能化提出了更高的要求。中国的汽车保有量已经超过 10 000 万辆，仅 2010 年的增量超过 1 800 万辆，已成为全球最大的汽车市场。汽车经常是运动的，对它的管理难度大，并且随着数量的不断增加，对它的管理难度成倍的增加，传统的管理方法已经越来越难适应不断变化的需求，需要采用新技术新手段来解决新的问题。智能交通就是其中之一，而且是极为关键和主要的一种技术措施。要实现智能交通，离不开智能仪器的大量使用。

图 12.10　我国交通拥塞的一个场景

2. 交通枢纽电子警察系统

交通枢纽电子警察系统也称"机动车辆违章自动监测系统"。系统的基本功能是对机动车行驶中的闯红灯行为进行自动记录，其中违章照片需要记录清晰的车牌、停车线、信号灯等信息，违章视频则记录完整的违章过程录像。

1）系统主要功能与性能要求

（1）电子警察的捕获率应不小于 90%，有效率不小于 80%。

（2）自动记录效果：违章照片应能清晰的辨别机动车闯红灯的时间、地点。

（3）系统应具备良好的可扩充性、兼容性和可移植性。

2）系统的硬件框架（见图 12.11）

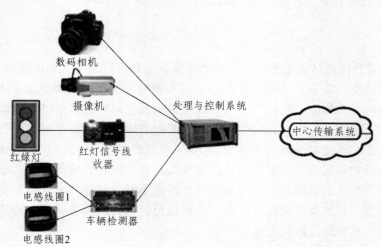

图 12.11　系统硬件结构图

3）传感器系统

（1）车辆检测器。

车辆检测器是前端抓拍系统的核心之一，用来获取机动车通行的信号。目前车辆检测的方式主要有环形线圈检测、视频检测、红外检测、雷达检测以及激光检测等方式。

环形线圈检测器的主要特点是工作稳定、检测精度高，但线圈不可移动，如果路口改造则需要重新埋设线圈，但其仍然是最主流的检测手段。根据电子警察捕获率不低于 90%和有效率不低于 80%的要求，本文将采用环形线圈检测方式。

（2）抓拍方式。

数码、视频组合电子警察系统是针对数码电子警察系统和视频电子警察系统在市场应用过程中发现的缺陷而提出的新型电子警察系统。该系统采用对数码相机控制技术和视频控制技术的融合，达到其他两类电子警察系统所不能达到的效果。

该系统可以提供四张违章照片，包括一张数码照片和三张视频照片。数码照片和普通数码相机电子警察提供的照片相同，能够包含所有的违章信息——停车线、红绿灯、车牌号码等。三张视频照片和普通视频电子警察提供的全景照片相同，可以反映车辆的违章过程。与数码电子警察相比，此系统的优势是可以提供车辆违章过程的信息，减少处罚争议。与视频电子警察相比，此系统能够提供更清晰的违章照片，同时提供违章过程的录像。

4）前端抓拍系统

前端抓拍系统通过检测红灯和线圈的信号来控制数码相机和摄像机拍摄违章照片和视频，它是整个数码视频电子警察系统设计较为关键的部分。

（1）前端抓拍系统是本系统的核心，其抓拍流程如图 12.12 所示。

图 12.12　抓拍系统流程图

（2）信号检测模块。

前端抓拍系统的信号检测模块主要包括红灯信号和线圈信号的检测两个部分，采用并口定时扫描的方法来获取检测信号。

线圈信号通过线圈检测板（车辆检测器）来获得，红绿灯信号通过红灯检测板来获得，该信号经过放大整形处理后成为脉冲信号输入到工控机主板的并口，主程序通过定时扫描并口的数据信息即可通过软件控制抓拍系统工作。

在25针的并口中，有8位数据位，刚好对应一个字节的数据。用这8位数据表示6个线圈信号以及一个红灯信号。因为每个车道需要前后两个线圈，因此可以一次获取三个车道的线圈信息。数据结构示意图如图12.13所示。

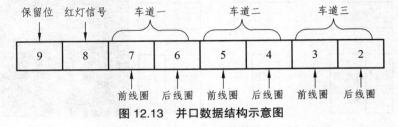

图12.13　并口数据结构示意图

（3）相机控制模块。

采用数码相机的拍照流程如图12.14所示。

5）中心传输系统

中心传输系统负责将前端子系统采集的图像和视频发送到后台管理中心，起到数据通路的作用。

软件中的网络传输模块负责将前端抓拍的照片和视频传到后台管理中心，采用C/S模式进行网络传输程序的设计。前端工控主机作为客户端，运行客户端网络程序，后台管理中心的PC运行服务端程序。

客户端服务器程序采用基于TCP的套接字（Socket）来编写实现。客户端主动连接服务器发出传送请求，获得许可后即可建立连接完成传送。

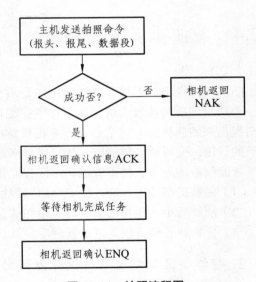

图12.14　拍照流程图

6）后台管理系统

后台管理系统是相关执法部门处理违章照片和视频的系统。主要由数据库系统构成，用来查阅各种违章照片及其事发时间、地点等信息。

7）软件实现

（1）系统软件功能。

（2）现场红灯和线圈信号的采集。

（3）控制相机拍照、摄像机摄像、保存参数、传输照片和删除照片。

（4）通过以太网远程下载照片，也可以用U盘本地下载照片。

应用软件的总体结构如图12.15所示。

整个系统在实际应用中的实验结果如图12.16所示。

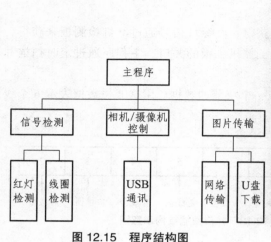

图 12.15　程序结构图

图 12.16　实验结果图

12.4　智能小区监测系统

1. 简　介

随着国民经济的发展，居民对生活品质有了更高的要求，尤其是对于居住空间的要求有了一个从量到质的比较大的飞跃。住宅智能化系统正是在这一前提下，伴随着住宅建设的高潮而提出来的新概念。住宅建设产业正日益成为国民经济新的增长点，这一概念也必将得到广泛的讨论，变得越来越清晰，体现得越来越具体。

智能仪器的应用，使得智能化小区智能化系统得以实现。智能系统的作用主要体现：

（1）能够提高住宅、社区的安全防范程度。

（2）能够为小区住户提供生活方便和信息服务。

（3）为物业管理提供先进的管理手段及众多的增值。

2. 智能小区智能化系统设计依据标准

中华人民共和国住房和城乡建设部《居住小区智能化系统建设要点和技术导则》；

中华人民共和国住房和城乡建设部《全国住宅小区智能化系统示范工程建设要点与技术导则》；

GB/T 50314—2000《智能建设计标准》；

JGJ/T 16—93《民用建筑电气设计规范及条文说明》；

GB 50045—95《高层民用建筑设计防火规范》；

GA/T 75—94《安全防范工程程序与要求》；

GB 11318.1—96《30 MHz～1 GHz 声音和电视信号的电缆分配系统设备与部件　第 1 部分：通用规范》；

GB 11318—89《30 MHz～1 GHz 声音和电视信号电缆分配系统设备与部件》；

GBJ 52—83《工业与民用供电系统设计规范》；

GB 50116—98《火灾自动报警系统设计规范》;

GB 50198—94《民用闭路电视系统工程技术规范》;

GB 50200—94《有线电视系统工程技术规范》;

GB/T 11442—95《卫星电视地球接收站通用技术条件》;

GB 7615—87《公用天线电视系统天线部分》;

GYJ 33—88《广播电视工程建筑设计防火规范》;

GB 50057—94《建筑物防雷设计规范》;

GB/T 50312—2000《建筑与建筑群综合布线系统工程设计规范》;

GB/T 50311—2000《建筑与建筑群综合布线系统工程验收规范》;

GB 50174—93《电子计算机房设计规范》;

GB/T 9387.4—96《开放系统互联参考模型》;

ANSI/TIA/EIA-568A《Commercial Building Telecommunications Wiring Standard》(《商业大楼通信布线标准》);

TIA/EIA TSB 67 1995《Transmission Performance Specification for Field Testing of Unshielded Twisted Pair Cabling Systems》(《非屏蔽双绞布线系统传输性能测试规范》);

ISO/IEC 11801:1995《Generic cabling for customer premises》(《信息技术——建筑综合布线标准》)。

3. 某智能小区智能系统体系架构

（1）系统设计目标。

① 小区物业管理与小区自动化、安保、火灾报警（消防）、综合管理系统、电话与电视等子系统相连，实现小区各系统的互连与资源共享及联动控制。

② 构建小区 Intranet 网接入，被授权住户可利用小区计算机网络系统获得信息服务。

③ 能够方便地和小区外部的公共数据网、信息网互连，为多种服务提供网络支持环境。

（2）系统功能框图，如图 12.17 所示。

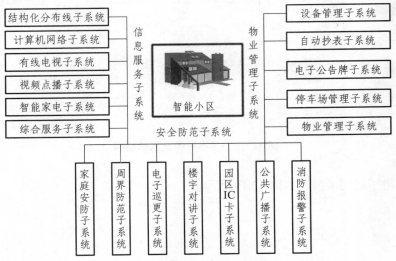

图 12.17　某小区智能化系统功能框图

（3）小区信息网络结构，如图 12.18 所示。

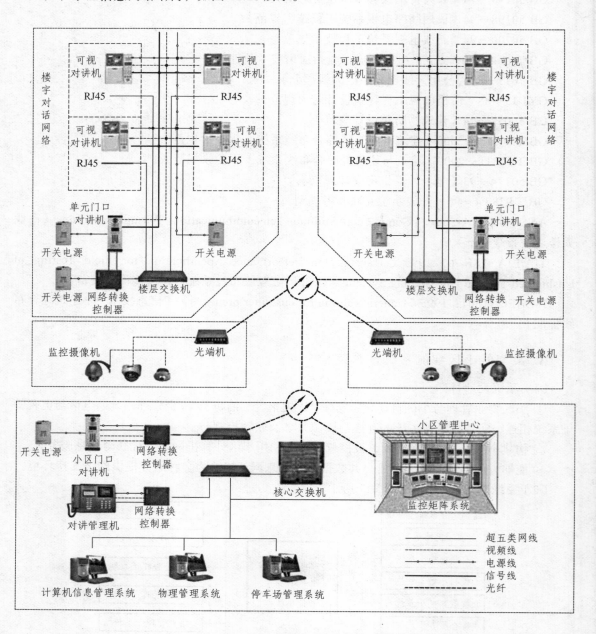

图 12.18　某小区信息网络结构

（4）小区电子巡更系统，如图 12.19 所示。

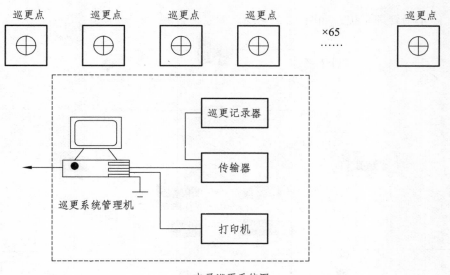

电子巡更系统图

图 12.19　电子巡更系统

（5）物业管理一库一网一卡通系统，如图 12.20 所示。

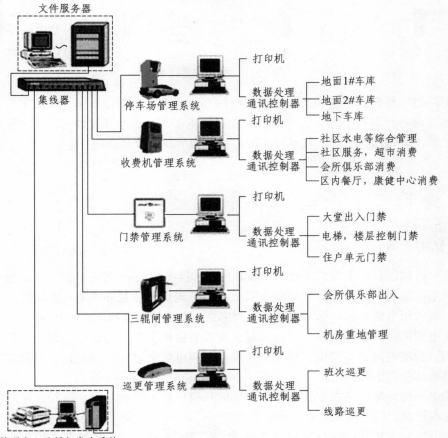

图 12.20　物业管理一库一网一卡通系统

（6）停车场管理系统，如图 12.21 所示。

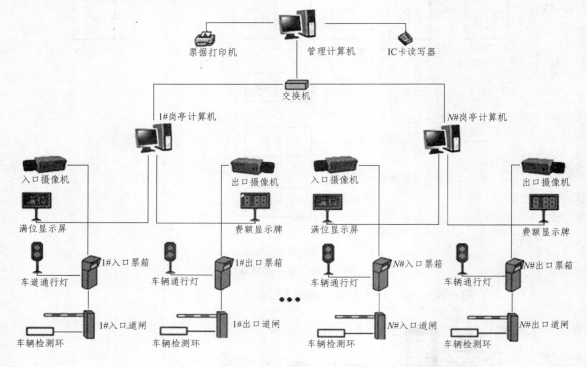

图 12.21　停车场管理系统

以上介绍了某智能小区智能化管理系统的几个主要组成部分框图。从图中可以看出，整个系统涉及本书所讲各个方面的内容：质量管理体系、可靠性管理体系、安全管理体系，测控网络技术、软硬件技术等，其具体实现的技术细节是非常复杂的。

12.5　智能电网中的智能仪器

1. 智能电网

定义：通过信息化手段，使能源资源开发、转换（发电）、输电、配电、供电、售电及用电的电网系统的各个环节，进行智能交流，实现精确供电、互补供电、提高能源利用率、供电安全，节省用电成本的目标。这样的电力网络，称为智能电网。

智能电网是一种新型电网，是在大量交互式数据的基础上实现的精细化管理、智能化管理的电网。智能电网贯穿发电、输变电、配电、用电的全过程，通过智能电网的建设，电力系统各领域都将产生质的飞跃。

智能电网的目标：是在现代电网中应用信息通信技术实现电能从电源到用户的传输、分配、管理和控制，以节约能源和成本。

智能电网的本质是能源替代和兼容利用。它主要是通过终端传感器将用户之间、用户和电网公司之间形成即时连接的网络互动，从而实现数据读取的实时、高速、双向的效果，整体提高电网的综合效率，实现节能减排的目标。

　　智能电网的基本特征的中国表述：统一、坚强、智能。欧美表述：理念是绿色、清洁、环保、分布式；形式是配电网（无源-有源），用户（被动-主动）。

2. 智能电网中的智能仪器

　　从智能电网定义、本质、目标和特征可以看出，智能电网必然是智能仪器的大用户，调试也是新的智能仪器需求提出者。如果没有智能仪器、仪表作为坚实基础，智能电网只能是纸上谈兵，泡沫炊烟。

　　智能电网仪表是电工仪表行业的一个新兴、细分行业，以安装式智能仪表居多，包括各种智能终端。随着计算机技术的发展，电力监控仪表已应用到电力系统的发、输、变、配、用的各个环节，实现对电网电参量的测量、计量、分析、诊断、控制、保护，并带模拟量输出和标准通信接口。在不同的应用场合，功能不同，组合可简可繁。从智能电网的需求来看，智能仪器主要有以下几类：

　　（1）各种智能故障诊断、检测仪器，比如电线电缆路径仪、故障诊断仪等。
　　（2）各种监测、监控仪器。
　　（3）电气安全仪表。
　　（4）各种管理仪器系统。

3. 智能电网监控仪器

　　电力监控仪表主要对电网中的电力参数测量、故障诊断、越限报警、事件记录，以及对电气设备的运行进行控制和保护，产品又可细分为数显电测仪表、监控仪表、保护仪表。

　　1）数显电测表

　　主要替代传统指针式仪表，对各种电参数进行测量，有测量精度高，显示直观，测量范围宽等优点。

　　2）监控仪表

　　除测量电参量外，仪表带 I/O 模块，模拟量输出、继电器控制输出，带标准 RS485 接口。通过对电气回路的断路器、接触器等低压元件进行状态监视，远程控制、报警和事件记录，属于低压电器电量控制器，是低压配电系统实现数字化、网络化、智能化的关键产品，该仪表的应用可减少低压配电系统人为操作事故，降低人力成本，提高工作效率。

　　3）保护仪表

　　主要针对 0.69 kV 电压等级的电源进线、馈线、马达、电容器等电气回路进行监测和保护，仪表通过建立热容量模型，当故障电流达到某一值时，断路器脱扣或接触器断开，防止设备过载损坏。具有过载保护，短路保护，过压、欠压保护，漏电保护等功能。该类产品既有监控功能，又具有继电器特点，须取 CCC 认证，一般归在继电器保护及电力自动化行业。

4. 电能分析与管理仪表

　　根据电网用户端工矿企业和建筑楼宇配电系统的特点，为使用能透明可控，对高、低压开关柜，动力箱，照明箱各个电气节点的重点用能设备进行监控管理就十分必要。该电能计量表计既要安装于开关柜、配电箱的各个回路，又要与配电系统兼容组网，由电力公司加装的传统的收费电表无法同时满足。电能分析与管理仪表主要有两类，即电能质量分析仪表和终端电能计量仪表。

1）电能质量分析仪表

这类仪表主要应用于高、中压电气回路或低压重要回路，功能主要有全电参量测量，四象限电能计量，复费率分时计费，电流、电压各次谐波分量，电压波峰系数，电流 K 系数，电流、电压不平衡度，正、负、零序分量等。

2）终端电能计量管理仪表

这类电表主要用于 380 V/220 V 配、用电末端，功能有电能计量，包括有功、无功电能，复费率分时计费，最大需量统计，最大一次接入电流可达 80 A，节省了电流互感器。采用 DIN 35 mm 导轨安装，宽度为 18 mm 的倍数，可方便与微型断路器并列安装使用。终端电能表计结构上有的厂家设计有防窃电措施，如"铅封"结构，能申请到计量器具制造许可证。因此，只要供电部门认可，也可作收费表使用。

5. 电气安全仪表

主要针对低压配电系统检测剩余电流，防止电气火灾及人身触电伤亡事故。产品主要分为数显剩余电流监控仪表，剩余电流式电气火灾监控装置，IT 配电系统绝缘检测仪等种类。

1）数显剩余电流监控仪表

通过剩余电流互感器，在 0.4 kV 电压等级 TN-C-S、TN-S 及局部 TT 系统采集剩余电流，故障发生时，经仪表计算运行显示数值，超设定值时，发出报警或脱扣指令，防止事故发生或扩大。该类仪表也可称为数显剩余电流继电器，须取得 CCC 认证，归入继电器行业。

2）剩余电流式电气火灾监控仪表

除在 0.4 kV 电压等级 TN-C-S、TN-S 及局部 TT 系统检测剩余电流外，还有电缆温度监测，三相电流、电压测量，多路继电器输出，支持消防联动等功能。因产品用来电气火灾监测，须在当地公安部消防研究所作相关测试合格，方可销售。

3）IT 配电系统绝缘监测仪表

应用于医疗手术室、ICU 病房等重要场合的 IT 配电系统，用来监视变压器次级回路对地绝缘阻抗，防止病人受到微电流电击。

6. 电力监控仪表与用户端智能配电系统

用户端是电力系统的"配、用"环节，是智能电网的用电末端，主要有工矿企业、建筑楼宇、基础设施等用户。电网 80%以上的电能是用户端消耗的。建立用户端智能配电系统，可以在电力变压器到用电设备之间，使电能传输、分配、控制、保护及管理实现网络化、智能化。使用电更加可靠、安全、高效、环保。智能电力仪表作为配电系统中开关电器的二次元件，起着对电参量的测量与监视，电能的计量与管理，电气故障的诊断和记录，设备运行的控制和保护等功能。

智能配电系统就是把众多带通信接口的控制设备和仪表与计算机连接起来，实现集中数据采集、处理、监控、分析、调度等智能化管理。

系统一般采用三层网络分布结构，即站控管理层、网络通信层、现场设备层，如图 12.22 所示。

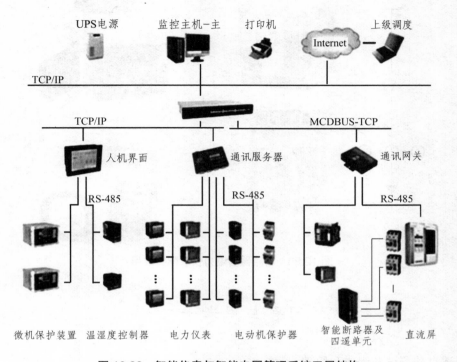

图 12.22 智能仪表与智能电网管理系统三层结构

站控层由系统软件与硬件设备，如工业计算机、打印机、UPS 电源等组成。通信层由服务器、通信网关、人机界面等组成。现场设备层由保护装置、电器开关与控制设备、电力监控仪表等组成。仪表既肩负采集数据的重任，同时也是执行后台控制命令的终端元件之一。

电力监控仪表作为断路器的二次元件，在不同的应用场合配置也不一样，如图 12.23 所示。

断路器与监控仪表配置，可测量各种电参数、分析谐波、计量电能，通过 I/O 模块，采集断路器分合和报警状态，并可控制断路器合分闸，可大大减少电气故障。

断路器与保护仪表（马达控制器）配置，加上接触器，则有测量电参数及过载保护、不平衡保护、堵转保护等功能，确保马达正常运行，提高生产效率。

断路器与安全仪表（剩余电流火灾监控仪表）配置，可监测回路漏电流，若达到设置值时，报警输出。经消防处确认后，可通过指令，使断路器脱扣，防止发生短路引起的电气火灾事故。

断路器与电能管理仪表配置，可对电能进行分项计量，使用能按空调、动力、照明、特殊用电分项统计，方便分析高耗原因，提出降耗措施。

当然，上述几项配置需求，也可用一块仪表同时实现电力监控、电能管理、电气安全的功能，从而减少仪表数量，方便用户选型，节省投资。

随着智能电网的普及，智能仪器在智能电网中的应用将极具市场前景，需要做的工作也很多，比如研制各种新型智能传感器、多功能高性能智能监测仪器等，应该是一个巨大的产业链，功能提供很多就业岗位，也能够催生很多新项目、新技术。

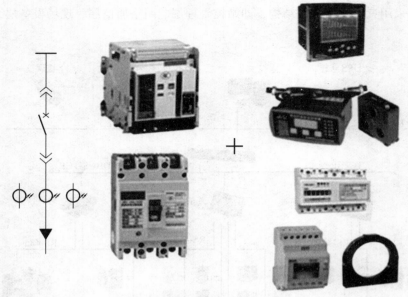

图 12.23　断路器与电力仪表配置应用

习题与思考十二

1. 简述自动测试的组成和原理。
2. 简述自动测试系统的开发过程。
3. 简述故障预测与健康管理主要内容和作用。
4. 简述交通枢纽电子警察系统的设计过程。
5. 简述交通枢纽电子警察系统的功能。
6. 简述设计学生宿舍的监测系统方案。
7. 简述智能电网对智能仪器的需求。
8. 简述智能电网中安全仪器的作用。

主要参考文献

[1] 王保华. 生物医学测量与仪器[M]. 2 版. 上海：复旦大学出版社，2009.

[2] 林志浩，等. 智能仪表原理与设计[M]. 北京：人民邮电出版社，2012.

[3] 王先培. 测控系统可靠性基础[M]. 武汉：武汉大学出版社，2012.

[4] [以] Doron A.Peled. 软件可靠性方法[M]. 王林章，等，译. 北京：机械工业出版社，2012.

[5] 康瑞清. 仪器与系统可靠性[M]. 北京：机械工业出版社，2013.

[6] 武晔卿. 嵌入式系统可靠性设计技术及案例解析[M]. 北京：北京航空航天大学出版社，2012.

[7] 肖庭延，等. 反问题的数值解法[M]. 北京：科学出版社，2003.

[8] 程德福. 智能仪器[M]. 北京：机械工业出版社，2009.

[9] 温熙森，等. 智能机内测试理论与应用[M]. 北京：国防工业出版社，2002.

[10] 余学飞. 现代医学电子仪器原理与设计[M]. 2 版. 广州：华南理工大学出版社，2008.

[11] 缪学勤. EPA 系统体系结构概论[J]. 自动化仪表，2007（9）：27.

[12] 傅林，黄卡玛. 虚拟仪器 B 型超声波诊断仪硬件系统设计与实现[J]. 四川大学学报：自然科学版，2006，43（6）：569-573.

[13] 周中. 电力监控仪表在智能电网用户端应用与市场前景分析[J]. 电气时代，2011（7）.

[14] Fu Lin, Huang Kama. Design and implement of the signal generator in the magnetic focused conductivity tomography system[J]. Frontiers of electrical and electronic engineering in China, 2007, 2（2）: 1-4.

[15] 国家质量监督局. GB/T 7676.1 直接作用模拟指示电测量仪表及其附件 第 1 部分：定义和通用要求[S]. 北京：中国标准出版社，1998.

[16] 中华人民共和国国家质量监督检验检疫总局，中国国家标准化管理委员会. GB/T 27000—2006 合格评定 词汇和通用原则[S]. 北京：中国标准出版社，2006.

[17] 国家技术质量监督局. GB/T 7676.2—1998 直接作用模拟指示电测量仪表及其附件 第 2 部分：电流表和电压表的特殊要求[S]. 北京：中国标准出版社，1998.

[18] 国家质量监督检验检疫总局. JJF 1001—2011 通用计量术语及定义技术规范[S]. 北京：中国标准出版社，2011.

[19] 中华人民共和国国家质量监督检验检疫总局，中国国家标准化管理委员会. GB/T 6587—2012 电子测量仪器通用规范[S]. 北京：中国标准出版社，2012.

[20] 国家质检总局. GB 9706.1—2007 医用电气设备 第 1 部分：安全通用要求[S]. 北京：中国标准出版社，2007.

[21] 国家食品药品监督管理局. YY/T 0316—2008 医疗器械 风险管理对医疗器械的应用[S]. 北京：中国标准出版社，2008.

[22] 国家食品药品监督管理局. YY 0505—2012 医用电气设备 第 1-2 部分：安全通用要求并列标准 电磁兼容 要求和试验[S]. 北京：中国标准出版社，2012.

[23] 国家食品药品监督管理局. YY/T 0595—2006 医疗器械 质量管理体系 YYT 0287—2003 应用指南[S]. 北京：中国标准出版社，2006.

[24] 国家食品药品监督管理局. YY/T 02872003 医疗器械 质量管理体系 用于法规[S]. 北京：中国标准出版社，2003.

[25] 中华人民共和国国家质量监督检验检疫总局，中国国家标准化管理委员会. GB/T 19001—2008 质量管理体系 要求[S]. 北京：中国标准出版社，2008.

[26] 中华人民共和国国家质量监督检验检疫总局，中国国家标准化管理委员会. GB 4943.1—2011 信息技术设备 安全 第 1 部分：通用要求[S]. 北京：中国标准出版社，2011.

[27] 国家质量监督检验检疫总局. JJF 1094—2002 测量仪器特性评定[S]. 北京：中国标准出版社，2002.

[28] 国家质量监督检验检疫总局. JJF 1059.1—2012 测量不确定度评定与表示[S]. 北京：中国标准出版社，2012.

[29] 中华人民共和国国家质量监督检验检疫总局，中国国家标准化管理委员会. GB/T 20438—2006 电气/电子/可编程电子安全相关系统的功能安全[S]. 北京：中国标准出版社，2006.

[30] 中华人民共和国国家质量监督检验检疫总局，中国国家标准化管理委员会. GB/T 21109—2007 过程工业领域安全仪表系统的功能安全[S]. 北京：中国标准出版社，2007.

[31] 中华人民共和国国家质量监督检验检疫总局，中国国家标准化管理委员会. GB/T 15706—2007 机械安全 基本概念与设计通则[S]. 北京：中国标准出版社，2007.

[32] 中华人民共和国国家质量监督检验检疫总局，中国国家标准化管理委员会. GB/T 28169—2011 嵌入式软件 C 语言编码规范[S]. 北京：中国标准出版社，2011.